개념완성

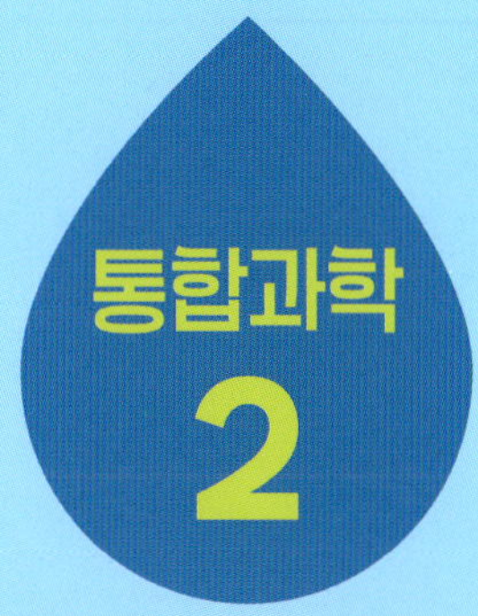

지식과 교양의 광활한 지평을 여는

EBS 30일 인문학 시리즈

1일 1키워드로 30일 만에 훑어보기!

키워드만 연결해도 인문학의 흐름이 한눈에 보인다.

<EBS 30일 인문학> 시리즈는 철학, 역사학, 심리학, 사회학, 정치학 등 우리 삶의 근간을 이루는 학문 분야의 지식을 '1일 1키워드로 30일' 만에 정리할 수 있는 책들로 구성했습니다. 30일 동안 한 분야의 전체적 흐름과 핵심을 파악하고 세상을 보는 시야를 확장시킬 수 있는 지식을 담아냅니다.

- **처음 하는 철학 공부** 윤주연 지음 | 15,000원
- **처음 하는 역사학 공부** 김서형 지음 | 15,000원
- **처음 하는 심리학 공부** 윤주연 지음 | 15,000원
- **처음 하는 사회학 공부** 박한경 지음 | 16,000원
- **처음 하는 정치학 공부** 이원혁 지음 | 16,000원

개념완성

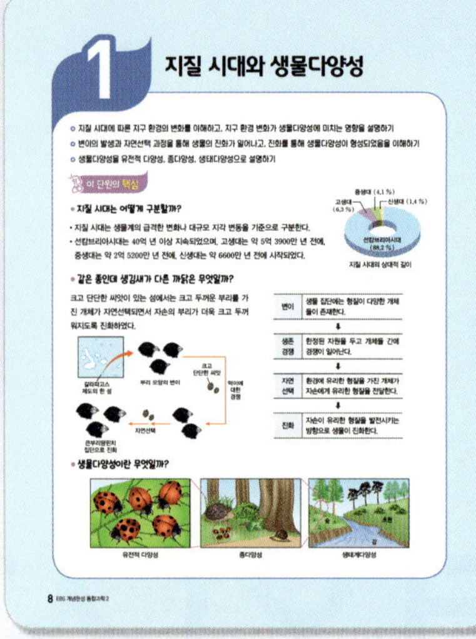

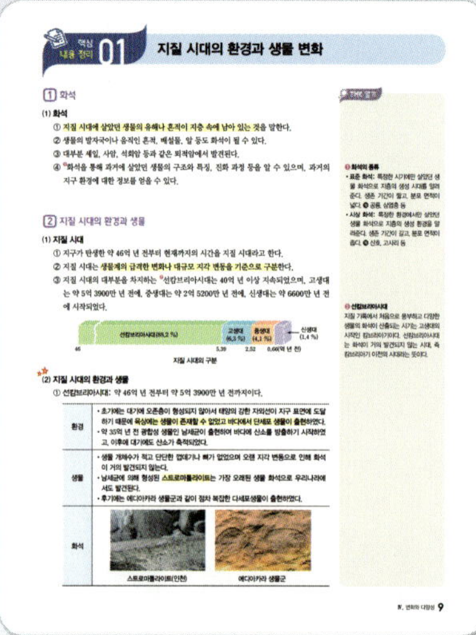

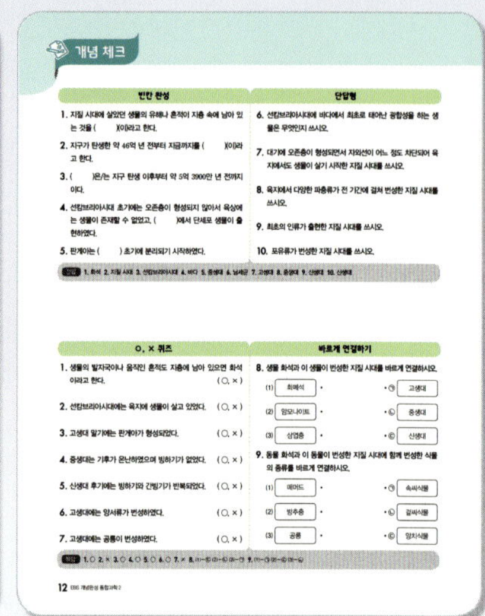

중단원 내용 정리

중단원에서 학습할 학습 목표와 함께 핵심 내용을 간략히 살펴볼 수 있습니다.

핵심 내용 정리

반드시 알아야 할 개념을 이해하기 쉽게 정리했습니다. THE 알기 에서는 추가 정보와 핵심 용어 등을 제시했습니다.

개념 체크

학습한 개념을 간단한 문제로 확인할 수 있도록 구성했습니다.

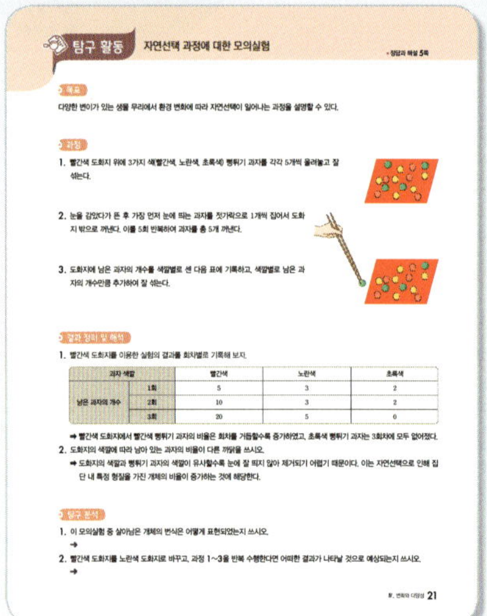

탐구 활동

교과서과 교육과정에서 제시한 필수 탐구 활동을 중심으로 탐구 목표, 과정, 결과 정리 및 해석, 탐구 분석 등의 과정을 정리하였습니다.

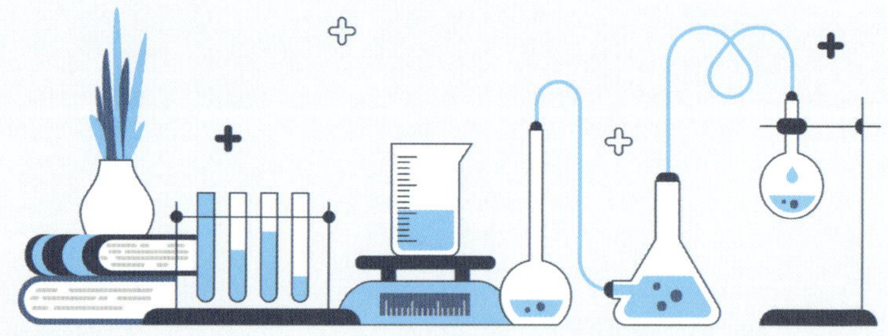

내신 기초 문제

필수 내용을 중심으로 문제를 수록하여 학교 시험에 대비할 수 있도록 하였습니다.

실력 향상 문제

난도가 높은 문제를 수록하여 보다 심화된 내용의 문제를 해결함으로써 응용력을 키울 수 있도록 하였습니다.

수능 유형 문제

새로운 수능에 대비하여 수능형 문항으로 유형 학습이 가능하도록 하였습니다.

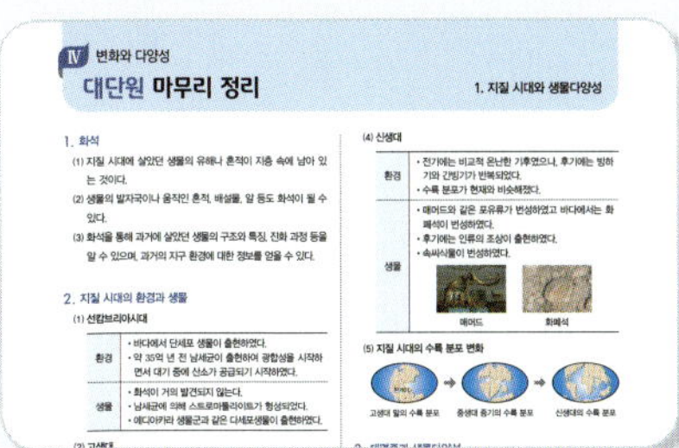

대단원 마무리 정리

대단원의 학습 내용을 개념 중심으로 일목요연하게 정리하였습니다.

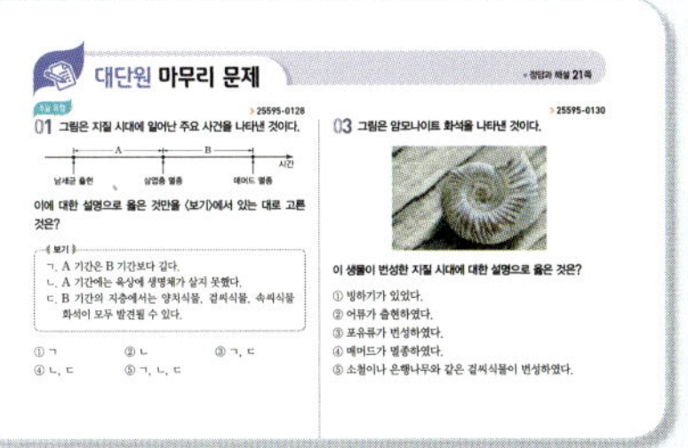

대단원 마무리 문제

학습한 내용을 최종 마무리할 수 있도록 대단원 통합형 문항을 다양한 난도로 구성하였습니다.

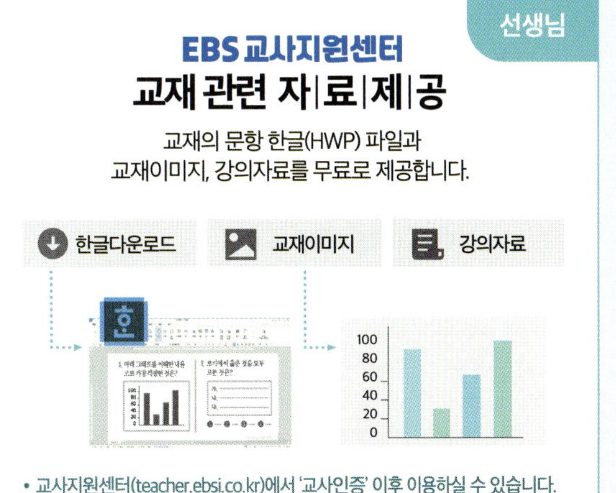

차례 & 우리 학교 교과서 찾아보기

	동아	미래엔	비상	지학사	천재
	14-21	14-22	16-23	16-25	14-19
	22-29	28-36	26-33	26-35	20-29
	40-51	48-74	42-53	48-59	40-71
	58-79	80-92	58-85	66-91	78-89
	92-107	104-117	96-107	104-117	100-115
	114-127	124-138	112-123	124-135	122-133
	134-151	144-158	128-141	142-155	140-155
	14-27	14-32	16-27	16-31	14-31
	34-53	38-60	32-51	38-59	38-63
	66-93	72-92	62-79	72-93	74-95
	110-117	98-118	84-103	100-117	102-121
	130-137	130-138	114-123	130-141	132-143
	138-145	142-154	126-135	142-151	144-151

IV

변화와 다양성

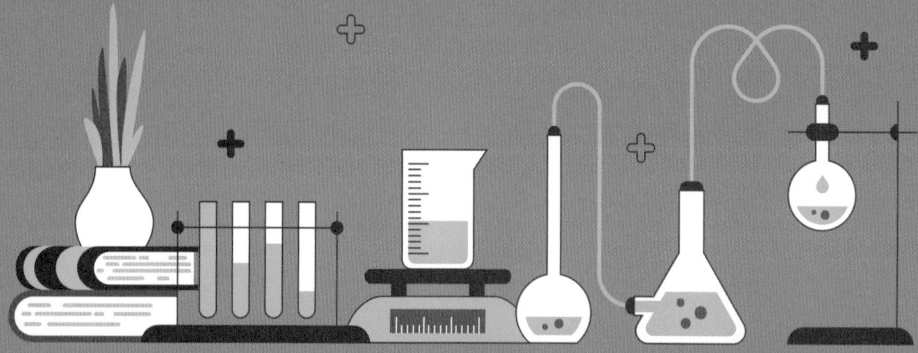

1 지질 시대와 생물다양성

2 화학 변화와 에너지 출입

지질 시대와 생물다양성

- 지질 시대에 따른 지구 환경의 변화를 이해하고, 지구 환경 변화가 생물다양성에 미치는 영향을 설명하기
- 변이의 발생과 자연선택 과정을 통해 생물의 진화가 일어나고, 진화를 통해 생물다양성이 형성되었음을 이해하기
- 생물다양성을 유전적 다양성, 종다양성, 생태다양성으로 설명하기

이 단원의 핵심

● 지질 시대는 어떻게 구분할까?

- 지질 시대는 생물계의 급격한 변화나 대규모 지각 변동을 기준으로 구분한다.
- 선캄브리아시대는 40억 년 이상 지속되었으며, 고생대는 약 5억 3900만 년 전에, 중생대는 약 2억 5200만 년 전에, 신생대는 약 6600만 년 전에 시작되었다.

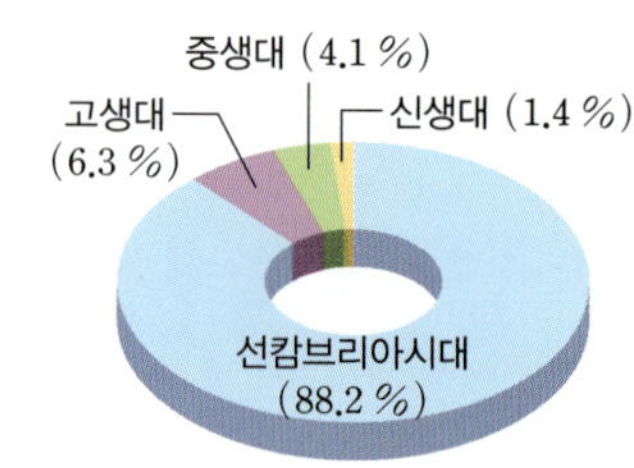

지질 시대의 상대적 길이

● 같은 종인데 생김새가 다른 까닭은 무엇일까?

크고 단단한 씨앗이 있는 섬에서는 크고 두꺼운 부리를 가진 개체가 자연선택되면서 자손의 부리가 더욱 크고 두꺼워지도록 진화하였다.

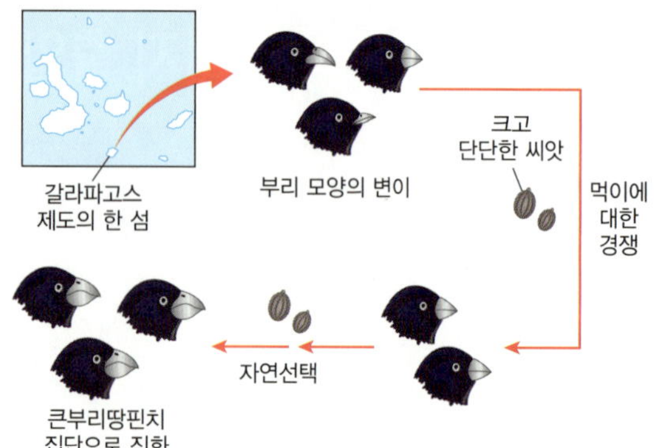

변이	생물 집단에는 형질이 다양한 개체들이 존재한다.
생존 경쟁	한정된 자원을 두고 개체들 간에 경쟁이 일어난다.
자연 선택	환경에 유리한 형질을 가진 개체가 자손에게 유리한 형질을 전달한다.
진화	자손이 유리한 형질을 발전시키는 방향으로 생물이 진화한다.

● 생물다양성이란 무엇일까?

유전적 다양성   종다양성   생태계다양성

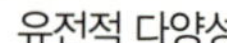

핵심 내용 정리 01 지질 시대의 환경과 생물 변화

1 화석

(1) 화석

① 지질 시대에 살았던 생물의 유해나 흔적이 지층 속에 남아 있는 것을 말한다.

② 생물의 발자국이나 움직인 흔적, 배설물, 알 등도 화석이 될 수 있다.

③ 대부분 셰일, 사암, 석회암 등과 같은 퇴적암에서 발견된다.

④ ❶화석을 통해 과거에 살았던 생물의 구조와 특징, 진화 과정 등을 알 수 있으며, 과거의 지구 환경에 대한 정보를 얻을 수 있다.

2 지질 시대의 환경과 생물

(1) 지질 시대

① 지구가 탄생한 약 46억 년 전부터 현재까지의 시간을 지질 시대라고 한다.

② 지질 시대는 생물계의 급격한 변화나 대규모 지각 변동을 기준으로 구분한다.

③ 지질 시대의 대부분을 차지하는 ❷선캄브리아시대는 40억 년 이상 지속되었으며, 고생대는 약 5억 3900만 년 전에, 중생대는 약 2억 5200만 년 전에, 신생대는 약 6600만 년 전에 시작되었다.

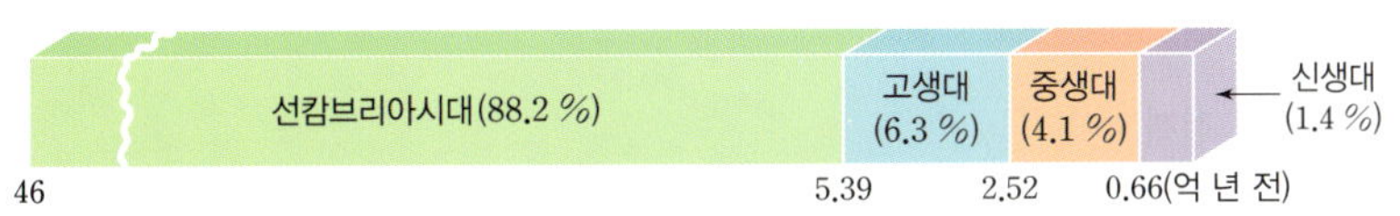

지질 시대의 구분

✩✩ (2) 지질 시대의 환경과 생물

① 선캄브리아시대: 약 46억 년 전부터 약 5억 3900만 년 전까지이다.

환경	• 초기에는 대기에 오존층이 형성되지 않아서 태양의 강한 자외선이 지구 표면에 도달하기 때문에 육상에는 생물이 존재할 수 없었고 바다에서 단세포 생물이 출현하였다. • 약 35억 년 전 광합성 생물인 남세균이 출현하여 바다에 산소를 방출하기 시작하였고, 이후에 대기에도 산소가 축적되었다.
생물	• 생물 개체수가 적고 단단한 껍데기나 뼈가 없었으며 오랜 지각 변동으로 인해 화석이 거의 발견되지 않는다. • 남세균에 의해 형성된 스트로마톨라이트는 가장 오래된 생물 화석으로 우리나라에서도 발견된다. • 후기에는 에디아카라 생물군과 같이 점차 복잡한 다세포생물이 출현하였다.
화석	스트로마톨라이트(인천)　　　에디아카라 생물군

❶ 화석의 종류
• 표준 화석: 특정한 시기에만 살았던 생물 화석으로 지층의 생성 시대를 알려준다. 생존 기간이 짧고, 분포 면적이 넓다. 예 공룡, 삼엽충 등
• 시상 화석: 특정한 환경에서만 살았던 생물 화석으로 지층의 생성 환경을 알려준다. 생존 기간이 길고, 분포 면적이 좁다. 예 산호, 고사리 등

❷ 선캄브리아시대
지질 기록에서 처음으로 풍부하고 다양한 생물의 화석이 산출되는 시기는 고생대의 시작인 캄브리아기이다. 선캄브리아시대는 화석이 거의 발견되지 않는 시대, 즉 캄브리아기 이전의 시대라는 뜻이다.

② **고생대**: 약 5억 3900만 년 전부터 약 2억 5200만 년 전까지이다.

환경	• 대기 중의 산소가 증가하였고, 전반적으로 기후가 온난하였으며 중기와 말기에는 빙하기가 있었다. • 대기에 오존층이 형성되면서 유해한 자외선이 어느 정도 차단되어 생물이 육상으로 진출할 수 있게 되었다. • 말기에는 초대륙인 판게아가 형성되면서 서식지가 축소되었고, 기후가 급격히 변하면서 삼엽충을 포함한 많은 생물종이 멸종하였다.
생물	• 단단한 껍데기나 뼈를 가진 해양 생물이 많아졌다. • 바다에서는 ❶삼엽충과 어류가 번성하였으며, 완족류, 필석, 방추충 등이 출현하였다. • 육지에서는 양서류와 대형 곤충이 번성하였고, 고사리와 같은 양치식물이 거대 군락을 이루었다.
화석	삼엽충(강원도 태백)　　완족류　　필석
수륙 분포	**고생대 말의 수륙 분포** 대륙이 모두 한 덩어리로 모여 초대륙인 판게아가 형성되었다. 판게아의 형성으로 대륙붕의 면적이 감소하고, 해류의 흐름이 바뀌었다.　　판게아

③ **중생대**: 약 2억 5200만 년 전부터 약 6600만 년 전까지이다.

환경	• 활발한 화산 활동으로 대기 중에 이산화 탄소 농도가 증가하면서 전 기간 내내 빙하기가 없는 온난한 기후가 지속되었다. • 중생대 초부터 판게아가 분리되기 시작하였고, 여러 개의 대륙으로 갈라지면서 생물 서식지의 환경이 다양해졌다. • 중생대 말 급격한 지구 환경 변화로 공룡과 암모나이트를 포함한 많은 생물종이 멸종하였다.
생물	• 바다에서는 암모나이트가 번성하였다. • 육지와 바다에서는 다양한 파충류가 번성하여, 중생대를 파충류의 시대라고 한다. 육지에서는 대형 파충류인 공룡이 크게 번성하였다. • 식물은 은행류, 소철류 등과 같은 ❷겉씨식물이 번성하였다.
화석	암모나이트　　소철류　　공룡 발자국(경상남도 고성군)
수륙 분포	**중생대 중기의 수륙 분포** 대륙이 분리되면서 대서양이 형성되기 시작했으며, 남극 대륙 부근에 있던 인도 대륙이 적도 부근까지 북상하였다.

❶ **삼엽충**
고생대가 시작될 때 나타나 고생대가 끝날 때 멸종한 생물로, 해양 절지동물의 일종이다. 신체가 세로 방향으로 좌엽, 중간엽, 우엽, 세 개의 엽으로 명확히 구분되기 때문에 삼엽충이라는 이름이 붙었다.

❷ **겉씨식물**
종자식물 중에서 씨가 겉으로 드러나는 식물을 말한다. 씨방 속에 씨를 품는 속씨식물에 대비해서 붙여진 이름이다. 중생대 말에 이르러 겉씨식물에서 갈라져 나온 속씨식물에 의해 점차 쇠퇴했다.

④ 신생대: 약 6600만 년 전부터 현재까지이다.

환경	• 전기에는 비교적 온난한 기후였으나, 후기에는 기후가 급변하여 **❶빙하기와 간빙기가 반복되었다.** • 대륙 이동이 계속되어 대서양이 넓어지고 히말라야산맥이 형성되는 등 수륙 분포가 현재와 비슷해졌다.
생물	• 육지에서는 **❷매머드와 같은 포유류가** 번성하였고 바다에서는 대형 유공충인 화폐석이 번성하였다. • 후기에는 **인류의 조상이 출현**하였다. • 밤나무, 참나무, 단풍나무 등과 같은 **속씨식물**이 번성하였다.
화석	화폐석 　　　속씨식물 　　　매머드
수륙 분포	**신생대의 수륙 분포** 대서양이 넓어지고 인도 대륙이 유라시아판과 충돌하면서 **현재와 비슷한 수륙 분포가 만들어졌다.**

③ 대멸종과 생물다양성

(1) 대멸종

① 지구 환경이 갑작스럽게 변화하여 많은 생물이 짧은 기간 동안 광범위한 지역에서 멸종하는 것을 대멸종이라고 하며, 지질 시대 동안 대멸종은 5번 발생한 것으로 알려져 있다.

② 지구 역사상 가장 큰 규모의 생물 대멸종은 고생대 말에 일어났다.

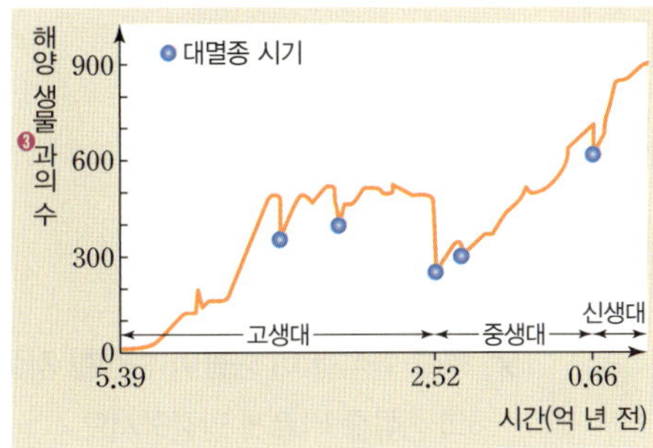

③ 대멸종의 원인: 해양 환경의 변화, 수륙 분포의 변화, 소행성 충돌, 화산 활동 등으로 인한 지구 환경의 급격한 변화 등이 대멸종의 원인으로 알려져 있다.

(2) 대멸종과 생물다양성

① 지구 환경의 급격한 변화에 적응하지 못한 생물은 멸종하였다.

② 새로운 환경에 적응한 생물은 멸종한 생물을 대체해 번성할 기회를 얻고 오랜 시간에 걸쳐 다양한 종으로 진화하였다.

③ 결국 대멸종 이후 생물다양성은 더욱 증가하게 되었다.

❶ 빙하기와 간빙기

빙하기는 기후가 한랭하여 고위도 지역이나 산악 지대에 빙하가 발달한 시기이다. 간빙기는 빙하기와 빙하기 사이의 기후가 온난한 시기이다.

❷ 매머드

포유류로 크게 휜 엄니와 긴 털이 특징이다. 약 480만 년 전부터 살다가 약 1만 년 전에 대부분 멸종했다. 구석기 시대 사람들은 매머드를 사냥하여 식량으로 이용했다. 지금 남아 있는 코끼리들보다 덩치가 컸다.

❸ 생물의 분류

생물은 큰 단위부터 역, 계, 문, 강, 목, 과, 속, 종의 8단계로 분류한다. 비슷한 속을 묶어 과로 분류한다.

빈칸 완성

1. 지질 시대에 살았던 생물의 유해나 흔적이 지층 속에 남아 있는 것을 (　　　)(이)라고 한다.

2. 지구가 탄생한 약 46억 년 전부터 지금까지를 (　　　)(이)라고 한다.

3. (　　　)은/는 지구 탄생 이후부터 약 5억 3900만 년 전까지이다.

4. 선캄브리아시대 초기에는 오존층이 형성되지 않아서 육상에는 생물이 존재할 수 없었고, (　　　)에서 단세포 생물이 출현하였다.

5. 판게아는 (　　　) 초기에 분리되기 시작하였다.

정답　**1.** 화석　**2.** 지질 시대　**3.** 선캄브리아시대　**4.** 바다　**5.** 중생대　**6.** 남세균　**7.** 고생대　**8.** 중생대　**9.** 신생대　**10.** 신생대

단답형

6. 선캄브리아시대에 바다에서 최초로 태어난 광합성을 하는 생물은 무엇인지 쓰시오.

7. 대기에 오존층이 형성되면서 자외선이 어느 정도 차단되어 육지에서도 생물이 살기 시작한 지질 시대를 쓰시오.

8. 육지에서 다양한 파충류가 전 기간에 걸쳐 번성한 지질 시대를 쓰시오.

9. 최초의 인류가 출현한 지질 시대를 쓰시오.

10. 포유류가 번성한 지질 시대를 쓰시오.

○, × 퀴즈

1. 생물의 발자국이나 움직인 흔적도 지층에 남아 있으면 화석이라고 한다. (　○, ×　)

2. 선캄브리아시대에는 육지에 생물이 살고 있었다. (　○, ×　)

3. 고생대 말기에는 판게아가 형성되었다. (　○, ×　)

4. 중생대는 기후가 온난하였으며 빙하기가 없었다. (　○, ×　)

5. 신생대 후기에는 빙하기와 간빙기가 반복되었다. (　○, ×　)

6. 고생대에는 양서류가 번성하였다. (　○, ×　)

7. 고생대에는 공룡이 번성하였다. (　○, ×　)

정답　**1.** ○　**2.** ×　**3.** ○　**4.** ○　**5.** ○　**6.** ○　**7.** ×　**8.** (1)－ⓒ (2)－ⓛ (3)－㉠　**9.** (1)－㉠ (2)－ⓒ (3)－ⓛ

바르게 연결하기

8. 생물 화석과 이 생물이 번성한 지질 시대를 바르게 연결하시오.

(1) 화폐석　•　　•㉠ 고생대

(2) 암모나이트　•　　•ⓛ 중생대

(3) 삼엽충　•　　•ⓒ 신생대

9. 동물 화석과 이 동물이 번성한 지질 시대에 함께 번성한 식물의 종류를 바르게 연결하시오.

(1) 매머드　•　　•㉠ 속씨식물

(2) 방추충　•　　•ⓛ 겉씨식물

(3) 공룡　•　　•ⓒ 양치식물

1 진화와 변이

(1) 진화: 생물 집단의 특성이 오랜 세월 동안 여러 세대를 거치면서 변화하는 과정이다.
① 여러 세대를 거치면서 변화가 쌓이면 조상과는 다른 형질을 갖는 새로운 종이 출현하게 된다.
② 진화의 결과 오늘날 지구에 사는 생물종이 다양해졌다.
③ 진화는 환경에 적응하는 방향으로 이루어진다.

(2) 변이: 같은 종으로 구성된 집단 내 개체 사이에서 나타나는 습성, 형태 등 형질의 차이이다.
① 변이의 예

구분	비둘기	기린	무당벌레
모습			
예	깃털의 색	털 무늬와 색	날개 무늬와 색

② 형질을 결정하는 유전자(❶대립유전자)의 차이에 의해 나타나므로 자손에 전달된다.

(3) 변이와 진화의 관계
① 환경의 변화에 의한 획득형질은 자손에게 전달되지 않지만, 돌연변이와 유성생식에 의해 발생한 유전적 변이는 자손에게 전달된다.
② 여러 세대에 걸쳐 변이가 자손 세대로 전달되어 쌓이면서 진화가 일어난다.
➡ 변이는 진화를 일으키는 원동력이 된다.

❶ 대립유전자
한 형질에 대한 서로 다른 대립형질이 나타나게 하는 유전자이며, 한 개체의 형질은 대립유전자의 조합에 의해 결정된다.
예 완두의 모양 형질에 대해 둥근 모양을 나타나게 하는 대립유전자 R와 주름진 모양을 나타나게 하는 대립유전자 r가 있으며, 유전자형이 RR 또는 Rr인 개체는 둥근 완두로, rr인 개체는 주름진 완두로 결정된다.

THE 들여다보기

◉ 변이를 일으키는 요인: 돌연변이와 유성생식

구분	돌연변이	유성생식
개념	유전물질(DNA)에 변화가 일어나는 현상	암수 생식세포의 수정으로 자손이 만들어지는 방법
특징	기존에 없던 새로운 유전자(대립유전자)가 나타나 새로운 형질을 가진 자손이 나타날 수 있음	부모의 유전자가 다양하게 조합되어 자손에게 전달되므로 부모와 다른 형질을 가진 자손이 나타날 수 있음
예	붉은색 분꽃(RR)만 있던 무리에 돌연변이가 일어나 흰색 분꽃(WW)이 나타남	붉은색 분꽃(RR)과 흰색 분꽃(WW) 사이에서 분홍색 분꽃(RW)이 나타남

2 생물의 진화 원리: 자연선택

(1) 자연선택: [1]다윈이 제시하였으며, 생물의 진화를 설명하는 대표적인 원리이다.

① 변이가 있는 생물 집단에서 환경에 적합한 형질을 가진 개체는 다른 개체들에 비해 생존율과 생식 성공률이 높다. ➡ 그 결과 유리한 형질이 자손에게 잘 전달되는 [2]자연선택이 일어난다.

② 자연선택에 의한 생물의 진화: 여러 세대에 걸쳐 자연선택이 반복되면서 생물은 유리한 형질을 발전시키는 방향으로 진화한다.

(2) 자연선택에 의한 생물의 진화 과정

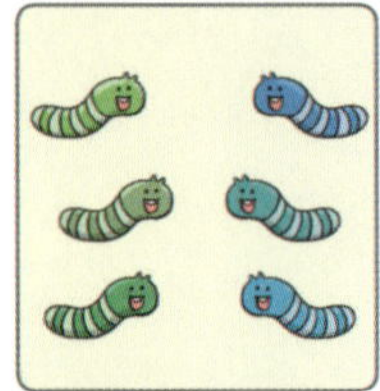 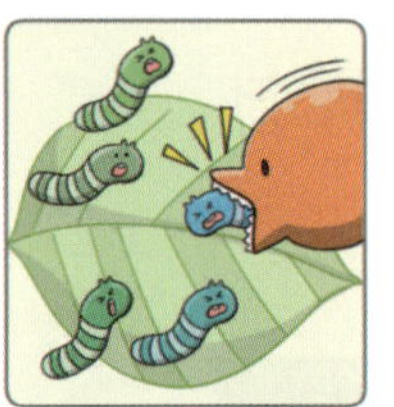  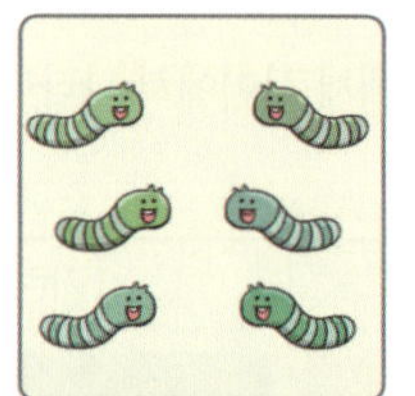

① 같은 종의 생물 무리에 다양한 형질을 가진 개체들이 존재한다.

② 자연 상태에서 포식자의 눈에 더 잘 띄는 피식자 개체가 높은 비율로 잡아먹힌다.

③ 시간이 지남에 따라 포식자의 눈에 덜 띄는 피식자 개체가 더 잘 살아남는다.

④ 살아남은 개체의 형질이 자손에게 전달되어 그 형질을 가진 개체 수가 증가한다.

(3) 자연선택에 의한 핀치의 진화

① 갈라파고스 군도의 각 섬은 [3]환경 조건이 달라 각 섬에 사는 핀치는 각각 환경 조건에 맞게 진화하였다.

② 크고 단단한 씨앗을 맺는 나무가 서식하는 섬에서 일어난 큰부리땅핀치의 진화 과정

부리 모양이 다양한 핀치 조상 무리가 살고 있었다. ➡ 핀치의 부리 모양에 대한 변이가 있다.

크고 단단한 씨앗에 대한 먹이 경쟁이 일어났다. ➡ 핀치 집단 내 먹이에 대한 [4]생존경쟁이 일어났다.

크고 단단한 씨앗을 잘 깨뜨릴 수 있는 크고 두꺼운 부리를 가진 개체가 많이 살아남아 증식하여, 자손에게 부리 형질을 물려주었다. ➡ 자연선택이 일어났다.

여러 세대 반복되면서 자연선택을 통해 자손의 부리가 더욱 크고 두꺼워져 오늘날 큰부리땅핀치로 진화되었다. ➡ 크고 단단한 씨앗을 맺는 나무가 서식하는 섬에서 핀치의 진화가 일어났다.

③ 먹이 환경이 다른 각 섬에서는 부리 모양이 서로 다른 핀치가 살고 있다.

먹이 환경에 따른 핀치의 부리 모양

③ 항생제 내성 세균의 출현

세균 집단에는 [1]항생제 내성이 없는 세균만 있었다.
➡ 세균 집단 내 항생제 내성에 대한 변이는 없다.

↓

돌연변이가 일어나 항생제 내성 유전자가 만들어지면서 일부 세균이 항생제에 내성을 가지게 되었다.
➡ 세균 집단 내 항생제 내성 여부에 따른 변이가 있다.

↓

항생제를 사용하자 생존에 유리한 항생제 내성이 있는 세균이 항생제 내성이 없는 세균보다
더 많이 살아남아 증식하였고, 자손에게 항생제 내성 유전자를 전달하였다.
➡ 항생제 사용으로 인해 자연선택이 일어났다.

↓

항생제 내성이 있는 세균의 비율이 증가하였다.
➡ 항생제가 있는 환경에 세균 집단이 적응하는 진화가 일어났다.

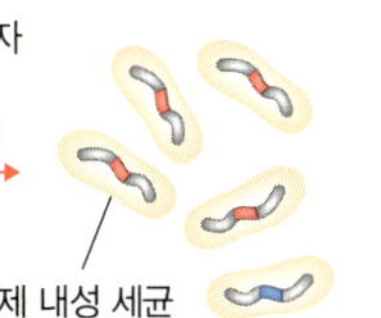

❶ 항생제 내성
항생제는 세균의 증식이나 생장을 억제하는 화학 물질로 페니실린이 대표적이다. 항생제 내성은 항생제의 영향을 받지 않고 저항하는 성질을 뜻한다.

❷ 라마르크(Lamarck 1744~1829)
프랑스의 생물학자로 용불용설을 제시하였다.

THE 들여다보기

다윈 이전의 진화론 – [2]라마르크의 용불용설

라마르크는 생물이 살아 있는 동안 환경에 적응한 결과로 획득한 형질이 다음 세대에 유전되어 진화가 일어난다고 주장하였다.

라마르크의 용불용설에 따른 기린의 진화	다윈의 자연선택설에 따른 기린의 진화
높은 곳에 있는 먹이를 먹기 위해 목을 늘이는 과정을 반복하면서 현재의 기린이 되었다. ➡ 획득 형질이 자손에게 유전되지 않음이 증명되어 현재는 인정되지 않는다.	다양한 변이를 가진 기린 중 목의 길이가 긴 기린이 자연선택되어 번식한 결과 현재의 기린이 되었다. ➡ 현대 진화론의 토대가 되었다.

빈칸 완성

1. (　　　)은/는 오랜 시간 동안 여러 세대를 거쳐 이루어지는 생물의 변화 과정이다.

2. (　　　)은/는 같은 종의 개체 사이에서 나타나는 습성, 형태 등 형질의 차이이다.

3. 유전물질(DNA)의 변화로 인해 변이가 나타나는 요인은 (　　　)이다.

4. 환경에 적합한 형질을 가진 개체의 생존율과 생식 성공률이 높아서 유리한 형질이 자손에게 잘 전달되는 (　　　)이/가 일어난다.

둘 중에 고르기

5. 무리 내 변이가 (적을수록, 많을수록) 변화된 환경에 유리한 형질을 가진 개체가 있을 확률이 높다.

6. 항생제 내성 세균은 (돌연변이, 자연선택)에 의해 항생제 내성 유전자를 갖게 되었다.

7. 항생제가 있는 환경에서는 항생제 (내성이 있는, 내성이 없는) 세균이 자연선택되어 집단 내 비율이 점차 (증가, 감소)한다.

정답 **1.** 진화 **2.** 변이 **3.** 돌연변이 **4.** 자연선택 **5.** 많을수록 **6.** 돌연변이 **7.** 내성이 있는, 증가

단답형

1. 다윈이 제시한 생물의 진화를 설명하는 원리가 무엇인지 쓰시오.

2. 다음은 두 생물 집단에 대한 설명이다.

무당벌레 집단의 개체들은 날개 무늬와 색이 서로 다르다.　비둘기 집단의 개체들은 날개 깃털의 색이 서로 다르다.

무당벌레 집단과 비둘기 집단에서 각 개체 사이에서 나타나는 형질의 차이를 무엇이라 하는지 쓰시오.

3. 라마르크가 주장한 진화설로 획득 형질의 유전을 주장하여 인정되지 않은 가설은 무엇인지 쓰시오.

바르게 연결하기

4. 자연선택에 따른 기린의 진화 과정을 바르게 연결하시오.

(1) 변이 ・　・㉠ 높은 곳에 있는 먹이를 두고 경쟁이 일어남

(2) 생존경쟁 ・　・㉡ 오늘날 모든 기린이 긴 목을 갖게 됨

(3) 자연선택 ・　・㉢ 기린 집단 내 목 길이가 다양한 개체가 있음

(4) 진화 ・　・㉣ 목이 긴 개체가 살아남아 번식함

정답 **1.** 자연선택 **2.** 변이 **3.** 용불용설 **4.** (1)－㉢ (2)－㉠ (3)－㉣ (4)－㉡

1 생물다양성

(1) 생물다양성의 구성

① 생물다양성은 지구의 다양한 환경에 다양한 생물이 살고 있는 것을 의미하며, 지구에 사는 생물 전체를 포함한다.

② 생물다양성은 생물종의 다양함을 포함하여, 각각의 생물종이 갖는 유전정보의 다양함, 생물과 환경이 상호작용하는 생태계의 다양함까지 모두 포함한다.

(2) 생물다양성 구성요소의 특징

① 유전적 다양성: 같은 종의 개체로 구성된 무리에 존재하는 유전자(대립유전자)의 다양함과 이로 인한 형질의 다양함이다. 예 달팽이의 껍데기 무늬, 얼룩말의 털 줄무늬 등

달팽이의 껍데기 무늬, 색이 개체마다 다르다.

얼룩말의 털 줄무늬가 개체마다 각각 다르다.

➡ 같은 종이지만 개체마다 서로 다른 유전자(대립유전자)를 갖고 있기 때문이다.

② 종다양성: 어떤 생태계에 살고 있는 생물종의 다양함이다.

③ 생태계다양성: 어떤 지역에 존재하는 환경 조건이 서로 다른 생태계의 다양함으로, 숲, 초원, 사막, 갯벌 등 다양한 종류의 생태계가 형성되어 있음을 의미한다.

같은 종에서 개체마다 유전자가 달라 다양한 형질이 나타나는 것을 의미한다.

일정한 지역에 사는 생물종의 다양한 정도를 의미한다.

사막, 초원, 삼림, 강, 바다 등 다양한 생태계가 존재하는 것을 의미한다.

2 생물다양성의 중요성

(1) 유전적 다양성의 중요성

| 유전적 다양성이 높은 종은 환경이 급격히 변했을 때 생존에 유리한 형질을 가진 개체가 존재할 확률이 높다. | ➡ | 해당 형질을 가진 개체가 살아남아 번식하여 종을 유지한다. | ➡ | 환경 변화에 대한 적응력이 높다. | ➡ | 멸종할 확률이 낮다. |

---

① 생물다양성의 구성

생물다양성은 유전적 다양성, 종다양성, 생태계다양성으로 구성된다.

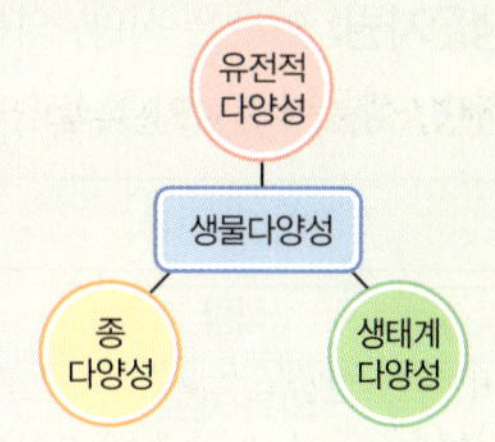

② 유전적 다양성

변이는 같은 종의 개체 사이에서 유전자의 차이로 나타나는 형질의 차이이다. 집단 내 변이가 다양할수록 유전적 다양성이 높다.

③ 종다양성

생물이 진화하여 새로운 종이 출현하면 종다양성은 높아진다. 숲에 무당벌레, 고슴도치, 개구리, 참나무 등 다양한 생물종이 있는 것은 종다양성의 예이다.

④ 생태계다양성

생태계는 환경과 생물로 구성되며, 생태계다양성은 환경과 생물 사이의 상호작용에 대한 다양함까지 포함한다.

(2) 종다양성의 중요성

| 종다양성이 높은 생태계에는 많은 종류의 생물이 살고 있다. | ➡ | 생물 사이의 먹고 먹히는 관계가 복잡하게 형성된다. | ➡ | 한 종이 멸종되어도 다른 종이 멸종할 확률이 낮아져 생태계가 안정적으로 유지된다. |

(3) 생태계다양성의 중요성

| 생태계다양성이 높은 지역에는 다양한 환경 조건이 존재한다. | ➡ | 서로 다른 환경에서 자연선택에 따른 진화로 다양한 종이 나타날 수 있다. | ➡ | 유전적 다양성과 종다양성이 높아진다. |

(4) 생물자원: 인간은 식량, 의복, 의약품, 에너지 등 생물에서 얻은 생물자원을 이용하여 생활하며, 생물다양성이 높을수록 생물자원의 종류가 많다.

자원의 종류	예
식량	쌀, 콩 등
의복 재료	목화, 누에고치 등
❶에너지	옥수수, 사탕수수, 감자 등
목재	소나무, 참나무 등
❷의약품	푸른곰팡이, 버드나무, 디기탈리스 등
관광과 여가	올레길, 수목원, 국립 공원 등

쌀(식량)

누에고치(의복)

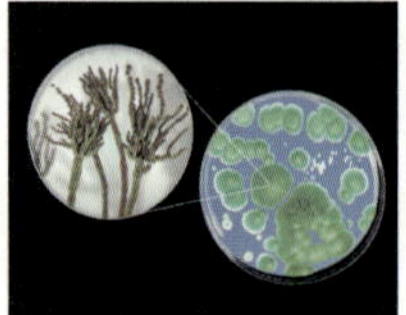

푸른곰팡이(항생제)

소나무(목재)

❶ 바이오에탄올
옥수수, 사탕수수, 감자 등 녹말 작물에서 추출한 알코올을 석유 제품 등과 혼합하여 만든 석유 대체 연료이다.

❷ 의약품으로서의 생물자원
푸른곰팡이에서 세균의 증식을 억제하는 항생제인 페니실린을, 버드나무 껍질에서 진통제인 아스피린을, 디기탈리스에서 심장병 치료 물질을 얻을 수 있다.

디기탈리스

THE 들여다보기

○ 유전적 다양성의 중요성을 보여주는 사례

사례	식용 바나나	아일랜드 감자 기근
개요	상업적인 대량 재배에 이용되는 바나나는 '캐번디시'라는 단일 품종이며, 특정 곰팡이에 의한 질병으로 멸종 위기에 처해 있다.	영국의 아일랜드 섬에서 단일 품종인 감자를 대량 재배하였고, 1845년에 발생한 특정 곰팡이에 의한 질병으로 감자 농사가 황폐해져 많은 사람이 기근을 겪었다.
원인	단일 품종을 대량으로 재배함으로써 유전적 다양성이 매우 낮아 특정 질병에 대한 저항성을 갖는 개체가 존재하지 않았기 때문이다.	

특정 곰팡이로 황폐화된 바나나 농장

뿌리와 줄기가 변색된 모습

변색 및 부패된 바나나 열매

③ 생물다양성의 감소 원인과 보전 방안

(1) 생물다양성의 감소 원인과 예

구분	의미	예
서식지파괴	숲의 벌채, 습지의 매립, 도로 개발 등은 생물의 서식지를 파괴하고, [1]단편화시켜 많은 생물의 생존을 어렵게 한다.	• 인간이 숲을 개간하면서 수마트라코뿔소의 서식지가 사라져 멸종 위기에 처했다.
남획과 불법 포획	야생 생물을 과도하게 많이 잡거나(남획), 불법적으로 잡으면 특정 생물종이 멸종될 수 있다.	• 상아를 얻기 위한 코끼리의 남획으로 상아가 없는 코끼리의 수가 증가하였다.
[2]외래종의 도입	천적이 없는 외래종이 도입되어 크게 번식하면 토종 생물의 생존이 위협받게 된다.	• 뉴트리아, 황소개구리 등으로 고유 생물종의 개체수가 감소하였다.
환경오염	화석 연료나 농약의 사용, 쓰레기나 폐수의 무단 배출 등으로 환경이 오염되면 유해한 물질에 의해 생물이 죽게 된다.	• 지구 온난화로 바다의 온도가 상승하여 바닷 속 산호가 사라진다. • 거북이가 비닐봉지를 해파리로 착각하고 먹는다.

(2) 생물다양성의 보전 방안

① **개인적 수준**: 에너지 절약, 자원 재활용, 친환경(저탄소) 제품 사용 등

② **국가적 수준**: 야생 생물 보호법 제정, 국립 공원 지정, 멸종 위기종 복원, 종자 은행을 통한 생물의 유전자 관리 등

③ **국제적 수준**: 다양한 국제 협약의 체결

협약	내용
생물다양성 협약(1992)	생물다양성의 보전, 생물자원의 지속 가능한 이용
람사르 협약(1971)	습지의 보전과 중요 [3]습지의 보호
멸종 위기종의 국제 거래에 관한 협약(1973)	멸종 위기에 처한 야생 동식물의 국제 거래 규제
세계 유산 협약(1972)	자연 및 문화유산을 보호
본 협약(1979)	이주성 야생 동물의 보호
농업 유전자원 국제 조약(2001)	농업의 중요 식물 유전자원의 보전과 지속 가능한 이용 촉진

THE 들여다보기

○ 서식지단편화와 생태통로

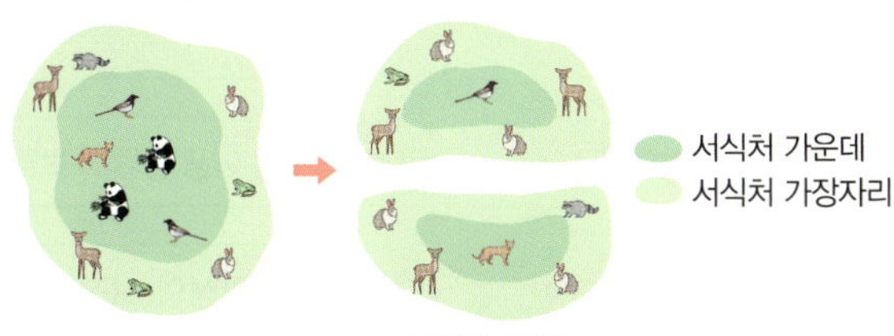

서식지단편화는 동물이 도로를 건너다 사고를 당해 죽는 로드킬을 유발할 수 있다. 이런 부작용을 줄이기 위해 분리된 지역 간 생물들이 이동할 수 있도록 생태통로를 설치한다.

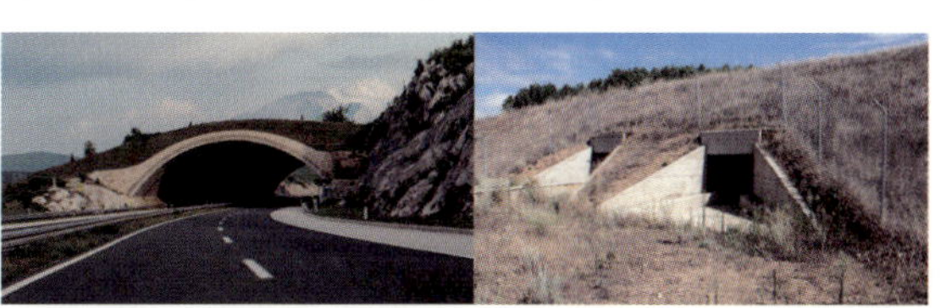

➡ 서식지단편화로 생물 간 이동이 차단되고, 가운데 서식하는 생물종의 수가 급격히 감소한다.

빈칸 완성

1. (　　　)은/는 지구의 다양한 환경에 다양한 생물이 살고 있는 것을 의미하며, 지구에 사는 생물 전체를 포함한다.

2. (　　　) 다양성은 같은 종의 개체로 구성된 무리에 변이가 다양함을 의미한다.

3. (　　　)다양성은 어떤 생태계에 살고 있는 생물종의 다양함이다.

4. (　　　) 협약은 습지의 보전과 중요 습지를 보호하기 위한 국제 협약이다.

둘 중에 고르기

5. 달팽이의 껍데기 무늬, 색이 개체마다 다른 것은 (종다양성, 유전적 다양성)의 예이다.

6. 유전적 다양성이 (높, 낮)은 종은 형질이 다양하여 멸종될 확률이 (높, 낮)다.

7. 종다양성이 높은 생태계일수록 생물 사이의 먹고 먹히는 관계가 (단순, 복잡)하다.

8. 생태계다양성이 높은 지역일수록 종다양성이 (높, 낮)다.

정답 1. 생물다양성 2. 유전적 3. 종 4. 람사르 5. 유전적 다양성 6. 높, 낮 7. 복잡 8. 높

단답형

1. 생물다양성의 3가지 요소를 쓰시오.

2. 석유 대체 연료로 사탕수수, 옥수수, 감자 등의 생물자원에서 추출한 알코올을 석유 제품 등과 혼합하여 만든 물질을 무엇이라 하는지 쓰시오.

3. 다음 의미에 해당하는 생물다양성의 감소 원인을 〈보기〉에서 찾아 각각 쓰시오.

〈보기〉

남획과 포획　　외래종의 도입　　서식지파괴

(1) 숲의 벌채, 습지의 매립, 도로 개발 등은 생물의 서식지를 파괴하고, 단편화시켜 많은 생물의 생존을 어렵게 한다.

(　　　)

(2) 야생 생물을 과도하게 많이 잡거나(남획), 불법적으로 잡으면 특정 생물종이 멸종될 수 있다. (　　　)

(3) 천적이 없는 외래종이 도입되어 크게 번식하면 토종 생물의 생존이 위협받게 된다. (　　　)

바르게 연결하기

4. 생물다양성의 구성요소와 예를 바르게 연결하시오.

(1) 유전적 다양성 ・　・㉠ 얼룩말의 털 줄무늬가 개체마다 다르다.

(2) 종다양성 ・　・㉡ 숲에는 무당벌레, 고슴도치, 개구리, 참나무 등이 있다.

(3) 생태계 다양성 ・　・㉢ 습지에는 육상 생태계와 수생 생태계가 모두 있다.

5. 생물다양성보전을 위한 국제 협약과 내용을 바르게 연결하시오.

(1) 생물다양성 협약 ・　・㉠ 습지의 보전과 중요 습지의 보호

(2) 람사르 협약 ・　・㉡ 이주성 야생 동물의 보호

(3) 본 협약 ・　・㉢ 생물다양성의 보전 및 생물자원의 지속 가능한 이용

정답 1. 유전적 다양성, 종다양성, 생태계다양성 2. 바이오에탄올 3. (1) 서식지파괴 (2) 남획과 포획 (3) 외래종의 도입 4. (1)－㉠ (2)－㉡ (3)－㉢
5. (1)－㉢ (2)－㉠ (3)－㉡

탐구 활동 — 자연선택 과정에 대한 모의실험

목표

다양한 변이가 있는 생물 무리에서 환경 변화에 따라 자연선택이 일어나는 과정을 설명할 수 있다.

과정

1. 빨간색 도화지 위에 3가지 색(빨간색, 노란색, 초록색) 뻥튀기 과자를 각각 5개씩 올려놓고 잘 섞는다.

2. 눈을 감았다가 뜬 후 가장 먼저 눈에 띄는 과자를 젓가락으로 1개씩 집어서 도화지 밖으로 꺼낸다. 이를 5회 반복하여 과자를 총 5개 꺼낸다.

3. 도화지에 남은 과자의 개수를 색깔별로 센 다음 표에 기록하고, 색깔별로 남은 과자의 개수만큼 추가하여 잘 섞는다.

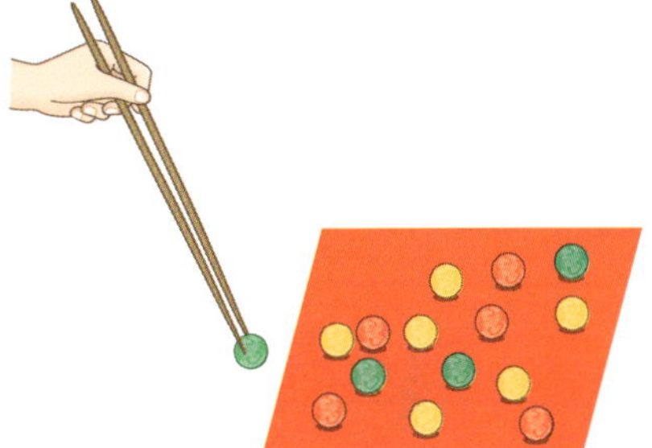

결과 정리 및 해석

1. 빨간색 도화지를 이용한 실험의 결과를 회차별로 기록해 보자.

과자 색깔		빨간색	노란색	초록색
남은 과자의 개수	1회	5	3	2
	2회	10	3	2
	3회	20	5	0

➡ 빨간색 도화지에서 빨간색 뻥튀기 과자의 비율은 회차를 거듭할수록 증가하였고, 초록색 뻥튀기 과자는 3회차에 모두 없어졌다.

2. 도화지의 색깔에 따라 남아 있는 과자의 비율이 다른 까닭을 쓰시오.

➡ 도화지의 색깔과 뻥튀기 과자의 색깔이 유사할수록 눈에 잘 띄지 않아 제거되기 어렵기 때문이다. 이는 자연선택으로 인해 집단 내 특정 형질을 가진 개체의 비율이 증가하는 것에 해당한다.

탐구 분석

1. 이 모의실험 중 살아남은 개체의 번식은 어떻게 표현되었는지 쓰시오.

➡

2. 빨간색 도화지를 노란색 도화지로 바꾸고, 과정 **1~3**을 반복 수행한다면 어떠한 결과가 나타날 것으로 예상되는지 쓰시오.

➡

> 25595-0001

01 생물의 진화와 화석에 대한 설명으로 옳지 <u>않은</u> 것은?

① 화석으로 지층의 생성 환경을 알 수 있다.
② 화석을 통해 생물의 진화 과정을 추정할 수 있다.
③ 최근의 지층일수록 최근에 생존했던 생물의 화석이 산출된다.
④ 새로운 지층일수록 진화가 적게 된 생물의 화석이 산출된다.
⑤ 화석은 과거 생물의 유해나 흔적이 지층에 남아 있는 것이다.

> 25595-0002

02 다음은 여러 가지 화석을 나타낸 것이다.

> 공룡, 삼엽충, 화폐석, 암모나이트, 매머드

이 화석들의 공통적인 특징으로 옳은 것만을 〈보기〉에서 있는 대로 고른 것은?

〈 보기 〉
ㄱ. 과거에 멸종한 생물이다.
ㄴ. 여러 지질 시대에 걸쳐 생존한 생물이다.
ㄷ. 지리적으로 좁고 한정된 지역에서만 서식하였다.

① ㄱ 　② ㄴ 　③ ㄱ, ㄷ
④ ㄴ, ㄷ 　⑤ ㄱ, ㄴ, ㄷ

☆중요
03 지질 시대의 생물에 대한 설명으로 옳은 것은?

> 25595-0003

① 고생대에는 양치식물이 번성하였다.
② 고생대에는 선캄브리아시대보다 생물종의 수가 적었다.
③ 중생대의 육지에서는 매머드가 번성하였다.
④ 중생대의 바다에서는 화폐석이 번성하였다.
⑤ 신생대에는 겉씨식물이 번성하였다.

> 25595-0004

04 선캄브리아시대에 대한 설명으로 옳은 것만을 〈보기〉에서 있는 대로 고른 것은?

〈 보기 〉
ㄱ. 화석이 다양하고 풍부하게 발견된다.
ㄴ. 광합성 생물인 남세균이 최초로 출현하였다.
ㄷ. 최초의 다세포생물이 출현하였다.

① ㄱ 　② ㄴ 　③ ㄱ, ㄷ
④ ㄴ, ㄷ 　⑤ ㄱ, ㄴ, ㄷ

> 25595-0005

05 고생대의 생물에 대한 설명으로 옳은 것은?

① 남세균이 최초로 출현하였다.
② 양서류가 최초로 출현하였다.
③ 대표적인 화석으로는 암모나이트가 있다.
④ 파충류가 번성했던 시기이다.
⑤ 오존층이 형성되지 않아 바다의 생물이 육지로 진출하지 못하였다.

☆중요
06 그림은 지질 시대의 시간 길이를 선캄브리아시대, 고생대, 중생대, 신생대로 구분하여 상대적인 넓이로 나타낸 것이다.

> 25595-0006

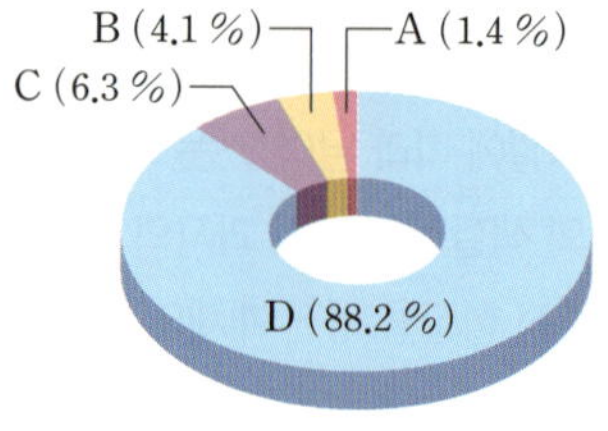

이에 대한 설명으로 옳은 것은?

① A는 고생대이다.
② B는 신생대이다.
③ 가장 오래된 지질 시대는 C이다.
④ A의 시대에 육지에는 포유류가 번성하였다.
⑤ 화석이 가장 많이 발견되는 시대는 D이다.

> 25595-0007

☆중요

07 다음은 기린의 진화 과정 일부를 순서 없이 나타낸 것이다.

> (가) 목이 긴 기린만 살아남아 자손에게 목이 긴 형질을 전달하였다.
> (나) 기린의 조상 무리에는 목이 짧은 기린과 목이 긴 기린이 있었다.
> (다) 먹이가 부족해지자 높은 곳에 있는 먹이를 먹기에 목이 긴 기린이 목이 짧은 기린에 비해 생존에 유리하였다.

다윈의 진화론에 따른 기린의 진화 과정을 순서대로 바르게 나열한 것은?

① (가)－(나)－(다)   ② (가)－(다)－(나)
③ (나)－(가)－(다)   ④ (나)－(다)－(가)
⑤ (다)－(나)－(가)

> 25595-0008

08 생물의 진화에 대한 설명으로 옳은 것만을 〈보기〉에서 있는 대로 고른 것은?

┤ 보기 ├
ㄱ. 새로운 종이 출현하는 것은 진화에 해당한다.
ㄴ. 돌연변이는 진화를 일으키는 요인에 해당한다.
ㄷ. 진화의 결과 오늘날 지구에 사는 생물종이 다양해졌다.

① ㄱ   ② ㄷ   ③ ㄱ, ㄴ
④ ㄴ, ㄷ   ⑤ ㄱ, ㄴ, ㄷ

> 25595-0009

09 다음은 사람과 완두를 관찰한 내용을 나타낸 것이다.

> (가) 사람의 ㉠피부색은 다양하다.
> (나) 완두의 모양에는 둥근 모양과 주름진 모양이 있다.

이에 대한 설명으로 옳은 것만을 〈보기〉에서 있는 대로 고른 것은? (단, 사람과 완두는 각각 한 종으로 구성된다.)

┤ 보기 ├
ㄱ. ㉠은 형질이다.
ㄴ. (나)는 유전자 차이에 의해 나타난다.
ㄷ. (가)와 (나)의 생물 집단에는 각각 변이가 있다.

① ㄱ   ② ㄷ   ③ ㄱ, ㄴ
④ ㄴ, ㄷ   ⑤ ㄱ, ㄴ, ㄷ

> 25595-0010

10 자연선택에 대한 설명으로 옳지 <u>않은</u> 것은?

① 라마르크가 제시한 진화 원리이다.
② 개체 간 변이가 있는 생물 집단에서 일어난다.
③ 환경에 유리한 형질을 가진 개체가 자연선택된다.
④ 개체의 번식률은 자연선택된 개체가 그렇지 못한 개체보다 높다.
⑤ 자연선택에 의해 생물 집단 내 환경에 적합한 형질을 가진 개체의 비율이 증가한다.

> 25595-0011

11 진화와 변이에 대한 설명으로 옳지 <u>않은</u> 것은?

① 같은 생물종에서 나타나는 형질의 차이는 변이이다.
② 돌연변이와 유성생식에 의해 변이가 나타날 수 있다.
③ 진화는 여러 세대에 걸쳐 변이가 쌓여 나타나는 현상이다.
④ 환경의 변화에 관계없이 생물의 형질은 특정한 방향으로 진화한다.
⑤ 호랑나비의 날개 무늬와 색이 개체별로 서로 다른 것은 변이의 예이다.

☆중요

> 25595-0012

12 표는 생물다양성의 3가지 의미를 나타낸 것이다.

생물다양성	의미
(가)	일정 지역에 서식하는 생물종의 다양함
(나)	같은 생물종에서 나타나는 형질의 다양함
(다)	열대우림, 갯벌, 습지, 사막, 초원 등 생물 서식지의 다양함

(가)~(다)를 옳게 짝 지은 것은?

	(가)	(나)	(다)
①	유전적 다양성	종다양성	생태계다양성
②	유전적 다양성	생태계다양성	종다양성
③	종다양성	유전적 다양성	생태계다양성
④	종다양성	생태계다양성	유전적 다양성
⑤	생태계다양성	종다양성	유전적 다양성

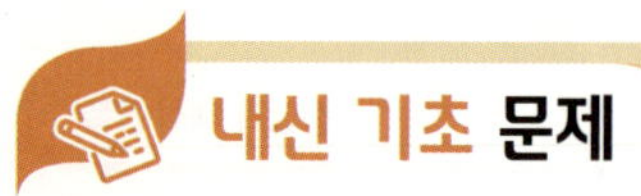

> 25595-0013

★중요

13 그림은 원래 같은 종이었던 핀치가 여러 섬에 흩어져 살게 되면서 부리 모양이 다르게 진화한 모습을 나타낸 것이다.

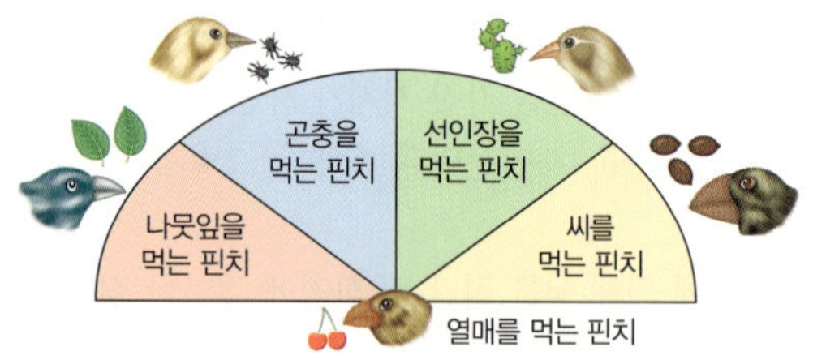

이에 대한 설명으로 옳은 것만을 〈보기〉에서 있는 대로 고른 것은?

보기
ㄱ. 먹이 종류에 따라 부리 모양에 대한 자연선택이 일어났다.
ㄴ. 환경의 변화는 생물의 진화를 일으키는 요인에 해당한다.
ㄷ. 여러 섬에 흩어지기 전의 핀치 집단에는 부리 모양에 대한 변이가 있었다.

① ㄱ
② ㄷ
③ ㄱ, ㄴ
④ ㄴ, ㄷ
⑤ ㄱ, ㄴ, ㄷ

> 25595-0014

14 다음은 낫모양적혈구에 대한 자료이다.

낫모양적혈구는 정상 적혈구에 비해 산소 운반 능력이 낮아 심한 빈혈을 유발하므로 낫모양적혈구 유전자를 가진 사람을 발견하기는 쉽지 않다. 그러나 말라리아가 많이 발생하는 지역에서는 다른 지역보다 낫모양적혈구 유전자를 가진 사람의 비율이 높다.

이에 대한 설명으로 옳은 것만을 〈보기〉에서 있는 대로 고른 것은?

보기
ㄱ. 적혈구의 모양에는 변이가 있다.
ㄴ. 같은 형질이라면 환경 조건이 달라도 생존에 유리한 정도는 동일하다.
ㄷ. 정상 적혈구를 가진 사람과 낫모양적혈구를 가진 사람은 말라리아에 대한 저항성이 서로 다르다.

① ㄱ
② ㄴ
③ ㄷ
④ ㄱ, ㄷ
⑤ ㄴ, ㄷ

> 25595-0015

15 그림은 흰 개와 검은 개 사이에서 얼룩 강아지가 태어난 모습을 나타낸 것이다.

이에 대한 설명으로 옳은 것만을 〈보기〉에서 있는 대로 고른 것은? (단, 돌연변이는 고려하지 않는다.)

보기
ㄱ. 털 색에 대한 변이가 있다.
ㄴ. 유성생식에 의해 변이가 다양해졌다.
ㄷ. 얼룩 강아지는 부모로부터 유전자를 물려받았다.

① ㄱ
② ㄷ
③ ㄱ, ㄴ
④ ㄴ, ㄷ
⑤ ㄱ, ㄴ, ㄷ

> 25595-0016

16 생물다양성을 감소시키는 요인으로 옳은 것만을 〈보기〉에서 있는 대로 고른 것은?

보기
ㄱ. 단편화한 서식지에 생태통로를 건설한다.
ㄴ. 멸종 위기의 생물자원을 불법으로 포획한다.
ㄷ. 벌목된 지역에 나무를 심고, 생태보전 지역으로 선정한다.

① ㄱ
② ㄴ
③ ㄱ, ㄷ
④ ㄴ, ㄷ
⑤ ㄱ, ㄴ, ㄷ

> 25595-0017

17 생물다양성에 대한 설명으로 옳은 것만을 〈보기〉에서 있는 대로 고른 것은?

보기
ㄱ. 생물다양성이 낮을수록 생태계평형이 잘 유지된다.
ㄴ. 생물다양성에는 생태계의 다양한 정도가 포함된다.
ㄷ. 생물다양성이 높을수록 인간이 활용할 수 있는 생물자원이 다양해진다.

① ㄱ
② ㄴ
③ ㄱ, ㄷ
④ ㄴ, ㄷ
⑤ ㄱ, ㄴ, ㄷ

> 25595-0018

01 그림 (가)와 (나)는 지질 시대의 생물 화석을 나타낸 것이다.

(가) 암모나이트　　　　(나) 고사리

이에 대한 설명으로 옳은 것만을 〈보기〉에서 있는 대로 고른 것은?

〔보기〕
ㄱ. (가)를 통해 지층이 형성된 지질 시대를 알 수 있다.
ㄴ. (나)의 화석이 발견된 지층은 춥고 건조한 환경에서 형성되었다.
ㄷ. (가)는 (나)보다 먼저 출현하였다.

① ㄱ　　　　② ㄴ　　　　③ ㄱ, ㄷ
④ ㄴ, ㄷ　　　　⑤ ㄱ, ㄴ, ㄷ

> 25595-0019

02 그림은 삼엽충 화석을 나타낸 것이다.

이에 대한 설명으로 옳은 것만을 〈보기〉에서 있는 대로 고른 것은?

〔보기〕
ㄱ. 이 생물은 고생대에 번성하였다.
ㄴ. 암모나이트 화석보다 더 오래전에 생성되었다.
ㄷ. 이 화석이 발견된 지층은 바다에서 퇴적되었다.

① ㄱ　　　　② ㄴ　　　　③ ㄱ, ㄷ
④ ㄴ, ㄷ　　　　⑤ ㄱ, ㄴ, ㄷ

> 25595-0020

03 판게아가 갈라져 대륙이 점차 분리되기 시작했던 지질 시대에 대한 설명으로 옳은 것만을 〈보기〉에서 있는 대로 고른 것은?

〔보기〕
ㄱ. 최초의 어류가 출현하였다.
ㄴ. 속씨식물이 번성하였다.
ㄷ. 빙하기가 없었다.

① ㄱ　　　　② ㄷ　　　　③ ㄱ, ㄴ
④ ㄴ, ㄷ　　　　⑤ ㄱ, ㄴ, ㄷ

> 25595-0021

04 다음에서 설명하는 지질 시대에 생성된 화석은?

· 최초의 생물이 바다에서 등장하였다.
· 광합성을 하는 세균이 최초로 출현하였다.

① 필석　　　　② 고사리　　　　③ 암모나이트
④ 화폐석　　　　⑤ 에디아카라 생물군

> 25595-0022

05 최초의 육상 생명체가 등장한 지질 시대를 쓰고, 바다에서 육상으로 생명체가 진출할 수 있었던 까닭을 서술하시오.

____

____

____

____

06 그림은 공룡 화석을 나타낸 것이다.

> 25595-0023

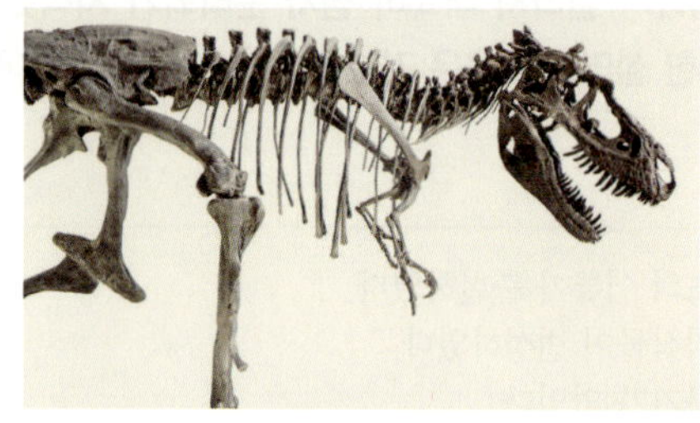

공룡에 대한 설명으로 옳은 것만을 〈보기〉에서 있는 대로 고른 것은?

보기

ㄱ. 중생대에 번성하였다.
ㄴ. 판게아가 형성된 이후에 출현하였다.
ㄷ. 화폐석과 비슷한 시기에 멸종하였다.

① ㄱ   ② ㄷ   ③ ㄱ, ㄴ
④ ㄴ, ㄷ   ⑤ ㄱ, ㄴ, ㄷ

중요

07 그림은 어느 지질 시대의 수륙 분포를 나타낸 것이다.

> 25595-0024

이 시기에 대한 설명으로 옳은 것만을 〈보기〉에서 있는 대로 고른 것은

보기

ㄱ. 공룡과 암모나이트가 멸종하였다.
ㄴ. 육지에는 속씨식물이 번성하였다.
ㄷ. 바다에는 어류가 살고 있었다.

① ㄱ   ② ㄷ   ③ ㄱ, ㄴ
④ ㄴ, ㄷ   ⑤ ㄱ, ㄴ, ㄷ

08 그림 (가), (나), (다)는 지질 시대에 번성했던 생물의 화석을 나타낸 것이다.

> 25595-0025

(가)   (나)   (다)

(가), (나), (다)를 생성된 시기가 오래된 것부터 순서대로 옳게 나열한 것은?

① (가)–(나)–(다)   ② (가)–(다)–(나)
③ (나)–(가)–(다)   ④ (나)–(다)–(가)
⑤ (다)–(나)–(가)

09 그림은 지질 시대에 따른 해양 생물 과의 수 변화를 나타낸 것이다.
이에 대한 설명으로 옳은 것만을 〈보기〉에서 있는 대로 고른 것은?

> 25595-0026

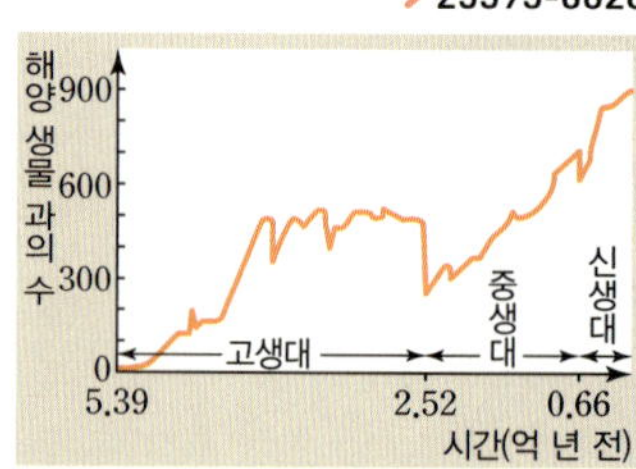

보기

ㄱ. 해양 생물 과의 수는 신생대에 가장 많다.
ㄴ. 중생대 말에 생물 대멸종이 일어났다.
ㄷ. 고생대와 중생대의 경계에서 생물의 서식 환경에 큰 변화가 있었다.

① ㄱ   ② ㄴ   ③ ㄱ, ㄷ
④ ㄴ, ㄷ   ⑤ ㄱ, ㄴ, ㄷ

서술형

10 지질 시대 동안 대멸종은 5번이 있었고, 대멸종 과정에서 많은 생물이 멸종하였다. 대멸종 이후 생물종의 수가 어떻게 변화했는지 쓰고, 그 까닭을 서술하시오.

> 25595-0027

____

____

____

> 25595-0028

11 그림은 한 종의 가무락조개에서 관찰되는 껍질 무늬의 차이를 나타낸 것이다.

이에 대한 설명으로 옳은 것만을 〈보기〉에서 있는 대로 고른 것은?

┤ 보기 ├
ㄱ. 껍질 무늬는 형질에 해당한다.
ㄴ. 껍질 무늬의 차이는 변이에 해당한다.
ㄷ. 껍질 무늬의 차이는 유전자 차이에 의해 나타난다.

① ㄱ   ② ㄷ   ③ ㄱ, ㄴ
④ ㄴ, ㄷ   ⑤ ㄱ, ㄴ, ㄷ

> 25595-0029

12 그림은 어떤 숲에서 산업 혁명 이전과 이후에 대기오염 규제 이전과 이후에 채집한 색깔이 다른 후추나방의 빈도를 나타낸 것이다. 흰색 나방과 검은색 나방은 같은 종이며, 후추나방은 새의 먹이이다.

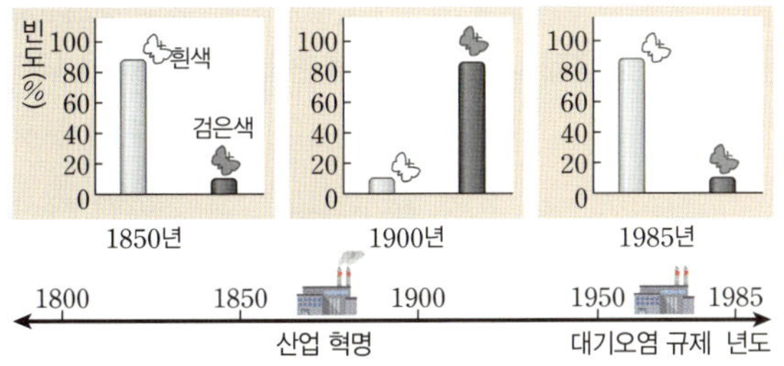

이에 대한 설명으로 옳은 것만을 〈보기〉에서 있는 대로 고른 것은?

┤ 보기 ├
ㄱ. 산업 혁명 이전 후추나방 집단에는 변이가 없다.
ㄴ. 산업 혁명에 의한 환경 변화로 검은색 나방이 흰색 나방보다 생존에 유리해졌다.
ㄷ. 대기오염 규제 이후 포식자인 새는 검은색 나방보다 흰색 나방을 많이 포식하였다.

① ㄱ   ② ㄴ   ③ ㄱ, ㄷ
④ ㄴ, ㄷ   ⑤ ㄱ, ㄴ, ㄷ

> 25595-0030

13 표는 같은 종의 생물에서 변화를 일으키는 요인 (가)와 (나)의 예를 나타낸 것이다. (가)와 (나)는 각각 돌연변이와 유성생식 중 하나이다.

요인	예
(가)	ⓐ항생제 내성이 없는 세균 집단에서 ⓑ항생제 내성 대립유전자를 갖는 세균이 나타났다.
(나)	ABO식 혈액형이 AB형인 아버지와 O형인 어머니 사이에서 각각 A형과 B형인 자녀가 태어났다.

이에 대한 설명으로 옳은 것만을 〈보기〉에서 있는 대로 고른 것은?

┤ 보기 ├
ㄱ. (가)는 돌연변이이다.
ㄴ. (나)에서 가족 내 ABO식 혈액형에 대한 변이가 있다.
ㄷ. 항생제가 있는 환경에서는 ⓐ가 ⓑ보다 생존에 유리하다.

① ㄱ   ② ㄷ   ③ ㄱ, ㄴ
④ ㄴ, ㄷ   ⑤ ㄱ, ㄴ, ㄷ

서술형

> 25595-0031

14 그림은 다윈이 주장한 진화설 X에 따라 기린의 목이 길어진 진화 과정을 나타낸 것이다.

⑴ 다윈이 주장한 진화설 X는 무엇인지 쓰시오.

⑵ 표는 X에 따른 진화 과정을 나타낸 것이다. 기린의 진화 과정에 따라 빈 칸의 ㉠~㉢에 들어갈 적절한 내용을 쓰시오.

단계	내용	기린의 진화 과정
1단계	변이	㉠
2단계	생존경쟁	먹이가 부족하여 목이 긴 기린과 목이 짧은 기린이 경쟁하였다.
3단계	㉡	㉢
4단계	진화	목이 긴 기린이 번식하여 현재의 기린이 되었다.

> 25595-0032

15 자연선택에 대한 설명으로 옳은 것만을 〈보기〉에서 있는 대로 고른 것은?

〔 보기 〕
ㄱ. 변이가 있는 생물 집단에서 일어난다.
ㄴ. 자연선택이 일어난 생물 집단에서는 더 이상의 진화가 일어나지 않는다.
ㄷ. 환경의 조건과 관계없이 무작위적인 형질을 가진 개체가 선택되어 자손에게 형질을 전하는 현상이다.

① ㄱ ② ㄴ ③ ㄱ, ㄷ
④ ㄴ, ㄷ ⑤ ㄱ, ㄴ, ㄷ

> 25595-0033

16 다음은 어떤 지역에서 핀치 집단의 부리 크기 변화에 대한 자료이다.

습지가 형성되기 전에는 중간 부리를 가진 핀치가 가장 많고, 작은 부리를 가진 핀치가 가장 적었지만, 습지가 형성되면서 그림과 같이 부리 크기에 따른 핀치의 개체수가 변화되었다.

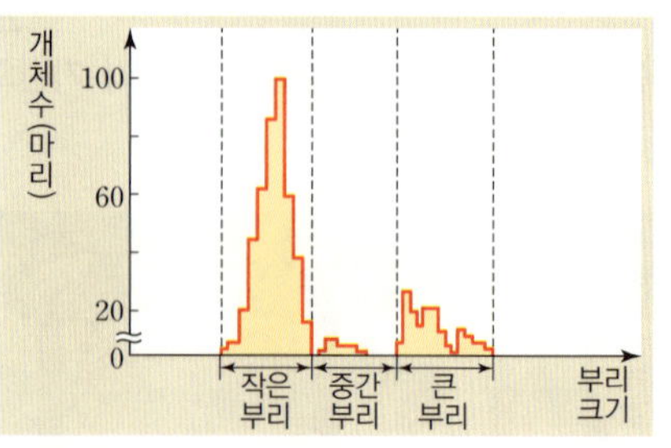

이에 대한 설명으로 옳은 것만을 〈보기〉에서 있는 대로 고른 것은? (단, 습지 형성 이외의 환경 조건은 고려하지 않는다.)

〔 보기 〕
ㄱ. 습지 형성 후 핀치 집단에는 부리 크기에 대한 변이가 있다.
ㄴ. 습지 형성 전에 비해 습지 형성 후 부리의 평균 크기는 커졌다.
ㄷ. 습지 형성 후 중간 부리를 가진 핀치는 작은 부리를 가진 핀치보다 생존률이 높다.

① ㄱ ② ㄴ ③ ㄱ, ㄷ
④ ㄴ, ㄷ ⑤ ㄱ, ㄴ, ㄷ

> 25595-0034

17 그림 (가)는 아프리카에서 말라리아가 자주 발생하는 지역을, (나)는 같은 지역에서의 낫모양적혈구 유전자의 빈도를 나타낸 것이다. 낫모양적혈구는 말라리아에 대해 저항성이 있지만, 산소 운반 효율이 낮아 악성 빈혈의 원인이 된다.

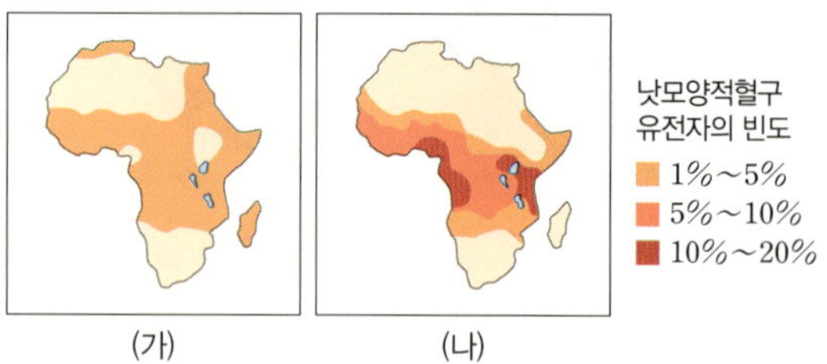

이에 대한 설명으로 옳은 것만을 〈보기〉에서 있는 대로 고른 것은?

〔 보기 〕
ㄱ. 낫모양적혈구 유전자를 가진 사람은 말라리아에 대해 저항성이 있다.
ㄴ. 말라리아가 자주 발생하는 지역에서 낫모양적혈구 형질은 자손에게 전달된다.
ㄷ. 낫모양적혈구 유전자를 가진 사람은 말라리아가 발생한 지역에서 생존에 유리하다.

① ㄱ ② ㄷ ③ ㄱ, ㄴ ④ ㄴ, ㄷ ⑤ ㄱ, ㄴ, ㄷ

☆중요

> 25595-0035

18 그림은 항생제 내성 세균의 출현과 진화 과정을 나타낸 것이다.

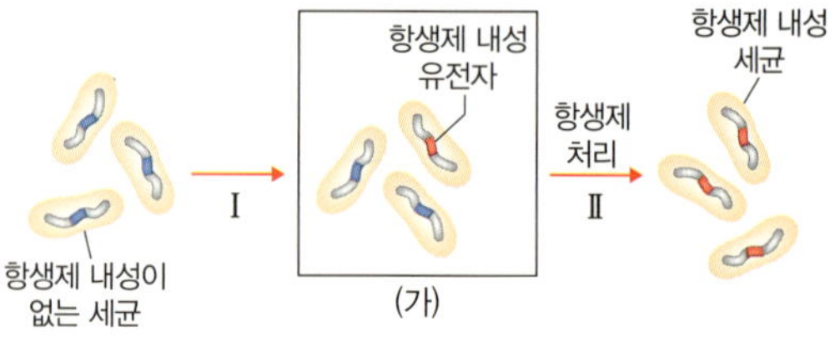

이에 대한 설명으로 옳은 것만을 〈보기〉에서 있는 대로 고른 것은?

〔 보기 〕
ㄱ. 과정 Ⅰ에서 돌연변이가 일어났다.
ㄴ. (가)에는 항생제 내성에 대한 변이가 있다.
ㄷ. 과정 Ⅱ에서 항생제 내성이 없는 세균이 항생제 내성 세균보다 생존율이 높았다.

① ㄱ ② ㄷ ③ ㄱ, ㄴ ④ ㄴ, ㄷ ⑤ ㄱ, ㄴ, ㄷ

19 그림 (가)는 생물다양성의 구성요소를, (나)는 A의 예를 나타낸 것이다.

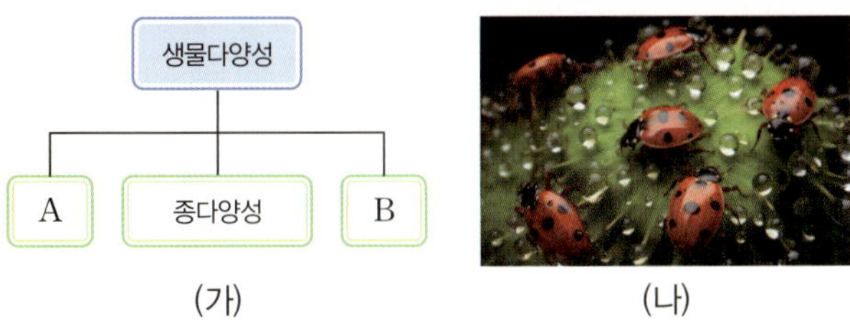

(가)   (나)

이에 대한 설명으로 옳은 것만을 〈보기〉에서 있는 대로 고른 것은?

〔 보기 〕

ㄱ. A는 유전적 다양성이다.
ㄴ. (나)의 무당벌레는 여러 종으로 구성된다.
ㄷ. B는 어떤 지역에 존재하는 환경 조건이 서로 다른 생태계의 다양함이다.

① ㄱ   ② ㄴ   ③ ㄱ, ㄷ   ④ ㄴ, ㄷ   ⑤ ㄱ, ㄴ, ㄷ

중요

> 25595-0037

20 표는 세균의 진화에 대한 모의실험 과정과 이 실험에 대한 세 학생 A~C의 발표 내용을 나타낸 것이다.

(가) 빨간색 도화지 위에 초록색, 빨간색, 주황색 초콜릿을 5개씩 흩어 놓는다.
(나) 눈을 감았다가 뜨면서 가장 먼저 눈에 띄는 것을 1개 집어내는 과정을 3회 반복한다.
(다) 남아 있는 초콜릿의 수만큼 같은 색깔의 초콜릿을 추가한다.
(라) 초록색 도화지로 바꾼 후 과정 (가)~(다)를 수행한다.

학생	발표 내용
A	과정 (나)는 돌연변이를 표현한 것입니다.
B	과정 (다)는 생존 개체의 증식 과정을 표현한 것입니다.
C	빨간색 도화지를 이용한 실험과 초록색 도화지를 이용한 실험에서 모두 주황색 초콜릿의 비율이 가장 높을 것입니다.

제시한 내용이 옳은 학생만을 있는 대로 고른 것은?

① A   ② B   ③ A, C   ④ B, C   ⑤ A, B, C

> 25595-0038

21 다음은 이스터 섬에서 일어난 생물다양성의 변화를 나타낸 것이다.

많은 원주민이 살고 있던 이스터 섬에서는 많은 ㉠야자나무가 있었다. 거대한 석상을 운반하기 위해 ㉡야자나무를 과도하게 벌채한 결과 야자나무가 사라졌다. 이로 인해 배를 만들 나무를 구하지 못해 바다 사냥을 나가지 못하게 되었고, 점차 식량이 부족해지자 새를 잡아먹으면서 섬에서 새가 사라지게 되었다. 결국 척박해진 섬에는 소수의 원주민만 살아남게 되었다.

이에 대한 설명으로 옳은 것만을 〈보기〉에서 있는 대로 고른 것은?

〔 보기 〕

ㄱ. ㉠은 생물자원에 해당한다.
ㄴ. ㉡은 생물다양성의 감소 원인에 해당한다.
ㄷ. 생물다양성을 보전하는 것은 인류의 생존에 도움이 된다.

① ㄱ   ② ㄷ   ③ ㄱ, ㄴ   ④ ㄴ, ㄷ   ⑤ ㄱ, ㄴ, ㄷ

서술형

> 25595-0039

22 그림은 생물다양성의 3가지 구성요소를 나타낸 것이다.

A   B   C

(1) A~C가 무엇인지 각각 쓰시오.

(2) 다음은 바나나에 대한 설명이다.

야생 바나나는 유성생식을 통해 형성된 씨로 번식하지만, 캐번디시 품종은 씨가 아닌 땅속줄기로 번식한다.

바나나에 치명적인 곰팡이성 질병이 발생하였을 때 야생 바나나와 캐번디시 중 멸종 가능성이 더 높은 것은 무엇인지 A~C 중 하나와 관련지어 서술하시오.

> 25595-0040

23 자료는 생물다양성에 대한 사례를, 표는 생물다양성의 3가지 구성요소를 나타낸 것이다. A와 B는 각각 유전적 다양성과 종다양성 중 하나이다.

> 자료: '벼 왜소증 바이러스'가 1970년대 유행하면서 아시아에서는 벼 생산에 큰 차질이 있었다. 이에 국제 벼 연구소는 이 질병에 강한 유전자를 가진 벼의 종류를 찾아냈다.

생물다양성	의미
A	같은 종의 집단에서 유전자 구성이 다양한 정도
B	?
생태계다양성	사막, 습지, 갯벌 등 생태계의 다양한 정도

이에 대한 설명으로 옳은 것만을 〈보기〉에서 있는 대로 고른 것은?

> 보기
> ㄱ. A는 유전적 다양성이다.
> ㄴ. B가 높을수록 생태계는 안정적으로 유지된다.
> ㄷ. 제시된 자료는 A의 중요성을 보여주는 사례이다.

① ㄱ   ② ㄷ   ③ ㄱ, ㄴ
④ ㄴ, ㄷ   ⑤ ㄱ, ㄴ, ㄷ

> 25595-0041

24 다음은 생물다양성의 중요성에 대한 자료이다. ㉠은 생물다양성의 의미 중 하나이다.

> • ㉠은 생물이 서식하는 환경뿐만 아니라 생물과 환경 사이의 상호작용을 포함한다.
> • ⓐ옥수수, 사탕수수 등은 ⓑ인류에게 유용한 물질을 제공해 준다.

이에 대한 설명으로 옳은 것만을 〈보기〉에서 있는 대로 고른 것은?

> 보기
> ㄱ. 생태계다양성은 ㉠에 해당한다.
> ㄴ. ⓐ는 생물자원에 해당한다.
> ㄷ. 바이오에탄올은 ⓑ에 해당한다.

① ㄱ   ② ㄷ   ③ ㄱ, ㄴ
④ ㄴ, ㄷ   ⑤ ㄱ, ㄴ, ㄷ

> 25595-0042

25 다음은 생물다양성과 관련된 자료이다.

> (가) ㉠은 물새의 서식지인 습지를 보전하기 위한 목적으로 한 국제 협약이다.
> (나) 식물의 종자를 저장하는 종자 은행을 설립한다.
> (다) 도로 건설에 따른 단편화를 해소하기 위해 생태통로를 설치한다.

이에 대한 설명으로 옳은 것만을 〈보기〉에서 있는 대로 고른 것은?

> 보기
> ㄱ. 람사르 협약은 ㉠에 해당한다.
> ㄴ. (나)를 통해 생물자원을 보전할 수 있다.
> ㄷ. (다)는 생물다양성을 높이는 노력에 해당한다.

① ㄱ   ② ㄴ   ③ ㄱ, ㄷ   ④ ㄴ, ㄷ   ⑤ ㄱ, ㄴ, ㄷ

서술형

> 25595-0043

26 그림은 이끼로 덮인 서식지를 3가지 유형 (가)~(다)로 나눈 다음 6개월 후 이끼 밑에 서식하는 소형 동물 중 사라진 생물종 수 변화를 조사한 결과를 나타낸 것이다.

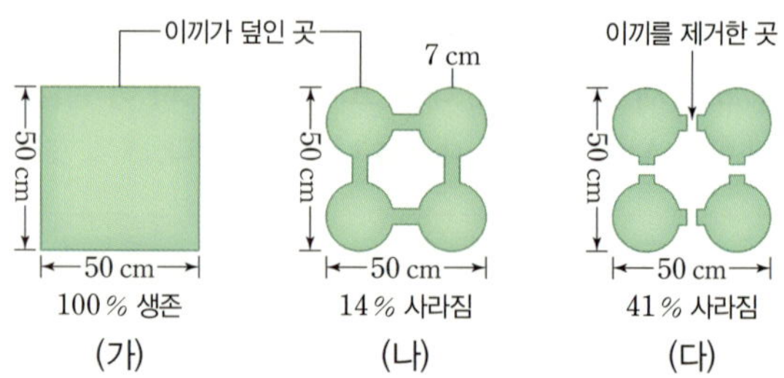

(1) 6개월 후 종다양성이 가장 높은 곳은 (가)~(다) 중 어디인지 쓰시오.

(2) 도로 건설, 댐 건설 등으로 서식지단편화가 일어났을 때 나타날 수 있는 생물다양성의 변화를 서술하시오.

(3) (2)에서 제시한 변화를 최소화하기 위한 방안으로는 어떤 것이 있는지 (나)와 (다)를 참고하여 서술하시오.

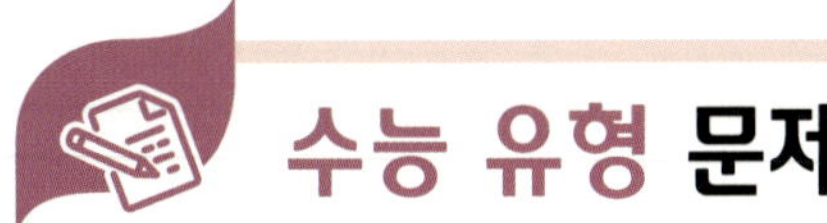

01 다음은 고생대, 중생대, 신생대를 분류하는 과정을 나타낸 것이다.

> 25595-0044

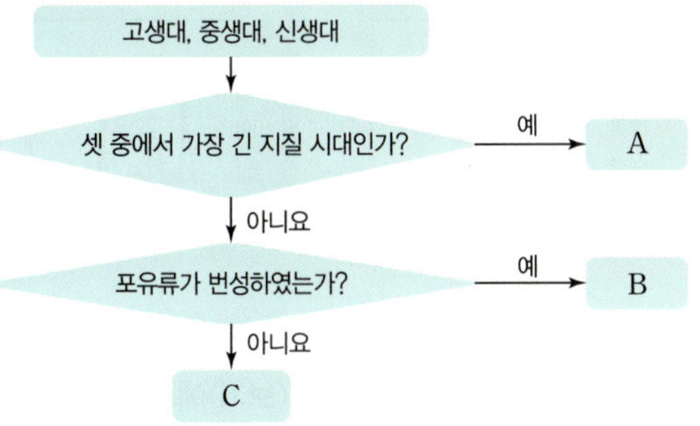

이에 대한 설명으로 옳은 것만을 〈보기〉에서 있는 대로 고른 것은?

┤ 보기 ├
ㄱ. A 시대에 양치식물이 번성하였다.
ㄴ. B 시대의 대표적인 화석으로 갑주어가 있다.
ㄷ. C 시대에는 빙하기가 있었다.

① ㄱ　　　　② ㄷ　　　　③ ㄱ, ㄴ
④ ㄴ, ㄷ　　　⑤ ㄱ, ㄴ, ㄷ

★중요
02 그림 (가)는 선캄브리아시대, 고생대, 중생대, 신생대가 지질 시대에서 차지하는 비율을 나타낸 것이고, (나)와 (다)는 각각 고사리와 삼엽충 화석을 나타낸 것이다.

> 25595-0045

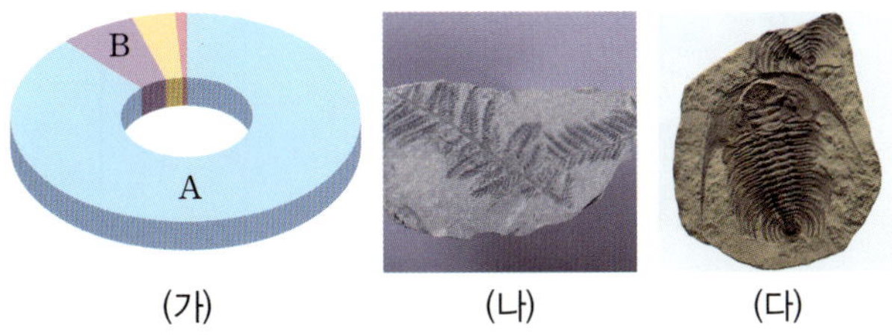

이에 대한 설명으로 옳은 것만을 〈보기〉에서 있는 대로 고른 것은?

┤ 보기 ├
ㄱ. A 시대에는 최초의 다세포생물이 출현하였다.
ㄴ. (나)와 (다)는 같은 지층에서 산출될 수 있다.
ㄷ. (다)는 B 시대에 번성하였다.

① ㄱ　　　　② ㄴ　　　　③ ㄱ, ㄷ
④ ㄴ, ㄷ　　　⑤ ㄱ, ㄴ, ㄷ

03 그림은 우리나라에서 공룡 발자국 화석이 발견된 지층을 나타낸 것이다.

> 25595-0046

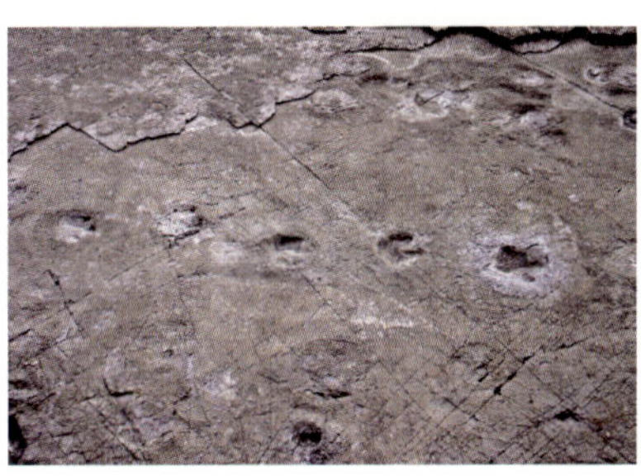

이 지층에 대한 설명으로 옳은 것만을 〈보기〉에서 있는 대로 고른 것은?

┤ 보기 ├
ㄱ. 중생대에 퇴적되었다.
ㄴ. 바다에서 퇴적되었다.
ㄷ. 화성암으로 이루어져 있다.

① ㄱ　　　　② ㄷ　　　　③ ㄱ, ㄴ
④ ㄴ, ㄷ　　　⑤ ㄱ, ㄴ, ㄷ

★중요
04 그림은 지질 시대 동안 일어난 주요 사건을 나타낸 것이다.

> 25595-0047

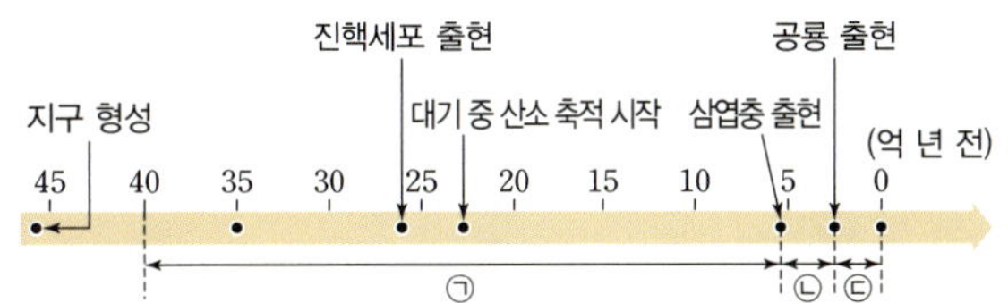

이에 대한 설명으로 옳은 것만을 〈보기〉에서 있는 대로 고른 것은?

┤ 보기 ├
ㄱ. 최초의 육상 식물은 ㉠ 시기에 출현하였다.
ㄴ. ㉡ 시기에는 빙하기가 있었다.
ㄷ. ㉢ 시기에는 대멸종이 일어나지 않았다.

① ㄱ　　　　② ㄴ　　　　③ ㄱ, ㄷ
④ ㄴ, ㄷ　　　⑤ ㄱ, ㄴ, ㄷ

> 25595-0048

05 그림은 어느 지역의 지층 모습과 각 지층에서 발견된 화석을 나타낸 것이다.

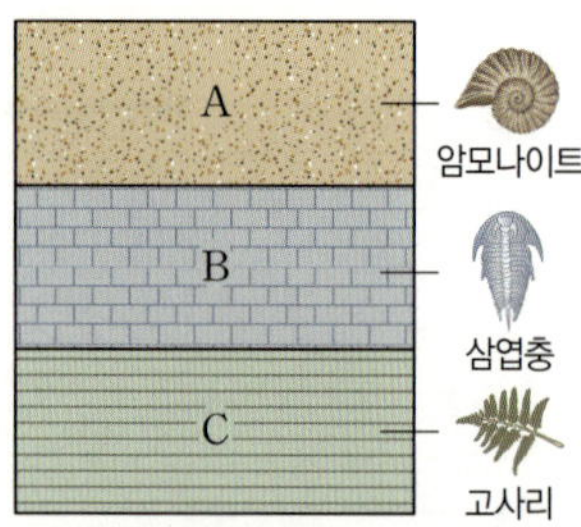

이에 대한 설명으로 옳은 것만을 〈보기〉에서 있는 대로 고른 것은?

보기

ㄱ. 지층 A는 바다에서, 지층 C는 육지에서 퇴적되었다.
ㄴ. 지층 B에서는 공룡 화석이 산출될 수 있다.
ㄷ. 지층 A는 B보다 나중에 퇴적되었다.

① ㄱ   　　② ㄴ   　　③ ㄱ, ㄷ
④ ㄴ, ㄷ   　　⑤ ㄱ, ㄴ, ㄷ

> 25595-0049

06 그림은 지질 시대의 생물계 변화를 나타낸 것이다.

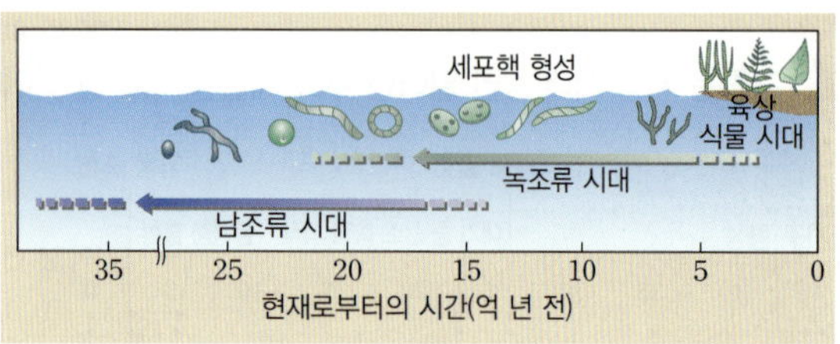

이에 대한 설명으로 옳은 것만을 〈보기〉에서 있는 대로 고른 것은?

보기

ㄱ. 최초의 생물은 바다에서 출현하였다.
ㄴ. 지구에서 최초의 광합성이 시작된 시기는 약 4억 년 전 무렵이다.
ㄷ. 오존층은 육상 식물이 번성한 후 형성되기 시작하였다.

① ㄱ   　　② ㄷ   　　③ ㄱ, ㄴ
④ ㄴ, ㄷ   　　⑤ ㄱ, ㄴ, ㄷ

> 25595-0050

07 그림 (가)는 지질 시대 동안 완족류와 삼엽충의 과의 수 변화를 나타낸 것이고, (나)는 전체 생물 중에서 멸종된 과의 수 변화를 나타낸 것이다.

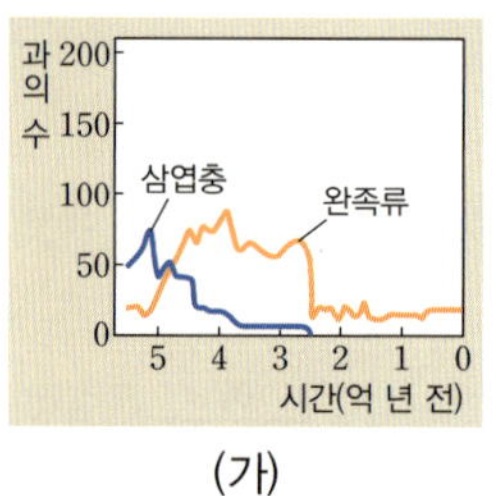

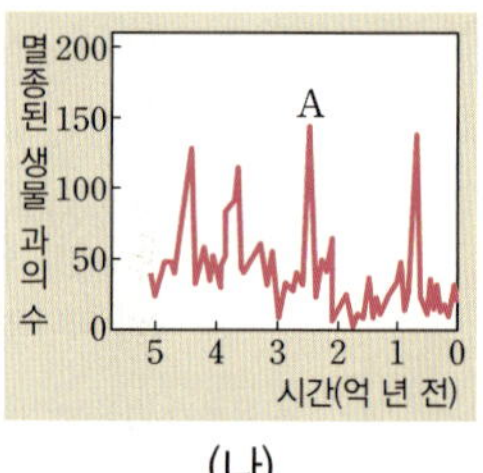

이에 대한 설명으로 옳은 것만을 〈보기〉에서 있는 대로 고른 것은?

보기

ㄱ. 삼엽충과 완족류는 모두 고생대에 번성하였다.
ㄴ. 완족류는 고생대 말기에 멸종하였다.
ㄷ. (나)의 A 시기에 멸종된 과의 수가 증가한 것은 공룡의 멸종 때문이다.

① ㄱ   　　② ㄷ   　　③ ㄱ, ㄴ
④ ㄴ, ㄷ   　　⑤ ㄱ, ㄴ, ㄷ

> 25595-0051

08 그림 (가)는 서로 다른 지질 시대의 수륙 분포 변화를, (나)는 약 5.39억 년 전부터 현재까지 해양 생물 과의 수를 나타낸 것이다.

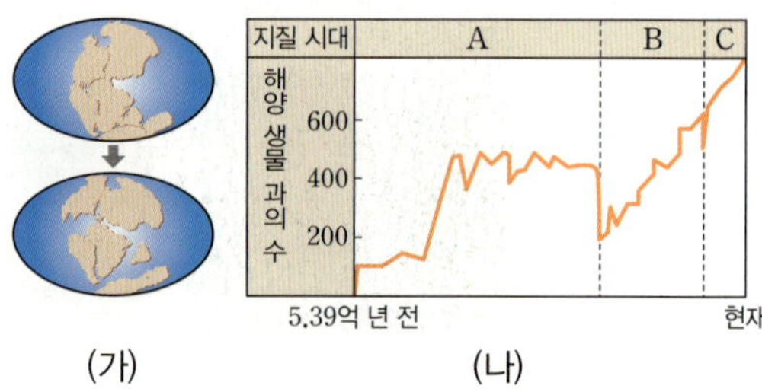

이에 대한 설명으로 옳은 것만을 〈보기〉에서 있는 대로 고른 것은?

보기

ㄱ. (가)의 과정에서 대륙붕의 면적은 넓어졌다.
ㄴ. (가)의 수륙 분포 변화는 C 시대에 일어났다.
ㄷ. A 시대와 B 시대 사이에 암모나이트가 멸종했다.

① ㄱ   　　② ㄷ   　　③ ㄱ, ㄴ
④ ㄴ, ㄷ   　　⑤ ㄱ, ㄴ, ㄷ

09 > 25595-0052

그림은 어떤 지역에서 딱정벌레의 진화 과정을 나타낸 것이다. (가)와 (나)는 협곡의 형성으로 분리된 지역이며, ㉠과 ㉡은 각각 돌연변이와 자연선택 중 하나이다. A~C는 날개 무늬와 색이 서로 다르다.

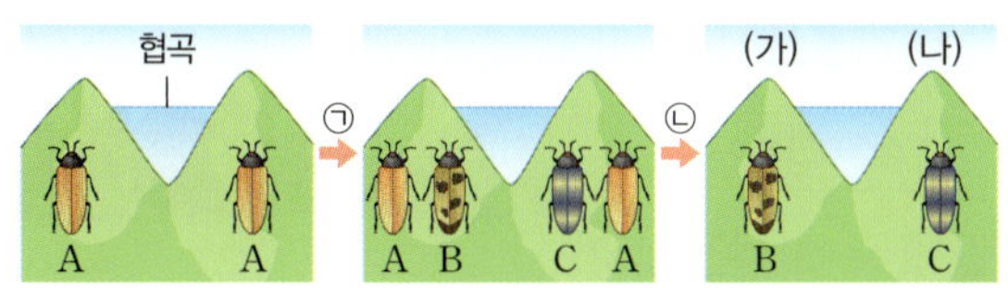

이에 대한 설명으로 옳은 것만을 〈보기〉에서 있는 대로 고른 것은? (단, 이입과 이출은 없고, A~C 세 종만 고려한다.)

┤ 보기 ├
ㄱ. ㉠은 돌연변이이다.
ㄴ. 집단의 변이는 ㉡에 의해 증가한다.
ㄷ. (가)에서 생존율과 번식률은 A가 B보다 높다.

① ㄱ　② ㄴ　③ ㄱ, ㄷ　④ ㄴ, ㄷ　⑤ ㄱ, ㄴ, ㄷ

☆중요
10 > 25595-0053

다음은 후추나방 개체수의 변화에 대한 탐구이다.

(가) 후추나방이 서식하지 않는 지역 Ⅰ과 Ⅱ에 각각 같은 수의 흰색과 검은색 후추나방을 놓아주었다. Ⅰ과 Ⅱ는 각각 오염되지 않은 숲과 검게 오염된 숲 중 하나이다.
(나) 여러 세대가 지난 후 Ⅰ과 Ⅱ에서 후추나방 개체수의 비율을 조사하였더니 그림과 같았다.
(다) Ⅰ과 Ⅱ에서 모두 ㉠자연선택이 일어났다고 결론을 내렸다.

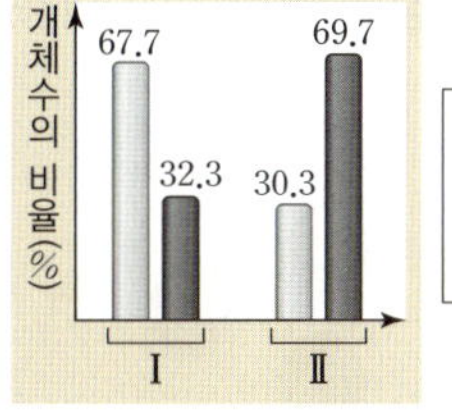

이에 대한 설명으로 옳은 것만을 〈보기〉에서 있는 대로 고른 것은? (단, 개체수는 충분히 많고, 이입과 이출은 없다.)

┤ 보기 ├
ㄱ. Ⅰ은 검게 오염된 숲이다.
ㄴ. ㉠은 진화의 요인에 해당한다.
ㄷ. 동일한 형질이라도 환경 조건에 따라 생존에 유리한 정도가 달라진다.

① ㄱ　② ㄷ　③ ㄱ, ㄴ　④ ㄴ, ㄷ　⑤ ㄱ, ㄴ, ㄷ

☆중요
11 > 25595-0054

다음은 항생제 내성 세균의 출현과 진화에 대한 모의 활동 과정 일부를 나타낸 것이다. 털실 방울, 스타이로폼구, 벨크로 테이프는 각각 항생제 내성이 있는 세균, 항생제 내성이 없는 세균, 항생제 중 하나를 모형으로 나타낸 것이다.

(가) 털실 방울 30개를 준비하여 쟁반에 잘 섞어 놓은 후 벨크로 테이프를 이용해 쟁반에 방울이 15개가 될 때까지 제거한다.
(나) ㉠쟁반에 남은 15개의 털실 방울 중 3개를 벨크로 테이프에 붙지 않는 스타이로폼구로 바꾼 후 쟁반에 있는 모형의 수만큼 털실 방울과 스타이로폼구를 추가한다.
(다) 과정 (가)와 (나)를 3회 반복한 후 쟁반에 남은 털실 방울과 스타이로폼구의 개수를 기록한다.

이에 대한 설명으로 옳은 것만을 〈보기〉에서 있는 대로 고른 것은?

┤ 보기 ├
ㄱ. ㉠은 자연선택을 표현한 것이다.
ㄴ. 털실 방울은 항생제 내성이 없는 세균을 표현한 것이다.
ㄷ. (다)에서 쟁반 위 전체 모형 중 스타이로폼구의 비율은 3회 반복 시 점차 증가할 것이다.

① ㄱ　② ㄷ　③ ㄱ, ㄴ　④ ㄴ, ㄷ　⑤ ㄱ, ㄴ, ㄷ

12 > 25595-0055

그림은 한 섬에 함께 서식하던 핀치 무리가 갈라파고스 군도의 먹이 환경이 서로 다른 섬으로 이주한 뒤 각각 자연선택이 일어난 모습을 나타낸 것이다.

단단한 씨를 먹는 핀치　　　선인장을 먹는 핀치

이에 대한 설명으로 옳은 것만을 〈보기〉에서 있는 대로 고른 것은?

┤ 보기 ├
ㄱ. 자연선택은 진화의 요인에 해당한다.
ㄴ. 먹이 종류는 핀치의 자연선택에 영향을 준 요인이다.
ㄷ. 자연선택이 일어나기 이전에 각 섬의 핀치 무리에는 부리 모양에 대한 변이가 있었다.

① ㄱ　② ㄴ　③ ㄱ, ㄷ　④ ㄴ, ㄷ　⑤ ㄱ, ㄴ, ㄷ

13 그림은 학자 A의 자연선택설에 따른 기린의 진화를 나타낸 것이다.

> 25595-0056

목이 짧은 기린과 목이 긴 기린이 함께 살고 있다.
(가)

목이 짧은 기린과 목이 긴 기린이 생존경쟁을 한다.
(나)

생존경쟁 결과 목이 긴 기린이 더 많은 자손을 남긴다.
(다)

이에 대한 설명으로 옳은 것만을 〈보기〉에서 있는 대로 고른 것은?

| 보기 |
ㄱ. A는 라마르크이다.
ㄴ. (가)의 기린 집단에는 목 길이에 대한 변이가 있다.
ㄷ. (나)에서 목 길이가 짧은 형질이 생존에 유리하였다.

① ㄱ   ② ㄴ   ③ ㄱ, ㄷ
④ ㄴ, ㄷ   ⑤ ㄱ, ㄴ, ㄷ

---

14 그림은 같은 종으로 구성된 모기 집단에서 살충제 사용에 따른 모기 ㉠과 ㉡의 비율 변화를 나타낸 것이다. ㉠과 ㉡은 각각 살충제 내성이 있는 모기와 살충제 내성이 없는 모기 중 하나이다.

> 25595-0057

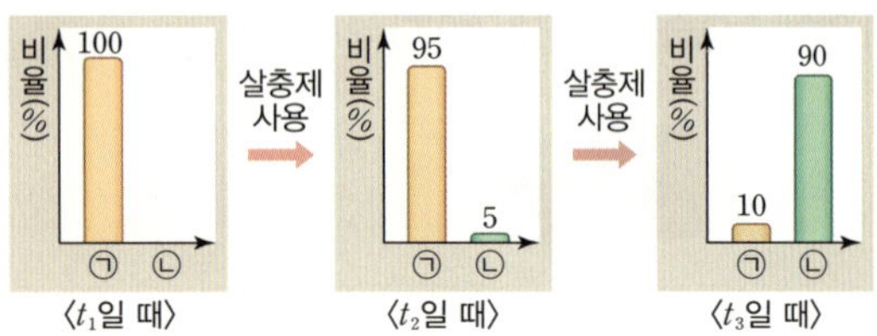

이에 대한 설명으로 옳은 것만을 〈보기〉에서 있는 대로 고른 것은? (단, 모기 개체수는 충분하고, 이입과 이출은 없다.)

| 보기 |
ㄱ. ㉠은 살충제 내성이 없는 모기이다.
ㄴ. t_1일 때 모기 집단 내 살충제 내성에 대한 변이가 없다.
ㄷ. t_2~t_3 사이에 자연선택이 일어났다.

① ㄱ   ② ㄷ   ③ ㄱ, ㄴ
④ ㄴ, ㄷ   ⑤ ㄱ, ㄴ, ㄷ

---

15 그림 (가)는 생물다양성의 3가지 구성요소를, (나)는 어떤 토끼 집단의 털색을 나타낸 것이다. ㉠과 ㉡은 각각 유전적 다양성과 종다양성 중 하나이고, (나)는 ㉠의 예에 해당한다.

> 25595-0058

이에 대한 설명으로 옳은 것만을 〈보기〉에서 있는 대로 고른 것은?

| 보기 |
ㄱ. ㉠이 높은 집단일수록 환경이 급격히 변했을 때 멸종이 일어날 가능성이 낮다.
ㄴ. ㉡은 한 생태계 내에서 생물종의 다양한 정도이다.
ㄷ. 생태계다양성이 높은 지역일수록 ㉡이 높다.

① ㄴ   ② ㄷ   ③ ㄱ, ㄴ
④ ㄱ, ㄷ   ⑤ ㄱ, ㄴ, ㄷ

---

16 그림은 어떤 지역에 서식하는 무당벌레 집단 ㉠과 ㉡의 날개 반점 무늬를, 표는 그림을 바탕으로 변이와 유전적 다양성에 대한 학생 A~C의 발표 내용을 나타낸 것이다.

> 25595-0059

학생	발표 내용
A	㉠에는 날개 반점 무늬에 대한 변이가 있습니다.
B	유전적 다양성은 여러 종 사이에서 나타나는 유전적 차이를 의미합니다.
C	유전적 다양성은 ㉠에서가 ㉡에서보다 높습니다.

발표 내용이 옳은 학생만을 있는 대로 고른 것은?

① A   ② B   ③ C
④ A, B   ⑤ A, C

> 25595-0060

☆중요
17 그림 (가)와 (나)는 종다양성과 유전적 다양성을 순서 없이 나타낸 것이다.

(가)   (나)

이에 대한 설명으로 옳은 것만을 〈보기〉에서 있는 대로 고른 것은?

보기
ㄱ. (가)는 유전적 다양성이다.
ㄴ. 사람마다 눈동자 색이 다른 것은 (나)에 해당한다.
ㄷ. 남획과 불법 포획은 (가)를 감소시키는 요인에 해당한다.

① ㄱ   ② ㄴ   ③ ㄱ, ㄷ
④ ㄴ, ㄷ   ⑤ ㄱ, ㄴ, ㄷ

> 25595-0061

18 다음은 생물다양성 협약에 대한 자료이다.

'생물다양성 협약'은 ㉠생물다양성의 보전, ㉡생물자원의 지속가능한 이용, 생물자원을 이용하여 얻어지는 이익의 공정하고 공평한 분배를 위하여 1992년 유엔환경개발회의에서 채택된 협약이다.
… (후략)

이에 대한 설명으로 옳은 것만을 〈보기〉에서 있는 대로 고른 것은?

보기
ㄱ. 생태계다양성은 ㉠에 해당한다.
ㄴ. 의복 재료에 이용되는 목화는 ㉡에 해당한다.
ㄷ. ㉠이 높을수록 ㉡의 종류가 증가한다.

① ㄱ   ② ㄴ   ③ ㄱ, ㄷ
④ ㄴ, ㄷ   ⑤ ㄱ, ㄴ, ㄷ

> 25595-0062

☆중요
19 그림은 생물다양성에 대한 학생 A~C의 발표를 나타낸 것이다.

제시한 내용이 옳은 학생만을 있는 대로 고른 것은?

① B   ② C   ③ A, B
④ A, C   ⑤ A, B, C

> 25595-0063

20 그림 (가)는 20여 년 동안 국내 멸종 위기 야생 동물로 지정된 종의 수를, (나)는 2018년 한 해 동안 고속도로에서 로드킬을 당한 종의 개체수를 나타낸 것이다. 표는 (가)와 (나)를 바탕으로 학생 A~C가 나눈 발표 내용을 나타낸 것이다.

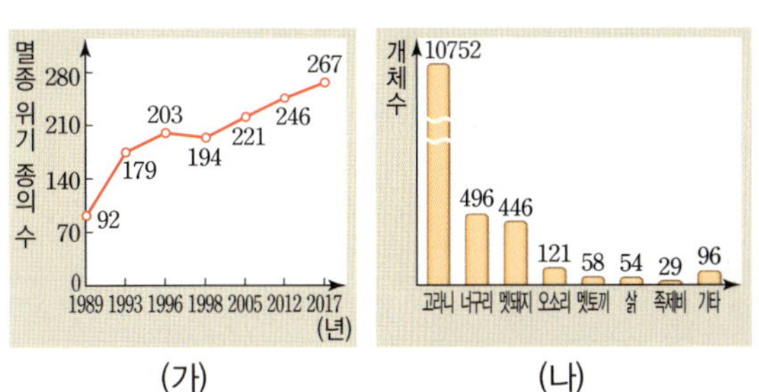

(가)   (나)

학생	발표 내용
A	(가)로부터 우리나라의 종다양성은 대체로 감소하고 있음을 알 수 있습니다.
B	(나)의 발생 원인에 서식지의 단편화가 포함됩니다.
C	(가)와 (나)의 현상이 지속되는 것을 막기 위해 생태계보전지역을 설정하기 위한 캠페인에 참여하는 개인적 노력이 필요합니다.

제시한 내용이 옳은 학생만을 있는 대로 고른 것은?

① B   ② C   ③ A, B
④ A, C   ⑤ A, B, C

2 화학 변화와 에너지 출입

- 산화와 환원을 이해하고, 생활 주변의 다양한 변화를 산화 환원의 특징과 규칙성으로 분석하기
- 산과 염기의 특징을 알고, 중화 반응을 이해하고 생활 속의 이용 사례 설명하기
- 에너지를 흡수하거나 방출하는 현상을 찾고, 우리 생활에서의 이용 사례 설명하기

이 단원의 핵심

● 산화와 환원 반응에는 어떤 규칙이 있을까?

산소의 이동과 산화 환원 반응	전자의 이동과 산화 환원 반응
• **산화**: 물질이 산소를 얻는 반응 • **환원**: 물질이 산소를 잃는 반응 • 산화와 환원은 항상 동시에 일어난다. • 📝 광합성, 화석 연료의 연소, 철의 제련 반응 등	• **산화**: 물질이 전자를 잃는 반응 • **환원**: 물질이 전자를 얻는 반응 • 반응성이 큰 금속은 반응성이 작은 금속 염 수용액에서 산화되고, 반응성이 작은 금속의 이온은 환원된다.

● 산과 염기의 특징은 무엇이고, 산과 염기가 중화 반응하였을 때는 어떤 변화가 있을까?

산과 염기	중화 반응
• **산**: 수용액에서 H^+을 내놓는 물질 • **염기**: 수용액에서 OH^-을 내놓는 물질 • 지시약의 색 변화	• **중화 반응**: 산과 염기가 반응하여 물과 염을 생성하는 반응 • 중화 반응의 알짜 이온 반응식: $H^+ + OH^- \rightarrow H_2O$ • **중화점**: H^+과 OH^-이 모두 반응하여 혼합 용액의 액성이 중성이 되는 지점 • **중화열**: 중화 반응할 때 발생하는 열

지시약	리트머스 종이	BTB 용액
산	푸른색 → 붉은색	노란색
염기	붉은색 → 푸른색	파란색

● 에너지의 흡수와 방출은 어떻게 이용될까?

발열 반응과 흡열 반응	에너지의 흡수와 방출의 이용
• **발열 반응**: 반응이 일어날 때 주위로 에너지를 방출하는 반응 • **흡열 반응**: 반응이 일어날 때 주위로부터 에너지를 흡수하는 반응	• **발열 반응의 이용**: 산화 칼슘과 물의 반응을 이용한 조리 기구, 철 가루의 산화를 이용한 손난로 등 • **흡열 반응의 이용**: 여름철 도로에 물 뿌리기, 식물의 광합성, 질산 암모늄의 용해를 이용한 냉각 팩 등

1 ❶산소의 이동과 산화 환원 반응

(1) 산소의 이동에 의한 산화와 환원

① **산화**: 물질이 산소를 얻는 반응이다. 예
$$\overset{\text{산화}}{2Cu + O_2 \longrightarrow 2CuO}$$
구리　산소　산화 구리(Ⅱ)

② **환원**: 물질이 산소를 잃는 반응이다. 예
$$\overset{\text{환원}}{2CuO + C \longrightarrow 2Cu + CO_2}$$
산화 구리(Ⅱ) 탄소　구리　이산화 탄소

③ **산화 환원 반응의 동시성**: 한 물질이 산소를 잃고 환원되면 다른 물질이 그 산소를 얻어 산화되므로 산화와 환원은 항상 동시에 일어난다.

(2) 자연과 인류의 역사에 큰 변화를 가져온 산화 환원 반응

① ❷**광합성**: 식물은 엽록체에서 빛에너지를 이용하여 물과 이산화 탄소로부터 포도당과 산소를 만든다. ➡ 광합성 반응에서 이산화 탄소는 환원되고 물은 산화된다.

$$6CO_2 + 6H_2O \longrightarrow C_6H_{12}O_6 + 6O_2$$
이산화 탄소　물　포도당　산소
(산화 / 환원)

② ❸**화석 연료의 연소**: 화석 연료가 연소하면 이산화 탄소와 물이 생성되고 많은 에너지가 발생한다. 이 에너지를 산업과 교통 수단에서 사용하면서 인류의 삶은 더 풍요로워졌다. ➡ 메테인의 연소 반응에서 메테인은 산화되고 산소는 환원된다.

$$CH_4 + 2O_2 \longrightarrow CO_2 + 2H_2O$$
메테인　산소　이산화 탄소　물
(산화 / 환원)

③ **철의** ❹**제련**: 자연 상태에서 산화 철이 주성분인 철광석으로부터 순수한 철을 얻는 과정을 철의 제련이라고 한다. 이때 생성된 철은 각종 기구 제작, 건축물을 지을 때 이용된다. ➡ 산화 철(Ⅲ)과 일산화 탄소의 반응에서 산화 철(Ⅲ)은 환원되고 일산화 탄소는 산화된다.

$$Fe_2O_3 + 3CO \longrightarrow 2Fe + 3CO_2$$
산화 철(Ⅲ) 일산화 탄소　철　이산화 탄소
(산화 / 환원)

THE 알기

❶ **산소의 성질**
산소는 다른 물질과 잘 반응하므로 지각에서 가장 많이 존재하는 원소이다. 산소와 반응한 물질을 산화물이라고 한다.

❷ **광합성과 세포호흡**
식물은 광합성으로 포도당을 합성하고, 포도당을 산화시키는 세포호흡 과정을 통해 에너지를 얻는다.
세포호흡의 화학 반응식:
$$C_6H_{12}O_6 + 6O_2 \longrightarrow 6CO_2 + 6H_2O$$

❸ **화석 연료**
선사시대 이전에 지각 변동으로 생물이 땅속에 묻힌 후 탄화되어 연료로 사용할 수 있는 물질로, 천연가스, 석탄, 석유 등이 있다. 화석 연료의 주성분 원소는 탄소와 수소이므로 연소하면 이산화 탄소와 물이 생성된다.

❹ **제련**
열이나 화학적, 전기적 방법을 통해 광석으로부터 금속을 추출하는 방법이다. 제련을 통해 철, 알루미늄, 아연 등 우리 생활에 필요한 다양한 금속을 얻는다.

THE 들여다보기

○ **철의 제련 과정**

① 용광로에 철광석(Fe_2O_3), 코크스(C), 석회석($CaCO_3$)을 넣는다.

② 코크스(C)가 불완전 연소되어 일산화 탄소(CO)가 되는 산화 환원 반응을 한다.
$$2C + O_2 \longrightarrow 2CO$$

③ 철광석(Fe_2O_3)과 일산화 탄소(CO)가 산화 환원 반응을 한다.
$$Fe_2O_3 + 3CO \longrightarrow 2Fe + 3CO_2$$

④ 석회석은 열분해되고, 철광석에 포함된 불순물인 이산화 규소(SiO_2)와 반응하여 불순물을 제거한다($CaCO_3 \longrightarrow CaO + CO_2$, $CaO + SiO_2 \longrightarrow CaSiO_3$ ➡ 산화 환원 반응이 아님)

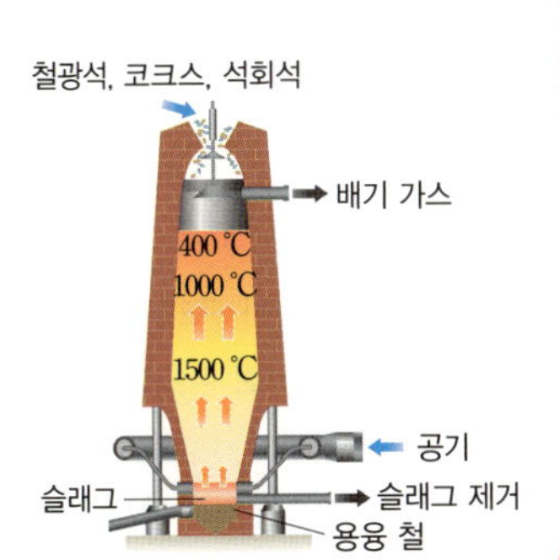

2 전자의 이동과 산화 환원 반응

(1) ❶전자의 이동에 의한 산화와 환원

① 산화: 물질이 전자를 잃는 반응이다. 예 $Cu \longrightarrow Cu^{2+} + 2e^-$ (산화)

② 환원: 물질이 전자를 얻는 반응이다. 예 $Ag^+ + e^- \longrightarrow Ag$ (환원)

③ 산화 환원 반응의 동시성: 한 물질이 전자를 잃고 산화되면 다른 물질이 그 전자를 얻어 환원되므로 산화와 환원은 항상 동시에 일어난다.

④ 산화 환원 반응과 이동한 전자 수: 산화로 잃은 전자 수와 환원으로 얻은 전자 수는 같다.

> $$Cu^{2+} + Zn \longrightarrow Cu + Zn^{2+}$$
> 구리 이온　아연　　구리　아연 이온
> (산화 / 환원)
>
> 아연(Zn)은 전자를 2개 잃고 산화되었고, 구리 이온(Cu^{2+})은 전자를 2개 얻어 환원되었다.

(2) 전자의 이동과 여러 가지 산화 환원 반응

① 금속과 ❷금속 염 수용액의 반응: 금속 염 수용액에 반응성이 큰 금속을 넣으면, 반응성이 큰 금속은 전자를 잃고 산화되어 양이온으로 되고, 양이온으로 존재하던 수용액 속 금속 이온은 전자를 얻어 환원되어 금속으로 석출된다.

> **[황산 구리(Ⅱ)($CuSO_4$) 수용액과 아연(Zn)의 반응]**
>
> 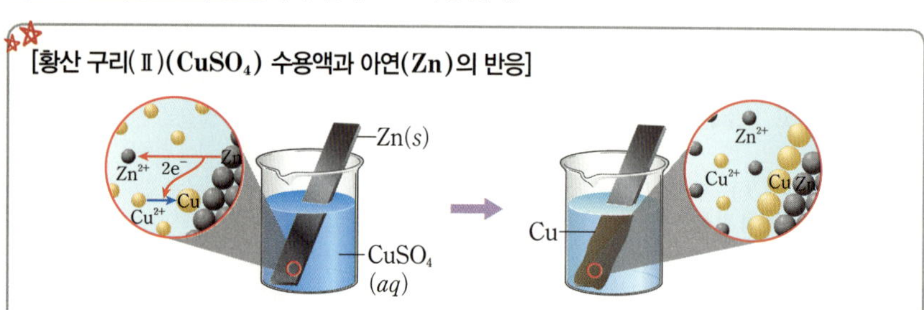
>
>
> • 반응성은 $Zn > Cu$이므로 Zn은 전자를 잃고 산화되고, Cu^{2+}은 전자를 얻어 환원된다.
> • ❸수용액의 푸른색을 나타내는 Cu^{2+}의 수가 감소하므로 수용액의 푸른색이 옅어진다.
> • Zn은 산화되어 Zn^{2+}이 되고 Zn판에서 붉은색의 Cu가 석출된다.

❶ 전자의 이동과 산화 환원 반응
산소의 이동 없이 전자의 이동만으로 산화 환원 반응을 정의할 수 있으며, 물질이 전자를 잃으면 산화, 전자를 얻으면 환원이라고 정의한다.

❷ 금속 염
금속 이온을 포함하는 이온 결합 화합물로, 수용액에는 해당 금속의 양이온이 존재한다.

❸ 금속 이온 수용액의 색
대부분의 금속 이온은 수용액에서 색을 나타내지 않으나, Cu^{2+}은 푸른색, Fe^{2+}은 녹색 등의 색을 나타낸다.

THE 들여다보기

○ 산화 구리(Ⅱ)(CuO)와 관련된 산화 환원 반응

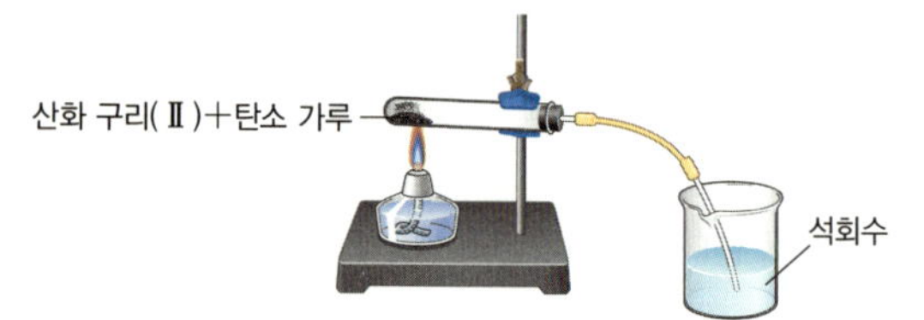

① 검은색의 산화 구리(Ⅱ)와 탄소 가루를 혼합해 가열하면 붉은색의 구리와 이산화 탄소가 생성되면서 석회수가 뿌옇게 흐려진다.

② $2CuO + C \longrightarrow 2Cu + CO_2$ ➡ CuO는 산소를 잃고 환원되어 Cu가 되고, C는 산소를 얻어 산화되어 CO_2가 된다.

① 검은색의 산화 구리(Ⅱ)를 속불꽃에서 가열하면 일산화 탄소와 반응하여 붉은색의 구리가 생성된다.

② $CuO + CO \longrightarrow Cu + CO_2$ ➡ CuO는 산소를 잃고 환원되어 Cu가 되고, CO는 산소를 얻어 산화되어 CO_2가 된다.

② 금속과 산의 반응: 금속이 전자를 잃고 산화되어 금속 이온으로 되고, [1]산 수용액에 들어 있는 H^+이 전자를 얻어 환원되면서 수소 기체(H_2)가 발생한다.

[마그네슘(Mg)과 묽은 염산(HCl)의 반응]

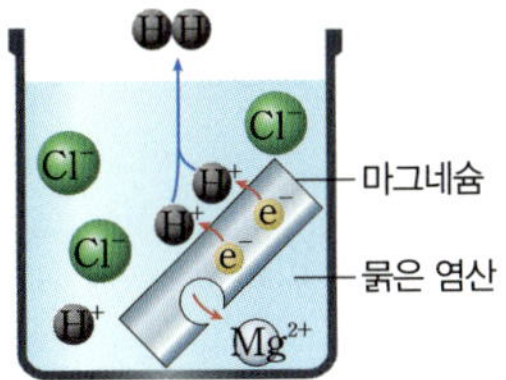

Mg은 전자를 잃고 Mg^{2+}으로 산화되고, H^+은 전자를 얻어 H로 환원되며 H끼리 [2]공유 결합을 형성하면서 H_2가 생성된다.

---

③ 금속과 비금속의 반응: 반응성이 큰 금속과 비금속으로 이루어진 물질은 직접 반응할 수 있다. 이때 금속은 전자를 잃고 산화되어 금속 이온으로 되고, 비금속은 전자를 얻어 환원되어 음이온으로 되며, 두 이온이 이온 결합을 형성한다.

[[3]나트륨(Na)과 염소(Cl₂)의 반응]

$$2Na + Cl_2 \longrightarrow 2NaCl$$

산화 / 환원

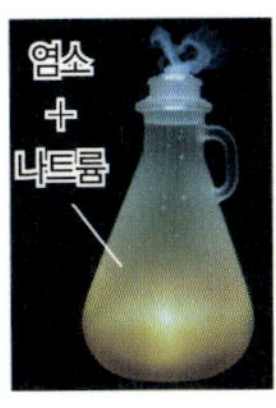

Na은 전자를 잃고 산화되어 Na^+이 되고, Cl_2의 Cl 원자는 전자를 얻어 환원되어 Cl^-이 되므로 이온 결합 물질인 NaCl이 생성된다.

[[4]마그네슘(Mg)과 산소(O₂)의 반응]

$$2Mg + O_2 \longrightarrow 2MgO$$

산화 / 환원

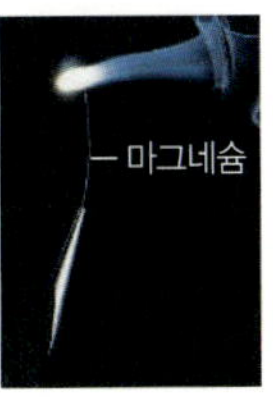

Mg은 전자를 잃고 산화되어 Mg^{2+}이 되고, O_2의 O 원자는 전자를 얻어 환원되어 O^{2-}이 되므로 이온 결합 물질인 MgO이 생성된다.

---

(3) 생활 주변의 산화 환원 반응

① **과일의 갈변:** 과일의 껍질을 깎아 놓으면 과일이 공기 중의 산소와 산화 환원 반응하여 갈색으로 변한다.

② **철의 부식:** 철이 공기 중의 산소, 물과 산화 환원 반응하여 붉은색의 녹이 생긴다.

③ **표백제:** 표백제의 산화 환원 반응으로 세탁물을 하얗게 만들 수 있다.

④ **수돗물의 소독:** 수돗물에 염소 기체를 넣으면 산화 환원 반응이 일어나서 미생물을 제거할 수 있다.

⑤ **상처 소독:** 상처에 과산화 수소수를 바르면 산화 환원 반응이 일어나서 상처를 소독할 수 있다.

⑥ [5]**녹슨 은 숟가락의 녹 제거:** 녹슨 은 숟가락을 알루미늄박으로 감싼 후 소금물에 넣고 끓이면 산화 환원 반응이 일어나서 녹이 제거된다.

⑦ **수소 연료 전지:** 수소 연료 전지에서 수소와 산소가 산화 환원 반응하여 전기 에너지를 얻을 수 있다.

빈칸 완성

1. 물질이 산소를 얻는 반응을 (　　　), 산소를 잃는 반응을 (　　　)(이)라고 한다.

2. 물질이 전자를 얻는 반응을 (　　　), 전자를 잃는 반응을 (　　　)(이)라고 한다.

3. 자연 상태에서 산화 철이 주성분인 철광석에서 순수한 철을 얻는 반응을 철의 (　　　)(이)라고 한다.

4. 식물이 엽록체에서 빛에너지를 이용하여 물과 이산화 탄소로부터 (　　　)와/과 산소를 만드는 반응을 (　　　)(이)라고 한다.

5. 다음 화학 반응식에서 빈칸에 산화 또는 환원을 쓰시오.

$$Cu^{2+} + Zn \longrightarrow Cu + Zn^{2+}$$

ㄱ (위) / ㄴ (아래)

둘 중에 고르기

6. 광합성 반응, 화석 연료의 연소 반응, 철의 제련 반응의 공통점은 (산화 환원, 앙금 생성) 반응이다.

7. 식물의 광합성에서 이산화 탄소(CO_2)는 (산화, 환원)되고, 물(H_2O)은 (산화, 환원)된다.

8. 메테인의 연소 반응에서 메테인(CH_4)은 (산화, 환원)되고, 산소(O_2)는 (산화, 환원)된다.

9. 철의 제련 반응에서 산화 철(Ⅲ)(Fe_2O_3)은 (산화, 환원)되고, 일산화 탄소(CO)는 (산화, 환원)된다.

10. 황산 구리(Ⅱ)($CuSO_4$) 수용액에 아연(Zn)판을 넣으면 아연(Zn)은 (산화, 환원)되고, 구리 이온(Cu^{2+})은 (산화, 환원)된다.

정답 1. 산화, 환원 2. 환원, 산화 3. 제련 4. 포도당, 광합성 5. ㄱ 환원, ㄴ 산화 6. 산화 환원 7. 환원, 산화 8. 산화, 환원 9. 환원, 산화 10. 산화, 환원

○, × 퀴즈

1. 산화 반응과 환원 반응은 동시에 일어난다. (○, ×)

2. 자연과 인류의 역사에 큰 변화를 가져온 광합성, 화석 연료의 연소, 철의 제련에는 모두 산화 환원 반응이 이용된다. (○, ×)

3 산소의 이동이 없어도 산화 환원 반응이 일어날 수 있다. (○, ×)

4. 철이 녹슬 때 철은 산화된다. (○, ×)

5. 나트륨(Na)과 염소 기체(Cl_2)가 반응하여 염화 나트륨이 생성되는 반응은 산화 환원 반응이다. (○, ×)

6. 마그네슘(Mg)이 산소(O_2)와 반응하여 산화 마그네슘(MgO)이 생성되는 반응에서 마그네슘은 환원된다. (○, ×)

단답형

7. 〈보기〉의 화학 반응식에서 산화 환원 반응을 있는 대로 고르시오.

ㅣ 보기 ㅣ
ㄱ. $2C+O_2 \longrightarrow 2CO$
ㄴ. $CaO+SiO_2 \longrightarrow CaSiO_3$
ㄷ. $Fe_2O_3+3CO \longrightarrow 2Fe+3CO_2$
ㄹ. $3Ag_2S+2Al \longrightarrow 6Ag+Al_2S_3$

8. 다음의 각 화학 반응식에서 산화되는 물질의 화학식을 쓰시오.
(1) $CuO+H_2 \longrightarrow Cu+H_2O$
(2) $Zn+2HCl \longrightarrow ZnCl_2+H_2$
(3) $2AgNO_3+Cu \longrightarrow 2Ag+Cu(NO_3)_2$
(4) $2Na+Cl_2 \longrightarrow 2NaCl$

정답 1. ○ 2. ○ 3. ○ 4. ○ 5. ○ 6. × 7. ㄱ, ㄷ, ㄹ 8. (1) H_2 (2) Zn (3) Cu (4) Na

1 산성과 염기성

(1) **산성:** 산이 나타내는 공통적인 성질이다.

① 신맛이 나며, 수용액은 전류가 흐르는 성질이 있다.

② 푸른색 리트머스 종이를 붉은색으로, BTB 용액을 노란색으로 변화시킨다.

③ 금속과 반응하여 수소 기체를, 탄산 칼슘과 반응하여 이산화 탄소 기체를 발생시킨다.

(2) **염기성:** 염기가 나타내는 공통적인 성질이다.

① 대부분 쓴맛이 나며, 수용액은 전류가 흐르는 성질이 있다.

② 단백질을 녹이는 성질이 있다.

③ 붉은색 리트머스 종이를 푸른색으로, BTB 용액을 파란색으로 변화시킨다.

2 산성이 나타나는 까닭

(1) **산의 종류:** 염산(HCl), 질산(HNO_3), 황산(H_2SO_4), 아세트산(CH_3COOH) 등

(2) **산의 이온화:** 산을 물에 녹이면 ❶수소 이온(H^+)과 음이온으로 나누어진다.

$$염산: \quad HCl \longrightarrow H^+ + Cl^-$$
$$질산: \quad HNO_3 \longrightarrow H^+ + NO_3^-$$
$$황산: \quad H_2SO_4 \longrightarrow 2H^+ + SO_4^{2-}$$
$$아세트산: \quad CH_3COOH \longrightarrow H^+ + CH_3COO^-$$

(3) **산의 정의:** 수용액에서 수소 이온(H^+)을 내놓는 물질이다. ➡ ❷산이 공통적인 성질(산성)을 나타내는 것은 수소 이온(H^+) 때문이다.

[산성을 나타내는 이온 확인]

질산 칼륨(KNO_3) 수용액에 적신 푸른색 리트머스 종이 위에 묽은 염산(HCl)에 적신 실을 올려놓고 전류를 흘려주면, 푸른색 리트머스 종이가 실에서부터 (−)극 쪽으로 붉게 변한다.

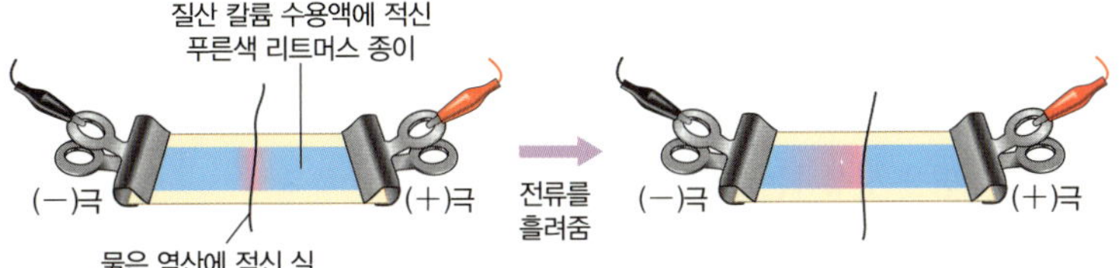

➡ 산성을 나타내는 이온은 푸른색 리트머스 종이를 붉은색으로 변화시키고, 전류를 흘려주면 (−)극 쪽으로 이동한다. ➡ 산성을 나타내는 이온은 양이온인 수소 이온(H^+)이다.

---

(4) **산 수용액의 전기 전도성:** 산은 수용액에서 이온화하므로 양이온과 음이온이 존재한다. 따라서 산 수용액에 전원 장치를 연결하면 ❸이온이 이동하면서 전류가 흐른다.

(5) **금속과의 반응:** 산은 ❹반응성이 큰 금속과 반응하여 수소 기체를 발생시킨다.

예 $Mg + 2HCl \longrightarrow MgCl_2 + H_2$

(6) ❺**탄산 칼슘과의 반응:** 산은 탄산 칼슘과 반응하여 이산화 탄소 기체를 발생시킨다.

예 $CaCO_3 + 2HCl \longrightarrow CaCl_2 + H_2O + CO_2$

③ 염기성이 나타나는 까닭

(1) **염기의 종류**: 수산화 나트륨($NaOH$), 수산화 칼륨(KOH), 수산화 칼슘($Ca(OH)_2$), ❶암모니아(NH_3) 등

(2) **염기의 이온화**: 염기를 물에 녹이면 양이온과 ❷수산화 이온(OH^-)으로 나누어진다.

$$수산화 나트륨:\quad NaOH \longrightarrow Na^+ + OH^-$$
$$수산화 칼륨:\quad KOH \longrightarrow K^+ + OH^-$$
$$수산화 칼슘:\quad Ca(OH)_2 \longrightarrow Ca^{2+} + 2OH^-$$

(3) **염기의 정의**: 수용액에서 수산화 이온(OH^-)을 내놓는 물질이다. ➡ ❸염기가 공통적인 성질(염기성)을 나타내는 것은 수산화 이온(OH^-) 때문이다.

[염기성을 나타내는 이온 확인]

질산 칼륨(KNO_3) 수용액에 적신 붉은색 리트머스 종이 위에 수산화 나트륨($NaOH$) 수용액에 적신 실을 올려놓고 전류를 흘려주면, 붉은색 리트머스 종이가 실에서부터 (+)극 쪽으로 푸르게 변한다.

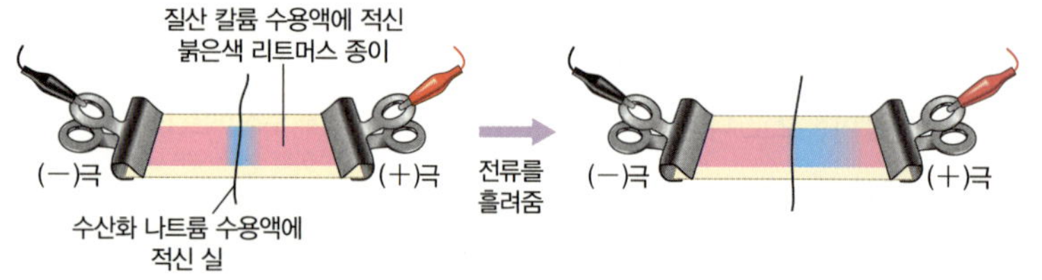

➡ 염기성을 나타내는 이온은 붉은색 리트머스 종이를 푸른색으로 변화시키고, 전류를 흘려주면 (+)극 쪽으로 이동한다. ➡ 염기성을 나타내는 이온은 음이온인 수산화 이온(OH^-)이다.

---

(4) **염기 수용액의 전기 전도성**: 염기는 수용액에서 이온화하여 양이온과 음이온으로 존재한다. 따라서 염기 수용액에 전원 장치를 연결하면 이온이 이동하면서 전류가 흐른다.

(5) ❹**단백질을 녹임**: 염기는 단백질을 녹이는 성질이 있으므로 피부에 묻으면 미끈거린다.

④ 중화 반응

(1) **중화 반응**: 수용액에서 산과 염기가 반응하여 물과 ❺염을 생성하는 반응이다.

(2) **중화 반응 모형**

[묽은 염산(HCl)과 수산화 나트륨($NaOH$) 수용액의 중화 반응]

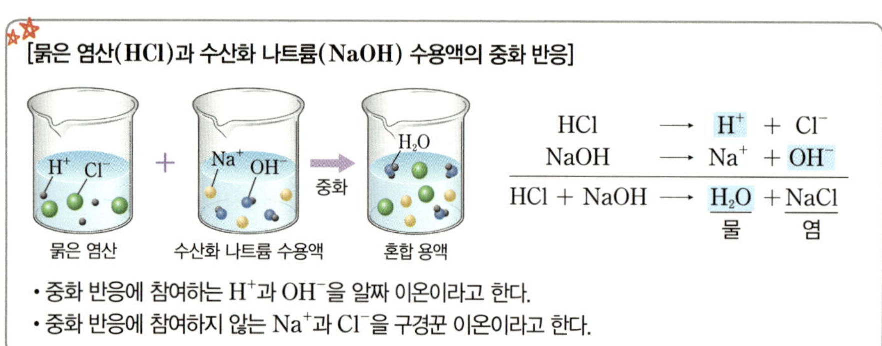

$$HCl \longrightarrow H^+ + Cl^-$$
$$NaOH \longrightarrow Na^+ + OH^-$$
$$\overline{HCl + NaOH \longrightarrow \underset{물}{H_2O} + \underset{염}{NaCl}}$$

• 중화 반응에 참여하는 H^+과 OH^-을 알짜 이온이라고 한다.
• 중화 반응에 참여하지 않는 Na^+과 Cl^-을 구경꾼 이온이라고 한다.

---

① 이온 수 비: 산의 수소 이온(H^+)과 염기의 수산화 이온(OH^-)은 1 : 1의 이온 수 비로 반응하여 물(H_2O)을 생성한다.

[중화 반응의 ❶알짜 이온 반응식] $H^+ + OH^- \longrightarrow H_2O$

② 중화점: 일정량의 산(염기) 수용액에 염기(산) 수용액을 가했을 때 H^+과 OH^-이 모두 반응하여 혼합 용액의 액성이 중성이 되는 지점이다.

③ 중화열: 중화 반응이 일어날 때 발생하는 열로, 반응한 H^+과 OH^-의 수가 많을수록 중화열이 많이 발생한다.

[일정량의 묽은 염산(HCl)에 수산화 나트륨(NaOH) 수용액을 조금씩 넣어 반응시켰을 때]

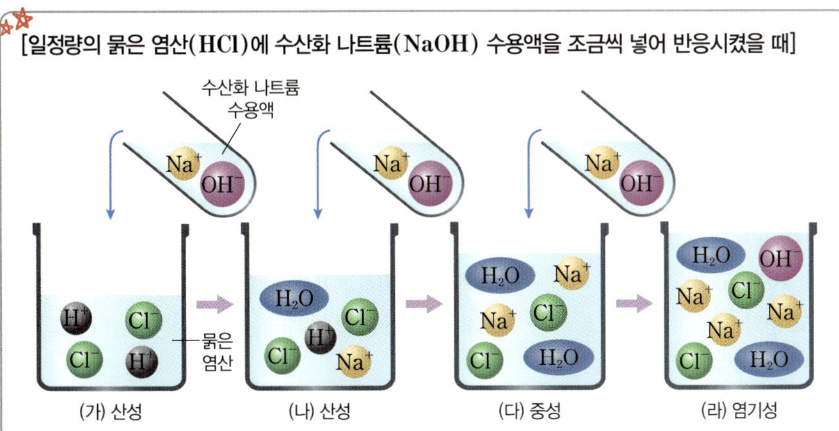

➡ (다)에서 혼합 용액의 액성이 중성이므로 (다)가 중화점이다.

[혼합 용액 속 ❷이온 수 변화]
• 알짜 이온인 H^+의 수는 감소하다가 중화점에서 0이 되고, 구경꾼 이온인 Cl^-의 수는 일정하게 유지된다.
• 구경꾼 이온인 Na^+의 수는 NaOH 수용액을 넣을수록 증가하고, 알짜 이온인 OH^-의 수는 중화점까지 0이다가 중화점 이후부터 증가한다.

(3) ❸중화점의 확인

① ❹지시약의 색 변화: 용액에 지시약을 떨어뜨리면 중화점 전후에서 용액의 색이 변한다.

② 혼합 용액의 최고 온도 확인: 중화점에서 중화열이 가장 많이 발생하므로 중화점에서 혼합 용액의 온도가 가장 높다.

예 BTB 용액을 2~3방울 떨어뜨린 묽은 염산에 수산화 나트륨 수용액을 가했을 때

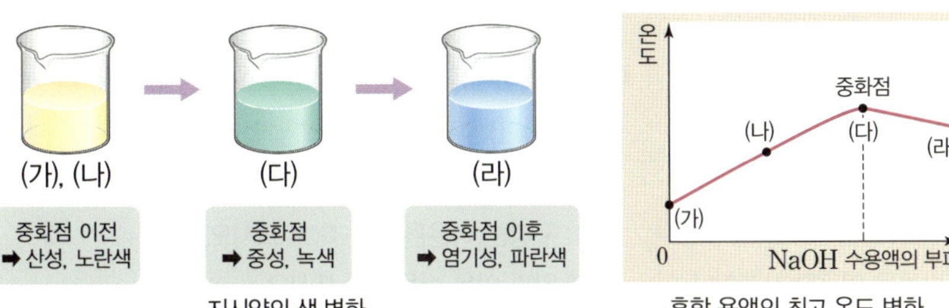

(4) 중화 반응의 이용 사례
• 속이 쓰릴 때 제산제를 먹는다.
• 벌에 쏘였을 때 암모니아수를 바른다.
• 생선회에 레몬즙을 뿌린다.
• 산성화된 토양에 석회 가루를 뿌린다.

❶ 알짜 이온 반응식
화학 반응에 참여하는 이온으로만 나타낸 화학 반응식이다.

❷ 일정량의 묽은 염산(HCl)에 수산화 나트륨(NaOH) 수용액을 조금씩 넣을 때 이온 수의 변화

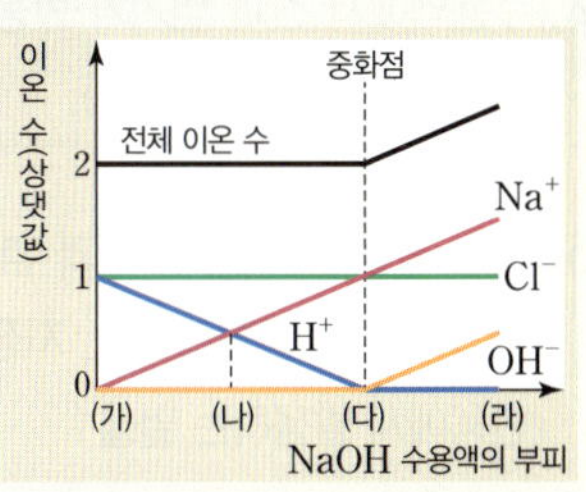

❸ 중화점의 확인
혼합 용액의 총 부피가 같도록 산과 염기 수용액의 부피를 달리하여 반응시켰을 때, 지시약의 색이 변하는 지점과 용액의 온도가 가장 높게 나타나는 지점이 중화점이다.

예 농도와 온도가 같은 묽은 염산(HCl)과 수산화 나트륨(NaOH) 수용액을 혼합하였을 때, 혼합 용액의 온도 변화와 BTB 용액을 넣었을 때의 색 변화

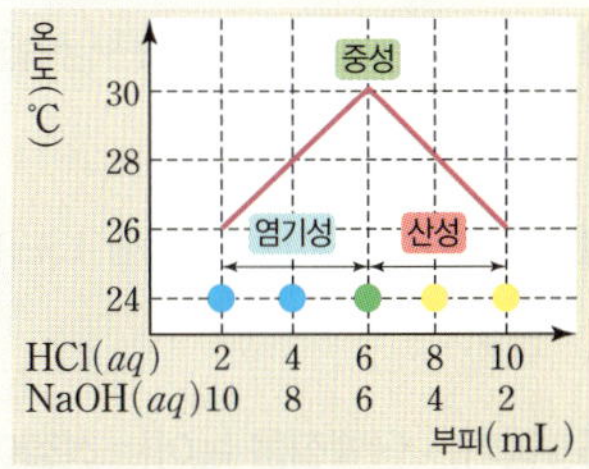

❹ 지시약의 색 변화

지시약	산성	중성	염기성
페놀프탈레인 용액	무색	무색	붉은색
BTB 용액	노란색	녹색	파란색
메틸 오렌지 용액	붉은색	주황색	노란색

빈칸 완성

1. 산이 나타내는 공통적인 성질을 (　　　)(이)라고 하고, 염기가 나타내는 공통적인 성질을 (　　　)(이)라고 한다.

2. 산은 수용액에서 (　　　)을/를 내놓는 물질이다.

3. 염기는 수용액에서 (　　　)을/를 내놓는 물질이다.

4. 수용액에서 산과 염기가 반응하여 물과 염을 생성하는 반응을 (　　　)(이)라고 한다.

5. 중화 반응에서 산의 H^+과 염기의 OH^-이 모두 반응하여 용액의 액성이 중성이 되는 지점을 (　　　)(이)라고 하고, 중화 반응에서 발생하는 열을 (　　　)(이)라고 한다.

둘 또는 셋 중에 고르기

6. 산 수용액에 전류를 흘려주면 산성을 나타내는 이온은 ((+)극, (−)극) 쪽으로 이동한다.

7. 염기 수용액에 전류를 흘려주면 염기성을 나타내는 이온은 ((+)극, (−)극) 쪽으로 이동한다.

8. 중화 반응에서 중화점에 도달한 용액에 BTB 용액을 떨어뜨리면 (노란색, 녹색, 파란색)으로 변한다.

9. 중화 반응에서 H^+과 OH^-을 (알짜 이온, 구경꾼 이온)이라고 한다.

10. 일정량의 묽은 염산(HCl)이 들어 있는 비커에 온도가 같은 수산화 나트륨(NaOH) 수용액을 조금씩 넣으면 중화점에 도달하였을 때 혼합 용액의 온도가 가장 (높다, 낮다).

> **정답** **1.** 산성, 염기성 **2.** 수소 이온(H^+) **3.** 수산화 이온(OH^-) **4.** 중화 반응 **5.** 중화점, 중화열 **6.** (−)극 **7.** (+)극 **8.** 녹색 **9.** 알짜 이온 **10.** 높다

O, × 퀴즈

1. 산의 종류에 따라 성질이 각각 다른 까닭은 산의 양이온 때문이다. (○, ×)

2. 산 수용액은 전류가 흐른다. (○, ×)

3. 산 수용액에 반응성이 큰 금속을 넣으면 수소 기체가 발생한다. (○, ×)

4. 염기가 공통적인 성질을 나타내는 까닭은 염기의 음이온 때문이다. (○, ×)

5. 염기는 단백질을 녹이는 성질이 있다. (○, ×)

6. 묽은 염산(HCl)과 수산화 나트륨(NaOH) 수용액이 중화 반응하여 중화점에 도달하였을 때 혼합 용액에 가장 많이 존재하는 이온은 H^+이다. (○, ×)

7. 생선회에 레몬즙을 뿌리는 것은 중화 반응을 이용한 사례이다. (○, ×)

단답형

8. 다음 산과 염기의 이온화 반응식을 완성하시오.

(1) $HCl \longrightarrow$

(2) $H_2SO_4 \longrightarrow$

(3) $CH_3COOH \longrightarrow$

(4) $NaOH \longrightarrow$

(5) $Ca(OH)_2 \longrightarrow$

9. 일정량의 묽은 염산(HCl)이 들어 있는 비커에 수산화 나트륨(NaOH) 수용액을 조금씩 넣었을 때에 대한 다음 물음에 답하시오.

(1) 구경꾼 이온을 있는 대로 쓰시오.

(2) 알짜 이온 반응식을 쓰시오.

(3) 중화점에서 가장 많이 존재하는 이온을 있는 대로 쓰시오.

> **정답** **1.** × **2.** ○ **3.** ○ **4.** ○ **5.** ○ **6.** × **7.** ○ **8.** (1) $H^+ + Cl^-$ (2) $2H^+ + SO_4^{2-}$ (3) $H^+ + CH_3COO^-$ (4) $Na^+ + OH^-$ (5) $Ca^{2+} + 2OH^-$
> **9.** (1) Na^+, Cl^- (2) $H^+ + OH^- \longrightarrow H_2O$ (3) Na^+, Cl^-

에너지의 흡수와 방출

1 반응과 ❶에너지의 출입

물리 변화와 화학 변화가 일어나면 반응물과 생성물이 가지고 있는 에너지가 다르기 때문에 항상 에너지의 흡수나 방출과 같은 에너지의 출입이 있게 된다.

2 발열 반응

(1) **발열 반응:** 화학 반응이 일어날 때 ❷주위로 에너지를 방출하는 반응이다.

(2) **발열 반응에서 물질의 에너지와 주위의 온도 변화**

① 반응물이 생성물로 변할 때 에너지가 감소하면서 그 차이만큼의 에너지가 방출된다.

② 반응물의 에너지가 생성물의 에너지보다 크다.

③ 화학 반응이 일어날 때 반응물과 생성물의 에너지 차이만큼 주위로 열에너지를 방출하므로 주위의 온도가 높아진다.

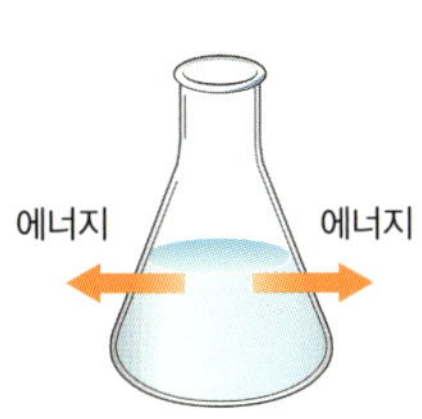

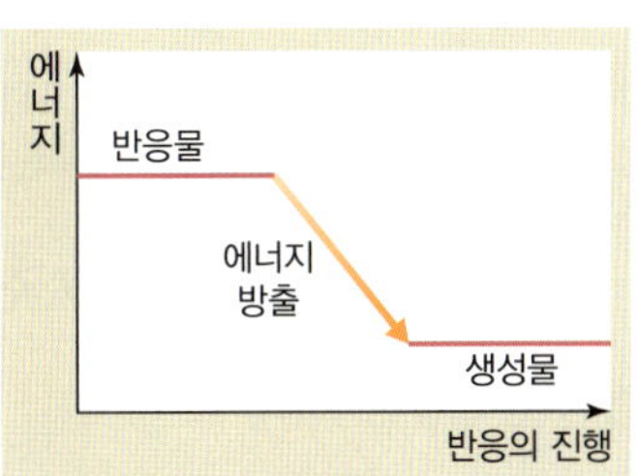

발열 반응에서 물질의 에너지와 주위의 온도 변화

[염화 칼슘의 용해 반응]
❸간이 열량계에 물 100 g을 넣고 처음 온도를 측정하였더니 25 ℃였다. 여기에 염화 칼슘($CaCl_2$) 5 g을 넣어 녹이면서 용액의 최고 온도를 측정하였더니 31 ℃였다.

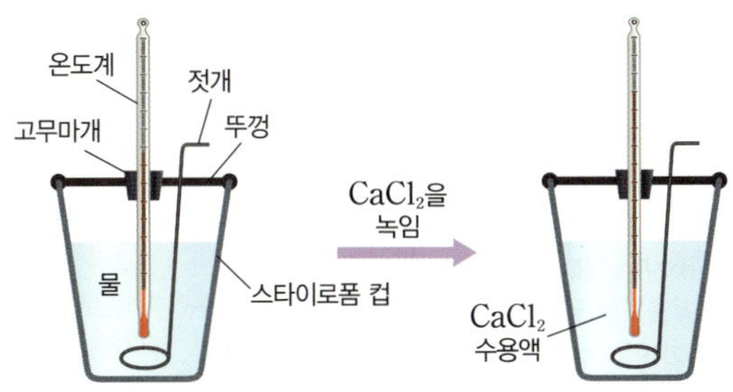

➡ 염화 칼슘이 물에 용해될 때 ❹방출하는 열에너지를 수용액이 흡수하므로 수용액의 온도가 높아진다.

➡ 염화 칼슘이 물에 용해되는 반응은 에너지를 방출하는 발열 반응이다.

[진한 황산 묽히기]
진한 황산을 묽히는 과정에서는 매우 많은 열에너지가 발생하므로 반드시 다량의 증류수에 진한 황산을 조금씩 넣어가며 묽혀야 한다.

➡ 진한 황산이 물에 용해되는 반응은 에너지를 방출하는 발열 반응이다.

③ 흡열 반응

(1) 흡열 반응: 화학 반응이 일어날 때 주위로부터 에너지를 흡수하는 반응이다.

(2) 흡열 반응에서 물질의 에너지와 주위의 온도 변화

① 반응물이 생성물로 변할 때 에너지가 증가하면서 그 차이만큼의 에너지가 흡수된다.

② 반응물의 에너지가 생성물의 에너지보다 작다.

③ 화학 반응이 일어날 때 반응물과 생성물의 에너지 차이만큼 주위로부터 열에너지를 흡수하므로 주위의 온도가 낮아진다.

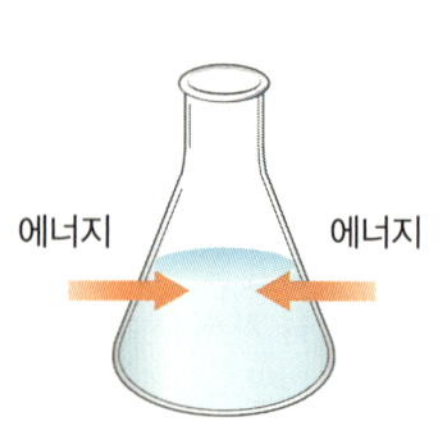

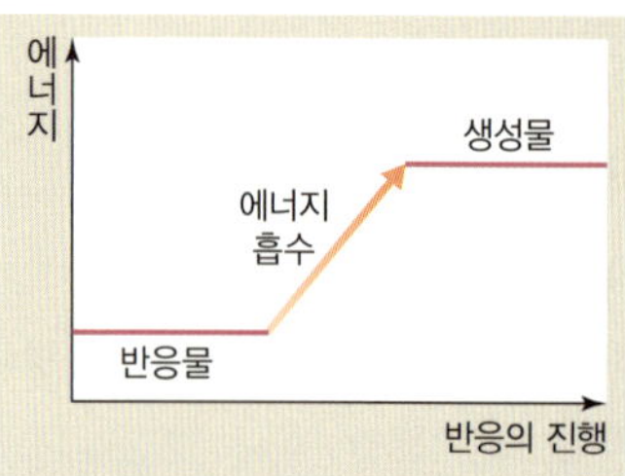

흡열 반응에서 물질의 에너지와 주위의 온도 변화

[수산화 바륨과 염화 암모늄의 반응]

나무판의 중앙에 물을 조금 떨어뜨리고, 그 위의 삼각 플라스크에 수산화 바륨($Ba(OH)_2$)과 염화 암모늄(NH_4Cl)을 넣어 유리 막대로 저어준다. 잠시 후 삼각 플라스크를 들어 올리면 나무판이 달라붙어 함께 들어 올려진다.

➡ 이는 삼각 플라스크 속에서 흡열 반응이 일어나 주위로부터 열에너지를 흡수하므로 주위의 온도가 낮아져 나무판 위의 물이 얼었기 때문이다.

➡ 수산화 바륨과 염화 암모늄의 반응은 에너지를 흡수하는 흡열 반응이다.

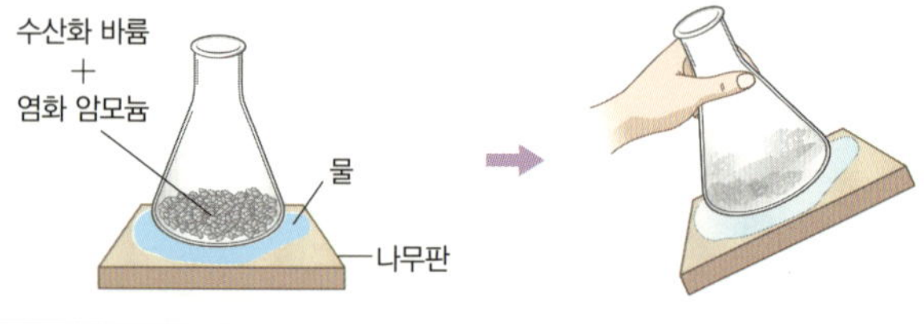

④ 발열 반응과 흡열 반응의 사례

발열 반응	• 손난로 속에서 ❷철 가루가 산화하면서 열에너지가 방출되어 따뜻해진다. • 나무나 화석 연료가 연소하면 열에너지를 방출하여 난방, 요리 등에 이용된다. • 공기 중의 ❸수증기가 액화하면서 열에너지를 방출하여 날씨가 후덥지근해진다. • 산과 염기가 중화 반응할 때 열에너지(중화열)가 발생하여 혼합 용액의 온도가 높아진다.

나무의 연소

수증기의 액화로 후덥지근한 날씨

❶ **수산화 바륨과 염화 암모늄의 반응의 화학 반응식**

$$Ba(OH)_2 + 2NH_4Cl \longrightarrow BaCl_2 + 2NH_3 + 2H_2O$$

❷ **철 가루의 산화**

철 가루가 공기 중의 산소와 반응하여 산화되면서 산화 철이 생성되고, 이때 열에너지를 방출한다.

❸ **수증기의 액화**

에너지가 높은 기체 상태의 수증기가 에너지가 낮은 물로 액화되면서 열에너지를 주위로 방출한다.

<table>
<tr><td>흡열 반응</td><td>

- 식물은 광합성 과정에서 빛에너지를 흡수하여 포도당을 합성한다.
- 바닷물이 열에너지를 흡수해 증발하면 구름이 생성되어 기상 현상이 일어난다.
- 더운 여름철 도로에 물을 뿌려주면 물이 열에너지를 흡수하여 기화하므로 시원해진다.
- 냉각 팩 속 ❶질산 암모늄이 물에 용해될 때 열에너지를 흡수하므로 냉각 팩이 시원해진다.
- ❷탄산수소 나트륨을 가열하면 분해되어 이산화 탄소가 발생하는데 이때 열에너지를 흡수한다.
- 아이스크림을 포장할 때 넣는 드라이아이스는 승화될 때 주위로부터 열에너지를 흡수해 주위의 온도를 낮춘다.

</td></tr>
</table>

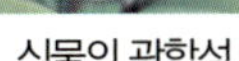

식물의 광합성

도로에 물 뿌려주기

❶ 질산 암모늄의 용해

질산 암모늄(NH_4NO_3)이 물에 용해되면 암모늄 이온(NH_4^+)과 질산 이온(NO_3^-)이 생성되면서 주위로부터 열에너지를 흡수한다.

❷ 탄산수소 나트륨의 열분해 반응

탄산수소 나트륨을 가열하면 열에너지를 흡수하여 탄산 나트륨, 물, 이산화 탄소로 분해되는 반응이 일어나는데, 이를 이용하여 빵을 굽는다.

$$2NaHCO_3 \xrightarrow{가열} Na_2CO_3 + H_2O + CO_2$$

5 물과 산화 칼슘의 반응에서 방출되는 열에너지의 이용

(1) **물과 산화 칼슘의 반응:** 물(H_2O)과 산화 칼슘(CaO)이 반응하면 수산화 칼슘($Ca(OH)_2$)이 생성되면서 에너지가 방출되는 발열 반응이 일어난다.

$$CaO + H_2O \longrightarrow Ca(OH)_2 + 열$$

(2) **물과 산화 칼슘의 반응에서 방출되는 열에너지의 이용:** 물과 산화 칼슘이 반응할 때 열에너지가 방출되어 온도를 약 200 ℃까지 높일 수 있으므로 음식물을 조리하거나 살균·살충 작업에 이용할 수 있다.

① **음식 조리:** 산화 칼슘과 물이 분리되어 각기 다른 곳에 저장되어 있는 조리 기구가 있다. 이 기구에서 산화 칼슘과 물이 반응할 때 발생하는 열에너지를 이용하여 음식을 가열하여 조리한다.

② **산성화된 토양 중화:** 물과 산화 칼슘이 반응하면 염기성인 수산화 칼슘이 생성되므로 산성화된 논이나 밭을 중화시킬 때 산화 칼슘이 포함된 ❸석회 비료를 이용한다.

③ **가축의 방역:** 물과 산화 칼슘의 반응에서 열에너지를 방출하므로 ❹가축의 방역에 이용한다.

❸ 석회 비료

산화 칼슘(CaO), 탄산 칼슘($CaCO_3$)을 주재료로 하여 산성화된 토양을 중화시키면서 작물에 필요한 무기염류를 공급한다.

❹ 물과 산화 칼슘의 반응을 이용한 가축 방역

가축 전염병이 발생했을 때 방역을 하기 위해 산화 칼슘을 뿌린 후 물을 뿌려주면, 산화 칼슘이 물에 용해되면서 열에너지를 방출하여 세균이나 바이러스의 이동을 막는다.

음식 조리

산성화된 토양 중화

가축의 방역

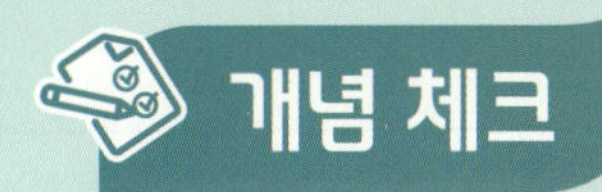

개념 체크

빈칸 완성

1. 화학 반응이 일어날 때 주위로 에너지를 방출하는 반응을 (　　) 반응이라고 한다.

2. 화학 반응이 일어날 때 주위로부터 에너지를 흡수하는 반응을 (　　) 반응이라고 한다.

3. (　　) 반응에서는 반응물의 에너지가 생성물의 에너지보다 크다.

4. (　　) 반응에서는 반응물의 에너지가 생성물의 에너지보다 작다.

둘 중에 고르기

5. 발열 반응이 일어나면 주위의 온도가 (높아, 낮아)진다.

6. 흡열 반응이 일어나면 주위의 온도가 (높아, 낮아)진다.

7. 그림과 같은 에너지 변화를 나타내는 반응은 (발열, 흡열) 반응이다.

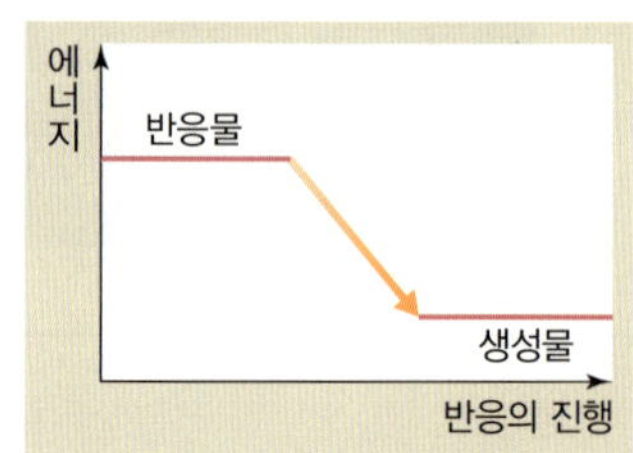

> **정답** 1. 발열 2. 흡열 3. 발열 4. 흡열 5. 높아 6. 낮아 7. 발열

단답형

1. 다음 반응을 발열 반응과 흡열 반응으로 구분하시오.
- (1) 식물의 광합성 반응　　　　　　　　　(　　)
- (2) 산과 염기의 중화 반응　　　　　　　　(　　)
- (3) 화석 연료의 연소 반응　　　　　　　　(　　)
- (4) 냉각 팩 속에서 일어나는 반응　　　　　(　　)
- (5) 탄산수소 나트륨의 열분해 반응　　　　(　　)
- (6) 수산화 바륨과 염화 암모늄의 반응　　　(　　)

2. 염화 칼슘($CaCl_2$)을 물(H_2O)에 녹였더니 수용액의 온도가 처음 물의 온도보다 높아졌다. 염화 칼슘의 용해 반응은 발열 반응인지, 흡열 반응인지 쓰시오.

3. 물(H_2O)과 산화 칼슘(CaO)의 반응을 이용하면 음식을 조리할 수 있다.
- (1) 물과 산화 칼슘의 반응을 화학 반응식으로 쓰시오.
- (2) 이 반응으로 음식을 조리할 수 있는 까닭을 쓰시오.

> **정답** 1. (1) 흡열 반응 (2) 발열 반응 (3) 발열 반응 (4) 흡열 반응 (5) 흡열 반응 (6) 흡열 반응 2. 발열 반응 3. (1) $CaO + H_2O \longrightarrow Ca(OH)_2$ (2) 반응이 일어나면서 열에너지가 방출되기 때문이다.

탐구 활동 산과 염기를 혼합할 때 용액의 온도 변화 측정하기

목표

산과 염기를 혼합할 때 용액의 온도 변화를 측정하고, 이를 그래프로 나타낼 수 있다.

과정

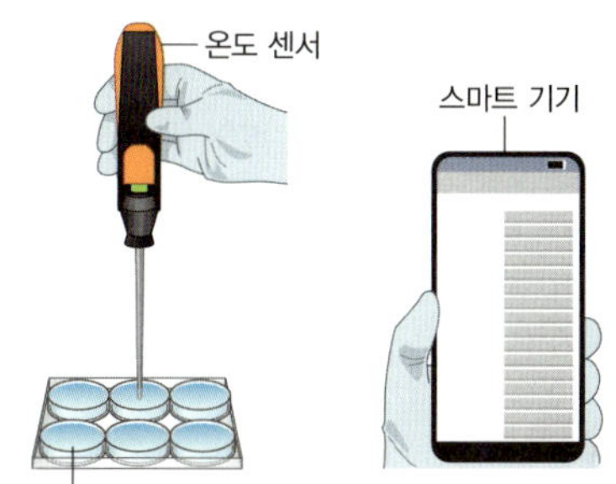

1. 온도 센서를 스마트 기기와 연결하고, 6홈판에 (가)~(마)를 표시한다.
2. 농도가 같은 묽은 염산과 수산화 나트륨 수용액의 온도를 각각 측정한다.
3. (가)의 홈에 묽은 염산 2 mL와 수산화 나트륨 수용액 10 mL를 넣고 섞은 후 최고 온도를 측정하여 기록한다.
4. (나)~(마)의 홈에 아래 표와 같이 묽은 염산과 수산화 나트륨 수용액의 부피를 달리하 여 넣고 섞은 후 각각 최고 온도를 측정하여 기록한다.
5. (가)~(마)의 홈에 BTB 용액을 2~3방울 떨어뜨린 뒤 색 변화를 관찰하여 기록한다.

홈	(가)	(나)	(다)	(라)	(마)
묽은 염산의 부피(mL)	2	4	6	8	10
수산화 나트륨 수용액의 부피(mL)	10	8	6	4	2

결과 정리 및 해석

1. 과정 **2**에서 묽은 염산과 수산화 나트륨 수용액의 온도: 모두 23 ℃
2. (가)~(마)의 홈에서 각 혼합 용액의 최고 온도와 BTB 용액을 떨어뜨렸을 때 혼합 용액의 색을 정리해 보자.

홈	(가)	(나)	(다)	(라)	(마)
혼합 용액의 최고 온도(℃)	25	27	29	27	25
BTB 용액을 떨어뜨렸을 때 혼합 용액의 색	파란색	파란색	녹색	노란색	노란색

3. 스프레드시트 앱을 활용하여 묽은 염산과 수산화 나트륨 수용액의 부피에 따른 혼합 용액의 온도 변화를 그래프로 나타내 보자.

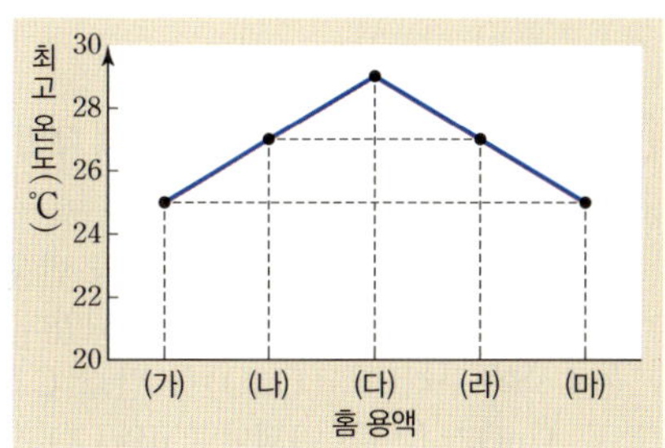

탐구 분석

1. (가)~(마)의 혼합 용액 중 중화점에 도달한 용액은 무엇인지 쓰고, 그 까닭을 쓰시오.
   ➡
2. (가)와 (마)에서 혼합 용액의 최고 온도가 같은 까닭을 쓰시오.
   ➡
3. 묽은 염산 12 mL와 수산화 나트륨 수용액 12 mL를 홈판에 넣고 섞었을 때 혼합 용액의 최고 온도를 예상하시오.
   ➡

> 25595-0064

01 산화와 환원에 대한 설명으로 옳은 것만을 〈보기〉에서 있는 대로 고른 것은?

〈보기〉
ㄱ. 산소를 얻는 반응은 산화이다.
ㄴ. 전자를 잃는 반응은 환원이다.
ㄷ. 산화와 환원은 항상 동시에 일어난다.

① ㄱ 　　② ㄴ 　　③ ㄱ, ㄷ
④ ㄴ, ㄷ 　　⑤ ㄱ, ㄴ, ㄷ

> 25595-0065

02 다음은 광합성 반응의 화학 반응식이다.

$$6CO_2 + 6H_2O \longrightarrow C_6H_{12}O_6 + 6O_2$$

이에 대한 설명으로 옳은 것만을 〈보기〉에서 있는 대로 고른 것은?

〈보기〉
ㄱ. 이산화 탄소는 환원된다.
ㄴ. 이 반응은 흡열 반응이다.
ㄷ. 사람에서도 이 반응이 일어난다.

① ㄱ 　　② ㄷ 　　③ ㄱ, ㄴ
④ ㄴ, ㄷ 　　⑤ ㄱ, ㄴ, ㄷ

> 25595-0066

03 다음은 3가지 산화 환원 반응에 대한 설명이다.

(가) 나트륨(Na)을 염소(Cl_2)와 반응시켰더니 Na이 (㉠)되며, $NaCl$이 생성되었다.
(나) 산화 구리(Ⅱ)(CuO)를 탄소(C)와 반응시켰더니 CuO가 (㉡)되며, Cu와 CO_2가 생성되었다.
(다) 묽은 염산(HCl)에 마그네슘(Mg) 조각을 넣었더니 Mg이 (㉢)되며, H_2가 생성되었다.

㉠~㉢으로 가장 적절한 것은?

	㉠	㉡	㉢		㉠	㉡	㉢
①	산화	산화	환원	②	산화	환원	산화
③	산화	환원	환원	④	환원	산화	환원
⑤	환원	환원	산화				

> 25595-0067

중요

04 다음은 2가지 반응의 화학 반응식을 나타낸 것이다.

(가) $2Mg + O_2 \longrightarrow 2MgO$
(나) $Fe_2O_3 + 3CO \longrightarrow 2Fe + 3CO_2$

이에 대한 설명으로 옳은 것만을 〈보기〉에서 있는 대로 고른 것은?

〈보기〉
ㄱ. (가)에서 Mg은 전자를 잃는다.
ㄴ. (나)에서 CO는 환원된다.
ㄷ. (가)와 (나)는 모두 산화 환원 반응이다.

① ㄱ 　　② ㄴ 　　③ ㄱ, ㄷ
④ ㄴ, ㄷ 　　⑤ ㄱ, ㄴ, ㄷ

> 25595-0068

05 다음은 몇 가지 물질의 화학식을 나타낸 것이다.

$$H_2SO_4, \ HCl, \ CH_3COOH$$

이 물질들의 수용액에서 나타나는 공통적인 성질로 옳지 <u>않은</u> 것은?

① H^+이 들어 있다.
② 전기 전도성이 있다.
③ BTB 용액을 떨어뜨리면 파란색으로 변한다.
④ 금속 마그네슘 조각을 넣으면 수소 기체가 발생한다.
⑤ 탄산 칼슘 조각을 넣으면 이산화 탄소 기체가 발생한다.

> 25595-0069

06 산 또는 염기의 이온화 반응식으로 옳지 <u>않은</u> 것은?

① $HCl \longrightarrow H^+ + Cl^-$
② $H_2SO_4 \longrightarrow 2H^+ + SO_4^{2-}$
③ $NaOH \longrightarrow Na^+ + OH^-$
④ $NH_4OH \longrightarrow NH_4^+ + OH^-$
⑤ $CH_3COOH \longrightarrow CH_3CO^+ + OH^-$

07 다음은 X 수용액의 성질을 알아보기 위한 실험이다.

> 25595-0070

[가설]

ㄱ

[실험 과정]

그림과 같이 질산 칼륨 수용액에 적신 붉은색 리트머스 종이 위에 X 수용액에 적신 실을 올려놓고 전류를 흘려준다.

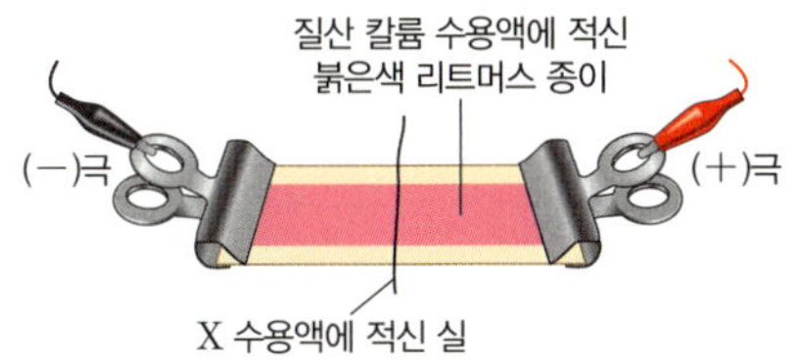

[실험 결과]

붉은색 리트머스 종이가 실 부분에서부터 푸른색으로 변하였고, 푸른색은 점점 (+)극 쪽으로 이동하였다.

[결론]

가설은 옳다.

결론이 타당할 때, ㄱ으로 가장 적절한 것은?

① X 수용액은 전기 전도성이 있다.
② X 수용액에는 양이온과 음이온이 존재한다.
③ X 수용액에는 산성을 나타내는 양이온이 존재한다.
④ X 수용액에는 염기성을 나타내는 음이온이 존재한다.
⑤ 질산 칼륨 수용액에는 염기성을 나타내는 음이온이 존재한다.

08 중화 반응에 대한 설명으로 옳지 <u>않은</u> 것은?

> 25595-0071

① 산과 염기가 반응하여 물과 염이 생성되는 반응이다.
② 알짜 이온 반응식은 $H^+ + OH^- \longrightarrow H_2O$이다.
③ 중화 반응에 참여하지 않고 수용액에 남아 있는 이온을 구경꾼 이온이라고 한다.
④ 묽은 염산과 수산화 나트륨 수용액의 중화 반응의 화학 반응식은 $HCl + NaOH \longrightarrow H_2O + NaCl$이다.
⑤ 일정량의 산 수용액에 염기 수용액을 계속 가하면 중화점 이후에도 혼합 용액의 온도는 계속 높아진다.

09 그림은 HA 수용액과 BOH 수용액을 이온 모형으로 나타낸 것이다.

> 25595-0072

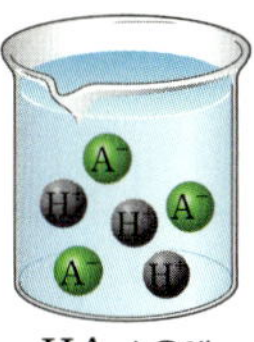
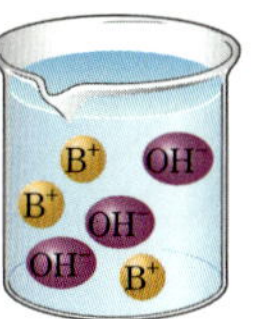

이에 대한 설명으로 옳은 것만을 〈보기〉에서 있는 대로 고른 것은?

보기

ㄱ. HA는 산이다.
ㄴ. BOH 수용액에 페놀프탈레인 용액을 떨어뜨리면 붉은색으로 변한다.
ㄷ. 두 수용액에 금속 마그네슘 조각을 각각 넣으면 모두 수소 기체가 발생한다.

① ㄱ   ② ㄷ   ③ ㄱ, ㄴ
④ ㄴ, ㄷ   ⑤ ㄱ, ㄴ, ㄷ

10 그림은 온도가 같은 묽은 염산(HCl)과 수산화 나트륨(NaOH) 수용액을 혼합하여 (가)가 생성되는 반응을 모형으로 나타낸 것이다. (가)에 들어 있는 이온은 나타내지 않았다.

> 25595-0073

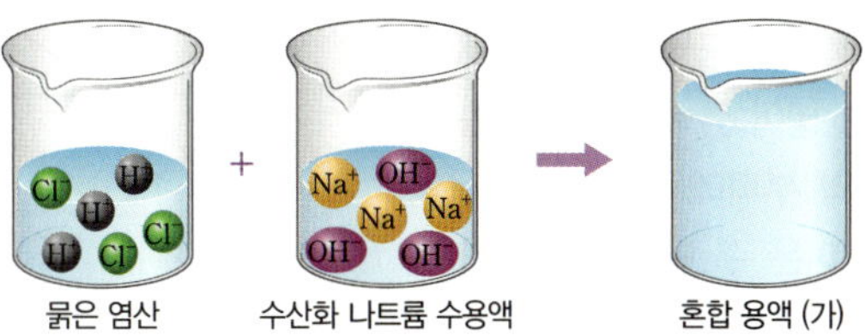

(가)에 대한 설명으로 옳지 <u>않은</u> 것은?

① 액성이 중성이다.
② 전기 전도성이 없다.
③ 혼합 전보다 온도가 높다.
④ H^+과 OH^-이 존재하지 않는다.
⑤ BTB 용액을 떨어뜨리면 녹색으로 변한다.

• 정답과 해설 13쪽

11 그림은 수산화 칼륨(KOH) 수용액 $10\ mL$에 같은 온도의 묽은 염산(HCl)을 $5\ mL$씩 차례로 가할 때 혼합 용액 속 이온을 모형으로 나타낸 것이다.

> 25595-0074

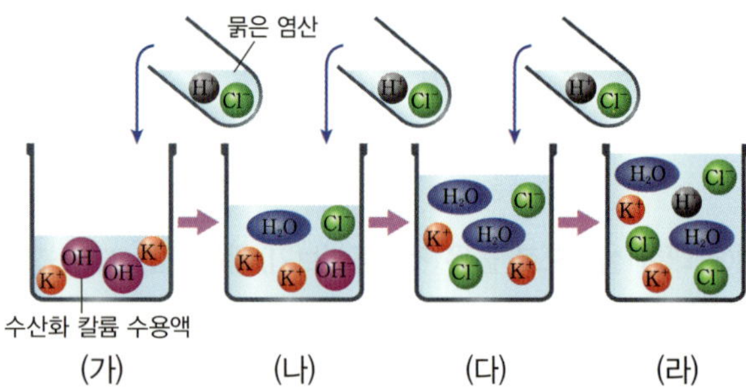

(가)~(라)에 대한 설명으로 옳은 것만을 〈보기〉에서 있는 대로 고른 것은?

> 보기
> ㄱ. 온도는 (라)가 가장 높다.
> ㄴ. 수용액의 액성이 염기성인 것은 2가지이다.
> ㄷ. 수용액에 들어 있는 전체 이온의 수는 (나)>(가)이다.

① ㄱ   ② ㄴ   ③ ㄷ
④ ㄱ, ㄷ   ⑤ ㄴ, ㄷ

12 그림은 일정량의 묽은 염산(HCl)에 수산화 나트륨($NaOH$) 수용액을 조금씩 넣어 반응시켰을 때, 넣어 준 수산화 나트륨 수용액의 부피에 따른 혼합 용액 속의 이온 수 변화를 나타낸 것이다. ㉠~㉣로 옳은 것은?

> 25595-0075

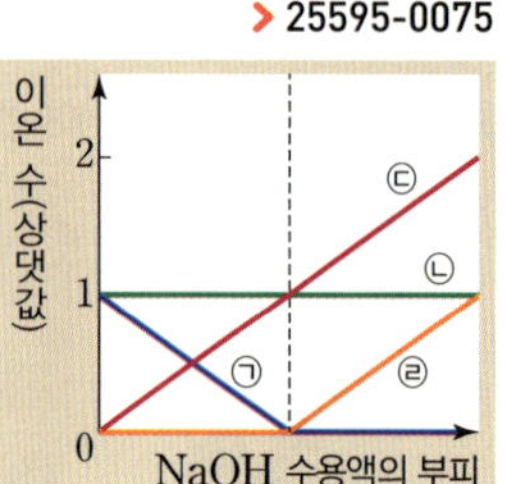

	㉠	㉡	㉢	㉣
①	H^+	Cl^-	OH^-	Na^+
②	H^+	Cl^-	Na^+	OH^-
③	H^+	Na^+	Cl^-	OH^-
④	Cl^-	Na^+	OH^-	H^+
⑤	Cl^-	H^+	Na^+	OH^-

13 그림은 어떤 반응에서 반응의 진행에 따른 에너지 변화를 나타낸 것이다. 에너지 출입이 이와 같은 반응에 대한 설명으로 옳은 것만을 〈보기〉에서 있는 대로 고른 것은?

> 25595-0076

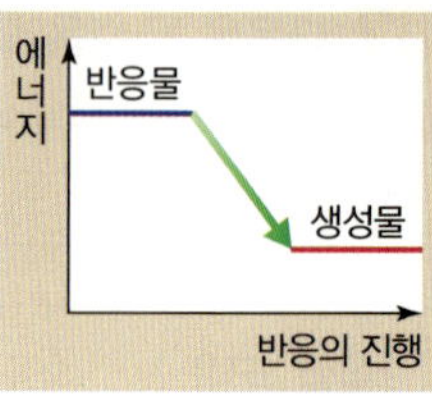

> 보기
> ㄱ. 발열 반응이다.
> ㄴ. 반응이 일어나면 주위의 온도는 낮아진다.
> ㄷ. 드라이아이스가 승화하는 것은 이 반응의 사례로 적절하다.

① ㄱ   ② ㄴ   ③ ㄷ
④ ㄱ, ㄷ   ⑤ ㄴ, ㄷ

14 다음은 에너지가 출입하는 반응 (가)~(다)에 대한 자료이다.

> 25595-0077

> (가) 고체 연료 속 에탄올(C_2H_5OH)이 연소하는 반응
> (나) 묽은 염산(HCl)과 수산화 나트륨($NaOH$) 수용액을 혼합하였을 때의 반응
> (다) 냉각 팩 속 질산 암모늄(NH_4NO_3)이 물에 용해되는 반응

(가)~(다) 중 발열 반응만을 있는 대로 고른 것은?

① (가)   ② (다)   ③ (가), (나)
④ (나), (다)   ⑤ (가), (나), (다)

15 다음은 3가지 반응에 대한 설명이다.

> 25595-0078

> (가) 뷰테인을 연소시키면 이산화 탄소와 물이 생성된다.
> (나) 드라이아이스를 공기 중에 두면 사라진다.
> (다) 묽은 황산과 수산화 칼륨 수용액을 혼합하면 중화 반응이 일어난다.

(가)~(다) 중 주위의 온도가 낮아지는 반응만을 있는 대로 고른 것은?

① (가)   ② (나)   ③ (다)
④ (가), (다)   ⑤ (나), (다)

> 25595-0079

⭐중요

01 그림은 붉은색의 구리(Cu)를 가열하였을 때 검은색의 산화 구리(II)(CuO)가 생성되는 과정 (가)와, 산화 구리(II)(CuO)에 수소(H_2)를 가하면서 가열하였을 때 다시 구리(Cu)가 되는 과정 (나)를 나타낸 것이다.

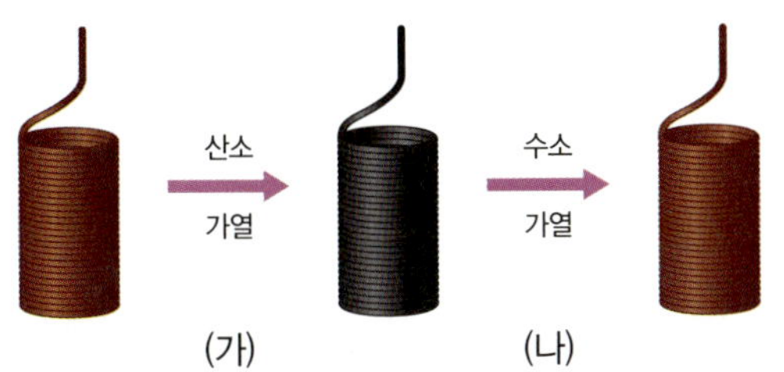

이에 대한 설명으로 옳은 것만을 〈보기〉에서 있는 대로 고른 것은?

> 보기
> ㄱ. (가)에서 Cu는 전자를 잃는다.
> ㄴ. (나)에서 CuO는 환원된다.
> ㄷ. (가)와 (나)에서 일어나는 반응은 모두 산화 환원 반응이다.

① ㄱ
② ㄴ
③ ㄱ, ㄷ
④ ㄴ, ㄷ
⑤ ㄱ, ㄴ, ㄷ

> 25595-0080

02 다음은 철의 제련 반응의 화학 반응식을 나타낸 것이다.

$$Fe_2O_3 + 3CO \longrightarrow 2Fe + 3\boxed{\ \ ⊙\ \ }$$

이에 대한 설명으로 옳은 것만을 〈보기〉에서 있는 대로 고른 것은?

> 보기
> ㄱ. Fe_2O_3은 산화된다.
> ㄴ. ⊙은 CO_2이다.
> ㄷ. 이 반응으로 철광석으로부터 순수한 Fe을 얻을 수 있다.

① ㄱ
② ㄴ
③ ㄷ
④ ㄱ, ㄷ
⑤ ㄴ, ㄷ

> 25595-0081

03 다음은 자연과 인류의 역사에 큰 변화를 가져온 3가지 반응의 화학 반응식이다.

> (가) $6CO_2 + 6H_2O \longrightarrow C_6H_{12}O_6 + 6O_2$
> (나) $Fe_2O_3 + 3CO \longrightarrow 2Fe + 3CO_2$
> (다) $CH_4 + 2O_2 \longrightarrow CO_2 + 2H_2O$

(가)~(다)에서 산화되는 물질로 옳은 것은?

	(가)	(나)	(다)		(가)	(나)	(다)
①	CO_2	Fe_2O_3	CH_4	②	CO_2	CO	O_2
③	H_2O	Fe_2O_3	O_2	④	H_2O	CO	CH_4
⑤	H_2O	CO	O_2				

> 25595-0082

서술형

04 그림은 묽은 염산(HCl)이 들어 있는 시험관에 철(Fe)로 된 못을 넣었더니 기체가 발생한 것을 나타낸 것이다.

(1) 시험관에서 일어난 반응의 화학 반응식을 쓰시오. (단, 반응 후 Fe^{3+}이 생성된다.)

____

(2) (1)의 화학 반응식에서 산화된 물질과 환원된 물질을 전자의 이동으로 서술하시오.

____

> 25595-0083

05 다음은 2가지 반응의 화학 반응식이다.

> (가) $C_6H_{12}O_6 + 6O_2 \longrightarrow 6CO_2 + 6H_2O$
> (나) $2Na + Cl_2 \longrightarrow 2NaCl$

이에 대한 설명으로 옳은 것만을 〈보기〉에서 있는 대로 고른 것은?

> 보기
> ㄱ. (가)에서 $C_6H_{12}O_6$은 산화된다.
> ㄴ. (나)에서 Cl_2는 환원된다.
> ㄷ. (가)의 O_2와 (나)의 Na은 모두 전자를 잃는다.

① ㄱ
② ㄷ
③ ㄱ, ㄴ
④ ㄴ, ㄷ
⑤ ㄱ, ㄴ, ㄷ

⭐중요

> 25595-0084

06 그림은 황산 구리(Ⅱ)($CuSO_4$) 수용액이 들어 있는 비커에 아연(Zn)판을 넣었을 때, 아연판의 표면에 붉은색의 구리(Cu)가 석출된 모습을 나타낸 것이다.

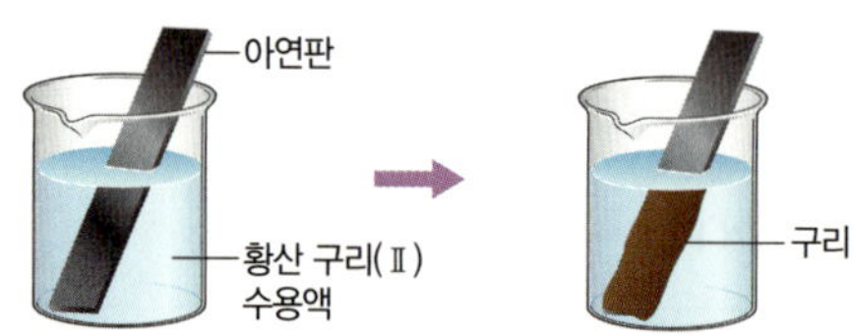

이 반응에 대한 설명으로 옳은 것만을 〈보기〉에서 있는 대로 고른 것은?

〔보기〕
ㄱ. Zn은 산화된다.
ㄴ. Cu^{2+}은 전자를 잃는다.
ㄷ. 반응이 진행될수록 수용액의 푸른색은 진해진다.

① ㄱ   ② ㄴ   ③ ㄱ, ㄷ
④ ㄴ, ㄷ   ⑤ ㄱ, ㄴ, ㄷ

> 25595-0085

07 다음은 질산 은($AgNO_3$) 수용액이 들어 있는 비커에 구리(Cu)를 넣었을 때 일어나는 반응의 화학 반응식이다.

$$Cu + 2AgNO_3 \longrightarrow Cu(NO_3)_2 + 2Ag$$

이에 대한 설명으로 옳은 것만을 〈보기〉에서 있는 대로 고른 것은?

〔보기〕
ㄱ. Cu는 산화된다.
ㄴ. Ag^+은 전자를 얻는다.
ㄷ. 반응 후 수용액 속 금속 양이온 수는 감소한다.

① ㄱ   ② ㄴ   ③ ㄱ, ㄷ
④ ㄴ, ㄷ   ⑤ ㄱ, ㄴ, ㄷ

⭐중요

> 25595-0086

08 다음은 3가지 반응의 화학 반응식이다.

(가) $2C + O_2 \longrightarrow 2\boxed{\ ㉠\ }$
(나) $Fe_2O_3 + 3\boxed{\ ㉠\ } \longrightarrow 2Fe + 3CO_2$
(다) $4Al + 3O_2 \longrightarrow 2Al_2O_3$

이에 대한 설명으로 옳은 것만을 〈보기〉에서 있는 대로 고른 것은?

〔보기〕
ㄱ. ㉠은 CO이다.
ㄴ. (나)에서 Fe_2O_3과 (다)에서 Al은 모두 산화된다.
ㄷ. (가)~(다)는 모두 산화 환원 반응이다.

① ㄱ   ② ㄴ   ③ ㄱ, ㄷ
④ ㄴ, ㄷ   ⑤ ㄱ, ㄴ, ㄷ

> 25595-0087

09 그림은 구리(Cu)와 관련된 반응 (가)와 (나)를 모식적으로 나타낸 것이다.

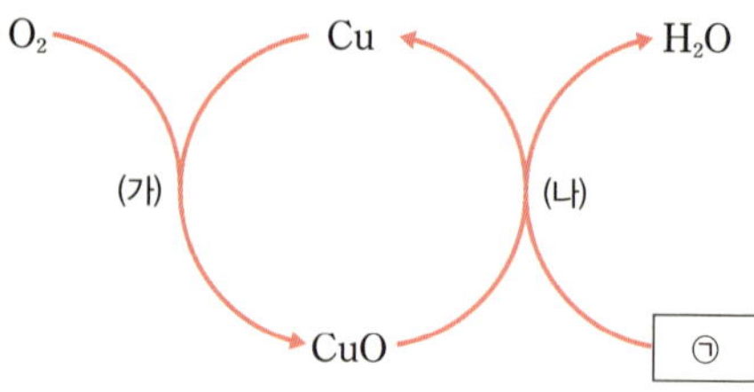

이에 대한 설명으로 옳은 것만을 〈보기〉에서 있는 대로 고른 것은?

〔보기〕
ㄱ. (가)에서 Cu는 환원된다.
ㄴ. ㉠은 H_2이다.
ㄷ. (나)에서 CuO는 산소를 얻는다.

① ㄱ   ② ㄴ   ③ ㄷ
④ ㄱ, ㄷ   ⑤ ㄴ, ㄷ

> 25595-0088

10 그림 (가)와 (나)는 묽은 염산(HCl)과 묽은 황산(H_2SO_4)의 이온 모형을 순서 없이 나타낸 것이다.

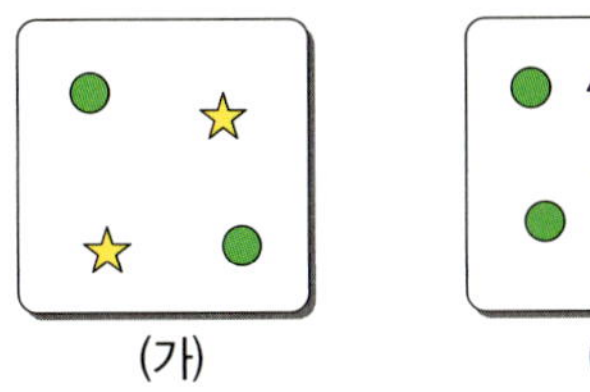

(가)   (나)

이에 대한 설명으로 옳은 것만을 〈보기〉에서 있는 대로 고른 것은?

┤ 보기 ├
ㄱ. ●은 H^+이다.
ㄴ. (나)는 묽은 염산이다.
ㄷ. 음이온 1개의 전하량은 (가)가 (나)의 2배이다.

① ㄱ   ② ㄴ   ③ ㄷ
④ ㄱ, ㄷ   ⑤ ㄴ, ㄷ

> 25595-0089

11 표는 2가지 물질 (가)와 (나)에 대한 자료이다. (가)와 (나)는 각각 묽은 염산(HCl)과 수산화 나트륨($NaOH$) 수용액을 순서 없이 나타낸 것이다.

수용액	(가)	(나)
전기 전도성	있음	⊙
탄산 칼슘을 넣었을 때 기체 발생 여부	발생하지 않음	발생함

이에 대한 설명으로 옳은 것만을 〈보기〉에서 있는 대로 고른 것은?

┤ 보기 ├
ㄱ. (가)는 묽은 염산이다.
ㄴ. ⊙은 '있음'이다.
ㄷ. (나)에 페놀프탈레인 용액을 넣으면 붉은색으로 변한다.

① ㄱ   ② ㄴ   ③ ㄷ
④ ㄱ, ㄷ   ⑤ ㄴ, ㄷ

> 25595-0090

12 표는 3가지 수용액을 이용한 실험에 대한 자료이다. (가)~(다)는 각각 묽은 염산(HCl), 수산화 나트륨($NaOH$) 수용액, 염화 나트륨($NaCl$) 수용액을 순서 없이 나타낸 것이다.

수용액	(가)	(나)	(다)
BTB 용액을 떨어뜨렸을 때의 색	⊙	녹색	ⓒ
아연(Zn) 조각을 넣었을 때	변화 없음	ⓒ	기체 발생

이에 대한 설명으로 옳은 것만을 〈보기〉에서 있는 대로 고른 것은?

┤ 보기 ├
ㄱ. ⊙은 '노란색'이다.
ㄴ. ⓒ은 '변화 없음'이다.
ㄷ. (가)와 (다)를 혼합하면 (나)가 생성될 수 있다.

① ㄱ   ② ㄴ   ③ ㄷ
④ ㄱ, ㄷ   ⑤ ㄴ, ㄷ

> 25595-0091

13 그림은 3가지 물질을 2가지 기준에 따라 분류하는 과정을 나타낸 것이다.

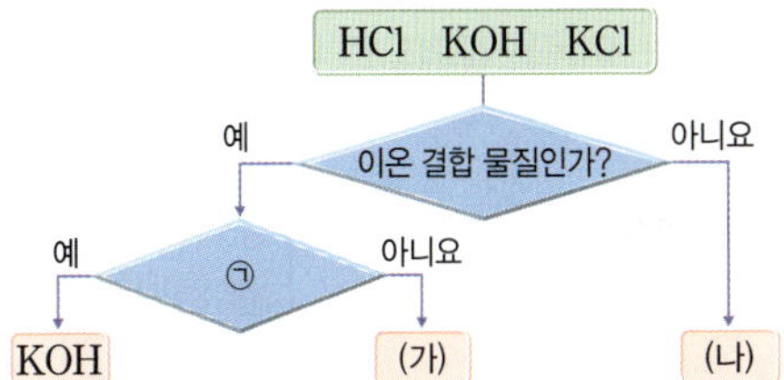

이에 대한 설명으로 옳은 것만을 〈보기〉에서 있는 대로 고른 것은?

┤ 보기 ├
ㄱ. '수용액이 전기 전도성이 있는가?'는 ⊙으로 적절하다.
ㄴ. (가)의 수용액에 BTB 용액을 떨어뜨리면 녹색으로 변한다.
ㄷ. (가)의 수용액과 (나)의 수용액을 혼합하면 중화 반응이 일어난다.

① ㄱ   ② ㄴ   ③ ㄷ
④ ㄱ, ㄷ   ⑤ ㄴ, ㄷ

> 25595-0092

14 그림은 산 X의 수용액 (가)와 염기 Y의 수용액 (나)를 각각 10 mL씩 혼합하였을 때, 혼합 용액 (다)에 들어 있는 이온을 모형으로 나타낸 것이다.

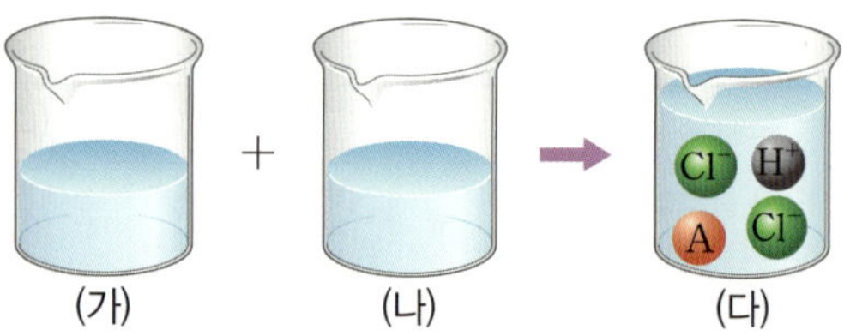

이에 대한 설명으로 옳은 것만을 〈보기〉에서 있는 대로 고른 것은?

┌ 보기 ┐
ㄱ. A는 양이온이다.
ㄴ. (다)에 BTB 용액을 떨어뜨리면 녹색으로 변한다.
ㄷ. 수용액에 들어 있는 전체 이온의 수는 (가)와 (나)가 같다.

① ㄱ   ② ㄴ   ③ ㄷ
④ ㄱ, ㄴ   ⑤ ㄴ, ㄷ

★중요

> 25595-0093

15 그림은 묽은 염산(HCl)과 수산화 나트륨(NaOH) 수용액에 들어 있는 이온을 모형으로 나타낸 것이다.

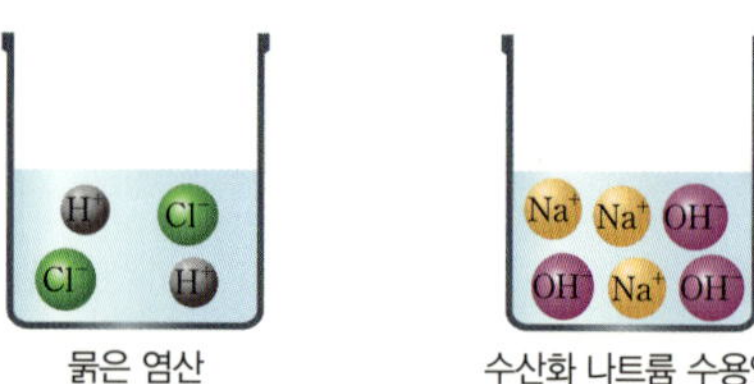

위의 두 수용액을 혼합한 용액에 대한 설명으로 옳은 것만을 〈보기〉에서 있는 대로 고른 것은?

┌ 보기 ┐
ㄱ. BTB 용액을 떨어뜨리면 파란색으로 변한다.
ㄴ. 가장 많이 존재하는 이온은 Na^+이다.
ㄷ. $\dfrac{OH^-\text{의 수}}{\text{전체 이온 수}} = \dfrac{1}{4}$이다.

① ㄱ   ② ㄷ   ③ ㄱ, ㄴ
④ ㄴ, ㄷ   ⑤ ㄱ, ㄴ, ㄷ

> 25595-0094

16 그림은 농도가 같은 묽은 염산(HCl)과 수산화 나트륨(NaOH) 수용액의 부피를 달리하여 반응시키면서 혼합 용액의 최고 온도를 측정하여 나타낸 것이다.

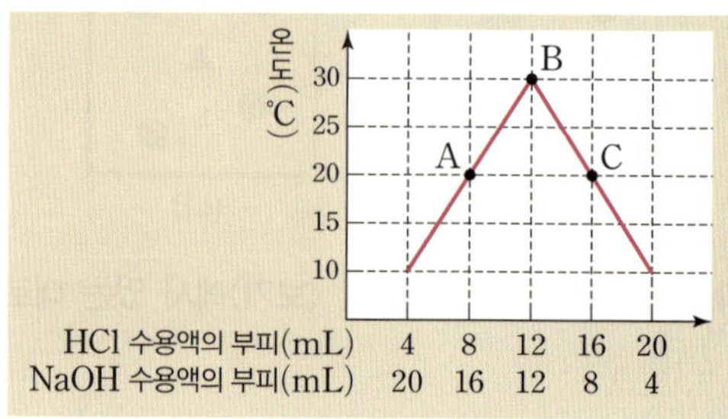

이에 대한 설명으로 옳은 것만을 〈보기〉에서 있는 대로 고른 것은? (단, 혼합 전 수용액의 온도는 모두 같다.)

┌ 보기 ┐
ㄱ. A에서 수용액의 액성은 염기성이다.
ㄴ. B는 중화점이다.
ㄷ. 수용액에 들어 있는 전체 이온의 수는 C>B이다.

① ㄱ   ② ㄷ   ③ ㄱ, ㄴ
④ ㄴ, ㄷ   ⑤ ㄱ, ㄴ, ㄷ

서술형

> 25595-0095

17 그림은 같은 부피의 묽은 염산(HCl)과 수산화 나트륨(NaOH) 수용액을 혼합하였을 때 혼합 용액 속 이온을 모형으로 나타낸 것이다. 혼합 전 묽은 염산과 수산화 나트륨 수용액에 각각 들어 있는 이온을 모형으로 나타내고, 각 수용액 속에 들어 있는 전체 이온 수의 차이를 서술하시오.

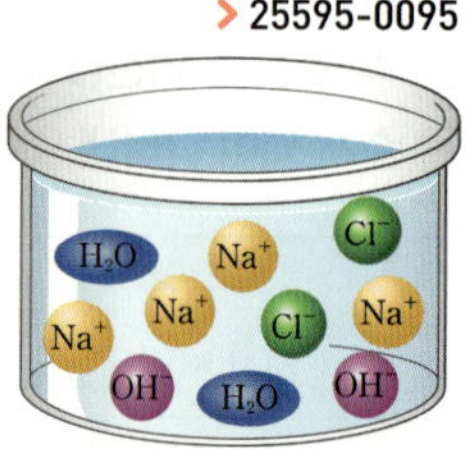

묽은 염산

수산화 나트륨 수용액

> 25595-0096

18 그림은 농도가 같은 묽은 염산(HCl)과 수산화 나트륨(NaOH) 수용액의 부피를 달리하여 혼합한 용액의 최고 온도를 측정하여 나타낸 것이다.

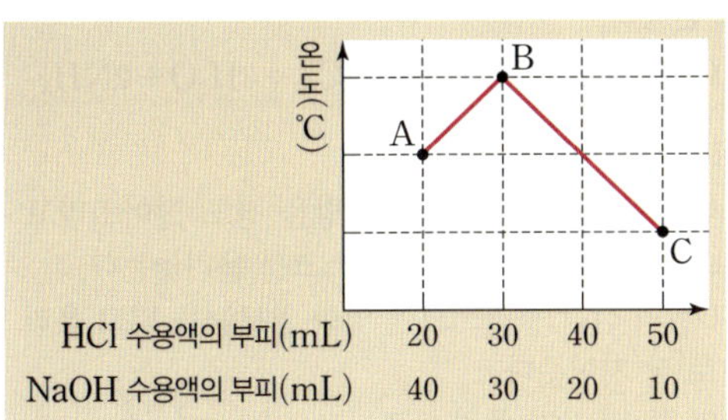

이에 대한 설명으로 옳은 것만을 〈보기〉에서 있는 대로 고른 것은? (단, 혼합 전 수용액의 온도는 모두 같다.)

┤ 보기 ├

ㄱ. A에 BTB 용액을 떨어뜨리면 파란색으로 변한다.
ㄴ. B에 들어 있는 이온의 종류는 2가지이다.
ㄷ. 생성된 물의 양은 A>C이다.

① ㄱ ② ㄴ ③ ㄱ, ㄷ ④ ㄴ, ㄷ ⑤ ㄱ, ㄴ, ㄷ

서술형

> 25595-0097

19 그림은 묽은 염산(HCl) 30 mL와 수산화 나트륨(NaOH) 수용액 30 mL를 이온 모형으로 나타낸 것이다. 묽은 염산 30 mL에 수산화 나트륨 수용액을 조금씩 넣어 주었다.

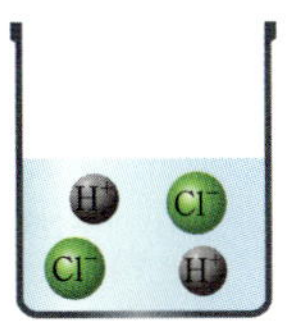

묽은 염산   수산화 나트륨 수용액

(1) 넣어 준 수산화 나트륨 수용액의 부피에 따른 H^+, Cl^-, Na^+, OH^-의 이온 수 변화를 각각 쓰시오.

____

____

(2) 중화점까지 넣어 준 수산화 나트륨 수용액의 부피를 구하고, 그 까닭을 서술하시오.

____

____

> 25595-0098

20 다음은 중화 반응 실험이다.

[실험 과정]
(가) 농도와 온도가 같은 수산화 나트륨(NaOH) 수용액과 묽은 염산(HCl)을 준비한다.
(나) (가)의 수산화 나트륨 수용액 10 mL와 묽은 염산 5 mL를 혼합하여 만든 용액 Ⅰ에 BTB 용액을 2~3방울 떨어뜨리고 색 변화를 관찰한다.
(다) (나)의 용액 Ⅰ에 묽은 염산 5 mL를 혼합하여 만든 용액 Ⅱ의 색 변화를 관찰한다.

[실험 결과] 각 과정 후 혼합 용액의 색

용액	Ⅰ	Ⅱ
색	㉠	녹색

이에 대한 설명으로 옳은 것만을 〈보기〉에서 있는 대로 고른 것은?

┤ 보기 ├

ㄱ. ㉠은 '파란색'이다.
ㄴ. (나)와 (다)에서는 모두 중화열이 발생한다.
ㄷ. 혼합 용액의 최고 온도는 Ⅰ과 Ⅱ가 같다.

① ㄴ   ② ㄷ   ③ ㄱ, ㄴ
④ ㄱ, ㄷ   ⑤ ㄱ, ㄴ, ㄷ

☆중요

> 25595-0099

21 그림은 일정량의 수산화 나트륨(NaOH) 수용액에 온도가 같은 묽은 염산(HCl)을 조금씩 가할 때, 묽은 염산의 부피에 따른 이온 (가)의 수 변화를 나타낸 것이다. 이에 대한 설명으로 옳은 것만을 〈보기〉에서 있는 대로 고른 것은?

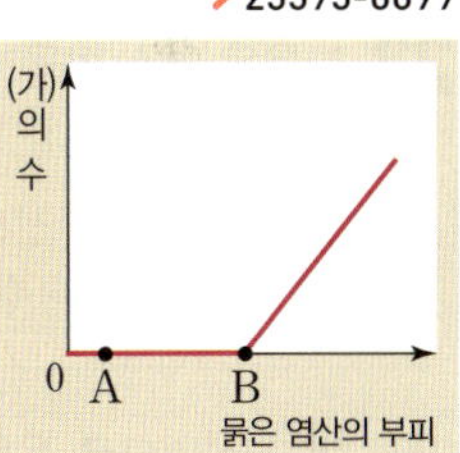

┤ 보기 ├

ㄱ. (가)는 OH^-이다.
ㄴ. 혼합 용액 속 Cl^-의 수는 B에서가 A에서보다 크다.
ㄷ. 혼합 용액의 온도는 B에서가 A에서보다 높다.

① ㄱ   ② ㄷ   ③ ㄱ, ㄴ
④ ㄴ, ㄷ   ⑤ ㄱ, ㄴ, ㄷ

서술형

22 그림은 농도가 같은 묽은 염산(HCl)과 수산화 나트륨($NaOH$) 수용액의 부피를 달리하여 반응시켰을 때 혼합 용액의 최고 온도를 측정하여 나타낸 것이다.

> 25595-0100

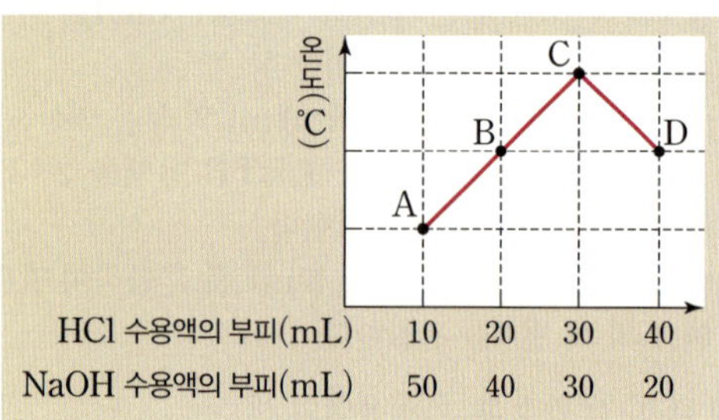

| HCl 수용액의 부피(mL) | 10 | 20 | 30 | 40 |
| NaOH 수용액의 부피(mL) | 50 | 40 | 30 | 20 |

A~D에서 혼합 용액 속 $\dfrac{Cl^-의\ 수}{Na^+의\ 수}$ 를 각각 구하고, 구하는 과정을 서술하시오. (단, 혼합 전 수용액의 온도는 모두 같다.)

____

____

____

23 다음은 연소 반응과 물의 끓음에 대한 설명이다.

> 25595-0101

> 메테인(CH_4)이 주성분인 ㉠천연가스를 연소시켜 물을 가열하면 ㉡물이 끓어 수증기가 된다.

이에 대한 설명으로 옳은 것만을 〈보기〉에서 있는 대로 고른 것은?

보기
ㄱ. ㉠에서 이산화 탄소와 물이 생성된다.
ㄴ. ㉠이 일어나면 주위의 온도가 높아진다.
ㄷ. ㉡은 흡열 반응이다.

① ㄱ   ② ㄷ   ③ ㄱ, ㄴ
④ ㄴ, ㄷ   ⑤ ㄱ, ㄴ, ㄷ

24 다음은 수산화 바륨과 염화 암모늄의 반응에 대한 실험이다.

> 25595-0102

> [화학 반응식]
> $$Ba(OH)_2 + 2NH_4Cl \longrightarrow BaCl_2 + 2H_2O + 2NH_3$$
>
> [실험 과정 및 결과]
> (가) 나무판의 중앙에 물을 10방울 정도 떨어뜨리고 수산화 바륨이 담긴 삼각 플라스크를 올려놓는다.
> (나) (가)의 삼각 플라스크에 염화 암모늄을 넣고 유리 막대로 잘 저어준다.
> (다) 몇 분 뒤 삼각 플라스크를 들어 올렸더니, 그림과 같이 나무판이 함께 들어 올려졌다.

삼각 플라스크 속에서 일어나는 반응에 대한 설명으로 옳은 것만을 〈보기〉에서 있는 대로 고른 것은?

보기
ㄱ. 흡열 반응이다.
ㄴ. 반응물의 에너지가 생성물의 에너지보다 크다.
ㄷ. 나무판에 떨어뜨린 물의 온도가 낮아진다.

① ㄱ   ② ㄴ   ③ ㄱ, ㄷ
④ ㄴ, ㄷ   ⑤ ㄱ, ㄴ, ㄷ

25 그림과 같이 물에 수산화 칼륨(KOH)을 녹였더니 수용액의 온도가 처음 물의 온도보다 높아졌다. 수산화 칼륨의 용해 반응에 대한 설명으로 옳은 것만을 〈보기〉에서 있는 대로 고른 것은?

> 25595-0103

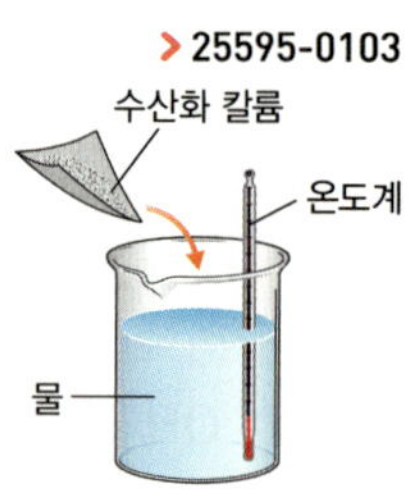

보기
ㄱ. 발열 반응이다.
ㄴ. 반응 후 수용액의 전기 전도성이 증가한다.
ㄷ. 반응 후 수용액은 염기성이 된다.

① ㄱ   ② ㄷ   ③ ㄱ, ㄴ
④ ㄴ, ㄷ   ⑤ ㄱ, ㄴ, ㄷ

수능 유형 문제

☆중요 > 25595-0104

01 다음은 3가지 반응의 화학 반응식이다.

> (가) $2Mg+O_2 \longrightarrow 2MgO$
> (나) $Fe_2O_3+3CO \longrightarrow 2Fe+3CO_2$
> (다) $HCl+NaOH \longrightarrow H_2O+NaCl$

이에 대한 설명으로 옳은 것만을 〈보기〉에서 있는 대로 고른 것은?

> ┤ 보기 ├
> ㄱ. (가)에서 Mg은 전자를 잃는다.
> ㄴ. (나)에서 Fe_2O_3은 산화된다.
> ㄷ. (가)~(다)는 모두 산화 환원 반응이다.

① ㄱ   ② ㄴ   ③ ㄷ
④ ㄱ, ㄷ   ⑤ ㄴ, ㄷ

> 25595-0105

02 다음은 3가지 산화 환원 반응의 화학 반응식이다.

> (가) $CuO+H_2 \longrightarrow Cu+H_2O$
> (나) $CO+H_2O \longrightarrow CO_2+H_2$
> (다) $Zn+CuSO_4 \longrightarrow Cu+ZnSO_4$

(가)~(다)에서 산화되는 물질로 옳은 것은?

	(가)	(나)	(다)
①	CuO	CO	Zn
②	CuO	H_2O	$CuSO_4$
③	H_2	CO	$CuSO_4$
④	H_2	H_2O	$CuSO_4$
⑤	H_2	CO	Zn

☆중요 > 25595-0106

03 다음은 구리(Cu)와 관련된 산화 환원 반응 실험이다.

> [실험 과정 및 결과]
> (가) 붉은색의 구리(Cu)를 가열하였더니 검은색의 산화 구리(Ⅱ)(CuO)가 생성되었다.
> (나) 검은색의 산화 구리(Ⅱ)(CuO)를 일산화 탄소(CO) 기체와 반응시켰더니 붉은색의 구리(Cu)로 변하였고 기체 X가 생성되었다.

이에 대한 설명으로 옳은 것만을 〈보기〉에서 있는 대로 고른 것은?

> ┤ 보기 ├
> ㄱ. X는 CO_2이다.
> ㄴ. (가)에서 Cu는 전자를 얻는다.
> ㄷ. (나)에서 CO는 환원된다.

① ㄱ   ② ㄴ   ③ ㄷ
④ ㄱ, ㄷ   ⑤ ㄴ, ㄷ

☆중요 > 25595-0107

04 그림은 드라이아이스(CO_2)에 홈을 파고 마그네슘(Mg) 가루를 넣어 연소시킨 후 탄소(C)가 생성된 모습을 나타낸 것이다.

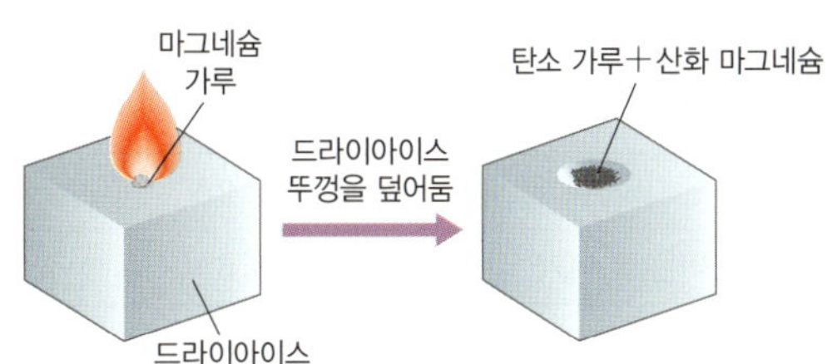

이 반응에 대한 설명으로 옳은 것만을 〈보기〉에서 있는 대로 고른 것은?

> ┤ 보기 ├
> ㄱ. 화학 반응식은 $Mg+CO_2 \longrightarrow MgO+CO$이다.
> ㄴ. 산화 환원 반응이 일어난다.
> ㄷ. CO_2는 산화된다.

① ㄱ   ② ㄴ   ③ ㄷ
④ ㄱ, ㄷ   ⑤ ㄴ, ㄷ

> 25595-0108

05 그림과 같이 질산 은($AgNO_3$) 수용액에 구리(Cu)줄을 넣었더니 구리줄의 표면에 은(Ag)이 석출되고, 수용액의 색이 푸르게 변하였다.

이 반응에 대한 설명으로 옳은 것만을 〈보기〉에서 있는 대로 고른 것은?

보기
ㄱ. 알짜 이온 반응식은 $2Ag^+ + Cu \longrightarrow 2Ag + Cu^{2+}$ 이다.
ㄴ. Ag^+은 산화된다.
ㄷ. 수용액 속 금속 양이온의 수는 감소한다.

① ㄱ   ② ㄴ   ③ ㄱ, ㄷ
④ ㄴ, ㄷ   ⑤ ㄱ, ㄴ, ㄷ

★중요

> 25595-0109

06 표는 금속 A 이온이 들어 있는 수용액에 금속 B를 넣어 반응을 완결시켰을 때, 넣어 준 B 원자의 수에 따른 전체 금속 이온의 수를 나타낸 것이다.

넣어 준 B 원자의 수(개)	0	$2N$	xN
전체 금속 이온의 수(개)	$8N$	$6N$	$5N$

이에 대한 설명으로 옳은 것만을 〈보기〉에서 있는 대로 고른 것은? (단, A와 B는 임의의 원소 기호이고, 금속 이온의 전하는 $+1$, $+2$, $+3$ 중 하나이다.)

보기
ㄱ. 금속 이온의 전하는 B > A이다.
ㄴ. 알짜 이온 반응식은 $A^{2+} + 2B \longrightarrow A + 2B^+$이다.
ㄷ. $x = 4$이다.

① ㄱ   ② ㄴ   ③ ㄷ
④ ㄱ, ㄷ   ⑤ ㄴ, ㄷ

> 25595-0110

07 다음은 금속 A~C의 산화 환원 반응 실험이다.

[실험 과정 및 결과]
(가) 비커 Ⅰ에는 A^{2+}이 들어 있는 수용액을, Ⅱ에는 B^{b+}이 들어 있는 수용액을 각각 넣는다.
(나) (가)의 비커에 각각 금속 C를 넣고 반응을 완결시켰더니 Ⅰ, Ⅱ에서 각각 금속 A, B가 석출되었다.

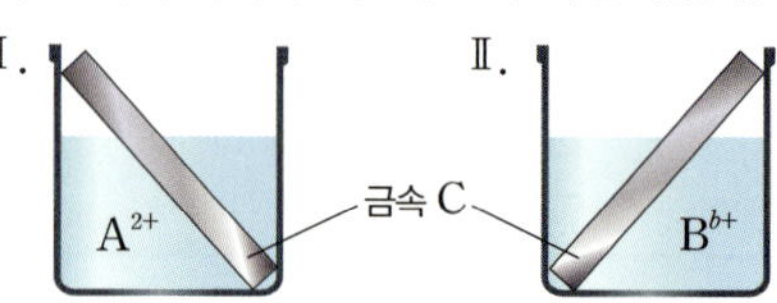

(다) 과정 (나) 이후 수용액에 대한 자료는 다음과 같다.

비커	존재하는 양이온	양이온의 수 변화
Ⅰ	C^{c+}	변화 없음
Ⅱ	C^{c+}	반응 전보다 증가함

이에 대한 설명으로 옳은 것만을 〈보기〉에서 있는 대로 고른 것은? (단, A~C는 임의의 원소 기호이다.)

보기
ㄱ. (나)에서 C는 산화된다.
ㄴ. $c = 2$이다.
ㄷ. $c > b$이다.

① ㄴ   ② ㄷ   ③ ㄱ, ㄴ   ④ ㄱ, ㄷ   ⑤ ㄱ, ㄴ, ㄷ

> 25595-0111

08 다음은 나트륨과 염소와 관련된 반응의 화학 반응식이다.

(가) $2Na + Cl_2 \longrightarrow 2NaCl$
(나) $2Na + 2H_2O \longrightarrow 2NaOH + H_2$
(다) $Na^+ + Cl^- \longrightarrow NaCl$

이에 대한 설명으로 옳은 것만을 〈보기〉에서 있는 대로 고른 것은?

보기
ㄱ. (가)~(다)는 모두 산화 환원 반응이다.
ㄴ. (가)에서 Cl는 전자를 얻는다.
ㄷ. (가)~(다)의 생성물에서 Na은 모두 네온(Ne)과 같은 전자 배치를 이룬다.

① ㄱ   ② ㄴ   ③ ㄱ, ㄷ   ④ ㄴ, ㄷ   ⑤ ㄱ, ㄴ, ㄷ

09 > 25595-0112

09 다음은 금속과 금속 양이온이 들어 있는 수용액으로 실험한 결과이다.

> (가) XNO_3 수용액에 Y를 넣었더니 Y의 표면에 X가 석출되었다.
> (나) $Y(NO_3)_2$ 수용액에 Z를 넣었더니 Z의 표면에 Y가 석출되었고, 수용액 속 이온의 수는 감소하였다.

이에 대한 설명으로 옳은 것만을 〈보기〉에서 있는 대로 고른 것은? (단, X~Z는 임의의 원소 기호이다.)

┤ 보기 ├
ㄱ. (가)에서 Y와 (나)에서 Z는 모두 산화된다.
ㄴ. (가)에서 수용액 속 양이온의 수는 증가한다.
ㄷ. Z 이온의 전하는 +2보다 크다.

① ㄱ ② ㄴ ③ ㄱ, ㄷ
④ ㄴ, ㄷ ⑤ ㄱ, ㄴ, ㄷ

★중요 > 25595-0113

10 다음은 철못을 질산 은($AgNO_3$) 수용액에 넣었을 때의 모습과 산화 환원 반응의 알짜 이온 반응식을 나타낸 것이다.

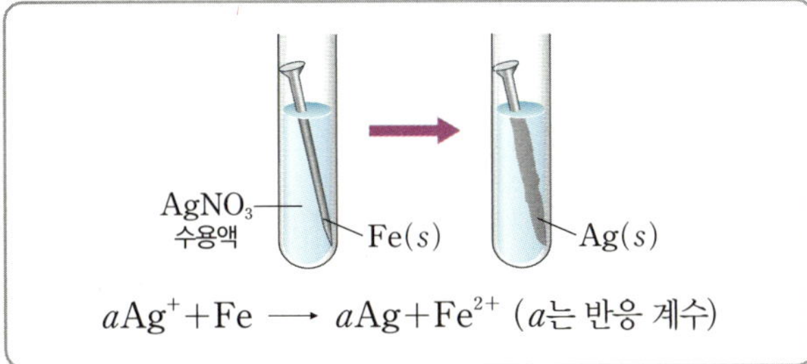

$$aAg^+ + Fe \longrightarrow aAg + Fe^{2+} \quad (a는\ 반응\ 계수)$$

이에 대한 설명으로 옳은 것만을 〈보기〉에서 있는 대로 고른 것은?

┤ 보기 ├
ㄱ. Fe은 산화된다.
ㄴ. $a=2$이다.
ㄷ. 수용액 속 금속 양이온의 수는 감소한다.

① ㄱ ② ㄴ ③ ㄱ, ㄷ
④ ㄴ, ㄷ ⑤ ㄱ, ㄴ, ㄷ

---

11 > 25595-0114

11 표는 4가지 용액의 성질에 대한 자료이다. (가)~(라)는 식초, 비눗물, 묽은 염산, 염화 나트륨 수용액을 순서 없이 나타낸 것이다.

용액	(가)	(나)	(다)	(라)
BTB 용액을 떨어뜨렸을 때 색 변화	⊙	⊙	노란색	녹색
탄산 칼슘을 넣었을 때 기체 발생 여부	○	×	○	⊙

(○: 기체가 발생함, ×: 기체가 발생하지 않음)

이에 대한 설명으로 옳은 것만을 〈보기〉에서 있는 대로 고른 것은?

┤ 보기 ├
ㄱ. ⊙은 '노란색'이다.
ㄴ. ⊙은 '파란색'이다.
ㄷ. ⊙은 '×'이다.

① ㄱ ② ㄴ ③ ㄱ, ㄷ
④ ㄴ, ㄷ ⑤ ㄱ, ㄴ, ㄷ

---

12 > 25595-0115

12 그림은 수용액 (가)~(다)에 들어 있는 이온을 모형으로 나타낸 것이다. (가)~(다)는 묽은 염산(HCl), 묽은 황산(H_2SO_4), 수산화 나트륨($NaOH$) 수용액을 순서 없이 나타낸 것이다.

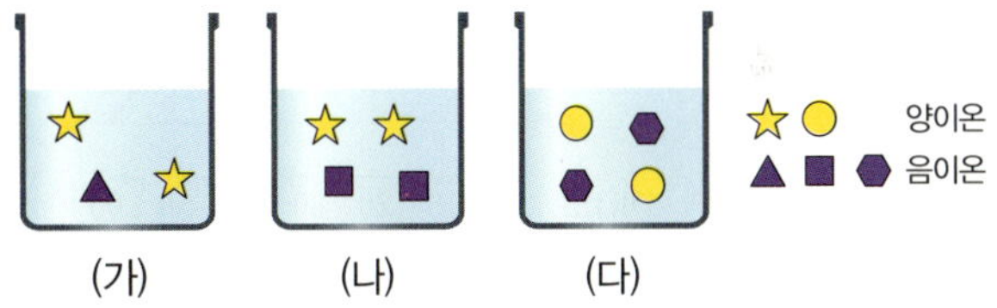

이에 대한 설명으로 옳은 것만을 〈보기〉에서 있는 대로 고른 것은?

┤ 보기 ├
ㄱ. ▲은 Cl^-이다.
ㄴ. (다)에 BTB 용액을 떨어뜨리면 파란색으로 변한다.
ㄷ. (나)와 (다)를 모두 혼합하여 반응시켰을 때 혼합 용액에 들어 있는 이온의 종류는 3가지이다.

① ㄱ ② ㄴ ③ ㄷ
④ ㄱ, ㄷ ⑤ ㄴ, ㄷ

> 25595-0116

13 표는 같은 온도의 A 수용액과 B 수용액의 부피를 달리하여 혼합한 용액 (가)~(다)에 대한 자료이다. A와 B는 각각 HCl과 NaOH 중 하나이다.

혼합 용액	혼합 전 수용액의 부피(mL)		액성
	A 수용액	B 수용액	
(가)	20	40	산성
(나)	40	20	㉠
(다)	30	30	중성

이에 대한 설명으로 옳은 것만을 〈보기〉에서 있는 대로 고른 것은?

〈보기〉
ㄱ. A는 NaOH이다.
ㄴ. ㉠은 '염기성'이다.
ㄷ. (가)~(다) 중 혼합 용액의 온도는 (나)가 가장 높다.

① ㄱ　② ㄷ　③ ㄱ, ㄴ　④ ㄴ, ㄷ　⑤ ㄱ, ㄴ, ㄷ

> 25595-0117

14 그림은 묽은 염산(HCl)과 수산화 나트륨($NaOH$) 수용액의 부피를 달리하여 혼합하였을 때 혼합 용액의 최고 온도를 측정하여 나타낸 것이다.

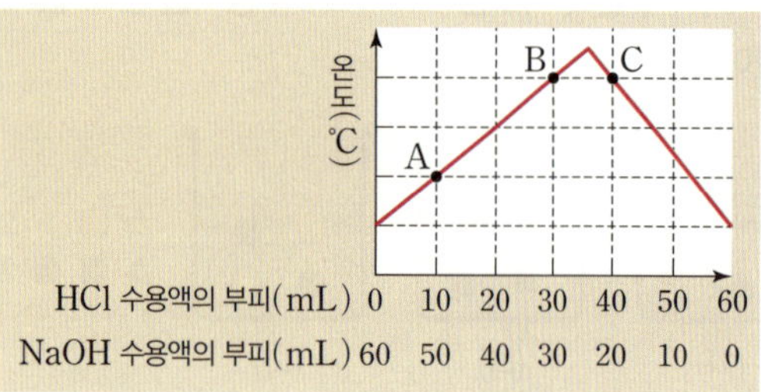

이에 대한 설명으로 옳은 것만을 〈보기〉에서 있는 대로 고른 것은? (단, 혼합 전 수용액의 온도는 모두 같다.)

〈보기〉
ㄱ. 생성된 물의 양은 B에서가 A에서의 3배이다.
ㄴ. 같은 부피에 들어 있는 전체 이온 수는 묽은 염산이 수산화 나트륨 수용액의 1.5배이다.
ㄷ. 묽은 염산 35 mL와 수산화 나트륨 수용액 25 mL를 혼합하였을 때 중화점에 도달한다.

① ㄱ　② ㄴ　③ ㄷ　④ ㄱ, ㄴ　⑤ ㄴ, ㄷ

> 25595-0118

15 표는 묽은 염산(HCl) 10 mL에 묽은 염산과 수산화 나트륨($NaOH$) 수용액의 부피를 달리하여 넣어 주었을 때 혼합 용액 (가)~(다)에 대한 자료이다.

혼합 용액	혼합 전 부피(mL)		이온의 종류	최고 온도(℃)
	묽은 염산	수산화 나트륨 수용액		
(가)	10	10	㉠	t_1
(나)	10	20	Na^+, Cl^-	t_2
(다)	10	30	Na^+, Cl^-, OH^-	t_3

이에 대한 설명으로 옳은 것만을 〈보기〉에서 있는 대로 고른 것은? (단, 혼합 전 수용액의 온도는 모두 같다.)

〈보기〉
ㄱ. 'Na^+, Cl^-, H^+'는 ㉠으로 적절하다.
ㄴ. $t_2 < t_3$이다.
ㄷ. (다)에서 $\dfrac{Na^+의 수}{Cl^-의 수} = \dfrac{1}{2}$이다.

① ㄱ　② ㄴ　③ ㄷ　④ ㄱ, ㄷ　⑤ ㄴ, ㄷ

> 25595-0119

16 그림은 묽은 염산(HCl) 10 mL에 수산화 나트륨($NaOH$) 수용액을 조금씩 가할 때, 수산화 나트륨 수용액의 부피에 따른 혼합 용액 속 $\dfrac{Na^+의 수}{Cl^-의 수}$를 나타낸 것이다.

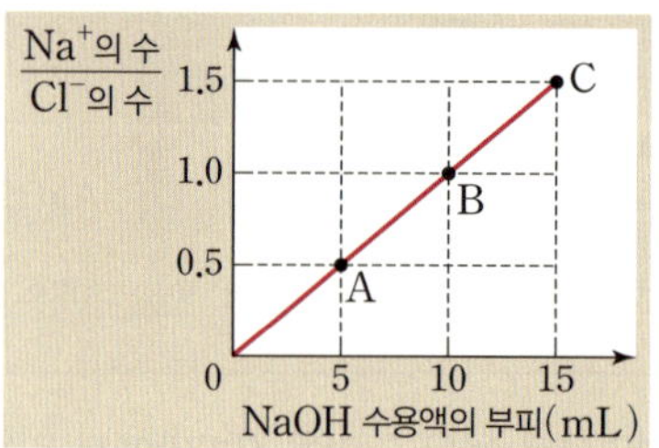

이에 대한 설명으로 옳은 것만을 〈보기〉에서 있는 대로 고른 것은? (단, 혼합 전 수용액의 온도는 모두 같다.)

〈보기〉
ㄱ. A에 Zn을 넣으면 기체가 발생한다.
ㄴ. A~C 중 혼합 용액의 온도는 B에서가 가장 높다.
ㄷ. 생성된 물의 양은 A에서와 C에서가 같다.

① ㄱ　② ㄴ　③ ㄷ　④ ㄱ, ㄴ　⑤ ㄴ, ㄷ

17 그림은 일정량의 묽은 염산(HCl)이 들어 있는 비커에 수산화 나트륨($NaOH$) 수용액을 가하기 전후 용액에 들어 있는 두 가지 이온을 모형으로 나타낸 것이다.

> 25595-0120

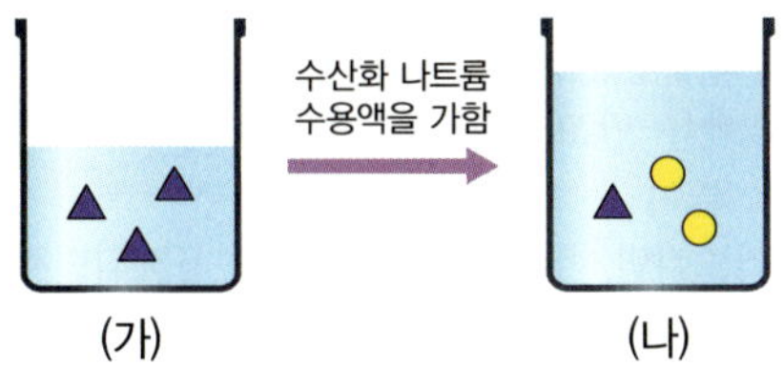

이에 대한 설명으로 옳은 것만을 〈보기〉에서 있는 대로 고른 것은?

보기
ㄱ. ▲은 Cl^-이다.
ㄴ. ●은 양이온이다.
ㄷ. (나)에 가장 많이 존재하는 이온은 Na^+이다.

① ㄴ ② ㄷ ③ ㄱ, ㄴ
④ ㄱ, ㄷ ⑤ ㄴ, ㄷ

★중요

18 그림은 묽은 염산(HCl) $10\ mL$에 수산화 나트륨($NaOH$) 수용액을 조금씩 가했을 때, 수산화 나트륨 수용액의 부피에 따른 혼합 용액 속 음이온의 수를 나타낸 것이다.

> 25595-0121

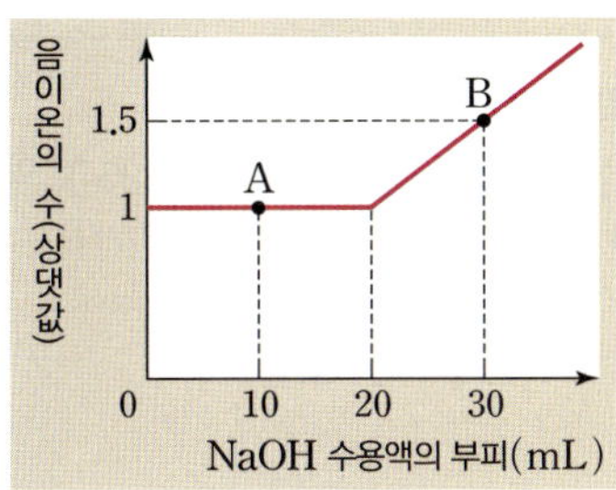

A와 B에서 $\dfrac{Na^+의\ 수}{Cl^-의\ 수}$ 로 옳은 것은?

	A	B			A	B
①	1	$\dfrac{2}{3}$		②	1	1
③	$\dfrac{1}{2}$	$\dfrac{1}{2}$		④	$\dfrac{1}{2}$	$\dfrac{3}{2}$
⑤	$\dfrac{1}{2}$	2				

---

19 그림은 일정량의 묽은 염산(HCl)에 수산화 칼륨(KOH) 수용액을 조금씩 가할 때, 수산화 칼륨 수용액의 부피에 따른 혼합 용액 속 이온 X의 수를 나타낸 것이다.

> 25595-0122

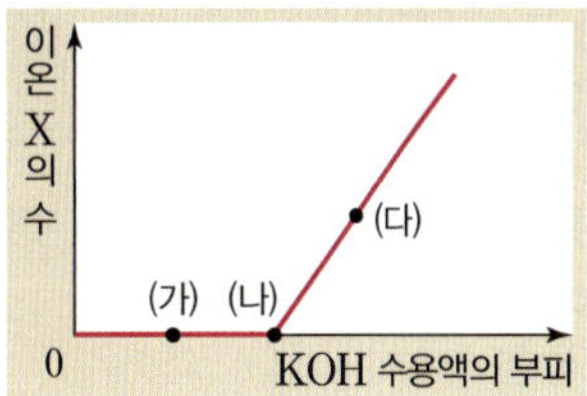

이에 대한 설명으로 옳은 것만을 〈보기〉에서 있는 대로 고른 것은?

보기
ㄱ. X는 OH^-이다.
ㄴ. (나)에 존재하는 이온의 종류는 3가지이다.
ㄷ. (가)와 (다)에 가장 많이 존재하는 이온의 종류는 같다.

① ㄱ ② ㄴ ③ ㄱ, ㄷ ④ ㄴ, ㄷ ⑤ ㄱ, ㄴ, ㄷ

★중요

20 표는 묽은 염산(HCl)과 수산화 나트륨($NaOH$) 수용액을 혼합한 용액 (가)와 (나)에 대한 자료이다.

> 25595-0123

혼합 용액		(가)	(나)
혼합 전 용액의 부피(mL)	묽은 염산	10	20
	수산화 나트륨 수용액	30	10
혼합 용액에 존재하는 양이온 모형			

이에 대한 설명으로 옳은 것만을 〈보기〉에서 있는 대로 고른 것은?

보기
ㄱ. (가)는 염기성이다.
ㄴ. (나)에 탄산 칼슘을 넣으면 기체가 발생한다.
ㄷ. 같은 부피에 들어 있는 전체 이온 수는 묽은 염산이 수산화 나트륨 수용액의 3배이다.

① ㄱ ② ㄷ ③ ㄱ, ㄴ ④ ㄴ, ㄷ ⑤ ㄱ, ㄴ, ㄷ

> 25595-0124

21 다음은 수소(H_2)와 메테인(CH_4)의 연소 반응의 화학 반응식을 나타낸 것이다.

> (가) $2H_2 + O_2 \longrightarrow 2H_2O$
> (나) $CH_4 + 2O_2 \longrightarrow CO_2 + 2H_2O$

(가)와 (나)의 공통점에 대한 설명으로 옳은 것만을 〈보기〉에서 있는 대로 고른 것은?

〈 보기 〉
ㄱ. 산화 환원 반응이다.
ㄴ. 발열 반응이다.
ㄷ. 반응물의 에너지가 생성물의 에너지보다 크다.

① ㄱ   ② ㄴ   ③ ㄱ, ㄷ
④ ㄴ, ㄷ   ⑤ ㄱ, ㄴ, ㄷ

> 25595-0125

22 그림은 고체 아이오딘(I_2)이 들어 있는 비커 위에 얼음물이 들어 있는 둥근 바닥 플라스크를 올려놓고 비커를 가열할 때, I_2이 고체에서 기체로 되었다가 다시 고체로 되는 모습을 나타낸 것이다.

이에 대한 설명으로 옳은 것만을 〈보기〉에서 있는 대로 고른 것은?

〈 보기 〉
ㄱ. ㉠은 I_2의 고체 상태에서 기체 상태로의 승화이다.
ㄴ. ㉡은 흡열 반응이다.
ㄷ. ㉢은 산화 환원 반응이다.

① ㄱ   ② ㄴ   ③ ㄷ
④ ㄱ, ㄷ   ⑤ ㄴ, ㄷ

> 25595-0126

23 다음은 질산 암모늄(NH_4NO_3)에 관한 실험이다.

> (가) 물이 든 밀봉된 비닐봉지와 고체 질산 암모늄을 지퍼백에 넣는다.
> (나) 지퍼백을 닫고 손으로 눌러 물이 든 비닐봉지를 터뜨리면, 질산 암모늄이 물에 용해되면서 지퍼백의 온도가 낮아진다.

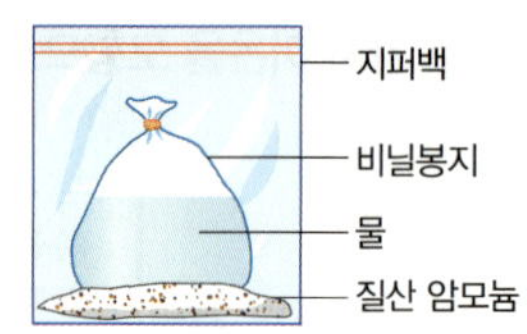

이에 대한 설명으로 옳은 것만을 〈보기〉에서 있는 대로 고른 것은?

〈 보기 〉
ㄱ. 질산 암모늄의 용해 반응은 발열 반응이다.
ㄴ. 질산 암모늄이 물에 용해되면 수용액 속 이온 수는 증가한다.
ㄷ. 질산 암모늄과 물이 들어 있는 지퍼백은 냉각 팩으로 활용이 가능하다.

① ㄱ   ② ㄴ   ③ ㄱ, ㄷ
④ ㄴ, ㄷ   ⑤ ㄱ, ㄴ, ㄷ

> 25595-0127

24 다음은 학생 A가 가설을 세우고 수행한 탐구 활동이다.

> [가설]
> ㉠
>
> [탐구 과정 및 결과]
> • 25 ℃의 물 100 g이 담긴 열량계에 25 ℃의 산화 칼슘(CaO) 1 g을 넣어 녹인 후 수용액의 최고 온도를 측정하였다.
> • 수용액의 최고 온도: 78 ℃
>
> [결론]
> • 가설은 옳다.

학생 A의 결론이 타당할 때, 다음 중 ㉠으로 가장 적절한 것은?

① 산화 칼슘의 용해 반응은 발열 반응이다.
② 산화 칼슘이 용해된 수용액은 염기성을 띤다.
③ 산화 칼슘의 용해 반응은 산화 환원 반응이다.
④ 산화 칼슘이 용해된 수용액은 전기 전도성이 있다.
⑤ 산화 칼슘의 용해 반응을 이용하여 냉각 팩을 만들 수 있다.

1. 화석

(1) 지질 시대에 살았던 생물의 유해나 흔적이 지층 속에 남아 있는 것이다.

(2) 생물의 발자국이나 움직인 흔적, 배설물, 알 등도 화석이 될 수 있다.

(3) 화석을 통해 과거에 살았던 생물의 구조와 특징, 진화 과정 등을 알 수 있으며, 과거의 지구 환경에 대한 정보를 얻을 수 있다.

2. 지질 시대의 환경과 생물

(1) 선캄브리아시대

환경	• 바다에서 단세포 생물이 출현하였다. • 약 35억 년 전 남세균이 출현하여 광합성을 시작하면서 대기 중에 산소가 공급되기 시작하였다.
생물	• 화석이 거의 발견되지 않는다. • 남세균에 의해 스트로마톨라이트가 형성되었다. • 에디아카라 생물군과 같은 다세포생물이 출현하였다.

(2) 고생대

환경	• 전반적으로 기후가 온난하였으며 중기와 말기에는 빙하기가 있었다. • 오존층이 형성되면서 생물이 육상으로 진출할 수 있게 되었다. • 말기에는 판게아가 형성되었고, 많은 생물종이 멸종하였다.
생물	• 바다에서는 삼엽충과 어류가 번성하였고, 완족류, 필석, 방추충 등이 출현하였다. • 육지에서는 양서류와 대형 곤충 및 고사리와 같은 양치식물이 번성하였다.

삼엽충

(3) 중생대

환경	• 빙하기가 없는 온난한 기후가 지속되었다. • 중생대 초부터 판게아가 분리되기 시작하였다. • 중생대 말 공룡과 암모나이트를 포함한 많은 생물종이 멸종하였다.
생물	• 바다에서는 암모나이트가 번성하였다. • 다양한 파충류가 번성하였고, 육지에서는 대형 파충류인 공룡이 크게 번성하였다. • 겉씨식물이 번성하였다.

공룡

(4) 신생대

환경	• 전기에는 비교적 온난한 기후였으나, 후기에는 빙하기와 간빙기가 반복되었다. • 수륙 분포가 현재와 비슷해졌다.
생물	• 매머드와 같은 포유류가 번성하였고 바다에서는 화폐석이 번성하였다. • 후기에는 인류의 조상이 출현하였다. • 속씨식물이 번성하였다.

매머드   화폐석

(5) 지질 시대의 수륙 분포 변화

고생대 말의 수륙 분포   중생대 중기의 수륙 분포   신생대의 수륙 분포

3. 대멸종과 생물다양성

(1) 대멸종

① 지질 시대 동안 대멸종은 5번 발생했으며, 가장 큰 규모의 생물 대멸종은 고생대 말에 일어났다.

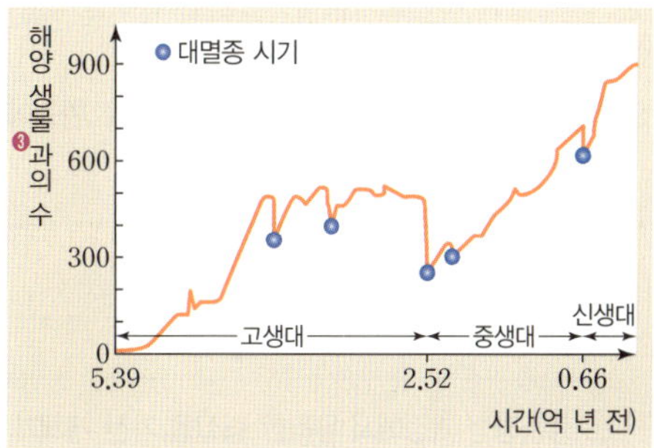

② 대멸종의 원인: 해양 환경의 변화, 수륙 분포의 변화, 소행성 충돌, 화산 활동 등으로 인한 지구 환경의 급격한 변화 등이 대멸종의 원인으로 알려져 있다.

(2) 대멸종과 생물다양성

① 지구 환경의 급격한 변화에 적응하지 못한 생물은 멸종하였다.

② 새로운 환경에 적응한 생물은 번성할 기회를 얻고 오랜 시간에 걸쳐 다양한 종으로 진화하면서 생물다양성은 더욱 증가하게 되었다.

4. 생물의 진화

(1) 진화와 변이

① 진화: 생물의 특성이 여러 세대를 거쳐 변화하는 것이다.

② 변이: 같은 종으로 구성된 집단 내 개체 사이에서 나타나는 습성, 형태 등 형질의 차이이다.

| 깃털의 색 | 털 무늬의 색 | 날개 무늬와 모양 |

③ 변이를 일으키는 요인

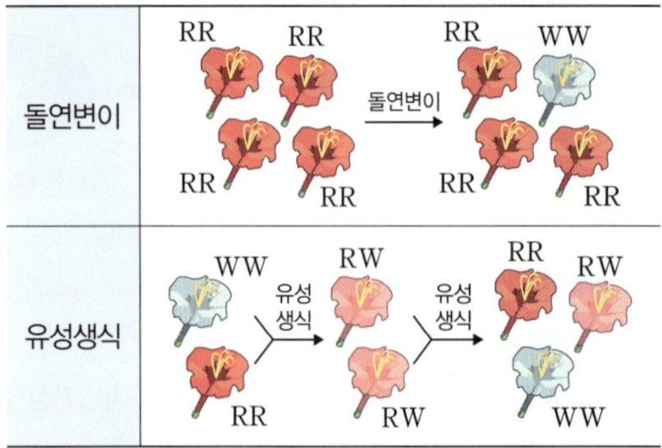

(2) 생물의 진화 원리

① 자연선택: 다윈이 제시한 진화 이론으로 환경에 유리한 형질이 자손에게 전달된다.

같은 종의 생물 무리에 변이가 있다.

⬇

생존경쟁 과정에서 유리한 형질을 가진 개체가 살아남아 자손에게 형질을 물려준다. → 자연선택

⬇

여러 세대 반복되면서 진화가 일어난다.

② 핀치의 진화: 각 섬의 먹이 환경에 따라 핀치의 부리 모양이 서로 다르다.

5. 생물다양성과 보전

(1) 생물다양성

① 생물다양성: 생물종의 다양함, 유전정보의 다양함, 생물과 환경이 상호작용하는 생태계의 다양함까지 모두 포함한다.

② 생물다양성의 구성요소

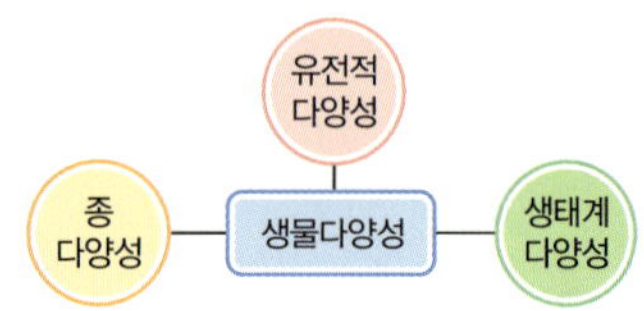

• 유전적 다양성: 같은 종의 개체로 구성된 무리에 존재하는 유전자의 다양함 또는 형질의 다양함이다. 유전적 다양성이 높은 집단일수록 급격한 환경 변화에서 멸종될 가능성이 낮다.

• 종다양성: 어떤 생태계에 살고 있는 생물종의 다양한 정도이다. 종의 종류가 많을수록, 종의 분포 비율이 균등할수록 높다.

• 생태계다양성: 숲, 초원, 사막, 갯벌 등 생태계의 다양한 정도이다. 환경과 생물 사이의 상호 관계를 포함한다.

(2) 생물다양성의 중요성: 유전적 다양성, 종다양성, 생태계다양성이 높을수록 다양한 생물자원을 얻을 수 있다.

자원의 종류	예
식량	쌀, 콩 등
의복 재료	목화, 누에고치 등
에너지	옥수수, 사탕수수, 감자 등
목재	소나무, 참나무 등
의약품	푸른곰팡이, 버드나무, 디기탈리스 등
관광과 여가	올레길, 수목원, 국립 공원 등

(3) 생물다양성의 감소 원인과 보전 방안

생물다양성 감소 원인
서식지파괴 및 단편화, 남획과 불법 포획, 외래종의 도입, 환경오염

보전 방안

• 사회적 수준: 에너지 절약, 자원 재활용 등
• 국가적 수준: 법 제정, 공원 지정, 종자 은행 등
• 국제적 수준: 다양한 국제 협약 체결
  ➡ 생물다양성 협약, 람사르 협약, 본 협약 등

6. 산소의 이동과 산화 환원

(1) 산화와 환원의 정의

산화	물질이 산소를 얻는 반응
환원	물질이 산소를 잃는 반응

(2) 산화 환원 반응의 동시성: 산화와 환원은 항상 동시에 일어난다.

(3) 자연과 인류의 역사에 큰 변화를 가져온 산화 환원 반응

① 광합성 반응

$$6CO_2 + 6H_2O \longrightarrow C_6H_{12}O_6 + 6O_2$$
이산화 탄소　　물　　　　포도당　　산소

② 화석 연료(메테인)의 연소

$$CH_4 + 2O_2 \longrightarrow CO_2 + 2H_2O$$
메테인　산소　　이산화 탄소　　물

③ 철의 제련

$$Fe_2O_3 + 3CO \longrightarrow 2Fe + 3CO_2$$
산화 철(Ⅲ) 일산화 탄소　　철　　이산화 탄소

7. 전자의 이동과 산화 환원

(1) 산화와 환원의 정의

산화	물질이 전자를 잃는 반응
환원	물질이 전자를 얻는 반응

(2) 전자의 이동과 여러 가지 산화 환원 반응

① 금속과 금속 염 수용액의 반응: 반응성이 큰 금속은 전자를 잃고 산화되고, 반응성이 작은 금속의 이온은 전자를 얻어 금속으로 환원된다.

$$Zn + CuSO_4 \longrightarrow ZnSO_4 + Cu$$

② 금속과 산의 반응: 금속이 전자를 잃고 산화되고, 수소 이온이 전자를 얻어 환원되어 수소 기체가 발생한다.

$$Mg + 2HCl \longrightarrow H_2 + MgCl_2$$

③ 금속과 비금속의 반응: 반응성이 큰 금속과 비금속은 반응하여 금속은 산화되고, 비금속은 환원된다.

$$2Na + Cl_2 \longrightarrow 2NaCl \qquad 2Mg + O_2 \longrightarrow 2MgO$$

8. 생활 주변의 산화 환원 반응

과일의 갈변, 철의 부식, 표백제, 수돗물의 소독, 상처의 소독, 수소 연료 전지 등은 모두 산화 환원 반응을 이용하는 사례이다.

9. 산

(1) 산의 정의: 수용액에서 수소 이온(H^+)을 내놓는 물질이다.

　예 염산(HCl), 황산(H_2SO_4), 아세트산(CH_3COOH) 등

(2) 산의 이온화

① 산을 물에 녹이면 수소 이온(H^+)과 음이온으로 나누어진다.

　예 ・$HCl \longrightarrow H^+ + Cl^-$

　　・$CH_3COOH \longrightarrow H^+ + CH_3COO^-$

② 산이 공통적인 성질을 나타내는 것은 산의 양이온인 수소 이온(H^+) 때문이다.

(3) 산성: 산의 공통적인 성질

① 양이온과 음이온이 존재하므로 전기 전도성이 있다.

② 반응성이 큰 금속과 반응하여 수소 기체를 발생시킨다.

③ 탄산 칼슘과 반응하여 이산화 탄소 기체를 발생시킨다.

(4) 지시약의 색 변화: 푸른색 리트머스 종이를 붉은색으로, BTB 용액을 노란색으로 변화시킨다.

10. 염기

(1) 염기의 정의: 수용액에서 수산화 이온(OH^-)을 내놓는 물질이다.

　예 수산화 나트륨($NaOH$), 수산화 칼륨(KOH) 등

(2) 염기의 이온화

① 염기를 물에 녹이면 양이온과 수산화 이온(OH^-)으로 나누어진다.

　예 ・$NaOH \longrightarrow Na^+ + OH^-$

　　・$KOH \longrightarrow K^+ + OH^-$

② 염기가 공통적인 성질을 나타내는 것은 염기의 음이온인 수산화 이온(OH^-) 때문이다.

(3) 염기성: 염기의 공통적인 성질

① 양이온과 음이온이 존재하므로 전기 전도성이 있다.

② 단백질을 녹이는 성질이 있다.

(4) 지시약의 색 변화: 붉은색 리트머스 종이를 푸른색으로, BTB 용액을 파란색으로 변화시킨다.

11. 중화 반응

(1) **중화 반응:** 수용액에서 산과 염기가 반응하여 물과 염을 생성하는 반응이다.

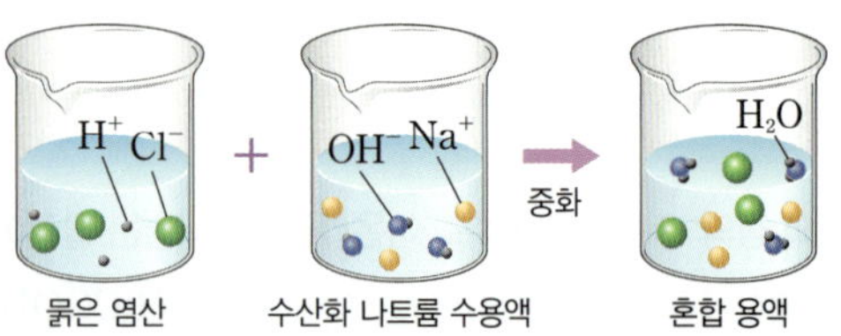

(2) **알짜 이온 반응식:** $H^+ + OH^- \longrightarrow H_2O$

(3) **중화점:** 산의 H^+과 염기의 OH^-이 모두 반응하여 혼합 용액의 액성이 중성이 되는 지점이다.

(4) **중화열:** 중화 반응이 일어날 때 발생하는 열이다.

(5) **중화점의 확인**

① 지시약 이용: 지시약을 넣은 혼합 용액의 색이 중화점 전후로 변한다.

② 최고 온도 확인: 중화점에서 중화열이 가장 많이 발생하므로 혼합 용액의 온도가 가장 높다.

[BTB 용액을 2~3방울 떨어뜨린 묽은 염산(HCl)에 수산화 나트륨($NaOH$) 수용액을 조금씩 넣어 반응시킬 때]

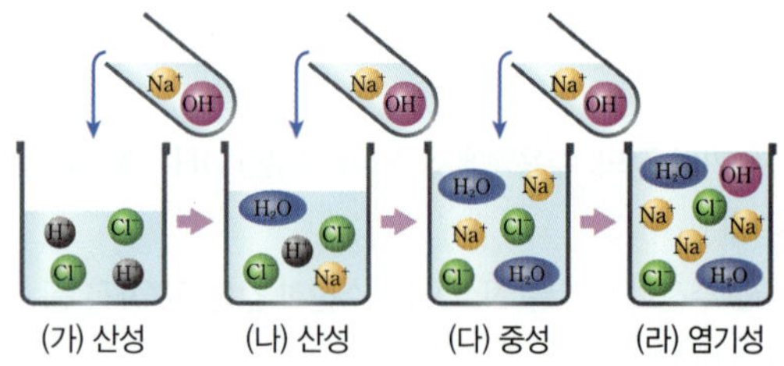

• 혼합 용액 속 이온 수 변화

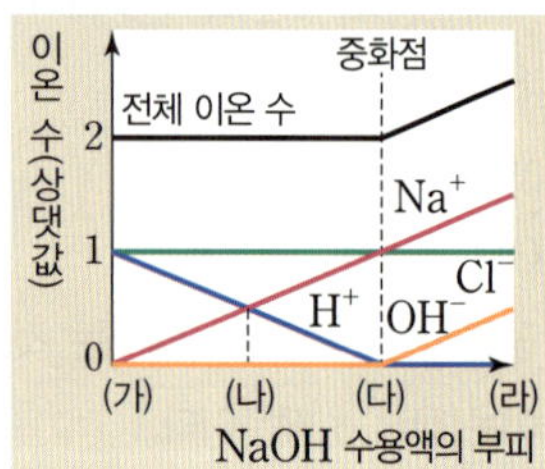

• 혼합 용액의 색 변화

• 혼합 용액의 온도 변화

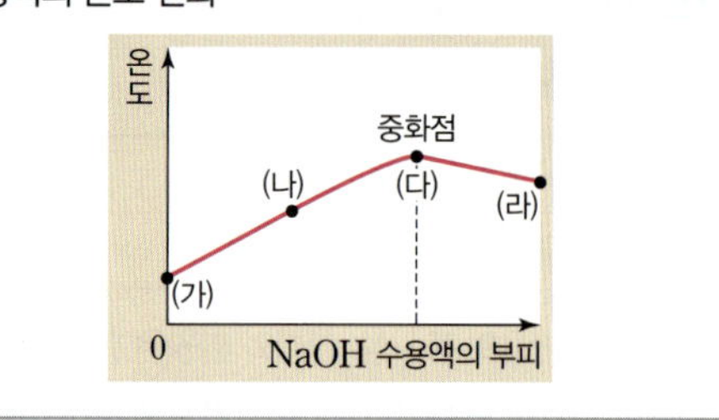

(6) **중화 반응의 이용 사례**

• 생선회에 레몬즙을 뿌린다.

• 속이 쓰릴 때 제산제를 먹는다.

• 벌에 쏘였을 때 암모니아수를 바른다.

• 산성화된 토양에 석회 가루를 뿌린다.

12. 에너지의 흡수와 방출

(1) **발열 반응:** 반응이 일어날 때 주위로 에너지를 방출하는 반응이다.

① 반응물의 에너지가 생성물의 에너지보다 크다.

② 발열 반응이 일어나면 주위의 온도가 높아진다.

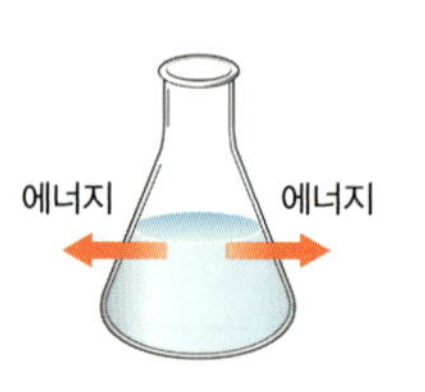

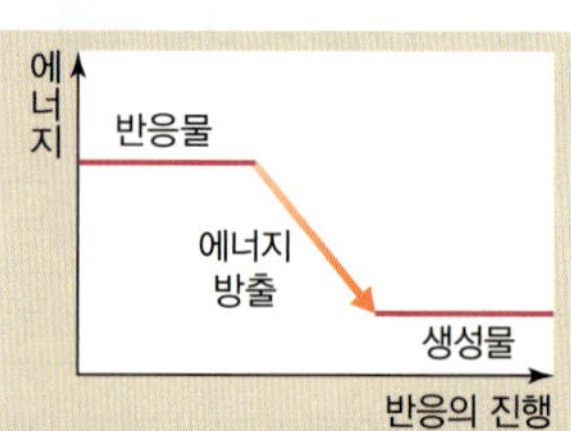

예 화석 연료의 연소, 손난로에서 철 가루의 산화, 산과 염기의 중화 반응, 산화 칼슘과 물의 반응 등

(2) **흡열 반응:** 반응이 일어날 때 주위로부터 에너지를 흡수하는 반응이다.

① 반응물의 에너지가 생성물의 에너지보다 작다.

② 흡열 반응이 일어나면 주위의 온도가 낮아진다.

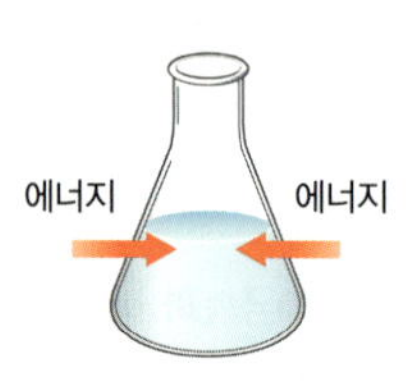

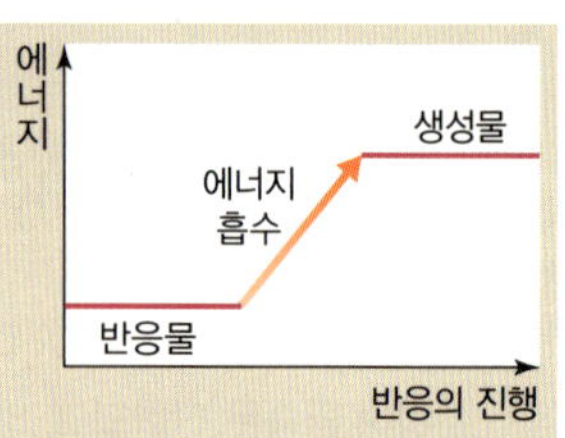

예 수산화 바륨과 염화 암모늄의 반응, 질산 암모늄의 용해 반응, 물의 기화, 드라이아이스의 승화, 식물의 광합성 등

수능 유형

> 25595-0128

01 그림은 지질 시대에 일어난 주요 사건을 나타낸 것이다.

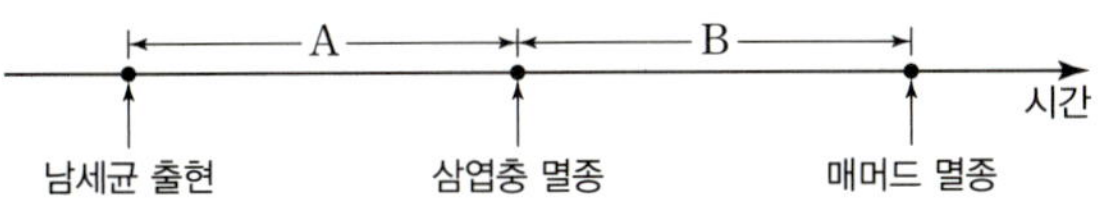

이에 대한 설명으로 옳은 것만을 〈보기〉에서 있는 대로 고른 것은?

보기

ㄱ. A 기간은 B 기간보다 길다.
ㄴ. A 기간에는 육상에 생명체가 살지 못했다.
ㄷ. B 기간의 지층에서는 양치식물, 겉씨식물, 속씨식물 화석이 모두 발견될 수 있다.

① ㄱ ② ㄴ ③ ㄱ, ㄷ
④ ㄴ, ㄷ ⑤ ㄱ, ㄴ, ㄷ

> 25595-0130

03 그림은 암모나이트 화석을 나타낸 것이다.

이 생물이 번성한 지질 시대에 대한 설명으로 옳은 것은?

① 빙하기가 있었다.
② 어류가 출현하였다.
③ 포유류가 번성하였다.
④ 매머드가 멸종하였다.
⑤ 소철이나 은행나무와 같은 겉씨식물이 번성하였다.

> 25595-0129

02 다음 (가)~(다)는 어느 지질 시대에 일어났던 사건을 나타낸 것이다.

(가) 판게아가 형성되었다.
(나) 후기에 빙하기와 간빙기가 반복되었다.
(다) 후기에 최초의 다세포생물이 출현했다.

사건이 일어난 순서대로 옳게 나열한 것은?

① (가) - (나) - (다) ② (가) - (다) - (나)
③ (나) - (가) - (다) ④ (다) - (가) - (나)
⑤ (다) - (나) - (가)

> 25595-0131

04 다음 사건 (가)~(다)가 일어난 지질 시대에 번성했던 생물을 각각 옳게 짝 지은 것은?

(가) 양치식물이 출현하였다.
(나) 빙하기가 없는 온난한 기후가 지속되었다.
(다) 계속된 대륙의 이동으로 수륙 분포가 현재와 비슷해졌다.

	(가)	(나)	(다)
①	화폐석	공룡	삼엽충
②	매머드	필석	암모나이트
③	필석	화폐석	공룡
④	삼엽충	암모나이트	매머드
⑤	공룡	삼엽충	화폐석

05 그림은 지질 시대의 평균 기온 변화를 나타낸 것이다.

> 25595-0132

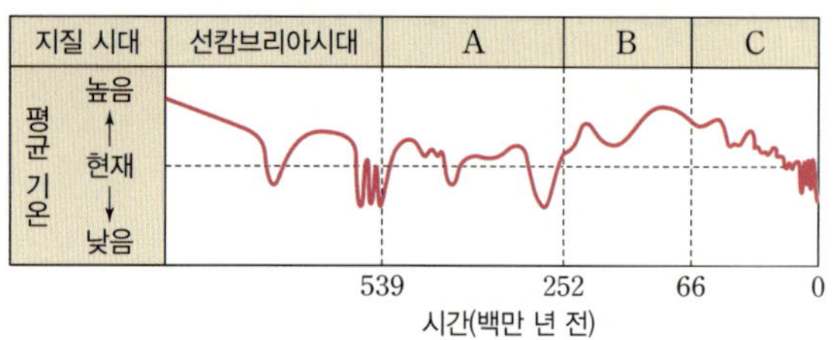

이에 대한 설명으로 옳은 것만을 〈보기〉에서 있는 대로 고른 것은?

보기
ㄱ. A 시기와 C 시기에는 평균 기온이 현재보다 낮았던 시기가 있었다.
ㄴ. 평균 기온은 B 시기가 A 시기보다 높았다.
ㄷ. 생물 대멸종이 있었던 시기는 모두 빙하기였다.

① ㄱ 　② ㄷ 　③ ㄱ, ㄴ
④ ㄴ, ㄷ 　⑤ ㄱ, ㄴ, ㄷ

06 그림은 어느 지역에서 관찰되는 지층과 화석을 나타낸 것이다.
지층 (가)~(라)에 대한 설명으로 옳은 것만을 〈보기〉에서 있는 대로 고른 것은?

> 25595-0133

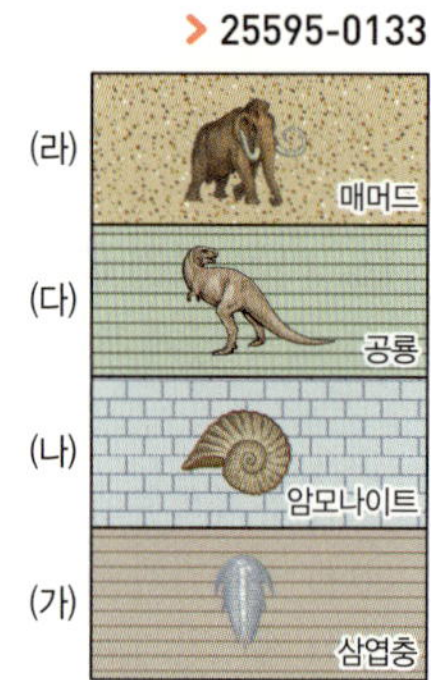

보기
ㄱ. 이 지역에서는 고생대 지층이 발견된다.
ㄴ. (다)는 판게아 형성 이후에 퇴적되었다.
ㄷ. (가)~(라)가 퇴적되는 동안 2번 이상의 대멸종이 있었다.

① ㄱ 　② ㄴ 　③ ㄱ, ㄷ
④ ㄴ, ㄷ 　⑤ ㄱ, ㄴ, ㄷ

07 그림은 판게아 형성 이후 대륙이 이동한 모습을 나타낸 것이다.

> 25595-0134

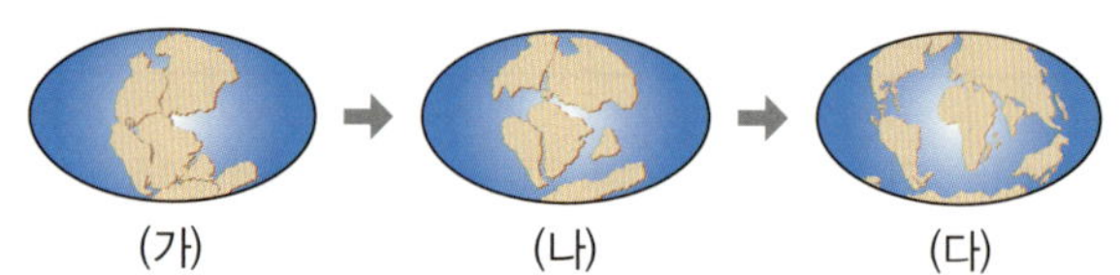

이에 대한 설명으로 옳은 것만을 〈보기〉에서 있는 대로 고른 것은?

보기
ㄱ. (가) 시기에는 육상에 생명체가 살고 있었다.
ㄴ. 히말라야산맥은 (가)와 (나) 시기 사이에 형성되었다.
ㄷ. 공룡은 (다) 시기 이후에 멸종하였다.

① ㄱ 　② ㄴ 　③ ㄱ, ㄷ
④ ㄴ, ㄷ 　⑤ ㄱ, ㄴ, ㄷ

> 25595-0135

08 그림은 고생대, 중생대, 신생대에 생존했던 생물 과의 수와 생물 A, B, C의 생존 시기를 나타낸 것이다. (가), (나), (다)는 각각 고생대, 중생대, 신생대 중 하나이다.

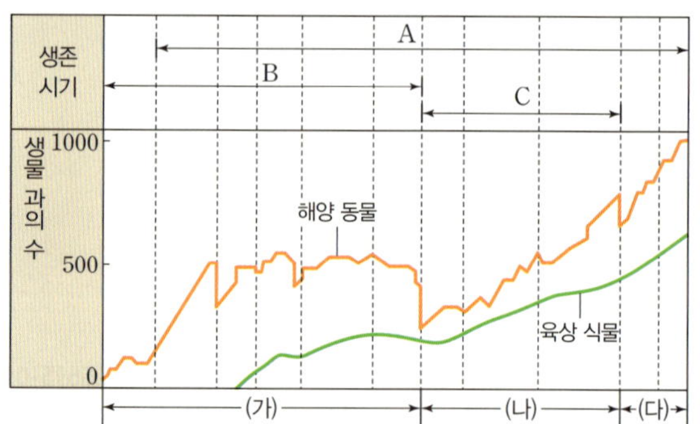

이에 대한 설명으로 옳은 것만을 〈보기〉에서 있는 대로 고른 것은?

보기
ㄱ. 암모나이트는 A에 해당한다.
ㄴ. B는 고생대 말에 있었던 대멸종 시기에 멸종했다.
ㄷ. 지질 시대의 구분 기준으로는 육상 식물보다 해양 동물 과의 수 변화가 더 적합하다.

① ㄱ 　② ㄴ 　③ ㄱ, ㄷ
④ ㄴ, ㄷ 　⑤ ㄱ, ㄴ, ㄷ

> 25595-0136

09 그림은 다윈이 설명한 기린의 진화 과정을 나타낸 것이다. (가)와 (나)는 각각 변이와 자연선택 중 하나이다.

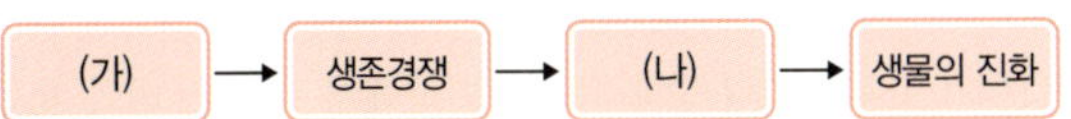

이에 대한 설명으로 옳은 것만을 〈보기〉에서 있는 대로 고른 것은?

〈 보기 〉
ㄱ. (가)는 자연선택이다.
ㄴ. '기린의 목 길이는 다양했다.'는 (가)의 특징에 해당한다.
ㄷ. 목의 길이가 긴 형질이 생존과 번식에 유리하였다.

① ㄱ   ② ㄴ   ③ ㄱ, ㄷ
④ ㄴ, ㄷ   ⑤ ㄱ, ㄴ, ㄷ

> 25595-0137

10 다음은 어떤 섬에 사는 핀치에 대한 자료이다.

작고 연한 씨앗이 풍부했던 이 섬에 가뭄이 들면서 씨앗의 수가 감소하고, 크고 딱딱한 씨앗이 많아졌다. 씨앗을 먹고 사는 핀치의 가뭄 전후 부리 크기에 따른 개체수를 조사한 결과는 그림과 같다.

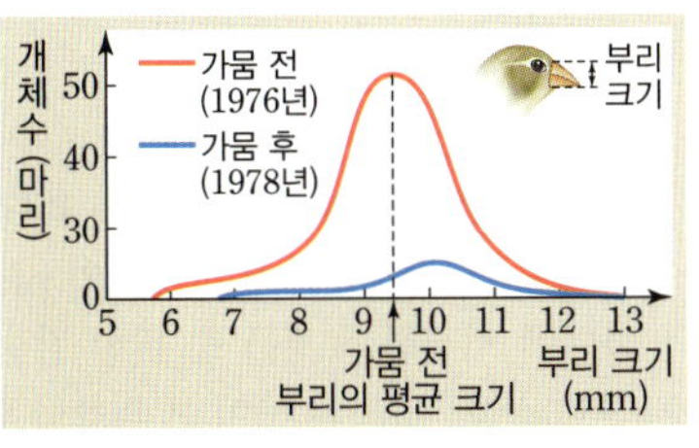

이에 대한 설명으로 옳은 것만을 〈보기〉에서 있는 대로 고른 것은?

〈 보기 〉
ㄱ. 가뭄 전 핀치는 부리 크기에 대한 변이가 있었다.
ㄴ. 가뭄으로 인해 핀치 부리의 평균 크기가 증가하였다.
ㄷ. 부리 크기가 작은 핀치일수록 크고 딱딱한 씨앗을 먹기에 유리하다.

① ㄱ   ② ㄷ   ③ ㄱ, ㄴ
④ ㄴ, ㄷ   ⑤ ㄱ, ㄴ, ㄷ

> 25595-0138

11 그림은 사람의 적혈구 A와 B를, 표는 A와 B 중 하나에 의해 발생하는 질병에 대한 설명을 나타낸 것이다. A와 B는 각각 정상 적혈구와 낫모양적혈구 중 하나이고, ⓐ는 A와 B 중 하나이다.

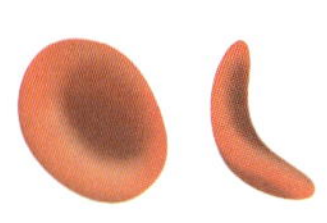

ⓐ를 많이 가진 사람에서는 심한 빈혈이 나타나므로 일반적으로 생존에 불리하지만, ㉠말라리아가 자주 발생하는 지역에서는 ⓐ의 유전자 빈도가 높게 나타난다.

이에 대한 설명으로 옳은 것만을 〈보기〉에서 있는 대로 고른 것은?

〈 보기 〉
ㄱ. 사람은 적혈구에 대한 변이가 있다.
ㄴ. ⓐ는 B이다.
ㄷ. 자연선택은 ㉠에 영향을 준 요인에 해당한다.

① ㄱ   ② ㄴ   ③ ㄱ, ㄷ   ④ ㄴ, ㄷ   ⑤ ㄱ, ㄴ, ㄷ

수능 유형

> 25595-0139

12 표는 밝은 숲과 어두운 숲에 같은 수의 흰색 나방과 검은색 나방을 놓아 주고 일정 시간 후 천적에 피식되지 않고 남은 나방의 비율을 나타낸 것이다.

구분	남은 나방의 비율(%)	
	밝은 숲	어두운 숲
흰색 나방	32	22
검은색 나방	5	56

이에 대한 설명으로 옳은 것만을 〈보기〉에서 있는 대로 고른 것은? (단, 제시된 자료 이외는 고려하지 않는다.)

〈 보기 〉
ㄱ. 어두운 숲에서 흰색 나방이 생존에 유리하였다.
ㄴ. 환경에 따라 생존에 유리한 형질이 다를 수 있다.
ㄷ. 밝은 숲에서 천적에 의해 피식된 비율은 흰색 나방이 검은색 나방보다 높다.

① ㄴ   ② ㄷ   ③ ㄱ, ㄴ   ④ ㄱ, ㄷ   ⑤ ㄱ, ㄴ, ㄷ

> 25595-0140

13 그림은 생물다양성의 3가지 의미를 나타낸 것이다. A~C는 생태계다양성, 유전적 다양성, 종다양성을 순서 없이 나타낸 것이다.

A   B   C

이에 대한 설명으로 옳은 것만을 〈보기〉에서 있는 대로 고른 것은?

| 보기 |
ㄱ. A는 집단 내 변이가 많을수록 높다.
ㄴ. B가 낮을수록 안정된 생태계이다.
ㄷ. C가 낮을수록 종다양성이 높아진다.

① ㄱ   ② ㄷ   ③ ㄱ, ㄴ
④ ㄴ, ㄷ   ⑤ ㄱ, ㄴ, ㄷ

> 25595-0141

14 그림은 생물다양성협약에 대한 어떤 학생의 조사 결과를, 표는 이를 바탕으로 생물다양성 보전 방안에 대해 학생 A~C가 발표한 내용을 나타낸 것이다.

🔍 **생물다양성협약(Convention on Biological Diversity) 목적**

유전자원에 대한 적절한 접근, 관련 기술의 적절한 이전 및 적절한 재원 제공 등을 통하여
❶ 생물다양성을 보전
❷ 그 구성 요소를 지속가능하게 이용
❸ 생물자원의 이용으로부터 발생되는 이익을 공정, 공평하게 공유

학생	발표 내용
A	멸종 위기에 처한 종을 복원하고 관리하는 것은 생물다양성 보전을 위한 개인적 노력에 해당합니다.
B	자원 재활용은 생물다양성 보전을 위한 방안에 해당합니다.
C	생물다양성 보전은 인류를 위한 생물자원의 보전과 관련됩니다.

제시한 내용이 옳은 학생만을 있는 대로 고른 것은?

① A   ② B   ③ A, C
④ B, C   ⑤ A, B, C

> 25595-0142

15 다음은 외국 벼의 도입에 따른 생물다양성 변화에 대한 설명이다.

1970년대 우리나라에서는 ㉠외국에서 들여온 벼와 토종 벼를 교배하여 수확량이 많은 벼의 품종을 개발하였다. 이 ㉡벼가 전국적으로 보급되면서 쌀 생산량이 비약적으로 늘어나게 되었고, 메밀이나 조 등과 같은 다른 잡곡의 경작이 줄어들면서 ㉢일부 토종 잡곡 종자들이 사라졌다.

이에 대한 설명으로 옳은 것만을 〈보기〉에서 있는 대로 고른 것은?

| 보기 |
ㄱ. ㉠은 벼의 유전적 다양성을 높이는 요인에 해당한다.
ㄴ. ㉡은 인간이 생물자원을 이용한 사례이다.
ㄷ. 종자 은행은 ㉢을 막기 위한 방안에 해당한다.

① ㄱ   ② ㄴ   ③ ㄱ, ㄷ
④ ㄴ, ㄷ   ⑤ ㄱ, ㄴ, ㄷ

수능 유형

> 25595-0143

16 다음은 이산화 탄소가 해양 생태계에 미치는 영향에 대한 설명이다. ㉠은 증가와 감소 중 하나이다.

ⓐ대기 중 이산화 탄소의 농도가 증가하면 바닷물에 녹는 이산화 탄소의 양도 (㉠) 하여 바닷물의 pH가 감소한다. 그 결과 바다에 서식하는 생물 중 탄산 칼슘으로 구성된 골격을 가진 ⓑ산호, 조개류 등이 큰 피해를 입는다.

이에 대한 설명으로 옳은 것만을 〈보기〉에서 있는 대로 고른 것은?

| 보기 |
ㄱ. ㉠은 증가이다.
ㄴ. ⓐ는 해양 생태계의 생물다양성을 증가시키는 요인에 해당한다.
ㄷ. ⓑ는 생물자원에 해당한다.

① ㄱ   ② ㄷ   ③ ㄱ, ㄴ
④ ㄱ, ㄷ   ⑤ ㄴ, ㄷ

17 다음은 철과 관련된 반응의 화학 반응식이다.

> $25595-0144

> (가) $Fe + Cu^{2+} \longrightarrow Fe^{2+} + Cu$
> (나) $Fe_2O_3 + 3CO \longrightarrow 2Fe + 3CO_2$
> (다) $3Fe + 4H_2O \longrightarrow Fe_3O_4 + 4H_2$

이에 대한 설명으로 옳은 것만을 〈보기〉에서 있는 대로 고른 것은?

【 보기 】
ㄱ. (가)~(다)는 모두 산화 환원 반응이다.
ㄴ. (가)와 (다)에서 Fe은 모두 산화된다.
ㄷ. (나)에서 CO는 산소를 얻는다.

① ㄱ ② ㄴ ③ ㄱ, ㄷ
④ ㄴ, ㄷ ⑤ ㄱ, ㄴ, ㄷ

18 그림은 금속 X 이온이 들어 있는 수용액에 금속 Y와 Z 를 순서대로 넣어 반응을 완결시켰을 때, 수용액 속에 들어 있는 금속 양이온만을 모형으로 나타낸 것이다. X~Z의 전하는 각각 $+1$, $+2$, $+3$ 중 하나이다.

> $25595-0145

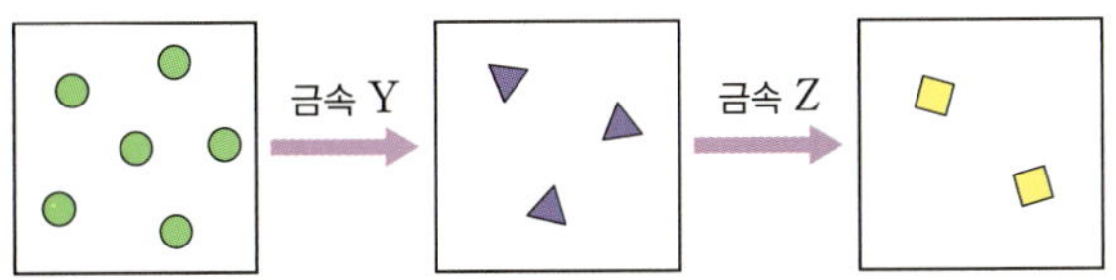

이를 토대로 판단할 때, 산화 환원 반응이 일어나는 경우만을 〈보기〉에서 있는 대로 고른 것은? (단, X~Z는 임의의 원소 기호이다.)

【 보기 】
ㄱ. X 이온이 들어 있는 수용액에 금속 Z를 넣을 때
ㄴ. Y 이온이 들어 있는 수용액에 금속 X를 넣을 때
ㄷ. Z 이온이 들어 있는 수용액에 금속 Y를 넣을 때

① ㄱ ② ㄴ ③ ㄷ
④ ㄱ, ㄷ ⑤ ㄴ, ㄷ

19 그림 (가)와 (나)는 2가지 금속 이온 X^{2+}과 Y^{m+}이 각각 들어 있는 비커에 금속 Z를 넣어 반응을 완결시켰을 때, 반응 전과 후에 수용액에 존재하는 양이온의 종류와 수를 나타낸 것이다.

> $25595-0146

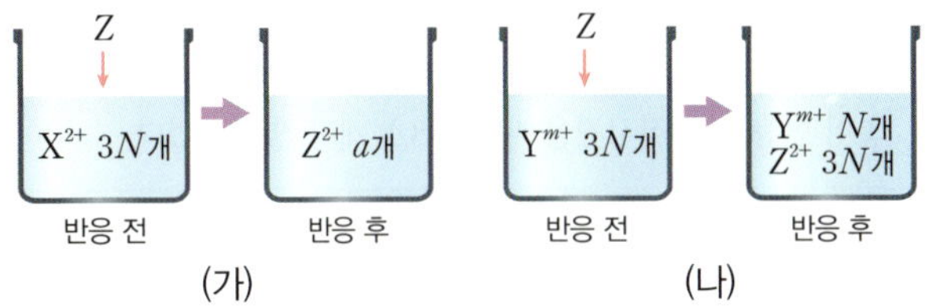

이에 대한 설명으로 옳은 것만을 〈보기〉에서 있는 대로 고른 것은? (단, X~Z는 임의의 원소 기호이고, X~Z는 물과 반응하지 않으며, 음이온은 반응에 참여하지 않는다.)

【 보기 】
ㄱ. (가)와 (나)에서 Z는 모두 산화된다.
ㄴ. $a = 2N$이다.
ㄷ. $m = 2$이다.

① ㄱ ② ㄴ ③ ㄷ
④ ㄱ, ㄷ ⑤ ㄴ, ㄷ

20 그림은 금속 A를 BNO_3 수용액에 넣은 것을 나타낸 것이다. 반응이 진행될 때 금속 B가 석출되고 A^{2+}이 생성되었다.

> $25595-0147

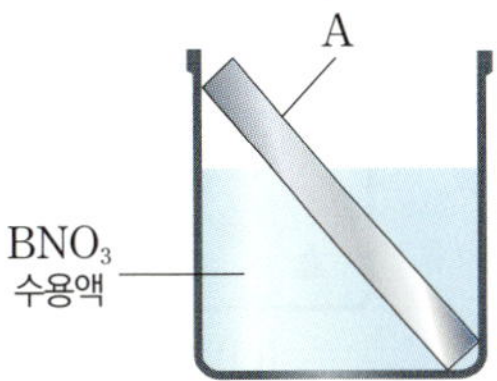

이 반응에 대한 설명으로 옳은 것만을 〈보기〉에서 있는 대로 고른 것은? (단, A와 B는 임의의 원소 기호이고, 물과 반응하지 않으며, 음이온은 반응에 참여하지 않는다.)

【 보기 】
ㄱ. B^+은 환원된다.
ㄴ. A는 전자를 잃는다.
ㄷ. 수용액 속 양이온의 수는 감소한다.

① ㄱ ② ㄴ ③ ㄱ, ㄷ
④ ㄴ, ㄷ ⑤ ㄱ, ㄴ, ㄷ

> 25595-0148

21 다음은 금속 X와 Y에 관한 산화 환원 반응 실험이다.

[화학 반응식]

$aX^{m+} + bY \longrightarrow aX + bY^+$ (a, b는 반응 계수)

[실험 과정 및 결과]

X^{m+} $4N$개가 들어 있는 수용액에 충분한 양의 금속 Y를 넣어 반응을 완결시켰을 때 Y^+ $8N$개가 생성되었다.

이에 대한 설명으로 옳은 것만을 〈보기〉에서 있는 대로 고른 것은? (단, X와 Y는 임의의 원소 기호이고, X와 Y는 물과 반응하지 않으며, 음이온은 반응에 참여하지 않는다.)

┤ 보기 ├

ㄱ. $m=2$이다.

ㄴ. Y^+이 들어 있는 수용액에 X를 넣으면 반응이 일어난다.

ㄷ. X^{m+} $2N$개가 들어 있는 수용액에 Y 원자 $2N$개를 넣어 반응시켰을 때 수용액에 존재하는 금속 양이온의 수는 $3N$개이다.

① ㄴ   ② ㄷ   ③ ㄱ, ㄴ

④ ㄱ, ㄷ   ⑤ ㄴ, ㄷ

> 25595-0149

22 그림은 부피가 각각 10 mL인 산 또는 염기 수용액 (가)~(다)에 들어 있는 이온을 모형으로 나타낸 것이다. (가)~(다) 중 산성 수용액은 2가지이다.

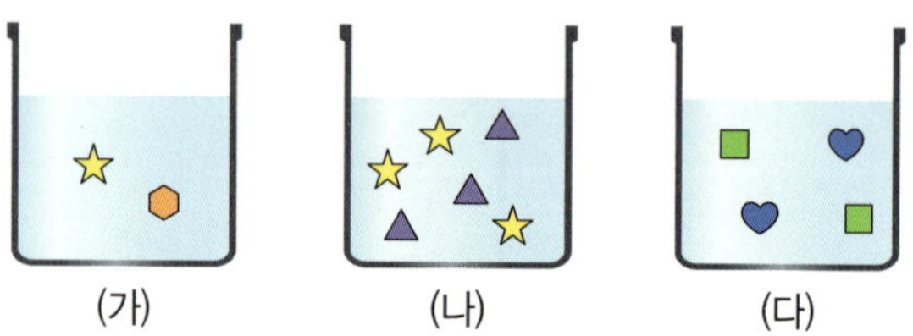

이에 대한 설명으로 옳은 것만을 〈보기〉에서 있는 대로 고른 것은?

┤ 보기 ├

ㄱ. ★은 H^+이다.

ㄴ. (다)에 BTB 용액을 떨어뜨리면 파란색으로 변한다.

ㄷ. (나)와 (다)를 혼합한 용액에 페놀프탈레인 용액을 떨어뜨리면 붉은색으로 변한다.

① ㄱ   ② ㄴ   ③ ㄷ

④ ㄱ, ㄴ   ⑤ ㄴ, ㄷ

> 25595-0150

23 그림은 묽은 염산 (HCl) 10 mL에 수산화 칼륨(KOH) 수용액을 조금씩 넣어 반응시켰을 때, 수산화 칼륨 수용액의 부피에 따른 혼합 용액 속 이온 수 변화를 나타낸 것이다.

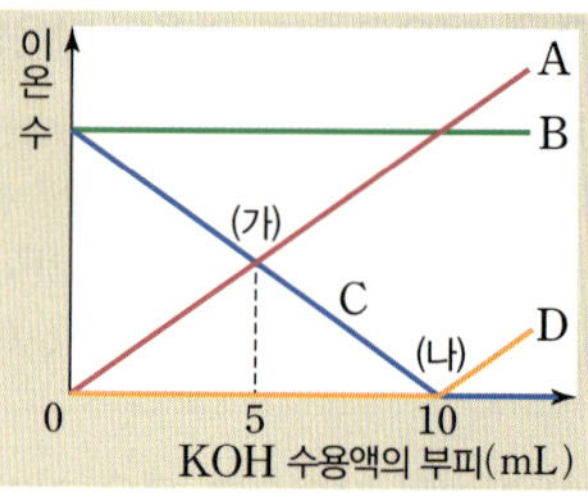

이에 대한 설명으로 옳은 것만을 〈보기〉에서 있는 대로 고른 것은?

┤ 보기 ├

ㄱ. A는 K^+이다.

ㄴ. 생성된 물의 양은 (나)에서가 (가)에서의 4배이다.

ㄷ. $\dfrac{Cl^-의\ 수}{K^+의\ 수}$ 는 (가)에서가 (나)에서의 2배이다.

① ㄴ   ② ㄷ   ③ ㄱ, ㄴ

④ ㄱ, ㄷ   ⑤ ㄱ, ㄴ, ㄷ

> 25595-0151

24 표는 온도가 같은 묽은 염산(HCl)과 수산화 나트륨(NaOH) 수용액의 부피를 달리하여 중화 반응시켰을 때, 혼합 용액 (가)~(마)의 최고 온도를 나타낸 것이다.

혼합 용액	(가)	(나)	(다)	(라)	(마)
묽은 염산의 부피(mL)	20	40	60	80	100
수산화 나트륨 수용액의 부피(mL)	100	80	60	40	a
혼합 용액의 최고 온도(℃)	27	29	31	29	27

이에 대한 설명으로 옳은 것만을 〈보기〉에서 있는 대로 고른 것은? (단, 혼합 전 수용액의 온도는 모두 같다.)

┤ 보기 ├

ㄱ. (다)는 중화점이다.

ㄴ. $a=20$이다.

ㄷ. 생성된 물 분자의 수는 (라)에서가 (가)에서의 2배이다.

① ㄱ   ② ㄴ   ③ ㄱ, ㄷ

④ ㄴ, ㄷ   ⑤ ㄱ, ㄴ, ㄷ

> 25595-0152

25 그림은 묽은 염산(HCl) 20 mL에 수산화 나트륨(NaOH) 수용액 20 mL를 넣어 반응시킨 후, 혼합 용액에 들어 있는 이온을 모형으로 나타낸 것이다. △은 Cl^-이다.

이에 대한 설명으로 옳은 것만을 〈보기〉에서 있는 대로 고른 것은?

보기

ㄱ. 혼합 용액의 액성은 염기성이다.
ㄴ. ■은 Na^+이다.
ㄷ. 혼합 용액에 묽은 염산 5 mL를 더 가하면 용액의 액성은 중성이 된다.

① ㄱ   ② ㄷ   ③ ㄱ, ㄴ
④ ㄴ, ㄷ   ⑤ ㄱ, ㄴ, ㄷ

> 25595-0153

26 표는 묽은 염산(HCl)과 수산화 나트륨(NaOH) 수용액의 부피를 달리하여 혼합한 용액 (가)~(다)에 대한 자료이다. 생성된 물 분자 수의 비는 (가) : (나)=4 : 3이다.

혼합 용액	혼합 전 용액의 부피(mL)		전체 이온 수(개)
	묽은 염산	수산화 나트륨 수용액	
(가)	40	40	$12N$
(나)	20	60	$12N$
(다)	10	30	aN

이에 대한 설명으로 옳은 것만을 〈보기〉에서 있는 대로 고른 것은?

보기

ㄱ. $a=6$이다.
ㄴ. (다)에 BTB 용액을 떨어뜨리면 녹색으로 변한다.
ㄷ. (가)와 (나)를 혼합한 용액은 산성이다.

① ㄱ   ② ㄴ   ③ ㄱ, ㄷ
④ ㄴ, ㄷ   ⑤ ㄱ, ㄴ, ㄷ

> 25595-0154

27 그림은 소금을 25 ℃의 물에 용해시킬 때, 수용액의 온도가 낮아지면서 비커 표면에 수증기가 응결되는 모습을 나타낸 것이다.

이에 대한 설명으로 옳은 것만을 〈보기〉에서 있는 대로 고른 것은?

보기

ㄱ. ㉠은 발열 반응이다.
ㄴ. ㉡에서는 반응물의 에너지가 생성물의 에너지보다 크다.
ㄷ. 소금이 물에 용해되면 용액의 전기 전도성이 증가한다.

① ㄱ   ② ㄴ   ③ ㄷ
④ ㄱ, ㄴ   ⑤ ㄴ, ㄷ

> 25595-0155

28 그림 (가)는 발열 용기 속에 들어 있는 발열제를, (나)는 발열제에 물을 부어 음식을 조리하는 모습을 나타낸 것이다.

(가)

(나)

이에 대한 설명으로 옳은 것만을 〈보기〉에서 있는 대로 고른 것은?

보기

ㄱ. (가)에서 산화 칼슘(CaO)은 발열제로 적절하다.
ㄴ. (나)에서는 발열제가 물과 반응하여 방출하는 열에너지를 이용한다.
ㄷ. 발열 용기를 이용하면 별도의 가열 장치 없이 음식을 조리할 수 있다.

① ㄱ   ② ㄷ   ③ ㄱ, ㄴ
④ ㄴ, ㄷ   ⑤ ㄱ, ㄴ, ㄷ

V

환경과 에너지

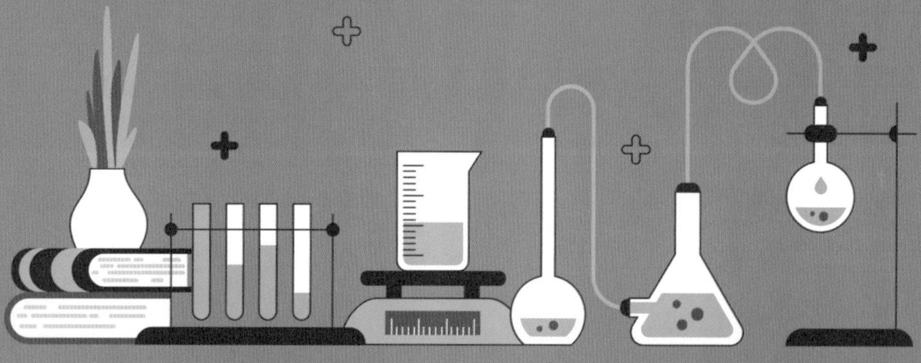

생태계평형과 지구 환경 변화

- 생태계구성요소를 이해하고 생물과 환경 사이의 상호 관계 설명하기
- 먹이 관계와 생태피라미드를 중심으로 생태계평형이 유지되는 과정을 이해하기
- 환경의 변화가 생태계에 미칠 수 있는 영향에 대해 협력적으로 소통하기
- 엘니뇨, 사막화 등과 같은 현상이 지구 환경과 인간 생활에 미치는 영향과 대처 방안을 분석하기

이 단원의 핵심

● 생태계구성요소는 무엇이고, 생태계의 평형은 어떻게 유지될까?

생태계구성요소	생태계의 평형 유지 과정

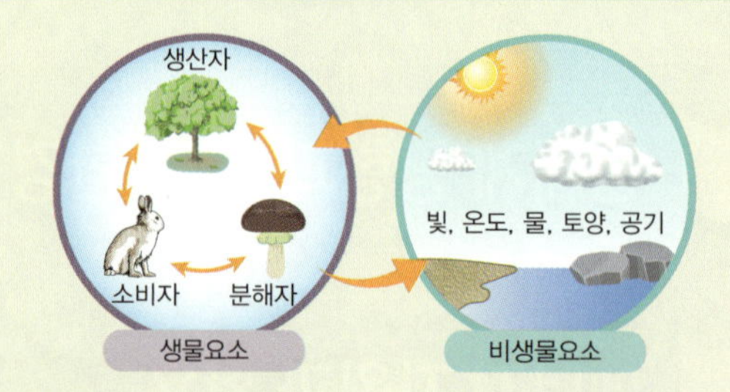

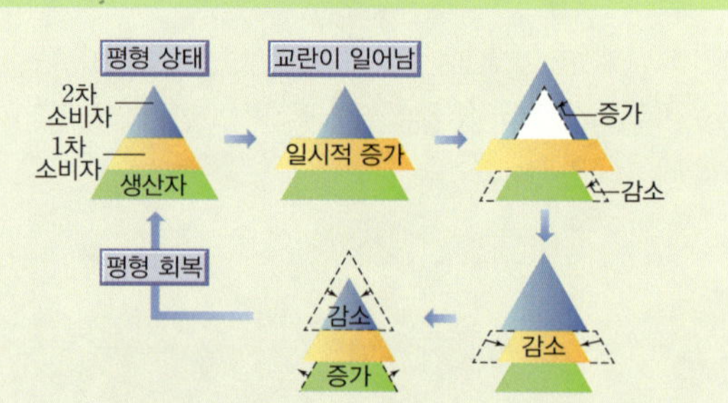

· **생물요소**: 생태계에 있는 모든 생물로 역할에 따라 생산자, 소비자, 분해자로 구분된다.

· **비생물요소**: 생물이 살아가는 환경을 제공한다.

한 영양단계의 개체수가 일시적으로 변했을 때 먹이 관계에 의해 다른 영양단계의 개체수가 변하는 과정을 거쳐 평형이 회복된다.

● 평상시와 엘니뇨 발생 시 대기와 해양의 변화는 어떻게 다를까?

평상시	엘니뇨 발생 시

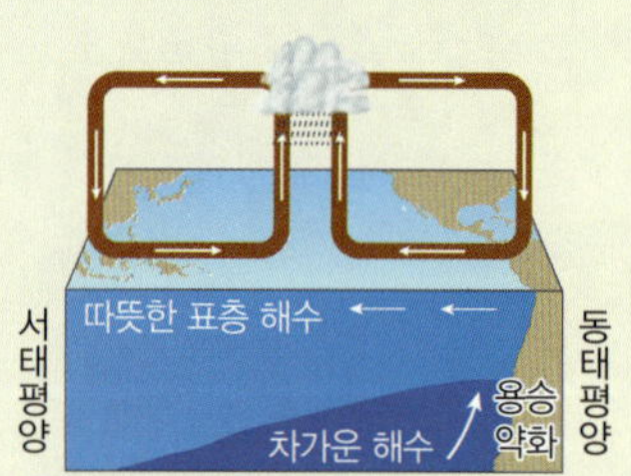

· 무역풍을 따라 따뜻한 표층 해수가 서쪽으로 이동 → 동태평양의 찬 해수 용승 → 표층 수온 낮음

· 무역풍 약화 → 동태평양 용승 약화 → 표층 수온 상승 → 홍수 발생, 용승 약화

1 생태계의 구성

(1) **❶생태계**: 생물과 비생물이 서로 영향을 주고받으며 유지되는 체계
➡ 생태계는 생물요소와 비생물요소로 구성된다.

(2) 생태계구성요소

① **생물요소**: 생태계에서 살아가는 모든 생물, 양분을 얻는 방식에 따라 생산자, 소비자, 분해자로 구분한다.

구분	생태계 내 역할	대표 생물
생산자	태양의 빛에너지를 이용한 광합성을 하여 유기물을 만든다.	녹색 식물, 식물성 플랑크톤, ❷해조류 등
❸소비자	다른 생물을 먹어 생물 사이에서 에너지 흐름이 일어나도록 한다.	초식동물, 육식동물, 동물성 플랑크톤 등
분해자	생물의 사체나 배설물을 분해하여 환경으로 돌려보내 물질이 순환되도록 한다.	세균, 버섯, 곰팡이 등

② **비생물요소**: 빛, 온도, 물, 토양, 공기 등 생물을 둘러싸고 있는 환경요인이다.

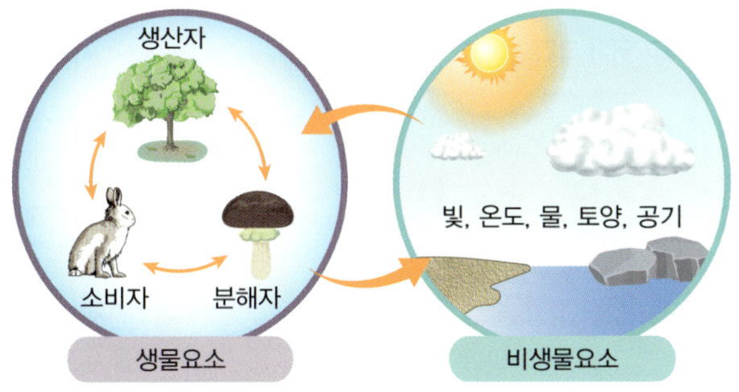

(3) **❹개체군과 군집**: 생태계 내 생물 개체들은 대부분 개체군과 군집을 이루어 무리 지어 살아간다.
① **개체군**: 같은 종의 개체들이 모인 무리이다. ➡ 하나의 종으로 구성된다.
② **군집**: 같은 서식지에 살아가는 여러 개체군이 모인 무리이다. ➡ 여러 종으로 구성된다.

❶ 생태계
생태계는 자연 상태에서 바다, 하천, 연못 등 다양한 형태와 크기로 나타나며, 저수지나 공원과 같이 인위적으로 만든 것도 생태계라고 할 수 있다.

❷ 해조류
조류는 물에서 살며, 발달된 조직을 갖지 않는 생물이다. 녹조류(파래), 갈조류(미역, 다시마), 홍조류(김) 등이 있다.

❸ 소비자
먹이사슬에 따라 상위 영양단계로 가면서 1차 소비자, 2차 소비자, 3차 소비자 등으로 구분한다.

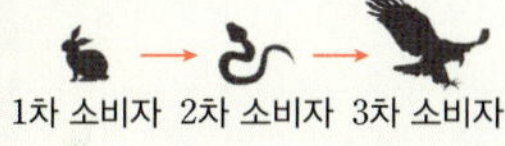

❹ 개체군과 군집
같은 종의 개체로 구성된 개체군 내 개체들은 서로 영향을 주고받고, 군집 내 여러 종 또한 서로에게 영향을 주고받는다.

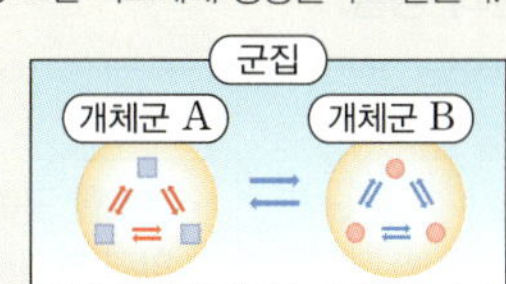

② 생태계 구성요소의 상호작용

(1) 생물과 환경의 상호 관계: 생태계를 구성하는 생물요소(생물)의 생활 방식, 번식 방법, 서식 장소 등은 생물요소(생물) 또는 비생물요소(환경)와 영향을 주고받는다.

(2) 빛과 생물

구분	예
환경 → 생물	• 국화는 낮이 짧아지는 시기(가을)에 꽃을 피운다. • 일조 시간에 따라 동물의 번식 시기가 달라진다. • 한 식물 내에서도 빛을 많이 받는 잎은 빛을 적게 받는 잎보다 두껍다. 강한 빛을 받는 잎 / 약한 빛을 받는 잎 / 울타리 조직
생물 → 환경	• [1]숲이 울창해지면 지표면에 도달하는 빛의 세기가 약해진다.

(3) 온도와 생물

구분	예
환경 → 생물	• 기온이 내려가면 단풍이 든다. • [2]사막여우는 북극여우에 비해 몸집이 작고 귀가 크다. 사막여우 / 북극여우 • [3]툰드라에 사는 털송이풀은 온도에 적응하기 위해 잎이나 꽃에 털이 나 있다.
생물 → 환경	• 숲에 사는 식물에서 증산 작용이 일어나 주변의 온도를 낮춘다.

(4) 물과 생물

구분	예
환경 → 생물	• 건조한 곳에 사는 선인장은 수분 증발을 막기 위해 가시로 변한 잎을 가진다. • [4]키틴질로 되어 있는 곤충의 몸, 단단한 껍질로 싸인 새의 알, 비늘로 몸의 표면이 덮인 도마뱀 등은 수분 손실을 줄이는 방향으로 적응하였다. • 물에 서식하는 연꽃의 줄기와 뿌리에는 공기가 통하는 통기조직이 발달되어 있다. 연꽃의 뿌리
생물 → 환경	• 고래의 배설물에 의해 해양 무기물의 순환이 잘 이루어진다.

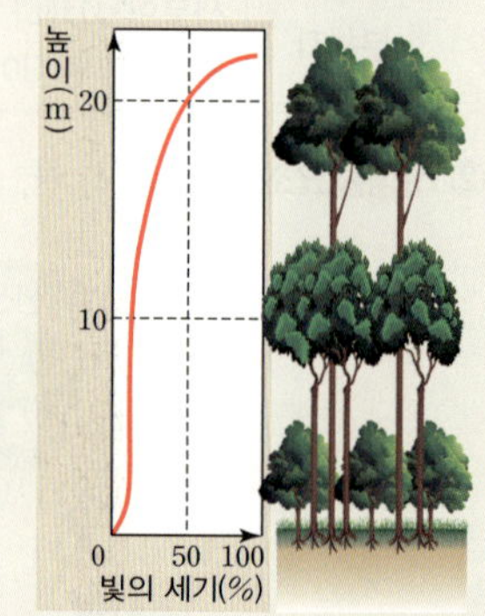

❶ 지표면에 도달하는 빛의 세기
큰 나무가 자라면서 숲이 우거지면 지표면에 도달하는 빛의 세기는 감소한다.

❷ 사막여우와 북극여우
체온을 일정하게 유지하는 동물(정온동물)의 경우에는 추운 지역에 살수록 피하 지방이 발달하여 몸집이 크고, 귀와 같은 말단부가 작아지는 경향을 보인다.

❸ 툰드라
지하에 일년 내내 녹지 않는 영구 동토가 있어 가장 더운 달의 평균 기온이 0 ℃ ~10 ℃ 사이인 곳으로, 강수량이 적은 지역이다.

❹ 키틴질
곤충류나 갑각류와 같은 동물의 몸의 바깥을 감싸는 외골격을 구성하는 물질이다.

(5) 토양과 생물

구분	예
환경 → 생물	• 염분이 높은 땅에 사는 함초는 고농도의 염분을 저장하는 조직이 발달해 수분을 잘 흡수한다. • 토양의 깊이에 따라 공기의 함량이 달라 분포하는 세균의 종류가 달라진다. • [1]식충식물은 토양에 부족한 질소를 얻기 위해 곤충을 잡아 분해하는 기관을 갖는다. 파리지옥　　　　끈끈이주걱
생물 → 환경	• 토양 속에 사는 지렁이는 [2]통기성을 높이고, 토양을 비옥하게 한다. • 토양 속 미생물은 죽은 생물이나 배설물을 분해하여 토양의 성분을 변화시킨다.

(6) 공기와 생물

구분	예
환경 → 생물	• [3]산소가 희박한 고산 지대 사람은 저지대 사람보다 혈액 속 적혈구의 수가 많다.
생물 → 환경	• 식물의 광합성과 호흡으로 공기의 성분이 변한다. 식물의 광합성과 호흡 • 노송나무와 삼나무가 내뿜는 피톤치드에 의해 공기의 성분이 변한다.

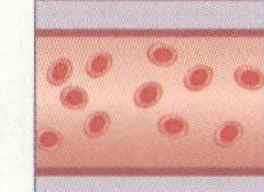
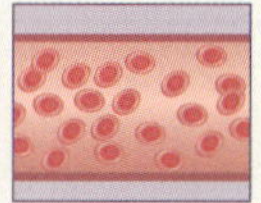

저지대에 사는 사람의 혈관 속 적혈구　　고산 지대에 사는 사람의 혈관 속 적혈구

○ 생물요소들 사이의 상호작용

개체군을 구성하는 개체 사이의 상호작용		군집을 구성하는 개체군 사이의 상호작용	
텃세	일정한 생활 공간을 차지하고 다른 개체의 침입을 막는 것	종간경쟁	먹이지위나 서식지위가 겹치는 개체군이 먹이나 서식지를 두고 서로 다투는 것
순위제	힘의 세기에 따라 서열을 정하는 것	분서	먹이나 서식지를 바꾸어 경쟁을 피하는 것
리더제	한 개체가 지도자가 되어 무리를 이끄는 것	포식과 피식	두 개체군이 서로 먹고 먹히는 관계를 맺는 것
사회생활	역할을 나누어 개체군이 조화를 이루는 것	공생	두 종류의 개체군이 밀접한 관계를 맺고 함께 살아가는 것
가족생활	혈연 관계의 개체가 모여 무리를 이루는 것	기생	한 개체군이 다른 개체군에 피해를 주면서 생활하는 것

빈칸 완성

1. (　　　)은/는 생물과 비생물이 서로 영향을 주고받으며 살아가는 체계이다.

2. 생태계구성요소는 (　　　)와/과 비생물요소로 구분된다.

3. 생태계구성요소 중 생물요소는 양분을 얻는 방식에 따라 (　　　), (　　　), (　　　)(으)로 구분된다.

4. 빛, 온도, 물, 토양, 공기 등은 생태계구성요소 중 (　　　)에 해당한다.

5. 사막에 사는 도마뱀의 몸 표면이 비늘로 덮여 있는 것은 비생물요소 중 (　　　)이/가 생물에 영향을 준 예이다.

둘 중에 고르기

6. 생태계 내에서 하나의 종으로 구성된 무리는 (개체군, 군집)이고, 여러 종으로 구성된 무리는 (개체군, 군집)이다.

7. 빛의 세기가 강한 곳에 서식하는 식물의 잎은 빛의 세기가 약한 곳에 서식하는 식물의 잎보다 (두껍다, 얇다).

8. 추운 지역에 사는 북극여우는 더운 지역에 사는 사막여우에 비해 몸집이 (크, 작)고, 귀가 (길, 짧)다.

9. 식충식물이 질소를 얻기 위해 곤충을 잡아먹는 것은 (토양, 물)이 생물에 영향을 준 예이다.

10. 식물이 광합성을 하면 공기 중 (산소, 이산화 탄소)의 농도가 높아진다.

정답 1. 생태계 2. 생물요소 3. 생산자, 소비자, 분해자 4. 비생물요소 5. 물 6. 개체군, 군집 7. 두껍다 8. 크, 짧 9. 토양 10. 산소

단답형

1. 그림은 생태계구성요소를 나타낸 것이다.

(1) 생물요소에 해당하는 것을 모두 쓰시오.

(2) 파리지옥이 부족한 질소를 얻기 위해 곤충을 잡아 분해하는 것과 가장 관련이 깊은 비생물요소를 그림에서 찾아 쓰시오.

2. 버섯과 같이 다른 생물의 사체나 배설물을 분해하여 양분을 얻는 생물요소를 무엇이라 하는지 쓰시오.

바르게 연결하기

3. 생태계를 구성하는 생물요소의 예와 특징을 바르게 연결하시오.

(1) 생산자 •

(2) 소비자 •

(3) 분해자 •

• ㉠ 녹색 식물, 해조류가 해당한다.

• ㉡ 곰팡이, 세균이 해당한다.

• ㉢ 초식동물, 육식동물이 해당한다.

• ㉣ 빛을 흡수하여 유기물을 만든다.

• ㉤ 생물의 사체나 배설물을 분해한다.

• ㉥ 다른 생물을 섭취하여 에너지 흐름이 일어나게 한다.

정답 1. (1) 오리, 수련, 부들, 개구리, 부레옥잠 (2) 토양 2. 분해자 3. (1)-㉠, ㉣ (2)-㉢, ㉥ (3)-㉡, ㉤

1 먹이 관계와 생태피라미드

(1) **생태계평형:** 생태계를 구성하는 생물의 종류, 개체수, 에너지의 흐름 등이 급격하게 변하지 않아 안정적으로 생태계가 유지되는 상태이다.

(2) **먹이 관계와 생태계평형 유지**

① 생태계평형이 유지되려면 생물 군집이 유지되어야 한다.

② 생물이 살아가기 위해서는 에너지가 필요하며, 이 에너지는 생산자의 광합성을 통해 유기물에 저장된 후 ❶먹이 관계에 의해 상위 ❷영양단계로 전달된다.

➡ 먹이 관계는 생태계평형을 유지하는 데 중요하다.

(3) **생물다양성과 생태계평형 유지:** 생물다양성이 높고, 먹이 관계가 복잡하게 형성될수록 생태계평형이 잘 유지된다.

구분	모습	특징
생태계 A	풀 → 메뚜기 → 개구리 → 매	• 생물다양성이 낮아 생물종 사이의 먹이 관계가 단순한 사슬 형태를 이룬다. • 어떤 요인에 의해 메뚜기가 사라지면 개구리가 먹이가 없어 사라질 수 있고, 이어서 매가 먹이가 없어 사라질 수 있다. ➡ 먹이가 없어 개구리와 매가 모두 사라질 확률이 높다.
생태계 B	나무, 사슴, 토끼, 뱀, 올빼미, 호랑이, 풀, 들쥐, 매, 메뚜기, 개구리	• 생물다양성이 높아 생물종 사이의 먹이 관계가 복잡한 그물 형태를 이룬다. • 어떤 요인에 의해 메뚜기가 사라지면 개구리는 먹이가 없어 사라질 수 있지만, 매는 다른 먹이를 먹을 수 있으므로 사라질 확률이 낮다. ➡ 생태계 A보다 생태계평형이 잘 유지될 수 있다.

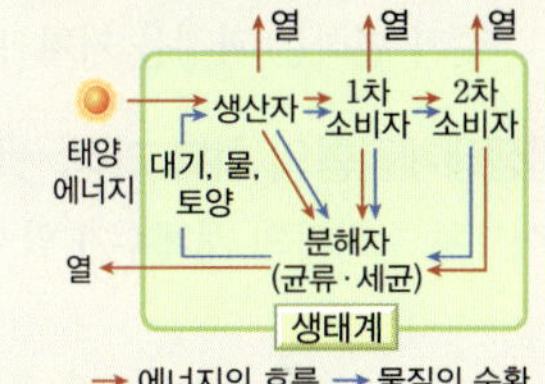

○ 먹이 관계에 의한 ❸에너지의 전달

• 생산자는 광합성을 통해 태양의 빛에너지를 화학 에너지로 전환하여 포도당과 같은 유기물에 저장하고, 에너지 일부는 유기물의 형태로 영양단계를 따라 최종 소비자에게까지 전달되며, 에너지 일부는 사체와 배설물의 형태로 분해자에게 전달된다.

• 모든 생물은 생명활동에 필요한 에너지를 얻기 위해 호흡(세포호흡)을 하며, 이 과정에서 열에너지가 방출된다.

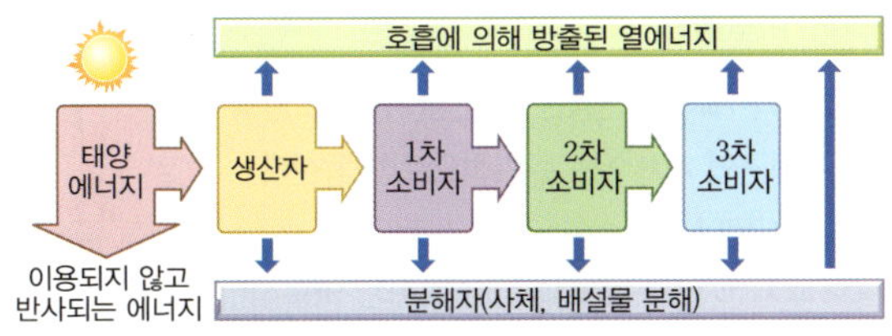

(4) 생태피라미드

① 먹이 관계에 의해 에너지가 전달될 때 한 영양단계의 에너지 중 일부만 다음 영양단계로 이동한다. 따라서 평형 상태의 안정된 생태계에서 각 영양단계별 에너지양은 상위 영양단계일수록 적어 피라미드 형태를 나타낸다.

② 일반적으로 안정한 생태계에서는 에너지양뿐만 아니라 **❶생물량(생체량)**과 개체수도 상위 영양단계로 갈수록 감소하는 피라미드 형태를 나타낸다.

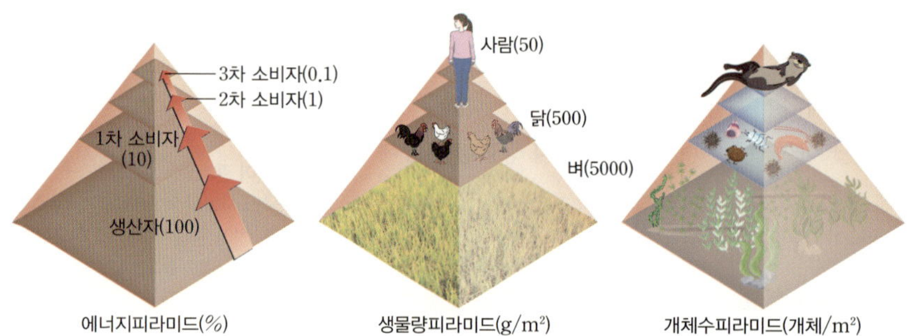

② 생태계평형의 유지

(1) 생태계평형의 유지 원리

① 생태계는 어떤 요인에 의해 평형이 일시적으로 **❷교란**되었을 때 다시 평형 상태로 되돌아갈 수 있다.

② 한 영양단계의 개체수가 일시적으로 변했을 때, 먹이 관계에 의해 다른 영양단계의 개체수가 변하는 과정을 거쳐 평형이 회복된다.

(2) ❸생태계평형의 회복 과정: 생산자, 1차 소비자, 2차 소비자로 구성된 어떤 생태계가 교란되어 1차 소비자의 개체수가 일시적으로 증가했을 때 다음과 같은 과정으로 평형이 회복된다.

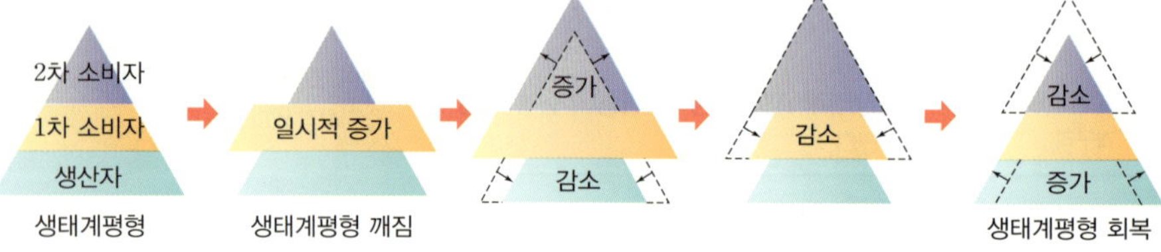

THE 들여다보기

◦ 눈신토끼와 스라소니의 개체수 변동

- 포식자인 스라소니의 개체수 증가 → 피식자인 눈신토끼의 개체수 감소 → 스라소니의 개체수 감소 → 눈신토끼의 개체수 증가 → 스라소니의 개체수 증가 → 눈신토끼의 개체수 감소 → …의 과정이 반복된다.
- 포식자인 스라소니와 피식자인 눈신토끼의 개체수 변동은 10년을 주기로 반복된다. ➡ 포식과 피식 관계에 있는 두 개체군의 개체수는 주기적으로 변동한다.
  ➡ 먹이 관계에 의해 평형이 회복되고 유지된다.
- 눈신토끼와 스라소니의 개체수 변동은 포식과 피식 관계에 의한 주기적 변동이다.

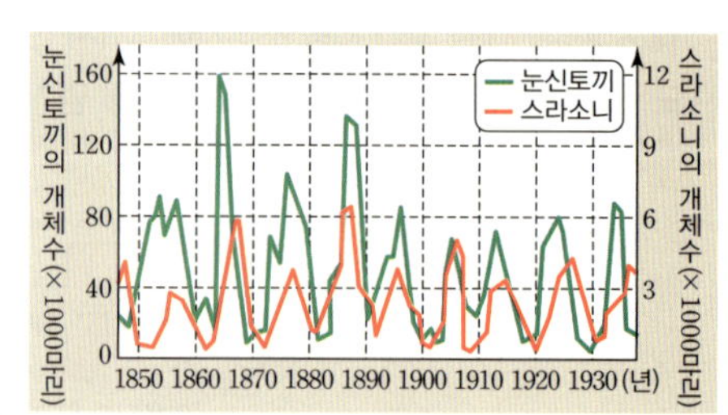

③ 환경 변화와 생태계

(1) 환경 변화가 생태계평형에 미치는 영향: 자연재해나 인간의 활동에 의한 다양한 환경 변화는 생물다양성을 감소시켜 생태계평형을 깨뜨리거나 심한 경우 생태계를 파괴할 수 있다.

① **기후 변화와 자연재해:** 지구 온난화와 같은 기후 변화나 화산 활동으로 인해 생물의 서식 범위, 개화 시기, 산란 시기 등이 달라지게 된다.

② **무분별한 개발과 환경오염:** 생물의 **①**서식지를 감소 또는 오염시켜 생물의 생존과 번식을 어렵게 한다.

③ **남획과 불법 포획:** 야생 동물의 대량 포획으로 인해 특정 생물의 개체수가 감소되며, 심한 경우 멸종에 이른다.

④ **②외래생물(외래종)의 도입:** 천적이 없는 외래생물이 도입될 경우 토착 생물(고유종)의 생존을 위협한다.

기후 변화(지구 온난화)

자연재해
(화산 활동)

자연재해
(홍수로 인한 산사태)

무분별한 벌목

환경오염

남획

불법적인 포획
(고래 포획)

외래생물(뉴트리아)

(2) 생태계의 보전을 위한 노력: 생태계가 파괴되면 다른 생물뿐만 아니라 인류의 생존도 보장받지 못하므로 생태계를 보전하기 위해 노력해야 한다.

① 일회용품 사용을 줄이거나 **③**업사이클링 제품을 이용한다.
② 생태 하천 복원 사업 등을 통해 훼손된 서식지를 복원한다.
③ 환경 관련 법률 제정을 통해 무분별한 환경 개발을 제도적으로 규제한다.
④ 국립 공원 및 보호구역을 지정하여 다양한 생물이 살 수 있는 환경을 제공한다.
⑤ 생태계보전을 위한 국제 협약을 맺어 국제적으로 협력한다.

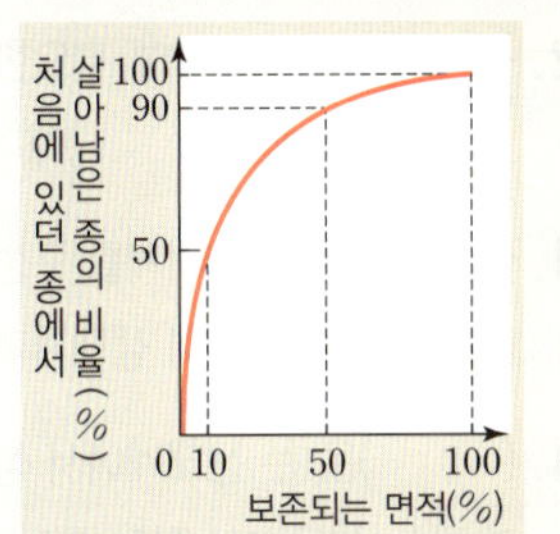
❶ 서식지 면적 감소에 따른 생물종의 변화

서식지의 면적이 감소하면 해당 지역에 서식하던 생물종의 종류가 감소한다.

❷ 귀화종과 침입종
외래종 중 국내 생태계에 적응하여 살아가는 종을 귀화종, 생태계를 교란하는 종을 침입종이라고 한다. 대표적인 침입종으로 황소개구리, 배스, 뉴트리아 등이 있다.

❸ 업사이클링
부산물, 폐자재와 같이 쓸모가 없거나 버려지는 물건을 새롭게 디자인해 예술적·환경적 가치가 높은 물건으로 재탄생시키는 재활용 방식이다.

THE 들여다보기

아마존 열대우림의 변화

지구의 허파라고 불리는 아마존은 무분별한 삼림벌채와 지구 온난화에 따른 강수량 감소로 인해 심각하게 훼손되고 있다.

아마존 열대우림의 파괴는 인간이 이용할 수 있는 생물자원의 감소, 이산화 탄소 저장 능력 감소로 인한 지구 온난화의 심화를 가속화할 수 있으므로 국제 사회의 협력을 통한 노력이 필요하다.

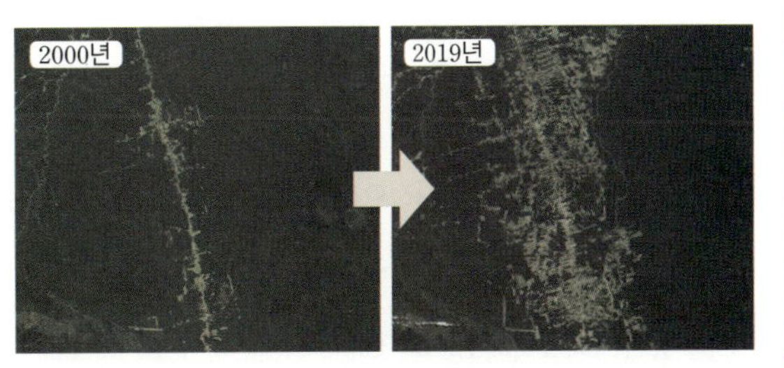

빈칸 완성

1. 생산자의 에너지 중 일부는 유기물의 형태로 영양단계를 따라 최종 (　　　)에게까지 전달된다.

2. 생명체는 생명활동에 필요한 에너지를 얻기 위해 호흡을 하며, 이 과정에서 (　　　)에너지가 방출된다.

3. (　　　)은/는 생태계를 구성하는 생물의 종류와 개체수 등이 급격히 변하지 않아 생태계가 안정적으로 유지되는 상태이다.

4. (　　　)은/는 생태계에서 상위 영양단계로 갈수록 에너지양, 개체수, 생물량이 점점 줄어드는 형태이다.

둘 중에 고르기

5. 생물다양성이 (높, 낮)고, 먹이 관계가 (단순, 복잡)하게 형성될수록 생태계평형이 잘 유지된다.

6. 먹이사슬에서 상위 영양단계로 전달되는 에너지양은 점차 (증가, 감소)한다.

7. 1차 소비자의 개체수가 일시적으로 증가하면 생산자의 개체수는 (증가, 감소)한다.

8. 안정된 생태계는 평형이 일시적으로 교란되더라도 먹이 관계에 의해 평형이 (회복, 파괴)된다.

정답 1. 소비자 2. 열 3. 생태계평형 4. 생태피라미드 5. 높, 복잡 6. 감소 7. 감소 8. 회복

단답형

1. 그림은 영양단계에 따른 에너지피라미드를 나타낸 것이다. A~C가 무엇인지 각각 쓰시오. A~C는 각각 1차 소비자, 2차 소비자, 생산자 중 하나이다.

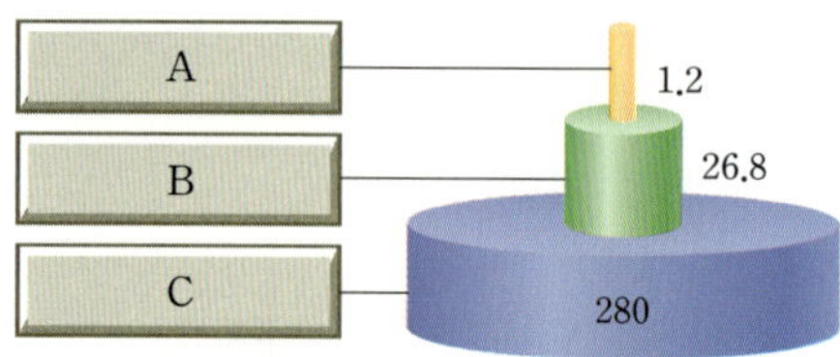

2. 그림은 어떤 안정된 생태계의 먹이 관계를 나타낸 것이다.

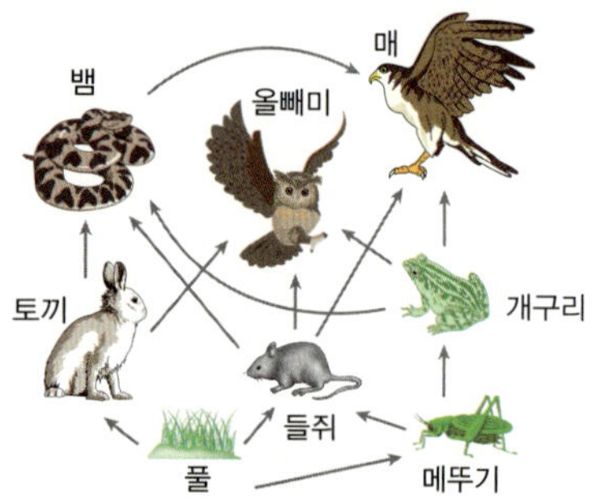

(1) 들쥐의 영양단계를 모두 쓰시오.

(2) 토끼의 개체수가 일시적으로 증가하였을 때 예상되는 뱀의 개체수 변화를 쓰시오.

바르게 연결하기

3. 생산자, 1차 소비자, 2차 소비자로 구성된 안정된 생태계에서 1차 소비자의 개체수 증가와 감소에 따른 생산자와 2차 소비자의 개체수 변화를 바르게 연결하시오.

(1) 1차 소비자의 개체수 증가 ・

(2) 1차 소비자의 개체수 감소 ・

・ ㉠ 생산자의 개체수 증가

・ ㉡ 생산자의 개체수 감소

・ ㉢ 2차 소비자의 개체수 증가

・ ㉣ 2차 소비자의 개체수 감소

정답 1. A: 2차 소비자, B: 1차 소비자, C: 생산자 2. (1) 1차 소비자, 2차 소비자 (2) 증가 3. (1)-㉡, ㉢ (2)-㉠, ㉣

지구 환경 변화

1 온실 효과와 지구 온난화

(1) 온실 효과

① **❶온실 효과**: 지구 대기는 태양 복사 에너지는 대부분 통과시키지만 지구 복사 에너지는 흡수했다가 지표로 다시 방출하여 지구 표면의 온도를 높인다. 지구의 평균 기온은 지구 대기에 의해 대기가 없을 때보다 높게 유지되는데 이를 온실 효과라고 한다.

② **❷온실 기체**: 온실 효과를 일으키는 기체로 수증기, 이산화 탄소, **❸**메테인, 염화 플루오린화 탄소, 오존 등이 있다.

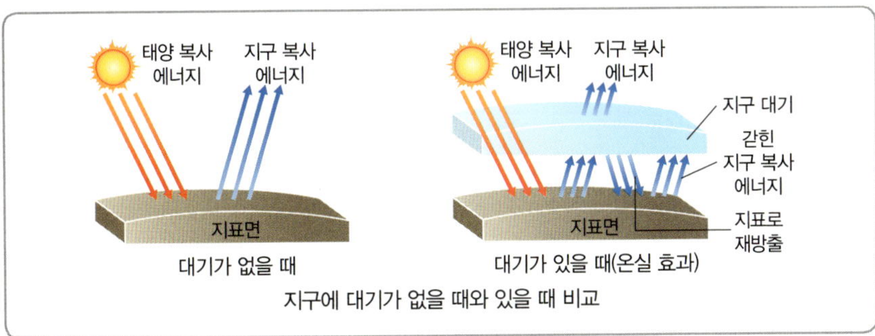

③ 복사 평형

- 지구 대기는 가시광선 영역의 복사 에너지를 잘 통과시키고 지표면은 가시광선을 잘 흡수하기 때문에 지표면은 태양 복사 에너지를 받아 온도가 올라가게 된다.
- 지구의 복사 평형: 지구는 태양으로부터 받은 양만큼의 에너지를 적외선 영역의 복사 에너지로 방출한다. 이처럼 흡수하는 태양 복사 에너지양과 방출하는 지구 복사 에너지양이 균형을 이루는 상태이다.

④ 열수지

- 지구의 복사 평형 상태에서 나타나는 열출입 관계를 지구 열수지라고 한다.
- 지구에 들어오는 태양 복사 에너지량을 100이라고 하면, 그중 30은 반사되거나 산란되어 우주로 되돌아가고, 70은 지표면과 대기에 흡수된다. 지구는 태양으로부터 흡수한 에너지와 같은 양의 에너지 70을 지구 복사 에너지로 우주에 방출하여 에너지 평형을 이룬다.

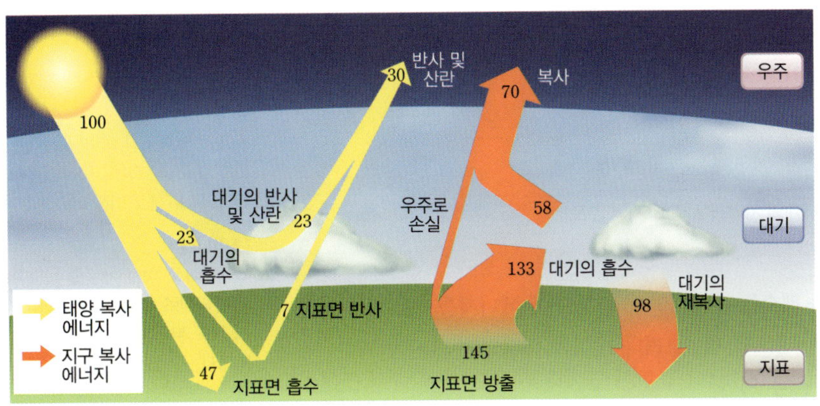

❶ 온실 효과
현재 지구의 평균 기온은 약 15 ℃이다. 만약 대기에 의한 온실 효과가 없다면 지구의 평균 기온은 -18 ℃ 정도까지 내려가게 될 것이다. 온실 효과 덕분에 지구는 대기가 없을 때보다 온도가 높은 상태로 복사 평형에 도달하게 되었다.

❷ 온실 기체 배출량
온실 기체 중 대기로 배출되는 양이 가장 많은 기체는 이산화 탄소이다.

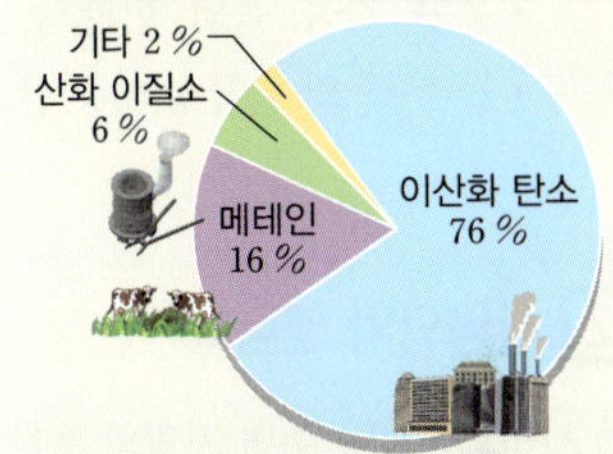

❸ 메테인(CH_4)
유기물의 부패나 발효, 가축 사육 과정에서 발생한다.

(2) 지구 온난화

① 대기 중 이산화 탄소의 농도가 증가하면 지구의 평균 기온이 상승한다.

② 대기 중에 이산화 탄소와 같은 온실 기체의 양이 증가하면 온실 효과가 커지고, 더 많은 에너지가 지표로 재복사되어 지구 열수지에 변동이 일어난다. ➡ 더 높은 온도에서 복사 평형이 이루어지며 지구 온난화가 심해진다.

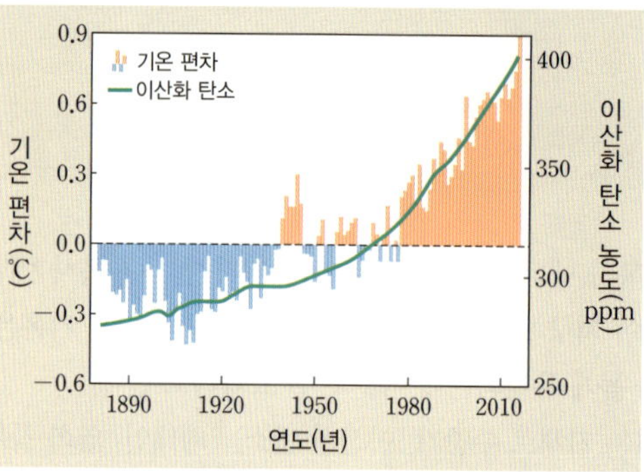

이산화 탄소 농도와 전 세계 기온 변화

③ 지구 온난화가 환경에 미치는 영향

- 극지방이나 고산 지대에 있던 빙하가 녹고, ❶해수의 열팽창이 일어나 해수면이 상승한다.
- 홍수, 가뭄, 폭염, 한파 등 악기상이 더 자주 나타난다.
- 물 부족 및 한류성 어종 감소와 멸종 생물 증가 등 생태계 변화가 나타난다.

② 사막화와 엘니뇨

(1) **사막화**: 사막 주변 지역의 토지가 황폐해지면서 점차 사막으로 변하는 현상이다.

① **사막 지역**: 지구에서 ❷사막은 대체로 위도 30° 부근에 발달한다.

② **사막화 원인**

- 자연적 원인: 대기 대순환이 변하면 강수량이 줄어든 지역에서 가뭄으로 인해 사막화가 진행된다.
- 인위적 원인: 가축의 과잉 방목, 과도한 경작, 무분별한 삼림 벌채 등으로 사막화가 진행된다.

③ 사막화가 진행되면 생물다양성과 농업 생산성이 낮아지고, 거주지 감소와 모래 폭풍으로 인한 건강 문제 등이 발생한다. 또한 토양 침식이 늘어나고 물의 순환에도 영향을 준다.

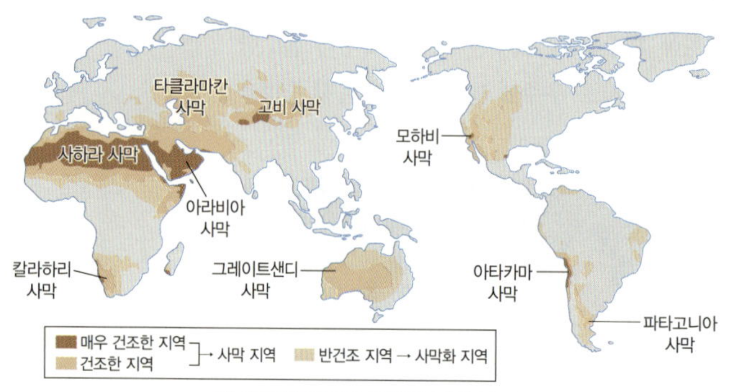

전 세계의 사막과 사막화 지역 분포

(2) 엘니뇨

① **대기와 해수 순환의 변화**: 대기와 해수는 순환하면서 전 지구에 에너지를 고르게 전달하여 생물이 살아가기에 적합한 환경을 만든다. 그러나 대기와 해수의 순환이 변하면 ❸엘니뇨, ❹라니냐, 사막화 등이 나타날 수 있다.

❶ 해수의 열팽창

바닷물의 온도가 상승하게 되면 바닷물의 부피가 팽창한다. 이로 인해 해수면이 상승하는 효과가 나타난다.

❷ 사막

연평균 강수량이 250 mm 이하인 건조한 지역이며, 대기 대순환에 의해 하강 기류가 형성되는 위도 30° 부근에 주로 발달한다.

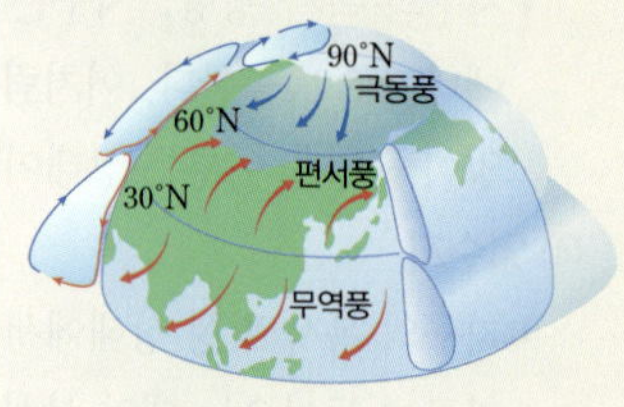

❸ 엘니뇨

스페인어로 '남자 아이' 또는 '아기 예수'라는 뜻으로 크리스마스 부근에 자주 나타나기 때문에 붙여진 이름이다.

❹ 라니냐

스페인어로 '여자 아이'를 뜻하며, 엘니뇨와는 반대로 무역풍이 평년보다 강해지면서 적도 부근 동태평양의 해수면 온도가 낮아지는 현상을 이르는 말이다.

② 엘니뇨: 태평양 적도 부근에서 무역풍이 평상시보다 약해지면 동태평양의 따뜻한 표층 해수가 서쪽으로 이동하는 흐름이 약해지게 된다. 이로 인해 동태평양의 표층 수온이 평년보다 높은 상태가 한동안 유지되는데, 이러한 현상을 엘니뇨라고 한다.

구분	평상시	엘니뇨 시기
모식도	무역풍 / 서태평양 / 따뜻한 표층 해수 / 차가운 해수 / 용승 / 동태평양	따뜻한 표층 해수 / 서태평양 / 차가운 해수 / 용승 약화 / 동태평양
수온 분포	20°N 10° 0° 10° 20°S / 100°E 140° 180° 140° 100° 60°W / 30 26 22(℃) 18 수온	20°N 10° 0° 10° 20°S / 100°E 140° 180° 140° 100° 60°W / 30 26 22(℃) 18 수온
표층 해수의 흐름	❶무역풍에 의해 동쪽에서 서쪽으로 따뜻한 표층 해수가 이동한다.	무역풍이 약화되어 평상시보다 따뜻한 표층 해수를 서쪽으로 이동시키지 못한다.
동태평양의 기후	표층 해수가 서쪽으로 이동하므로 깊은 바다 속의 찬물이 표층으로 상승(❷용승)하여 수온이 서쪽보다 낮다.	평상시보다 수온이 높아진다. ➡ 상승 기류가 발달하여 강수량이 늘어나 홍수 피해가 생긴다.
서태평양의 기후	따뜻한 해수가 동쪽으로부터 이동해 오므로 따뜻한 수온이 유지된다. ➡ ❸상승 기류가 발달하여 강수량이 많다.	평상시보다 수온이 낮아진다. ➡ 하강 기류가 발달하여 가뭄이 계속되고 이에 따라 산불이 발생한다.

③ 환경 변화의 영향과 대처 방안

(1) 환경 변화의 영향

① 인간 중심의 산업 개발과 경제 활동은 기후 변화를 일으키고 지구 환경에 큰 영향을 미치고 있다.

② 평균 기온 상승으로 빙하 감소, 해수면 상승, 강력한 태풍의 발생 빈도 및 세기 증가, 홍수와 가뭄 지역 변화, 사막화 등의 환경 변화가 일어나고 있다.

③ 그 결과 농작물 생산량 감소, 다양한 생물종의 멸종 위기, 질병 발생, 물 부족 등의 현상도 함께 나타나고 있다.

(2) 대처 방안

① 화석 연료의 사용을 줄이고, 태양광이나 풍력 발전 등 환경오염을 일으키지 않는 에너지의 사용을 늘려야 한다.

② 탄소 저감 기술, 지속가능한 에너지 사용 기술, 에너지 효율을 높이는 기술 등을 꾸준히 개발해야 한다.

③ 모든 국가가 서로 협력하여 기후 변화 대처 방안을 마련해야 한다.

❶ 무역풍

대기 대순환에 의해 적도~위도 30° 부근에서 1년 내내 동쪽에서 서쪽으로 부는 바람이다. 지표로부터 높이 약 2 km 두께에서 북반구에서는 북동 → 남서 방향으로, 남반구에서는 남동 → 북서 방향으로 부는 고온 다습한 바람이다.

❷ 용승

심층의 차가운 바닷물이 아래에서 표층으로 올라오는 현상

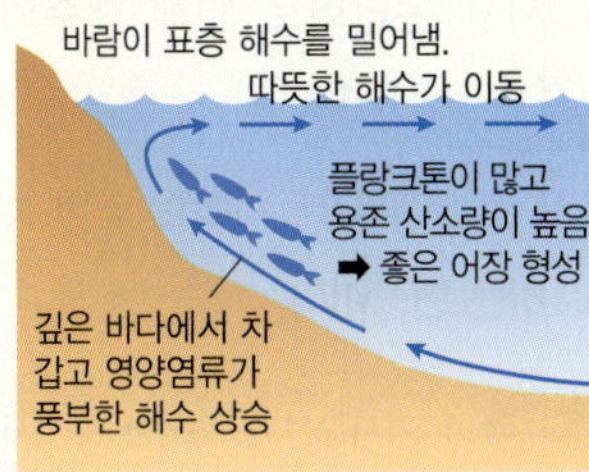

연안 용승

❸ 상승 기류와 하강 기류

기압이 상대적으로 낮은 저기압에서는 상승 기류가, 기압이 상대적으로 높은 고기압에서는 하강 기류가 나타난다.

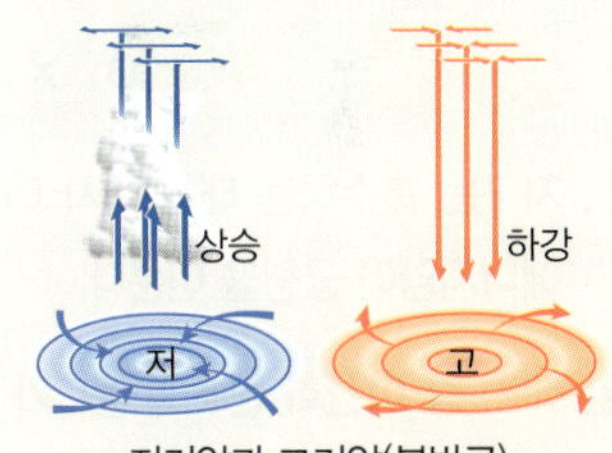

저기압과 고기압(북반구)

빈칸 완성

1. 지구로 들어오는 태양 복사 에너지는 주로 (　　　) 영역의 복사 에너지로 전달된다.

2. 지구는 태양으로부터 받은 양만큼의 에너지를 (　　　) 영역의 복사 에너지로 방출한다.

3. 지구가 흡수하는 태양 복사 에너지의 양과 방출하는 지구 복사 에너지의 양이 균형을 이루는 상태를 (　　　) 상태라고 한다.

4. (　　　)은/는 온실 기체의 증가로 지구의 평균 기온이 상승하는 현상이다.

5. 지구 온난화로 인해 해수의 온도가 상승하면 해수면이 (　　　)한다.

6. (　　　)은/는 사막의 주변 지역이 황폐화되어 사막으로 변하는 현상이다.

정답 1. 가시광선 2. 적외선 3. 복사 평형 4. 지구 온난화 5. 상승 6. 사막화 7. 이산화 탄소 8. 높아 9. 약 10. 약 11. 높 12. 상승

둘 중에 고르기

7. 지구 온난화에 가장 큰 영향을 주는 기체는 (메테인, 이산화 탄소)이다.

8. 무역풍이 평상시보다 약해지면 동태평양의 따뜻한 표층 해수의 이동이 약해지면서 동태평양의 표층 수온이 평년보다 (높아, 낮아)진다.

9. 무역풍의 세기는 엘니뇨 시기가 평상시보다 (강, 약)하다.

10. 동태평양에서 심층의 찬 해수가 올라오는 현상은 엘니뇨 시기가 평상시보다 (강, 약)하다.

11. 동태평양에서 표층 해수의 온도는 엘니뇨 시기가 평상시보다 (높, 낮)다.

12. 지구 평균 기온 (상승, 하강)으로 빙하 감소, 해수면 상승, 사막화 등이 발생하고 있다.

O, × 문제

1. 지구는 흡수하는 태양 복사 에너지양과 방출하는 지구 복사 에너지양이 균형을 이룬다. (○, ×)

2. 대기 중 이산화 탄소의 농도가 증가하면 지구의 평균 기온이 내려간다. (○, ×)

3. 지구의 복사 평형 상태에서 나타나는 열출입 관계를 지구 열수지라고 한다. (○, ×)

4. 사막화가 가속화되면 식생이 파괴되고 토양이 침식된다. (○, ×)

5. 황사 발생은 사막화가 진행될수록 감소한다. (○, ×)

정답 1. ○ 2. × 3. ○ 4. ○ 5. × 6. 온실 효과 7. 엘니뇨 8. 서태평양 9. 엘니뇨 시기

단답형

6. 방출되는 지구 복사 에너지를 특정 기체가 흡수하였다가 그 일부를 지표로 방출하면서 지구 평균 기온이 높게 유지되는 효과를 무엇이라고 하는지 쓰시오.

7. 무역풍이 평상시보다 약해지면서 동태평양의 표층 수온이 평년보다 높은 상태가 한동안 유지되는 현상을 무엇이라고 하는지 쓰시오.

8. 동태평양과 서태평양 중 평상시에 강수량이 더 많은 지역은 어디인지 쓰시오.

9. 평상시와 엘니뇨 시기 중 동태평양에서 홍수가 자주 발생하는 시기는 언제인지 쓰시오.

목표

생태계를 구성하는 생물요소들의 균형이 깨졌을 때 개체군의 크기 변화를 설명할 수 있다.

과정

국립 공원 (가)는 생물다양성이 매우 높은 지역이었으나 오랜 전쟁으로 생태계가 크게 훼손되었고, 최근까지 생태계를 복원하려는 노력이 진행되었다. (가)의 생태계는 어떻게 변화하였는지 알아보자.

시기	특징	
전쟁 이전 (1977년 이전)	코끼리 약 2,500마리, 하마 약 3,500마리, 기타 다양한 생물종이 대량으로 서식함	
전쟁 직후 (1990년대)	코끼리 5마리, 하마 100마리, 소수의 생물종만 관찰되고 거의 멸종함	
현재	코끼리와 하마 등 대형 포유류 등의 개체수가 크게 회복됨	(가)

결과 정리 및 해석

1. (가)의 생태계가 안정적일 때 생산자, 1차 소비자, 2차 소비자로 구성된 개체수피라미드를 그려보자.

2. (가)에서 각 개체군이 증가할 때 다른 개체군의 개체수의 변화를 예상해 보자.

구분	생산자	1차 소비자	2차 소비자
생산자 증가	—	증가	증가
1차 소비자 증가	감소	—	증가
2차 소비자 증가	증가	감소	—

3. (가)에서 각 개체군이 감소할 때 다른 개체군의 개체수의 변화를 예상해 보자.

구분	생산자	1차 소비자	2차 소비자
생산자 감소	—	감소	감소
1차 소비자 감소	증가	—	감소
2차 소비자 감소	증가	감소	—

탐구 분석

1. 결과 정리 및 해석을 바탕으로 교란된 생태계의 평형이 회복되는 원리에 대해 설명하시오.

　➡

2. 생태계평형이 파괴된 (가)에서 어떤 원인에 의해 1차 소비자의 개체수가 증가하였다. 이후 생태계평형이 회복되기까지의 과정을 개체수피라미드를 이용하여 단계적으로 표현하시오.

　➡

★중요 > 25595-0156

01 생태계에 대한 설명으로 옳지 <u>않은</u> 것은?

① 생물요소와 비생물요소로 구성된다.
② 곰팡이는 비생물요소에 해당한다.
③ 생물과 환경은 서로 영향을 주고받는다.
④ 빛, 물, 토양 등은 비생물요소에 해당한다.
⑤ 생물요소는 생산자, 소비자, 분해자로 구분된다.

> 25595-0157

02 생산자에 해당하는 생물만을 모두 고르면? (2개)

① 파래　　　② 버섯　　　③ 사람
④ 장미　　　⑤ 메뚜기

★중요 > 25595-0158

03 그림은 생물 집단 (가)와 (나)를 나타낸 것이다. (가)와 (나)는 각각 군집과 개체군 중 하나이다.

(가)　　　　　　　　(나)

이에 대한 설명으로 옳은 것만을 〈보기〉에서 있는 대로 고른 것은?

보기
ㄱ. (가)는 군집이다. ㄴ. (나)는 하나의 종으로 구성된다. ㄷ. (가)와 (나)는 모두 생물요소에 해당한다.

① ㄱ　　　② ㄴ　　　③ ㄱ, ㄴ
④ ㄴ, ㄷ　　　⑤ ㄱ, ㄴ, ㄷ

> 25595-0159

04 표는 생태계를 구성하는 생물요소의 역할에 대한 설명이다. A~C는 생산자, 소비자, 분해자를 순서 없이 나타낸 것이다.

생물요소	역할
A	빛에너지를 흡수해 유기물을 만든다.
B	사체와 배설물을 분해하여 환경으로 되돌린다.
C	다른 생물을 섭취하여 생태계에서 에너지가 흐르게 한다.

A~C를 옳게 짝 지은 것은?

	A	B	C
①	생산자	소비자	분해자
②	생산자	분해자	소비자
③	소비자	생산자	분해자
④	소비자	분해자	생산자
⑤	분해자	소비자	생산자

> 25595-0160

05 다음은 생물과 환경이 서로 영향을 주고받는 사례 (가)와 (나)이다. ⓐ는 '높다'와 '낮다' 중 하나이다.

(가) 식물의 줄기는 ㉠빛을 향해 굽어 자란다. (나) 낮에는 ㉡식물의 광합성이 일어나 숲은 다른 곳보다 산소 농도가 　ⓐ　.

이에 대한 설명으로 옳지 <u>않은</u> 것은?

① ㉠은 비생물요소에 해당한다.
② ㉡은 생산자에 해당한다.
③ ⓐ는 '낮다'이다.
④ (가)는 환경이 생물에 영향을 준 사례이다.
⑤ (나)는 생물이 환경에 영향을 준 사례이다.

> 25595-0161

06 생태계평형에 대한 설명으로 옳은 것만을 〈보기〉에서 있는 대로 고른 것은?

보기
ㄱ. 생물다양성이 높을수록 잘 유지된다. ㄴ. 먹이그물이 단순할수록 잘 유지된다. ㄷ. 생물종의 종류와 개체수가 급격히 변하는 상태이다.

① ㄱ　　　② ㄷ　　　③ ㄱ, ㄴ
④ ㄴ, ㄷ　　　⑤ ㄱ, ㄴ, ㄷ

07 생물과 환경의 상호 관계 중 환경이 생물에 영향을 미친 사례를 〈보기〉에서 있는 대로 고른 것은? 〉 25595-0162

┤ 보기 ├
ㄱ. 사막에 사는 선인장의 잎은 가시 모양이다.
ㄴ. 숲이 우거지면 지표면에 도달하는 빛의 세기가 감소한다.
ㄷ. 적혈구 수는 고산 지대 사람이 저지대 사람보다 많다.

① ㄱ ② ㄴ ③ ㄷ ④ ㄱ, ㄷ ⑤ ㄴ, ㄷ

08 다음은 어떤 생태계를 구성하는 두 생물 집단 A와 B에 대한 설명이다. ㉠은 '증가'와 '감소' 중 하나이다. 〉 25595-0163

A의 개체수가 증가하면 A를 먹는 B의 개체수가 증가한다. 그 결과 A의 개체수는 ㉠ 하게 되며, B의 개체수도 점차 ㉠ 하게 된다.

이에 대한 설명으로 옳은 것만을 〈보기〉에서 있는 대로 고른 것은? (단, A와 B 이외의 생물은 고려하지 않는다.)

┤ 보기 ├
ㄱ. ㉠은 '감소'이다.
ㄴ. B는 생산자에 해당한다.
ㄷ. A의 영양단계는 B의 영양단계보다 높다.

① ㄱ ② ㄴ ③ ㄷ ④ ㄱ, ㄷ ⑤ ㄴ, ㄷ

09 그림은 어떤 안정된 해양 생태계를 나타낸 것이다. 〉 25595-0164

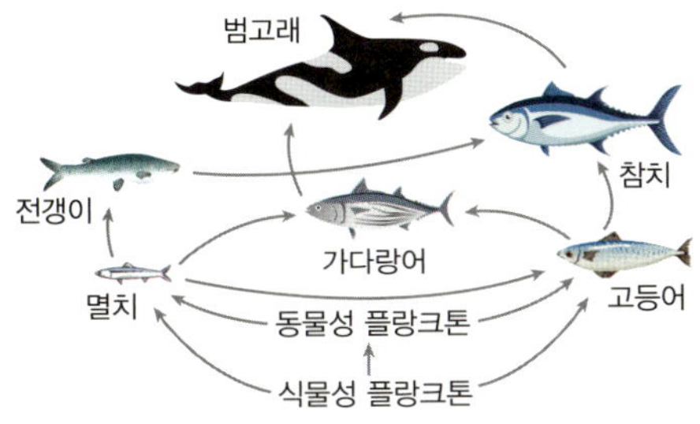

이에 대한 설명으로 옳지 <u>않은</u> 것은? (단, 제시된 생물 이외에는 고려하지 않는다.)

① 참치에서 범고래로 에너지가 흐른다.
② 멸치가 사라지면 전갱이도 사라진다.
③ 고등어에서 참치로 유기물이 이동한다.
④ 범고래의 영양단계는 가다랑어보다 낮다.
⑤ 동물성 플랑크톤은 1차 소비자에 해당한다.

10 그림은 안정된 생태계 (가)와 (나)를 나타낸 것이다. 〉 25595-0165

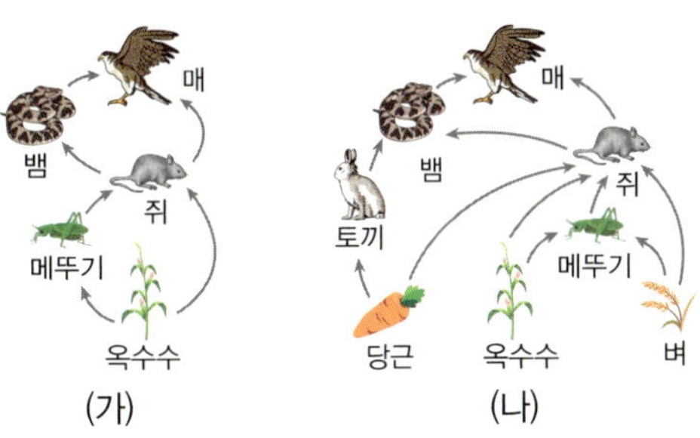

이에 대한 설명으로 옳은 것만을 〈보기〉에서 있는 대로 고른 것은? (단, 제시된 생물 이외는 고려하지 않는다.)

┤ 보기 ├
ㄱ. 종다양성은 (가)가 (나)보다 높다.
ㄴ. (나)는 (가)보다 안정된 생태계이다.
ㄷ. 쥐가 사라지면 (가)와 (나) 각각에서 매가 사라진다.

① ㄱ ② ㄴ ③ ㄱ, ㄷ ④ ㄴ, ㄷ ⑤ ㄱ, ㄴ, ㄷ

11 그림 (가)는 어떤 안정된 생태계의 생태피라미드(개체수)를, (나)는 이 생태계에서 생태계평형이 일시적으로 깨진 후 회복되는 과정의 일부를 나타낸 것이다. 〉 25595-0166

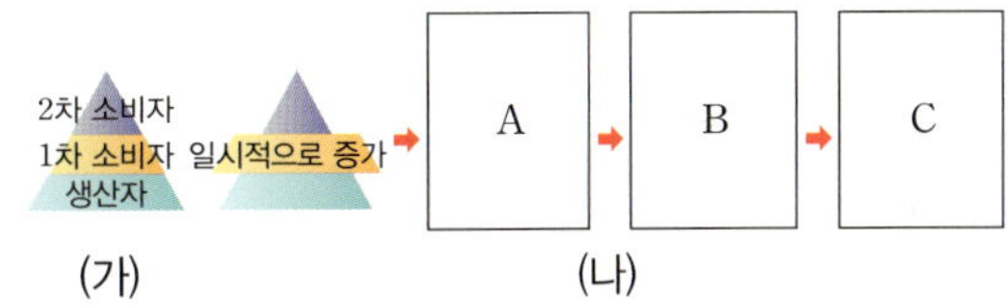

A~C에 들어갈 적절한 생태피라미드의 변화를 옳게 짝 지은 것은?

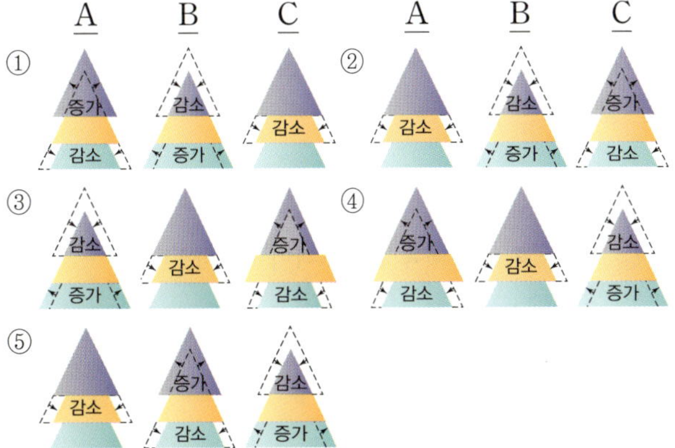

> 25595-0167

12 다음 중 온실 기체에 해당하지 <u>않는</u> 것은?

① 오존 ② 메테인 ③ 질소
④ 수증기 ⑤ 이산화 탄소

> 25595-0168

13 지구 온난화가 환경에 미치는 영향에 대한 설명으로 옳지 <u>않은</u> 것은?

① 전 지구의 빙하 면적이 증가하게 된다.
② 이상 기후 현상으로 생태계가 파괴될 수 있다.
③ 해수면이 상승하여 해안 저지대가 침수될 것이다.
④ 우리나라의 경우 온대 기후에서 아열대 기후로 바뀔 것이다.
⑤ 해수로부터 증발하는 수증기의 양이 많아지면서 대규모 태풍이 발생할 확률이 높아질 것이다.

중요

> 25595-0169

14 그림은 1979년과 2016년에 북극 주변의 빙하 면적을 나타낸 것이다.

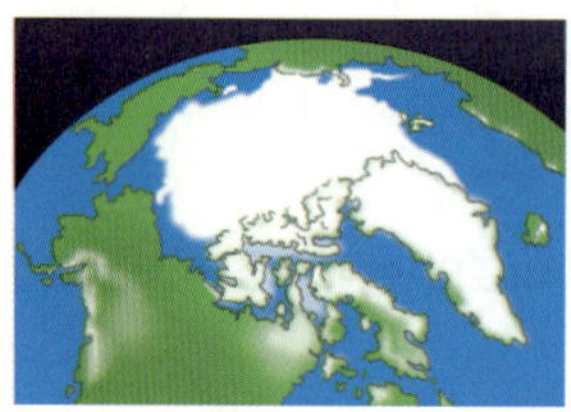

1979년 9월   2016년 9월

이 기간 동안의 변화에 대한 설명으로 옳은 것만을 〈보기〉에서 있는 대로 고른 것은?

┤ 보기 ├
ㄱ. 북극 주변의 평균 기온은 상승하였다.
ㄴ. 고위도 지방의 대륙 빙하 면적이 감소하였다.
ㄷ. 평균 해수면의 높이가 낮아졌다.

① ㄱ ② ㄷ ③ ㄱ, ㄴ
④ ㄴ, ㄷ ⑤ ㄱ, ㄴ, ㄷ

> 25595-0170

15 무역풍이 평상시보다 약해진 시기에 대한 설명으로 옳은 것만을 〈보기〉에서 있는 대로 고른 것은?

┤ 보기 ├
ㄱ. 적도 부근 동태평양에서 심층의 차가운 해수가 올라오는 현상이 강해진다.
ㄴ. 적도 부근 서태평양에서 표층 수온이 낮아진다.
ㄷ. 적도 부근 서태평양에서 상승 기류가 강해진다.

① ㄱ ② ㄴ ③ ㄱ, ㄷ
④ ㄴ, ㄷ ⑤ ㄱ, ㄴ, ㄷ

> 25595-0171

16 표는 대기와 해수의 상호작용에 의한 동태평양 적도 부근의 기후 변화를 나타낸 것이다.

구분	평상시	(㉠) 발생 시
무역풍의 세기	보통이다.	(㉡)진다.
강수량	적다.	많다.

이에 대한 설명으로 옳은 것만을 〈보기〉에서 있는 대로 고른 것은?

┤ 보기 ├
ㄱ. '엘니뇨'는 ㉠에 해당한다.
ㄴ. '강해'는 ㉡에 해당한다.
ㄷ. 이 해역에서 표층 해수의 수온은 ㉠ 발생 시가 평상시보다 높다.

① ㄱ ② ㄴ ③ ㄱ, ㄷ
④ ㄴ, ㄷ ⑤ ㄱ, ㄴ, ㄷ

중요

> 25595-0172

17 사막화에 대한 설명으로 옳은 것만을 〈보기〉에서 있는 대로 고른 것은?

┤ 보기 ├
ㄱ. 사막은 대체로 적도 부근에 분포한다.
ㄴ. 가축의 과잉 방목, 무분별한 삼림 벌채는 사막화의 원인에 해당한다.
ㄷ. 강수량이 증발량보다 많은 지역은 사막화가 일어날 가능성이 높다.

① ㄱ ② ㄴ ③ ㄱ, ㄷ
④ ㄴ, ㄷ ⑤ ㄱ, ㄴ, ㄷ

> 25595-0173

01 그림은 생태계를 구성하는 요소 사이에서 일어나는 에너지의 이동을 나타낸 것이다. A와 B는 각각 생산자와 소비자 중 하나이다.

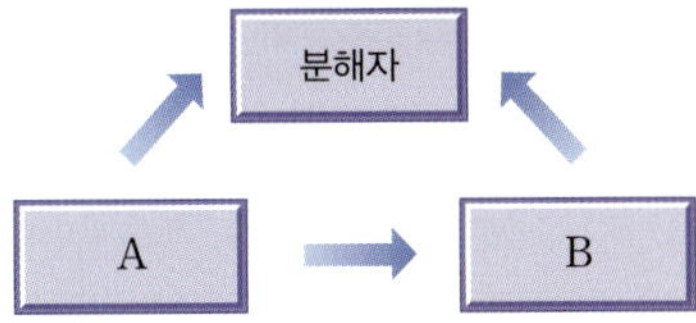

이에 대한 설명으로 옳은 것만을 〈보기〉에서 있는 대로 고른 것은?

┌─ 보기 ─
ㄱ. A는 생산자이다.
ㄴ. 사슴은 B에 해당한다.
ㄷ. 분해자는 사체나 배설물을 분해하여 물질의 순환을 일으킨다.
└─

① ㄱ   ② ㄷ   ③ ㄱ, ㄴ   ④ ㄴ, ㄷ   ⑤ ㄱ, ㄴ, ㄷ

중요

> 25595-0174

02 그림은 생태계를 구성하는 요인 사이의 상호 관계를, 표는 생물과 환경 사이의 상호 관계의 예를 나타낸 것이다.

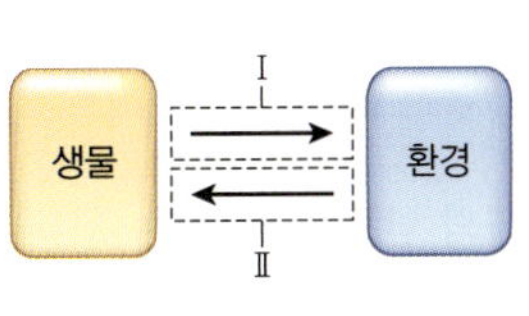

(가) 일조 시간에 따라 ㉠동물의 번식 시기가 달라진다.
(나) 식물의 증산 작용으로 숲의 온도는 주변보다 낮다.

이에 대한 설명으로 옳은 것만을 〈보기〉에서 있는 대로 고른 것은?

┌─ 보기 ─
ㄱ. ㉠은 소비자에 해당한다.
ㄴ. (가)와 (나)는 모두 Ⅰ의 예이다.
ㄷ. 물에 서식하는 연꽃의 줄기와 뿌리에 통기조직이 발달되어 있는 것은 Ⅱ의 예에 해당한다.
└─

① ㄱ   ② ㄴ   ③ ㄱ, ㄷ   ④ ㄴ, ㄷ   ⑤ ㄱ, ㄴ, ㄷ

중요

> 25595-0175

03 그림 (가)~(다)는 개체군, 군집, 생태계의 관계를 순서 없이 나타낸 것이다.

(가)   (나)   (다)

이에 대한 설명으로 옳은 것만을 〈보기〉에서 있는 대로 고른 것은?

┌─ 보기 ─
ㄱ. (가)는 군집이다.
ㄴ. (나)는 한 종의 생물로 구성된다.
ㄷ. (다)에는 생물요소와 비생물요소가 모두 포함된다.
└─

① ㄱ   ② ㄷ   ③ ㄱ, ㄴ   ④ ㄴ, ㄷ   ⑤ ㄱ, ㄴ, ㄷ

서술형

> 25595-0176

04 그림은 생물과 환경 사이의 상호 관계를 나타낸 것이다.

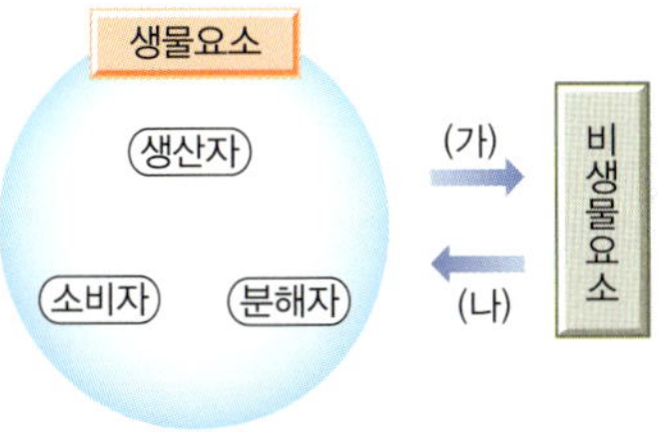

(1) 비생물요소에 해당하는 환경 요인을 3가지만 쓰시오.

(2) 생물요소를 구성하는 생산자, 소비자, 분해자 사이의 에너지 흐름을 위 그림에 화살표(→)로 나타내시오.

(3) (가)와 (나)의 예를 각각 한 가지씩 쓰시오.

• (가)의 예:

____

• (나)의 예:

____

05 다음은 위도가 서로 다른 지역 (가)와 (나)에 서식하는 여우 ㉠과 ㉡에 대한 자료이다. ㉠과 ㉡은 각각 북극여우와 사막여우 중 하나이다.

> 25595-0177

- ㉠은 (가)에 서식하고, ㉡은 (나)에 서식한다
- 몸의 크기는 ㉠이 ㉡보다 크다.
- ㉠은 몸의 크기에 비해 신체 말단부의 길이가 짧고, ㉡은 몸의 크기에 비해 신체 말단부의 길이가 길다.

이에 대한 설명으로 옳은 것만을 〈보기〉에서 있는 대로 고른 것은?

〔 보기 〕
ㄱ. ㉠은 북극여우이다.
ㄴ. 연평균 기온은 (가)에서가 (나)에서보다 높다.
ㄷ. ㉠은 ㉡보다 열의 방출에 유리한 신체 구조를 갖는다.

① ㄱ   ② ㄴ   ③ ㄱ, ㄷ
④ ㄴ, ㄷ   ⑤ ㄱ, ㄴ, ㄷ

06 그림은 어떤 생태계를 나타낸 것이다.

> 25595-0178

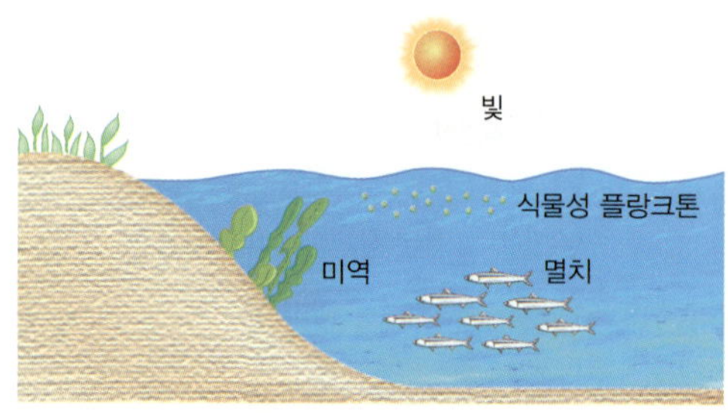

이에 대한 설명으로 옳은 것만을 〈보기〉에서 있는 대로 고른 것은?

〔 보기 〕
ㄱ. 미역은 생산자이다.
ㄴ. 빛은 비생물요소에 해당한다.
ㄷ. 식물성 플랑크톤과 멸치는 같은 개체군을 이룬다.

① ㄱ   ② ㄷ   ③ ㄱ, ㄴ
④ ㄴ, ㄷ   ⑤ ㄱ, ㄴ, ㄷ

07 표는 생태계구성요소 A~C에서 2가지 특징의 유무를 나타낸 것이다. A~C는 빛, 버섯, 은행나무를 순서 없이 나타낸 것이다.

> 25595-0179

구분	생물요소에 해당한다.	생산자에 해당한다.
A	○	×
B	○	○
C	×	×

(○: 있음, ×: 없음)

이에 대한 설명으로 옳은 것만을 〈보기〉에서 있는 대로 고른 것은?

〔 보기 〕
ㄱ. A는 버섯이다.
ㄴ. 안정된 생태계에서는 B에서 A로 에너지가 흐른다.
ㄷ. C는 식물에서 잎의 울타리조직 두께 차이에 영향을 미친 비생물요소에 해당한다.

① ㄱ   ② ㄷ   ③ ㄱ, ㄴ
④ ㄴ, ㄷ   ⑤ ㄱ, ㄴ, ㄷ

08 그림은 생태계구성요소와 구성요소 사이의 상호 관계에 대한 학생 A~C의 발표를 나타낸 것이다.

> 25595-0180

제시한 내용이 옳은 학생만을 있는 대로 고른 것은?

① A   ② B   ③ A, C
④ B, C   ⑤ A, B, C

09 그림은 어떤 생태계의 먹이그물을 나타낸 것이다.

> 25595-0181

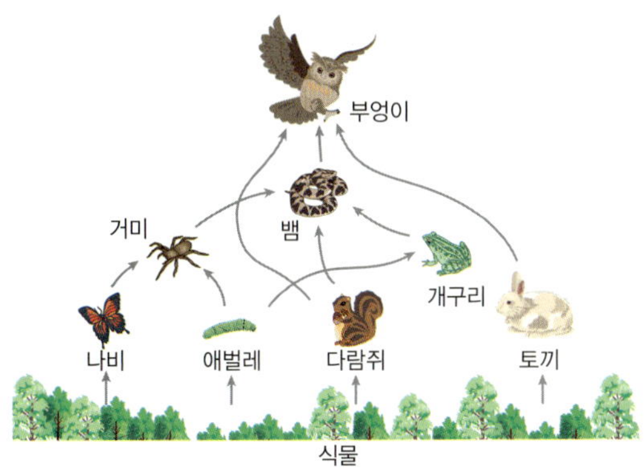

이에 대한 설명으로 옳은 것만을 〈보기〉에서 있는 대로 고른
것은? (단, 제시된 먹이 관계 이외는 고려하지 않는다.)

〈보기〉
ㄱ. 나비는 1차 소비자이다.
ㄴ. 다람쥐의 영양단계는 뱀의 영양단계보다 높다.
ㄷ. 이 생태계에서 애벌레의 개체수가 증가하면 거미의 개
   체수는 일시적으로 감소한다.

① ㄱ ② ㄴ ③ ㄱ, ㄷ ④ ㄴ, ㄷ ⑤ ㄱ, ㄴ, ㄷ

중요

10 그림은 안정된 두 생태계 (가)와 (나)를 나타낸 것이다.

> 25595-0182

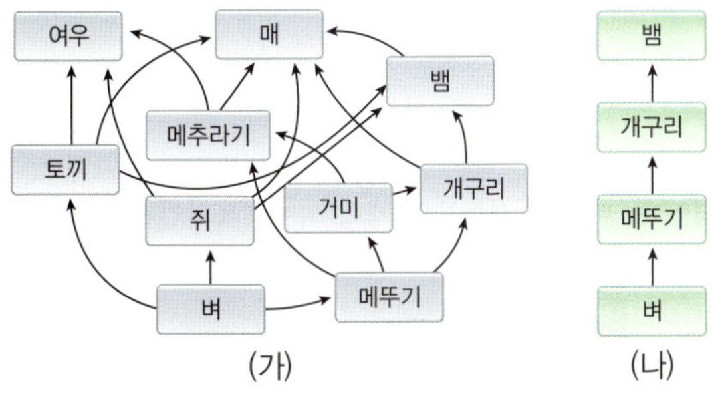

이에 대한 설명으로 옳은 것만을 〈보기〉에서 있는 대로 고른
것은? (단, 제시된 먹이 관계 이외는 고려하지 않는다.)

〈보기〉
ㄱ. (가)와 (나) 각각에는 생산자와 소비자가 모두 있다.
ㄴ. 메뚜기가 멸종되었을 때 (가)가 (나)보다 안정적으로 유
   지된다.
ㄷ. (나)에서 개구리의 개체수가 증가하면 메뚜기의 개체수
   는 일시적으로 감소한다.

① ㄱ ② ㄴ ③ ㄱ, ㄷ ④ ㄴ, ㄷ ⑤ ㄱ, ㄴ, ㄷ

11 그림은 어떤 생태
계에서 영양단계에 따른
생태피라미드(에너지)를
나타낸 것이다. A~D는
1차 소비자, 2차 소비자,
3차 소비자, 생산자를 순
서 없이 나타낸 것이다.

> 25595-0183

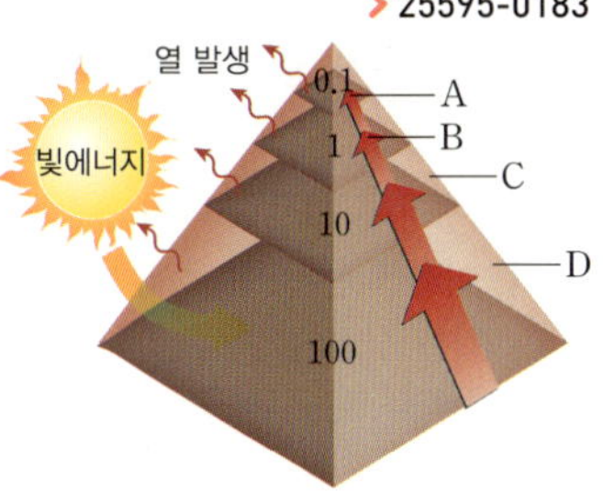

이에 대한 설명으로 옳은 것만을 〈보기〉에서 있는 대로 고른
것은? (단, 에너지양은 상댓값으로 나타낸 것이다.)

〈보기〉
ㄱ. 상위 영양단계로 갈수록 에너지양이 감소한다.
ㄴ. 초식동물은 C에 해당한다.
ㄷ. D는 무기물로부터 스스로 양분을 만들 수 있다.

① ㄱ ② ㄷ ③ ㄱ, ㄴ ④ ㄴ, ㄷ ⑤ ㄱ, ㄴ, ㄷ

중요 **서술형**

12 그림은 생태계 (가)와 (나)의 먹이그물을 나타낸 것이다.
(단, 제시된 먹이 관계 이외는 고려하지 않는다.)

> 25595-0184

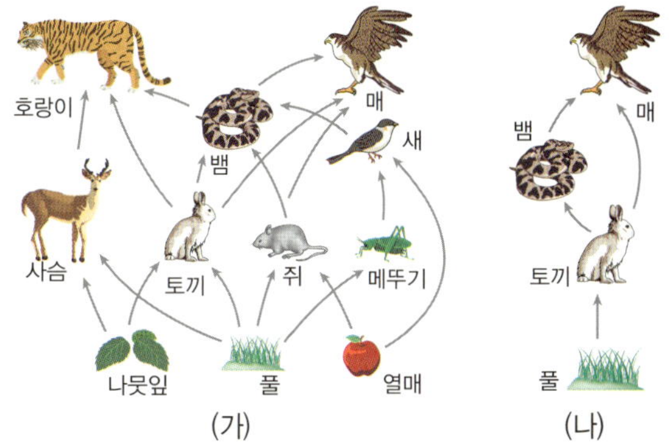

(1) (가)와 (나) 중 안정성이 큰 생태계가 무엇인지를 특정 생
   물종이 사라진 상황에서 나타날 수 있는 변화를 예상하여
   서술하시오.

(2) (1)의 답을 바탕으로 생태계를 구성하는 종의 다양성과 생태
   계 안정성의 관계를 먹이 관계와 관련지어 서술하시오.

> 25595-0185

13 다음은 어떤 생태계에 대한 자료이다.

북태평양에 형성된 다시마 숲에는 다양한 물고기가 서식하며, 이를 먹는 문어, 해달 등이 모여든다. 그러나 모피를 얻기 위한 사람들의 ⊙남획으로 인해 해달의 개체수가 급격히 줄어들고, ⓒ지구 온난화로 인해 다시마의 성장이 느려지고 있다.

이에 대한 설명으로 옳은 것만을 〈보기〉에서 있는 대로 고른 것은?

〔 보기 〕
ㄱ. 해달은 소비자에 해당한다.
ㄴ. ⊙은 생태계평형을 깨뜨리는 요인에 해당한다.
ㄷ. 온실 가스의 방출을 제한하는 기후 변화 협약은 ⓒ을 해결하기 위한 노력에 해당한다.

① ㄱ   ② ㄷ   ③ ㄱ, ㄴ
④ ㄴ, ㄷ   ⑤ ㄱ, ㄴ, ㄷ

> 25595-0186

14 그림은 눈신토끼와 스라소니의 개체수 변동을 나타낸 것이다. A와 B는 각각 눈신토끼와 스라소니 중 하나이고, 스라소니는 눈신토끼의 포식자이다.

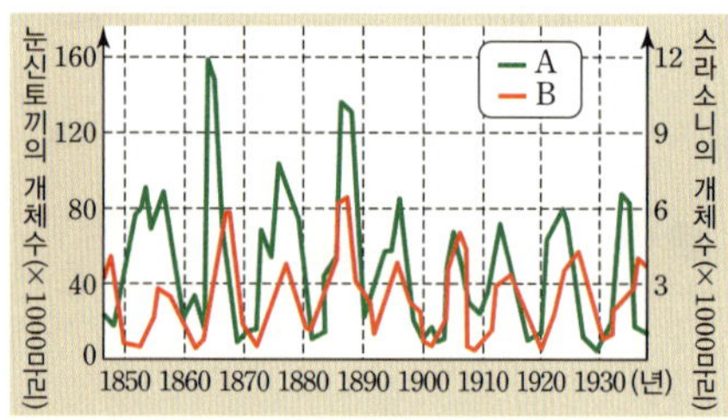

이에 대한 설명으로 옳은 것만을 〈보기〉에서 있는 대로 고른 것은? (단, 제시된 자료 이외는 고려하지 않는다.)

〔 보기 〕
ㄱ. A는 스라소니이다.
ㄴ. 스라소니의 개체수가 감소하면 눈신토끼의 개체수는 증가한다.
ㄷ. 생물요소 사이의 먹이 관계는 개체수 변화에 영향을 주는 요인에 해당한다.

① ㄱ   ② ㄷ   ③ ㄱ, ㄴ
④ ㄴ, ㄷ   ⑤ ㄱ, ㄴ, ㄷ

> 25595-0187

15 다음 (가)와 (나)는 생태계 변화 사례이다.

(가) 화산의 용암 분출로 많은 동식물이 사라졌으며, 호수에도 용암이 대거 유입되면서 생태계가 사라졌다.

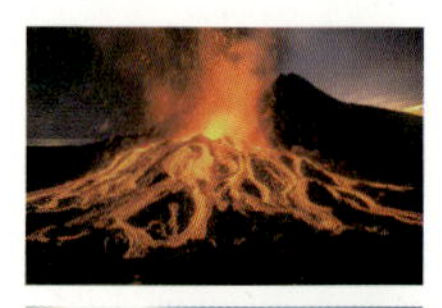

(나) 많은 해양 생물들이 해양 쓰레기로 생존에 위협을 받고 있다. ⊙일부 해양 쓰레기는 이를 섭취하는 생물을 먹는 사람의 건강까지 위협하고 있다.

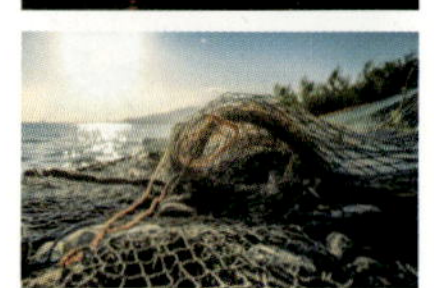

이에 대한 설명으로 옳은 것만을 〈보기〉에서 있는 대로 고른 것은?

〔 보기 〕
ㄱ. 과도한 환경 변화는 생태계 파괴의 원인에 해당한다.
ㄴ. 먹이사슬은 ⊙이 나타나는 원인 중 하나이다.
ㄷ. 생태계 보전을 위한 분리수거 및 자원 재활용은 (가)와 (나) 중 (나)와 관련이 깊다.

① ㄱ   ② ㄴ   ③ ㄱ, ㄷ
④ ㄴ, ㄷ   ⑤ ㄱ, ㄴ, ㄷ

서술형

> 25595-0188

16 다음은 고롱고사 국립 공원에서의 생태계 변화에 대한 자료이다.

고롱고사 국립 공원은 오랜 전쟁으로 생태계가 크게 훼손되었다. 이후 초식동물의 개체수는 회복되었지만, 과도한 개체수의 증가로 생산자의 개체수가 크게 감소하였다.

초식동물의 개체수를 조절하기 위해 육식동물을 도입한다면 생산자, 초식동물의 개체수는 어떻게 달라질 것으로 예상되는지 각각 쓰시오.

> 25595-0189

17 그림 (가)와 (나)는 각각 지구에 대기가 없을 때와 있을 때 복사 평형 상태를 간단하게 나타낸 것이다.

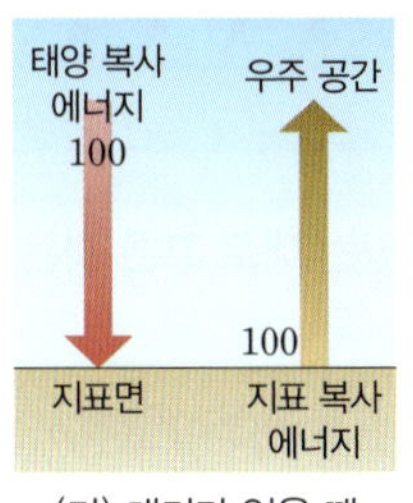
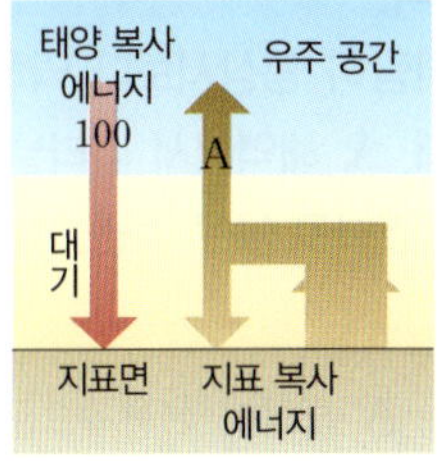

이 자료에 대한 설명으로 옳은 것만을 〈보기〉에서 있는 대로 고른 것은?

〔 보기 〕
ㄱ. (가)는 태양 복사 에너지와 지구 복사 에너지가 평형을 이룬다.
ㄴ. (나)에서 A는 100이다.
ㄷ. 지표면의 온도는 (가)가 (나)보다 높다.

① ㄱ ② ㄷ ③ ㄱ, ㄴ
④ ㄴ, ㄷ ⑤ ㄱ, ㄴ, ㄷ

> 25595-0190

18 그림은 지구의 평균 기온과 대기 중 이산화 탄소의 평균 농도 변화를 나타낸 것이다.

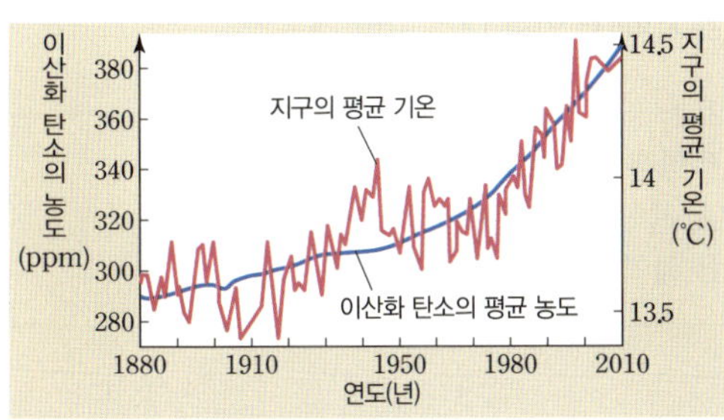

이에 대한 설명으로 옳은 것만을 〈보기〉에서 있는 대로 고른 것은?

〔 보기 〕
ㄱ. 이산화 탄소의 평균 농도는 높아지는 추세이다.
ㄴ. 이 기간 동안 지구 온난화가 진행되었다.
ㄷ. 이 기간 동안 해수면은 점차 높아졌을 것이다.

① ㄱ ② ㄷ ③ ㄱ, ㄴ
④ ㄴ, ㄷ ⑤ ㄱ, ㄴ, ㄷ

> 25595-0191

19 그림은 2015년과 2060년대에 예상되는 우리나라의 기후대를 나타낸 것이다.

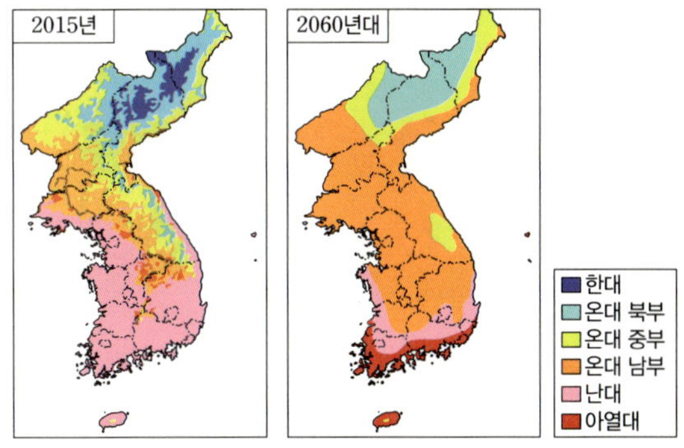

이 기간 동안 우리나라의 기후 변화에 대한 설명으로 옳은 것만을 〈보기〉에서 있는 대로 고른 것은?

〔 보기 〕
ㄱ. 아열대 기후에 해당하는 지역이 넓어진다.
ㄴ. 여름철의 기간이 길어진다.
ㄷ. 아열대 과일 재배가 가능한 지역이 남하한다.

① ㄱ ② ㄷ ③ ㄱ, ㄴ
④ ㄴ, ㄷ ⑤ ㄱ, ㄴ, ㄷ

☆중요

> 25595-0192

20 그림은 평상시 태평양 적도 부근의 대기 및 해양의 모습을 나타낸 것이다.

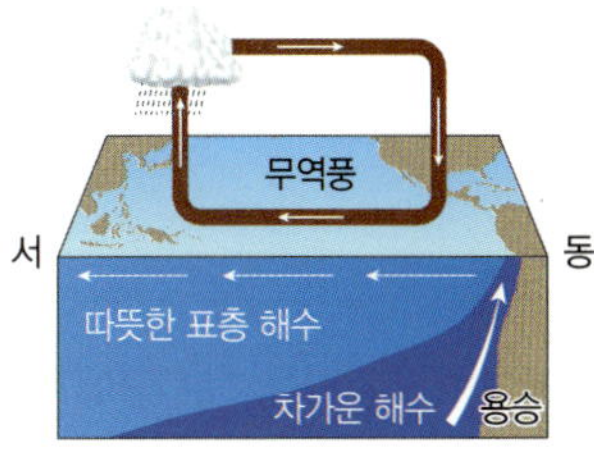

서태평양이 동태평양보다 더 큰 값을 갖는 것만을 〈보기〉에서 있는 대로 고른 것은?

〔 보기 〕
ㄱ. 표층 수온
ㄴ. 강수량
ㄷ. 따뜻한 해수층의 두께

① ㄱ ② ㄴ ③ ㄱ, ㄷ
④ ㄴ, ㄷ ⑤ ㄱ, ㄴ, ㄷ

> 25595-0193

21 그림은 대기 대순환 및 대기 대순환에 의해 지표 부근에서 부는 바람 A, B, C를 나타낸 모식도이다.

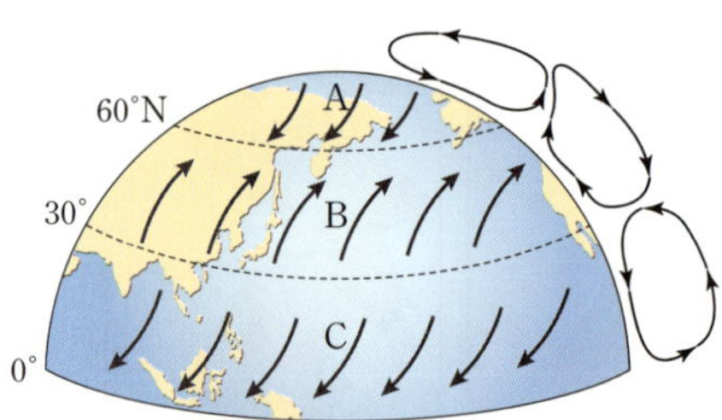

이에 대한 설명으로 옳은 것만을 〈보기〉에서 있는 대로 고른 것은?

【 보기 】
ㄱ. 엘니뇨 현상과 관계가 가장 깊은 바람은 A이다.
ㄴ. 사막은 주로 B와 C의 경계 부근에서 발달한다.
ㄷ. 지구에 온실 효과가 일어나지 않는다면 A, B, C는 불지 않게 된다.

① ㄱ   ② ㄴ   ③ ㄱ, ㄷ
④ ㄴ, ㄷ   ⑤ ㄱ, ㄴ, ㄷ

> 25595-0194

22 그림은 사막과 사막화 지역 분포를 나타낸 것이다.

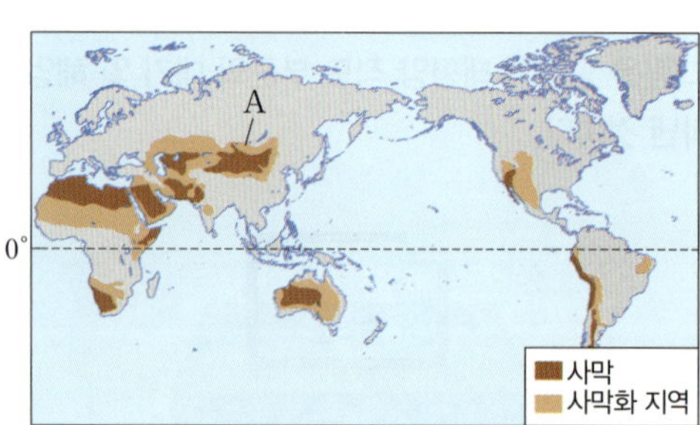

이에 대한 설명으로 옳은 것만을 〈보기〉에서 있는 대로 고른 것은?

【 보기 】
ㄱ. A가 확대되면 우리나라의 황사 피해는 증가할 것이다.
ㄴ. 강수량이 감소하고 가뭄이 지속되면 사막이 넓어질 것이다.
ㄷ. 과다한 방목으로 초원과 삼림이 감소하면 사막화되는 지역이 증가할 것이다.

① ㄱ   ② ㄷ   ③ ㄱ, ㄴ
④ ㄴ, ㄷ   ⑤ ㄱ, ㄴ, ㄷ

> 25595-0195

23 그림은 태평양의 저위도 해역에서 부는 바람을 나타낸 것이다.

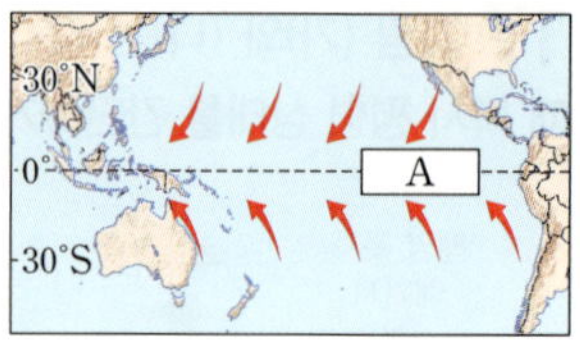

이 바람이 평상시보다 약하게 불 때, A 해역에서 나타날 수 있는 변화로 옳은 것만을 〈보기〉에서 있는 대로 고른 것은?

【 보기 】
ㄱ. A 해역에서 서쪽으로 이동하는 표층 해수의 흐름이 약해진다.
ㄴ. 깊은 곳의 차가운 해수가 많이 올라와 평상시보다 해수의 온도가 낮아진다.
ㄷ. 어획량이 증가한다.

① ㄱ   ② ㄴ   ③ ㄱ, ㄷ
④ ㄴ, ㄷ   ⑤ ㄱ, ㄴ, ㄷ

[24~25] 그림은 평상시 태평양 적도 부근 해수의 연직 단면을 나타낸 모식도이다. 물음에 답하시오.

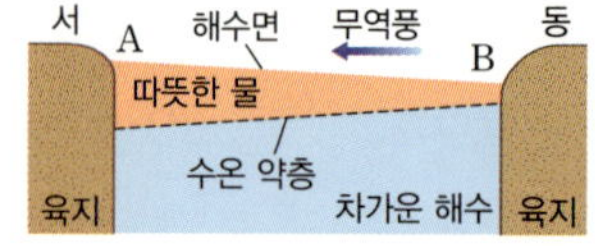

> 25595-0196

24 엘니뇨 시기에 일어나는 변화에 대한 설명으로 옳은 것만을 〈보기〉에서 있는 대로 고른 것은?

【 보기 】
ㄱ. 무역풍이 강해진다.
ㄴ. A 해역의 강수량은 적어진다.
ㄷ. B 해역의 해수면은 낮아진다.

① ㄱ   ② ㄴ   ③ ㄱ, ㄷ
④ ㄴ, ㄷ   ⑤ ㄱ, ㄴ, ㄷ

서술형

> 25595-0197

25 평상시와 비교했을 때, 엘니뇨 시기에 B 해역에서 수온 약층이 나타나기 시작하는 깊이가 어떻게 변화하는지 쓰고, 그 까닭을 서술하시오.

☆중요

> 25595-0198

01 그림은 생태계를 구성하는 요인 사이의 상호 관계와 생물요소 내 탄소의 이동을 나타낸 것이다. A~C는 생산자, 소비자, 분해자를 순서 없이 나타낸 것이다.

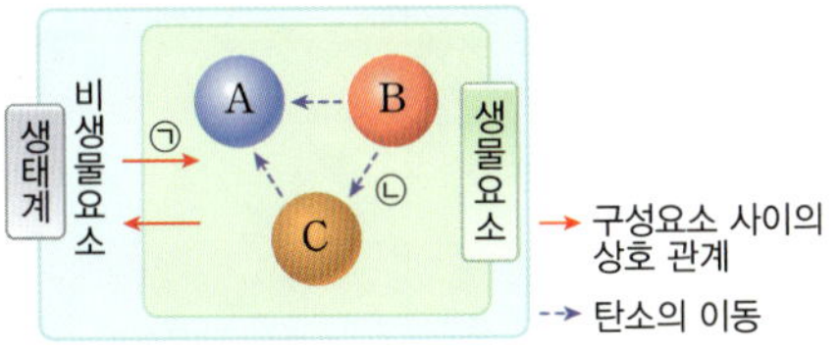

이에 대한 설명으로 옳은 것만을 〈보기〉에서 있는 대로 고른 것은?

┤ 보기 ├
ㄱ. 버섯, 곰팡이는 A에 해당한다.
ㄴ. 낮이 짧아지는 시기에 국화꽃이 피는 것은 ㉠의 예이다.
ㄷ. 과정 ㉡은 먹이 관계에 의해 일어난다.

① ㄱ   ② ㄴ   ③ ㄱ, ㄷ
④ ㄴ, ㄷ   ⑤ ㄱ, ㄴ, ㄷ

> 25595-0199

02 다음은 생태계를 구성하는 ㉠~㉢에 대한 자료이다.

- ㉠~㉢은 각각 물, 빛, 온도 중 하나이다.
- 북극여우가 사막여우에 비해 몸집의 크기가 크고, 귀의 길이가 짧은 것은 ㉠에 대한 적응 결과이다.
- 한 ⓐ식물의 잎에서 울타리조직의 두께가 서로 다른 것은 ㉡에 대한 적응 결과이다.

이에 대한 설명으로 옳은 것만을 〈보기〉에서 있는 대로 고른 것은?

┤ 보기 ├
ㄱ. ㉠은 빛이다.
ㄴ. ⓐ는 생명 시스템에 해당한다.
ㄷ. 도마뱀의 몸이 비늘로 덮인 것은 ㉢과 관련된 생물과 환경의 상호 관계 사례이다.

① ㄱ   ② ㄷ   ③ ㄱ, ㄴ
④ ㄴ, ㄷ   ⑤ ㄱ, ㄴ, ㄷ

☆중요

> 25595-0200

03 표는 (가)~(다)의 특징을 나타낸 것이다. (가)~(다)는 군집, 개체군, 생태계를 순서 없이 나타낸 것이다.

구분	특징
(가)	여러 종류의 (다)로 구성된다.
(나)	㉠비생물요소를 포함한다.
(다)	ⓐ

이에 대한 설명으로 옳은 것만을 〈보기〉에서 있는 대로 고른 것은?

┤ 보기 ├
ㄱ. (가)는 개체군이다.
ㄴ. 토양은 ㉠에 해당한다.
ㄷ. '하나의 생물종으로 구성된다.'는 ⓐ에 해당한다.

① ㄱ   ② ㄷ   ③ ㄱ, ㄴ
④ ㄴ, ㄷ   ⑤ ㄱ, ㄴ, ㄷ

> 25595-0201

04 그림은 생태계를 구성하는 요소들 사이의 상호 관계를, 표는 생명 현상 (가)와 (나)를 나타낸 것이다.

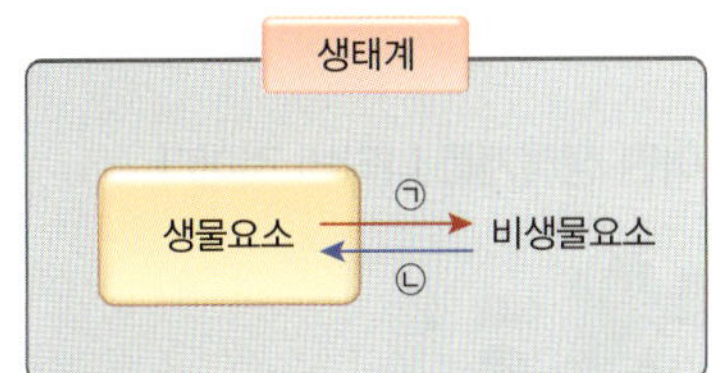

구분	생명 현상
(가)	숲이 울창해지면 지표면에 도달하는 빛의 세기가 감소한다.
(나)	ⓐ기온이 상승하면 땀의 분비가 증가한다.

이에 대한 설명으로 옳은 것만을 〈보기〉에서 있는 대로 고른 것은?

┤ 보기 ├
ㄱ. (가)는 ㉠의 예이다.
ㄴ. ⓐ는 비생물요소에 해당한다.
ㄷ. 산소가 희박한 고산 지대 사람들의 적혈구 수가 저지대 사람들보다 많은 것은 ㉡의 예에 해당한다.

① ㄱ   ② ㄴ   ③ ㄱ, ㄷ
④ ㄴ, ㄷ   ⑤ ㄱ, ㄴ, ㄷ

> 25595-0202

05 그림은 생태계를 구성하는 요소 중 일부를 단계적으로 나타낸 것이다. A~C는 각각 개체, 군집, 개체군 중 하나이다.

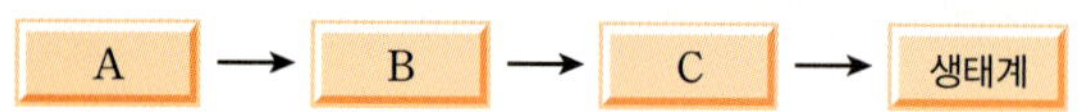

이에 대한 설명으로 옳은 것만을 〈보기〉에서 있는 대로 고른 것은?

〔 보기 〕
ㄱ. 서로 다른 종의 A가 모여 B를 구성한다.
ㄴ. B는 비생물요소를 포함한다.
ㄷ. C는 군집이다.

① ㄱ
② ㄷ
③ ㄱ, ㄴ
④ ㄴ, ㄷ
⑤ ㄱ, ㄴ, ㄷ

> 25595-0203

06 그림은 어떤 생태계를 나타낸 것이다.

이에 대한 설명으로 옳은 것만을 〈보기〉에서 있는 대로 고른 것은?

〔 보기 〕
ㄱ. 식물은 생산자에 해당한다.
ㄴ. 토양 속 세균은 비생물요소에 해당한다.
ㄷ. 지렁이에 의해 토양이 비옥해지는 것은 환경이 생물에게 영향을 주는 예이다.

① ㄱ
② ㄷ
③ ㄱ, ㄴ
④ ㄴ, ㄷ
⑤ ㄱ, ㄴ, ㄷ

☆중요
> 25595-0204

07 그림은 바다 깊이에 따른 해조류의 분포와 빛의 파장을 나타낸 것이다.

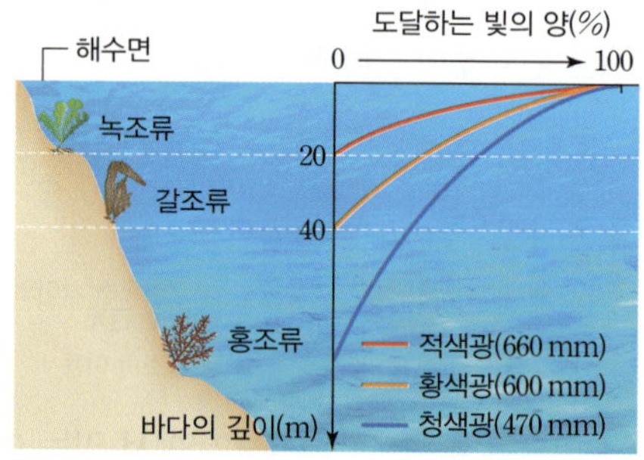

이에 대한 설명으로 옳은 것만을 〈보기〉에서 있는 대로 고른 것은?

〔 보기 〕
ㄱ. 해조류는 생산자에 해당한다.
ㄴ. 파장이 긴 빛일수록 깊은 곳까지 도달한다.
ㄷ. 해조류의 분포는 빛의 파장에 대한 적응 결과이다.

① ㄱ
② ㄴ
③ ㄱ, ㄷ
④ ㄴ, ㄷ
⑤ ㄱ, ㄴ, ㄷ

☆중요
> 25595-0205

08 그림은 어떤 안정된 생태계의 먹이그물을 나타낸 것이다.

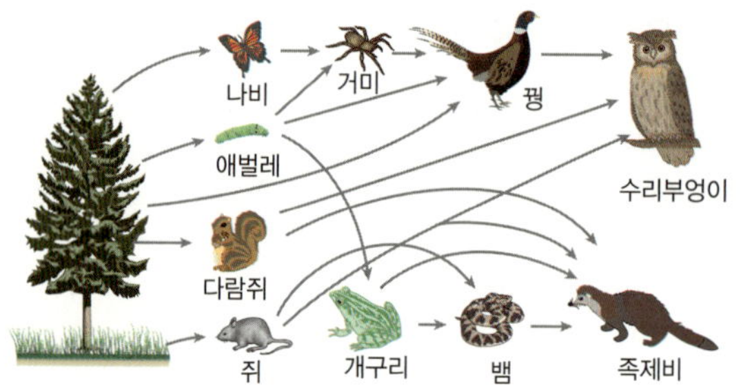

이에 대한 설명으로 옳은 것만을 〈보기〉에서 있는 대로 고른 것은?

〔 보기 〕
ㄱ. 다람쥐는 1차 소비자이다.
ㄴ. 먹이그물이 복잡할수록 생태계의 안정성이 증가한다.
ㄷ. 이 생태계에서 꿩의 수가 증가하면 수리부엉이의 수는 일시적으로 감소할 것이다.

① ㄱ
② ㄷ
③ ㄱ, ㄴ
④ ㄴ, ㄷ
⑤ ㄱ, ㄴ, ㄷ

09 그림은 생태계 (가)와 (나)에서의 먹이 관계를 나타낸 것이다. A~G는 서로 다른 생물종이다.

> 25595-0206

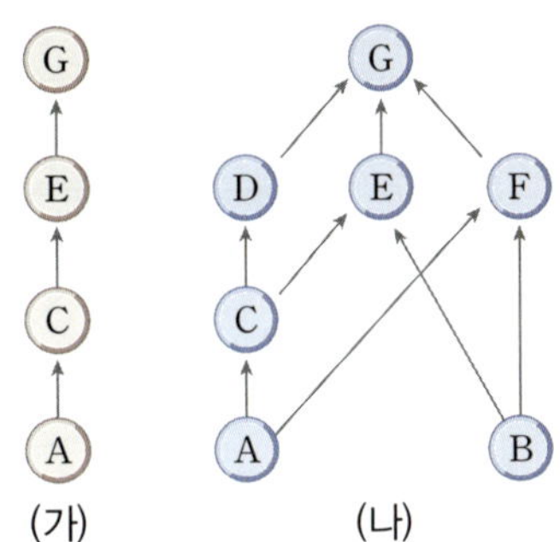

이에 대한 설명으로 옳은 것만을 〈보기〉에서 있는 대로 고른 것은? (단, 제시된 먹이 관계 이외에는 고려하지 않는다.)

보기
ㄱ. (가)에서 C가 사라지면 G가 사라진다.
ㄴ. (나)에서 D는 G보다 상위 영양단계이다.
ㄷ. 생태계평형은 (나)가 (가)보다 안정적으로 유지된다.

① ㄱ   ② ㄴ   ③ ㄱ, ㄷ
④ ㄴ, ㄷ   ⑤ ㄱ, ㄴ, ㄷ

10 그림은 어떤 생태계에서 A~D의 에너지양을 상댓값으로 나타낸 생태피라미드이다. A~D는 각각 생산자, 1차 소비자, 2차 소비자, 3차 소비자 중 하나이다.

> 25595-0207

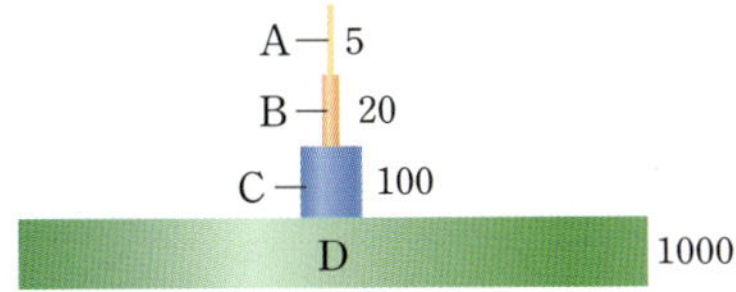

이에 대한 설명으로 옳은 것만을 〈보기〉에서 있는 대로 고른 것은?

보기
ㄱ. A는 2차 소비자이다.
ㄴ. B의 에너지 중 일부만 A로 전달된다.
ㄷ. D에서 C로의 에너지 이동은 먹이 관계에 의해 일어난다.

① ㄱ   ② ㄴ   ③ ㄱ, ㄷ
④ ㄴ, ㄷ   ⑤ ㄱ, ㄴ, ㄷ

⭐중요

11 그림은 어떤 육상 생태계에서 눈신토끼와 스라소니의 개체 수 변화를 나타낸 것이다. A와 B는 각각 눈신토끼와 스라소니 중 하나이고, 스라소니는 눈신토끼의 포식자이다.

> 25595-0208

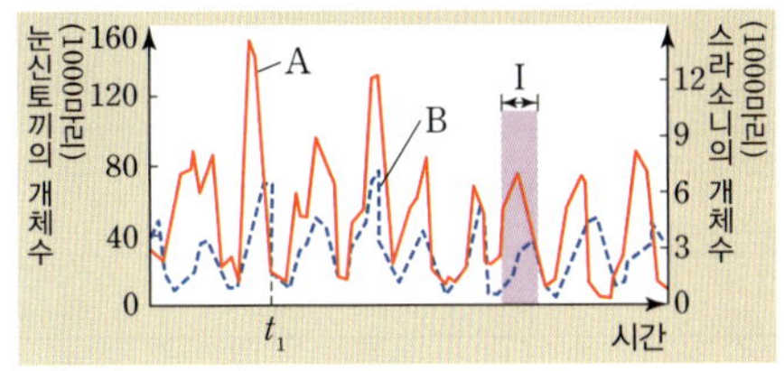

이에 대한 설명으로 옳은 것만을 〈보기〉에서 있는 대로 고른 것은?

보기
ㄱ. A는 눈신토끼이다.
ㄴ. t_1일 때 A와 B의 개체수는 서로 같다.
ㄷ. 구간 I에서 A의 개체수가 감소하여 B의 개체수가 증가하였다.

① ㄱ   ② ㄴ   ③ ㄱ, ㄷ
④ ㄴ, ㄷ   ⑤ ㄱ, ㄴ, ㄷ

12 그림은 생태계평형에 대한 학생 A~C의 발표 내용을 나타낸 것이다.

> 25595-0209

제시한 내용이 옳은 학생만을 있는 대로 고른 것은?

① A   ② B   ③ C
④ A, B   ⑤ B, C

> 25595-0210

13 표는 어느 해 수증기를 제외한 온실 기체에 대한 자료이다.

온실 기체	방출량 ($\times 10^6$톤/년)	온실 효과율 (1ppm당)	온실 효과 기여도(%)
(㉠)	27000	1	65
CH_4	6400	21	16
N_2O	3300	310	6
CFC	500	140~11700	1

이에 대한 설명으로 옳은 것만을 〈보기〉에서 있는 대로 고른 것은?

〈보기〉
ㄱ. ㉠은 이산화 탄소이다.
ㄴ. 대기 중 농도는 ㉠이 CFC보다 높다.
ㄷ. 표에 제시된 기체들의 대기 중 농도가 증가하면 지구의 평균 기온은 상승한다.

① ㄱ ② ㄴ ③ ㄱ, ㄷ
④ ㄴ, ㄷ ⑤ ㄱ, ㄴ, ㄷ

> 25595-0211

중요

14 그림은 복사 평형을 이루고 있는 지구의 에너지 출입을 나타낸 모식도이다.

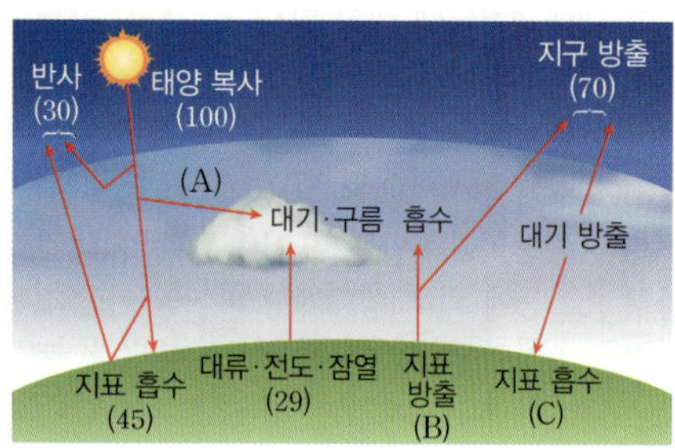

이에 대한 설명으로 옳은 것만을 〈보기〉에서 있는 대로 고른 것은?

〈보기〉
ㄱ. $B-C=74$이다.
ㄴ. 지구 온난화가 진행되는 동안 C는 증가한다.
ㄷ. B는 대기가 있을 때보다 대기가 없을 때가 클 것이다.

① ㄱ ② ㄴ ③ ㄱ, ㄷ
④ ㄴ, ㄷ ⑤ ㄱ, ㄴ, ㄷ

> 25595-0212

중요

15 그림은 엘니뇨 시기에 관측한 태평양 적도 부근 해역의 연직 수온 분포를 나타낸 것이다.

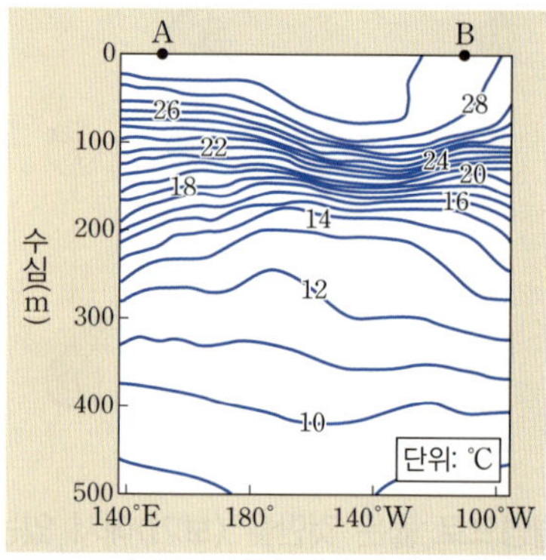

평상시와 비교했을 때 이 시기에 더 큰 값을 갖는 것만을 〈보기〉에서 있는 대로 고른 것은?

〈보기〉
ㄱ. A 해역의 해수면 높이
ㄴ. B 해역의 수심 200 m에서의 수온
ㄷ. A와 B 해역의 표층 수온 차

① ㄱ ② ㄴ ③ ㄱ, ㄷ
④ ㄴ, ㄷ ⑤ ㄱ, ㄴ, ㄷ

> 25595-0213

중요

16 그림 (가)와 (나)는 평상시와 엘니뇨 시기의 대기와 해수의 운동을 순서 없이 나타낸 것이다.

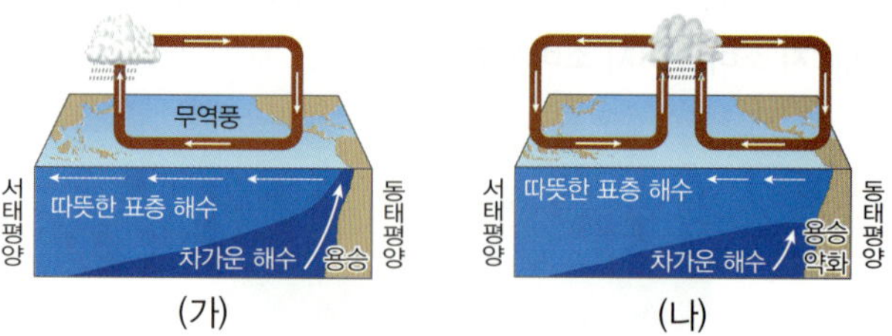

이에 대한 설명으로 옳은 것만을 〈보기〉에서 있는 대로 고른 것은?

〈보기〉
ㄱ. 엘니뇨 시기는 (가)이다.
ㄴ. 무역풍의 세기는 (가)가 (나)보다 강하다.
ㄷ. 서태평양에서의 강수량은 (가)가 (나)보다 많다.

① ㄱ ② ㄷ ③ ㄱ, ㄴ
④ ㄴ, ㄷ ⑤ ㄱ, ㄴ, ㄷ

☆중요

> 25595-0214

17 그림 (가)와 (나)는 서로 다른 두 시기에 태평양 적도 해역에서 관측한 수온 편차를 나타낸 것이다. 편차는 (관측값－평년값)이다. (가)와 (나) 중 한 시기는 엘니뇨 시기이다.

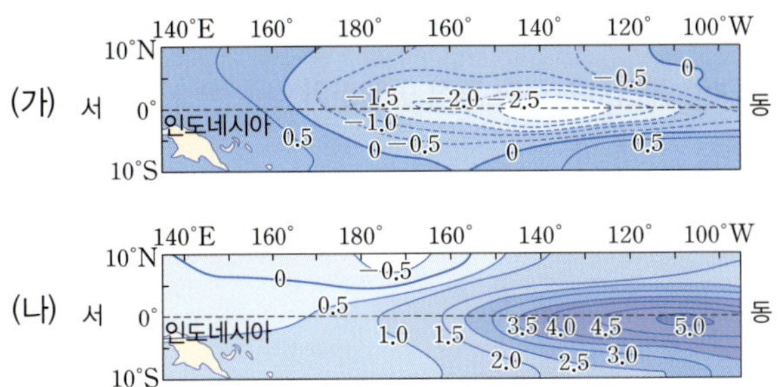

이에 대한 설명으로 옳은 것만을 〈보기〉에서 있는 대로 고른 것은?

보기
ㄱ. (가)일 때 적도 부근 동태평양의 표층 수온은 높아졌다.
ㄴ. 무역풍의 세기는 (가)일 때가 (나)일 때보다 강하다.
ㄷ. 인도네시아 지역에서 강수량은 (가)일 때가 (나)일 때보다 많다.

① ㄱ   ② ㄷ   ③ ㄱ, ㄴ
④ ㄴ, ㄷ   ⑤ ㄱ, ㄴ, ㄷ

> 25595-0215

18 그림은 동태평양 적도 부근 해역에서 A 시기와 B 시기에 관측한 구름의 양을 높이에 따라 나타낸 것이다.
A와 B는 각각 엘니뇨 시기와 평상시 중 하나이다. 이에 대한 설명으로 옳은 것만을 〈보기〉에서 있는 대로 고른 것은?

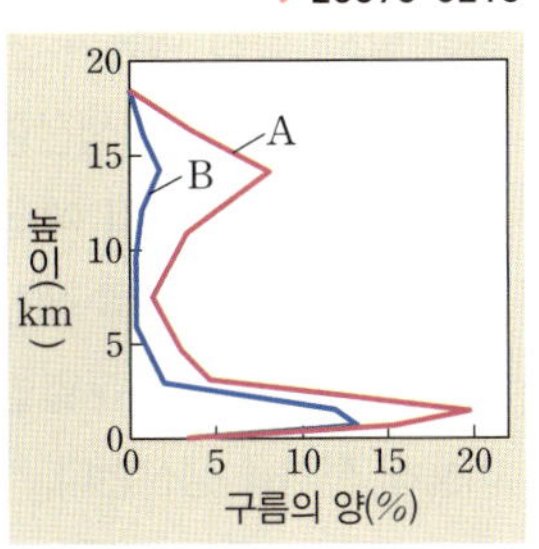

보기
ㄱ. 동태평양 적도 부근 해역에서 상승 기류는 A가 B보다 활발하다.
ㄴ. B 시기에 표층 수온은 서태평양이 동태평양보다 높다.
ㄷ. 동태평양 적도 부근 해역에서 수온 약층이 나타나기 시작하는 깊이는 A가 B보다 얕다.

① ㄱ   ② ㄷ   ③ ㄱ, ㄴ
④ ㄴ, ㄷ   ⑤ ㄱ, ㄴ, ㄷ

> 25595-0216

19 그림은 사막과 사막화 지역을 위도에 따른 증발량과 강수량과 함께 나타낸 것이다.

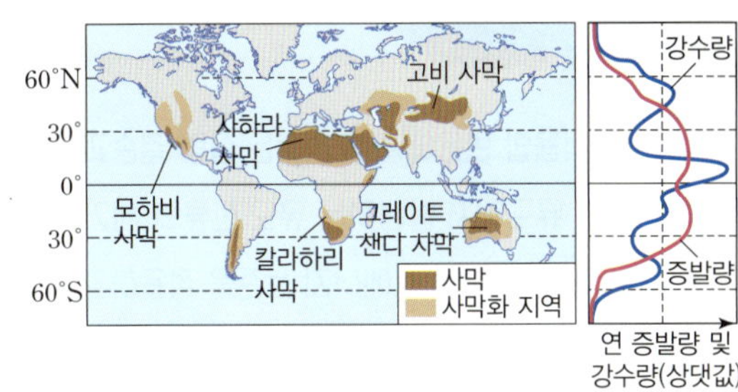

이에 대한 설명으로 옳은 것만을 〈보기〉에서 있는 대로 고른 것은?

보기
ㄱ. 사막화 지역은 대체로 기존의 사막 주변에서 나타난다.
ㄴ. 사막이 발달한 지역은 대체로 증발량이 강수량보다 많다.
ㄷ. 고비 사막 주변에서 사막화가 진행될수록 우리나라의 황사 피해는 증가할 것이다.

① ㄱ   ② ㄴ   ③ ㄱ, ㄷ
④ ㄴ, ㄷ   ⑤ ㄱ, ㄴ, ㄷ

> 25595-0217

20 그림은 엘니뇨가 발생한 시기에 태평양의 대기 순환을 나타낸 것이다.

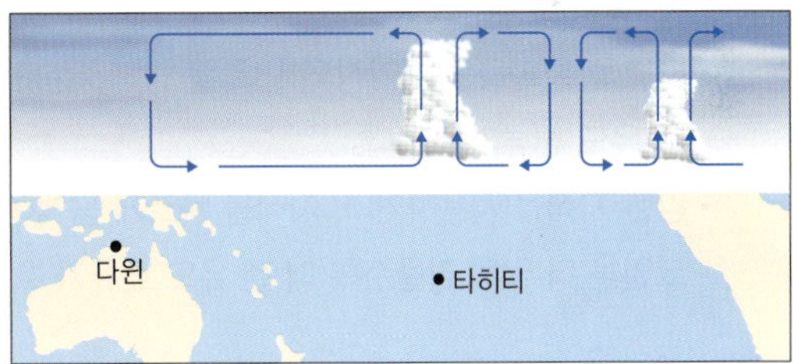

이 시기에 대한 설명으로 옳은 것만을 〈보기〉에서 있는 대로 고른 것은?

보기
ㄱ. 무역풍의 세기가 평상시보다 강하다.
ㄴ. 다윈에서 홍수가 발생할 가능성이 평상시보다 높다.
ㄷ. 타히티에서의 기압은 평상시보다 낮다.

① ㄱ   ② ㄷ   ③ ㄱ, ㄴ
④ ㄴ, ㄷ   ⑤ ㄱ, ㄴ, ㄷ

2 에너지 자원과 활용

- 수소 핵융합 반응에서 발생하는 질량 결손과 에너지의 관계 및 태양 에너지의 전환 과정 이해하기
- 전자기 유도에서 발생하는 유도 전류의 세기와 여러 가지 발전 과정 설명하기
- 에너지 전환 과정에 에너지 보존을 적용하고 에너지 효율 구하기

이 단원의 핵심

● 태양 에너지는 어떻게 만들어지고 지구에 어떤 영향을 미칠까?

태양 에너지의 발생	태양 에너지의 전환
• **수소 핵융합 반응:** 태양 중심부에서 수소 원자핵 4개가 헬륨 원자핵 1개가 되는 핵융합 반응이 일어난다. • 핵융합 반응에서 질량 결손이 발생하며, 질량 결손에 의해 에너지가 방출된다.	• 태양에서 생성된 에너지는 복사의 형태로 퍼져 나가 일부가 지구에 도달한다. • 지구에 도달한 태양 에너지에 의해 지구에서 에너지 순환이 일어난다.

● 전기 에너지는 어떻게 만들어질까?

전자기 유도	여러 가지 발전
• 코일과 자석의 상대 운동으로 인해 코일을 통과하는 자기장이 변하면서 코일에 전류가 유도되는 현상이다. • 코일을 통과하는 자기장의 변화를 방해하는 방향으로 유도 전류가 흐른다. • 강한 자석을 사용하거나, 자석을 빠르게 움직이거나, 코일을 더 많이 감을수록 더 센 유도 전류가 흐른다.	• **화력 발전:** 화석 연료가 연소될 때 발생하는 열에너지를 이용해 전기를 생산한다. • **수력 발전:** 물의 위치 에너지가 운동 에너지로 전환되는 과정에서 전기를 생산한다. • **핵발전:** 핵연료가 핵분열할 때 발생하는 열에너지를 이용해 전기를 생산한다.

● 에너지를 효율적으로 쓰려면 어떻게 해야 할까?

에너지 전환과 보존	에너지 효율과 신재생 에너지
• **에너지 전환:** 일상생활의 여러 상황에서 한 형태의 에너지가 다른 형태의 에너지로 전환된다. • **에너지 보존:** 에너지가 전환되는 과정에서 에너지의 형태는 바뀌지만 총량은 일정하게 보존된다.	• 공급한 에너지 중에서 유용하게 사용한 에너지의 비율을 에너지 효율이라고 한다. • 재생 에너지를 이용한 발전 방식은 자원 고갈의 우려가 없으나 발전 전력량이 적다.

1 에너지

일을 할 수 있는 능력을 [1]에너지라고 한다. 에너지는 역학적 에너지, 화학 에너지, 전기 에너지, 열에너지, 빛에너지, 핵에너지 등 여러 형태로 존재하며 서로 전환된다.

(1) **역학적 에너지**: 물체가 가지는 운동 에너지와 위치 에너지의 합

　① 운동 에너지: 운동하는 물체가 가지는 에너지

　② 위치 에너지: 물체가 힘(중력, 전기력, 탄성력 등)을 받고 있을 때 잠재적으로 운동 에너지로 바뀔 수 있는 에너지

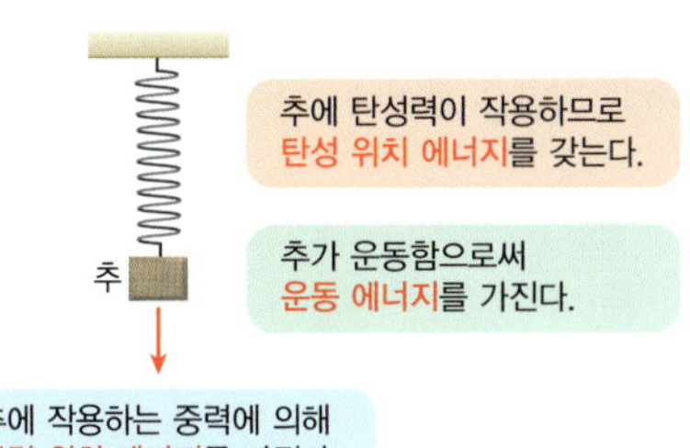

(2) **화학 에너지**: 화학 결합 등 여러 가지 형태로 물질 내부에 저장되어 있는 에너지이다. 화학 에너지는 주로 화학 반응을 통해 다른 형태의 에너지로 전환된다.

건전지 내부의 반응물의 화학 결합으로 화학 에너지가 저장되어 있다.

음식물은 탄수화물, 단백질, 지방과 같은 화합물의 화학 결합으로 화학 에너지가 저장되어 있다.

휘발유와 같은 유기 화합물의 화학 결합으로 화학 에너지가 저장되어 있다.

(3) **전기 에너지**: 물체에 전류가 흐를 때, 전류에 의하여 공급되는 에너지를 전기 에너지라고 한다.

송전선에 전류가 흐르면서 전기 에너지를 공급한다.

전기담요에 전류가 흐르면서 전기 에너지를 공급한다.

(4) **열에너지**: 온도에 의해 물체가 가지는 내부 에너지를 [2]열에너지라고 한다.

(5) **빛에너지**: 전자기파의 일종인 빛이 가지고 있는 에너지를 [3]빛에너지라고 한다. 빛은 진공 중에서도 복사의 형태로 전달이 되는 특징이 있다.

(6) **핵에너지**: 원자핵을 이루는 핵자들의 결합으로 나타나는 위치 에너지이다. 핵분열, 핵융합과 같은 핵반응을 통해 다른 에너지로 전환된다.

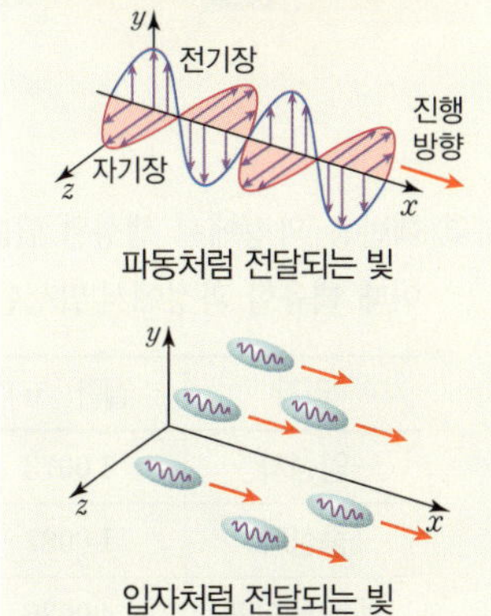

② 핵융합과 태양 에너지

(1) 핵반응과 에너지

① **핵자의 결합 에너지:** 원자핵은 양성자와 중성자로 이루어져 있다. 양성자와 중성자는 원자핵 내부에서 강하게 결합되어 있는데, 철 원자핵의 [1]결합 에너지가 가장 크다.

② **핵반응:** 모든 원자핵 중에서 철 원자핵이 가장 안정적이므로 가벼운 원자핵은 서로 합쳐져서, 무거운 원자핵은 쪼개져서 철 원자핵처럼 되려는 경향이 있다. 가벼운 원자핵이 합쳐져서 무거운 원자핵이 되는 과정을 핵융합이라 하고, 무거운 원자핵이 쪼개져서 가벼운 원자핵이 되는 과정을 핵분열이라고 한다.

③ **질량 결손:** 핵반응에서 질량은 보존되지 않는다. 핵반응 과정에서 반응 후의 질량 합은 반응 전의 질량 합보다 작다. 이때 반응 전과 반응 후의 질량 차이를 질량 결손(Δm)이라고 한다.

④ **질량과 에너지의 관계:** 질량과 에너지는 서로 전환될 수 있는 물리량이다. 핵반응 과정에서 발생한 질량 결손이 Δm일 때 방출되는 에너지 E는 다음과 같다.

$$E = \Delta mc^2 \ (c: \text{빛의 속력})$$

(2) 태양 에너지의 발생

① **태양:** 태양계 중심에 위치한 별로, 주로 수소(74 %)와 헬륨(25 %)으로 구성되어 있다. 태양 중심부의 온도는 약 1500만 K으로 매우 높으며 수소와 헬륨은 [2]원자핵과 전자가 분리된 상태로 존재하여 핵융합 반응이 일어날 수 있다.

② **태양 에너지의 발생:** 수소 원자핵 4개가 융합하여 헬륨 원자핵 1개가 되는 [3]핵융합 반응을 통해 에너지가 발생한다.

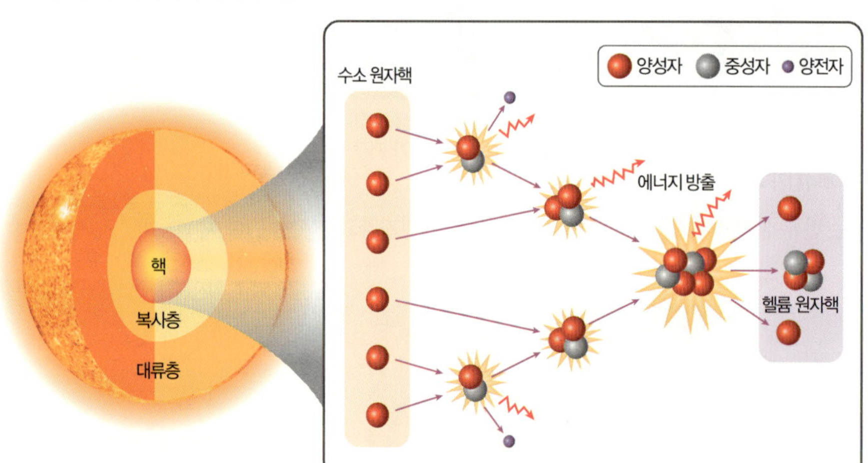

③ 핵반응 과정에서 생성된 헬륨 원자핵 1개의 질량은 수소 원자핵 4개의 질량보다 작다. 이때 핵융합 과정에서 발생한 질량 결손에 의해 열과 빛의 형태로 에너지가 방출된다.

입자	질량([4]u)
양성자	1.0073
중성자	1.0087
헬륨 원자핵	4.0026

- 양성자 2개, 중성자 2개의 질량 합:
  1.0073 u×2＋1.0087 u×2＝4.0320 u
- 헬륨 원자핵 1개의 질량: 4.0026 u
- ➡ 헬륨 원자핵 1개의 질량은 헬륨 원자핵을 구성하는 양성자 2개와 중성자 2개의 질량 합보다 작다.

[1] 핵자(양성자, 중성자)당 결합 에너지

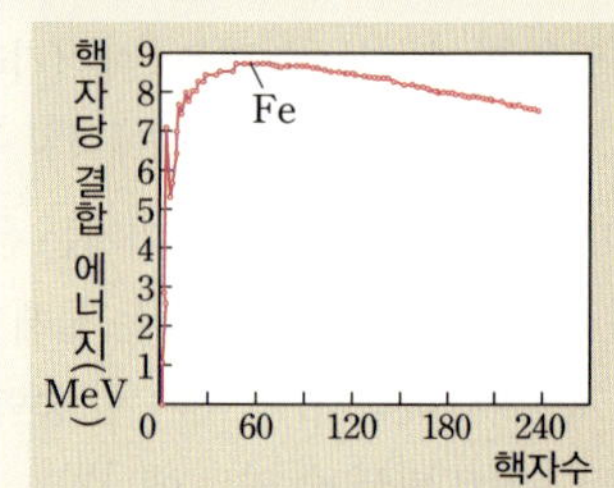

[2] 플라스마

초고온의 상태에서 원자핵과 전자가 분리된 상태로 높은 에너지를 가지게 되는 물질의 상태를 플라스마 상태라고 한다.

[3] 양성자─양성자 연쇄 반응

태양 중심부에서 일어나는 수소 핵융합 반응은 여러 단계를 통해 일어나는 양성자─양성자 연쇄 반응으로, 핵반응 과정에서 중성미자와 감마선을 방출한다. 이 핵반응에서 반응하는 원자핵은 수소 원자핵 6개, 생성되는 원자핵은 헬륨 원자핵 1개와 수소 원자핵 2개이다. 따라서 알짜 핵반응만을 고려하면 수소 원자핵 4개가 헬륨 원자핵 1개가 되는 반응으로 간주할 수 있다.

[4] 원자 질량 단위(u)

원자나 분자 등 작은 질량의 단위로 쓰이며, 탄소 동위원소 $^{12}_{6}\mathrm{C}$의 질량인 12 u가 기준이다.

$$1\,\mathrm{u} = 1.66 \times 10^{-27}\,\mathrm{kg}$$

(3) **핵반응식**: 핵반응을 ^❶반응식의 형태로 표현한 것

① **핵반응식의 특성**: 핵반응 전후에 양성자수 합은 같고, 중성자수 합도 같다. 핵반응을 통해 양성자와 중성자가 새로 생겨나거나 사라지지는 않는다.

질량수 보존: 2+3=4+1

$$\,^{2}_{1}H + \,^{3}_{1}H \longrightarrow \,^{4}_{2}He + \,^{1}_{0}n$$

양성자수 보존: 1+1=2+0

② **핵반응식과 질량 결손**: 핵반응식에서 방출되는 에너지가 클수록 질량 결손이 크다.

③ 태양 에너지의 전환

(1) 태양 에너지의 전달

① 핵융합으로 인해 태양의 중심부에서 생성된 에너지는 복사층과 대류층을 통과한 후 복사의 형태로 우주로 퍼져 나간다. 이를 태양 복사 에너지 또는 태양 에너지라고 한다.

② 지구에 도달하는 태양 복사 에너지는 생성된 에너지의 약 $\dfrac{1}{20억}$ 정도이다.

(2) 태양 에너지의 전환

① **에너지 순환**: 태양 에너지는 지구에서 일어나는 에너지 순환의 근원이다.

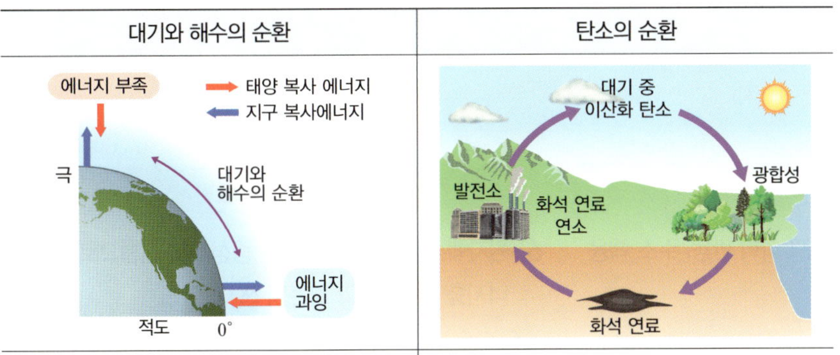

대기와 해수의 순환	탄소의 순환
저위도의 남는 에너지가 고위도로 이동하는 과정에서 대기와 해수가 순환한다.	광합성 과정에서 대기 중의 이산화 탄소가 화학 에너지로 저장되며, 생명체의 유해는 화석 연료가 되어 탄소 순환이 일어난다.

② **태양 에너지의 전환과 이용**: 태양 에너지는 여러 형태의 에너지로 전환되며 대부분의 자연 현상의 근원이 된다.

기상 현상	광합성	화석 연료	발전
^❷태양 에너지에 의해 물이 증발하여 기상 현상을 일으킨다.	^❸광합성을 통해 생명체의 에너지원이 된다.	땅속에 묻힌 생명체의 유해가 오랜 시간이 지나 화석 연료가 된다.	^❹태양광 발전, 태양열 발전은 각각 태양에서 오는 빛에너지와 열에너지를 이용한다.

🔍 **THE 알기**

❶ **원자핵의 표기**

원소 기호, 양성자수, 질량수로 표기한다.

$$\begin{array}{l} 질량수 \rightarrow \\ 양성자수 \rightarrow \end{array} \,^{A}_{Z}X \leftarrow 원소\ 기호$$

질량수＝양성자수＋중성자수
중성자는 보통 $\,^{1}_{0}n$으로 표기한다.

❷ **태양 에너지와 기상 현상**

• 강수: 태양의 열에너지를 흡수한 물이 증발하고, 증발한 수증기는 상공에서 응결하여 구름이 되었다가 비나 눈의 형태로 지표면으로 돌아간다.

• 바람: 태양의 열에너지에 의해 지표면이 가열되어 가벼워진 공기가 상승하게 되면서 지표면 부근에서 공기의 흐름인 바람이 발생하게 된다.

• 파도: 바다에서 바람이 불면 바닷물과 마찰이 발생해 파도를 발생시킨다.

❸ **식물과 동물의 생명 활동**

• 식물: 광합성을 통해 태양에서 온 빛에너지를 화학 에너지로 전환하고 당의 형태로 저장한다.

• 동물: 동물은 식물이 만든 당을 섭취함으로써 양분을 얻어 생존한다.

❹ **태양광 발전과 태양열 발전**

• 태양광 발전: 태양으로부터 오는 빛에너지를 태양 전지를 이용해 전기 에너지로 전환한다.

• 태양열 발전: 태양으로부터 오는 열에너지를 집열판을 이용해 모은 후, 터빈을 돌려 전기 에너지로 전환한다.

개념 체크

빈칸 완성

1. 일을 할 수 있는 능력을 (　　　)(이)라고 한다.

2. 가벼운 원자핵이 결합하여 무거운 원자핵이 되는 핵반응을 (　　　)(이)라고 한다.

3. 핵반응 과정에서 감소한 질량을 (　　　)(이)라고 한다.

4. 지구에서 일어나는 자연 현상의 대부분의 근원은 (　　　)이다.

5. (　　　)은/는 태양에서 오는 빛에너지를 이용해 식물이 당을 만드는 과정이다.

O, × 퀴즈

6. 태양을 이루는 주성분은 수소와 헬륨이다. 　(O, ×)

7. 질량은 에너지로 전환될 수 있지만 에너지는 질량으로 전환될 수 없다. 　(O, ×)

8. 수소 원자핵이 핵융합할 때 반응 전과 반응 후의 질량 합은 같다. 　(O, ×)

9. 수소 핵융합 반응은 태양의 표면에서 일어난다. 　(O, ×)

10. 태양에서 방출된 에너지는 모두 지구에 도달한다. 　(O, ×)

정답 1. 에너지 2. 핵융합 3. 질량 결손 4. 태양 에너지 5. 광합성 6. ○ 7. × 8. × 9. × 10. ×

둘 중에 고르기

1. 태양에서 생성되는 에너지의 원동력은 (화학 반응, 수소 핵융합 반응)이다.

2. 수소 핵융합 반응은 수소 원자핵 4개가 헬륨 원자핵 (1개, 2개)가 되는 반응이다.

3. 핵융합 반응 전후의 양성자수의 합은 (같다, 다르다).

4. 물체의 질량이 Δm만큼 감소하는 핵반응에서 발생하는 에너지는 (Δmc, Δmc^2)이다. (단, c는 빛의 속력이다.)

5. 태양의 중심부는 약 1500만 K의 초고온으로 수소가 (고체, 플라스마) 상태로 존재한다.

단답형

6. 원자핵을 이루는 양성자와 중성자의 결합으로 인한 위치 에너지를 무엇이라고 하는지 쓰시오.

7. $^{3}_{2}$He의 중성자수를 구하시오.

8. 양성자 2개, 중성자 2개의 질량 합은 4.0320 u이고, 양성자 2개와 중성자 2개로 구성된 헬륨 원자핵의 질량은 4.0026 u이다. 양성자 2개와 중성자 2개가 핵융합하여 헬륨 원자핵 1개를 생성할 때, 질량 결손은 몇 u인지 구하시오.

9. 태양 에너지로 인해 지구에서 나타나는 에너지 순환 방식 2가지를 쓰시오.

10. 태양광 발전에서 일어나는 에너지 전환 과정을 쓰시오.

정답 1. 수소 핵융합 반응 2. 1개 3. 같다 4. Δmc^2 5. 플라스마 6. 핵에너지 7. 1 8. 0.0294 u 9. 대기와 해수의 순환, 탄소의 순환 10. 빛에너지 → 전기 에너지

전기 에너지의 생산

1 전자기 유도

(1) 전자기 유도

① 전자기 유도: ❶코일과 자석의 상대 운동으로 인해 코일을 통과하는 자기장이 변하여 코일에 전류가 흐르는 현상이다.

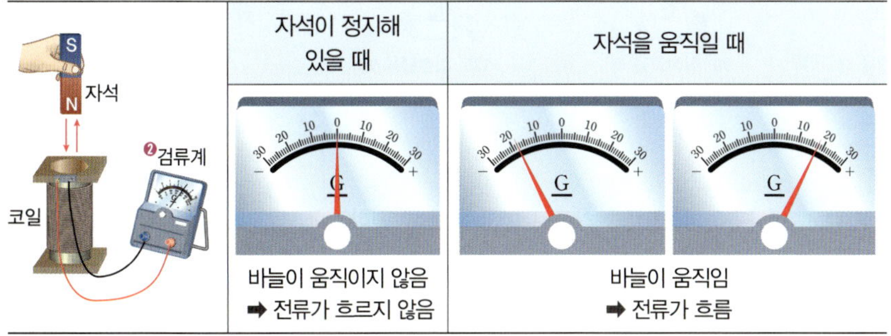

② 유도 기전력: 전자기 유도에 의해 코일 양단에서 전류를 흐르게 할 수 있는 능력을 유도 기전력이라고 하며, 전압과 같은 차원의 물리량이다. 자석의 세기가 강할수록, 자석을 빠르게 움직일수록, 코일이 많이 감겨 있을수록 코일 양단에 큰 기전력이 생긴다.

❸ 자성이 강한 자석을 사용한다.
자석 또는 코일을 빠르게 이동시킨다.
코일을 더 많이 감는다. ➡ 코일 양단에 큰 기전력이 생긴다.

(2) 유도 전류

① 유도 전류의 방향: 코일을 통과하는 자기장의 변화를 방해하는 방향으로 유도 전류가 흐른다.

N극이 가까워질 때	N극이 멀어질 때	S극이 가까워질 때	S극이 멀어질 때
N	N	S	S
전류 / G	전류 / G	전류 / G	전류 / G
❹코일 위쪽에 N극이 형성된다.	코일 위쪽에 S극이 형성된다.	코일 위쪽에 S극이 형성된다.	코일 위쪽에 N극이 형성된다.

② 유도 전류의 세기: 코일 양단에 큰 기전력이 생길수록 유도 전류의 세기가 크다. 즉, 자기장의 변화가 빠르고 클수록 유도 전류의 세기가 크다.

③ 전자기 유도의 이용: 발전기, 무선 충전기, 금속 탐지기, 전기 기타, 교통카드 판독기, 마이크 등

---

❶ 코일과 자석의 상대 운동

코일 주위에서 자석을 움직이거나, 자석 주위에서 코일을 움직일 때, 두 경우 모두 코일에 전류가 흐른다. 자석이 정지해 있을 때는 코일을 통과하는 자기장이 변하지 않기 때문에 코일에 전류가 흐르지 않는다.

❷ 검류계(Galvanometer)

검류계는 미세한 전류를 측정하는 기기이다. 아날로그식 검류계에서는 바늘이 많이 기울어지면 세기가 큰 전류가 흐르는 것을 뜻하고, 바늘이 반대 방향으로 기울어지면 반대 방향으로 전류가 흐르는 것을 뜻한다.

❸ 패러데이 법칙

코일을 통과하는 자기장이 빠르게 변할수록 코일에 큰 기전력이 생긴다는 법칙을 패러데이 법칙이라고 한다.

❹ 코일 주위의 자기장의 방향

코일에 흐르는 전류의 방향으로 오른손의 네 손가락을 감아 쥐었을 때, 엄지손가락이 가리키는 방향이 N극의 방향이다.

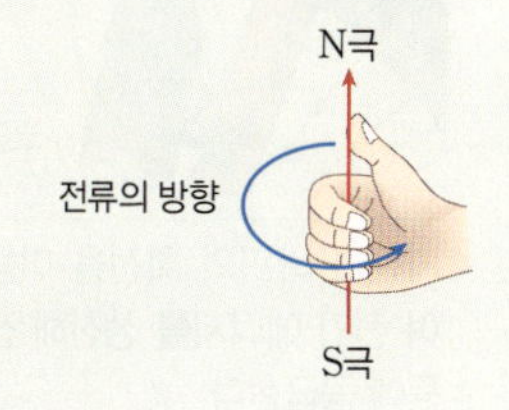

② 발전기와 전기 에너지의 생산

(1) 발전기: 전자기 유도를 이용해 전기 에너지를 생산하는 장치를 [1]발전기라고 한다.

　① 발전기의 원리: 자석 사이에 코일을 놓고 코일을 회전시키면 [2]코일을 통과하는 자기장이
　　시간에 따라 변하면서 코일에 유도 전류가 흐른다.

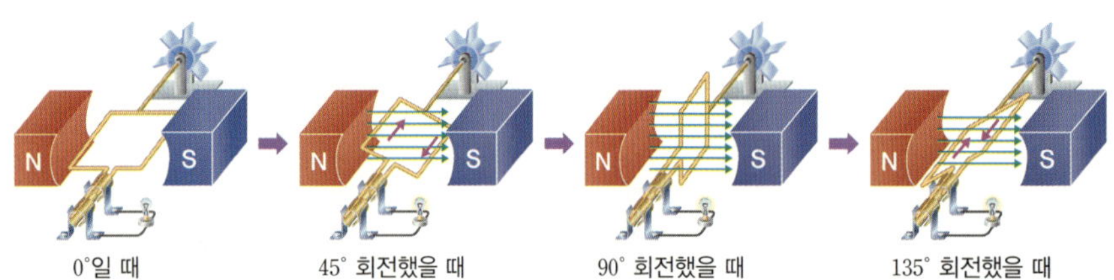

> **[간이 발전기 만들기]**
>
> **[실험 과정]**
>
> (1) 원통에 에나멜선을 400회 이상 감고, 에나멜선의 양 끝을 사포로 벗겨 내어 발광 다
>　　이오드(LED)를 연결한다.
>
> (2) 글루건을 이용해 나무젓가락에 네오디뮴 자석을 붙이고 나무젓가락을 원통 위에 올
>　　려놓는다.
>
> (3) 나무젓가락을 이용해 네오디뮴 자석을 회전시키면서 발광 다이오드(LED)에서 빛
>　　이 방출되는지 확인한다.
>
> 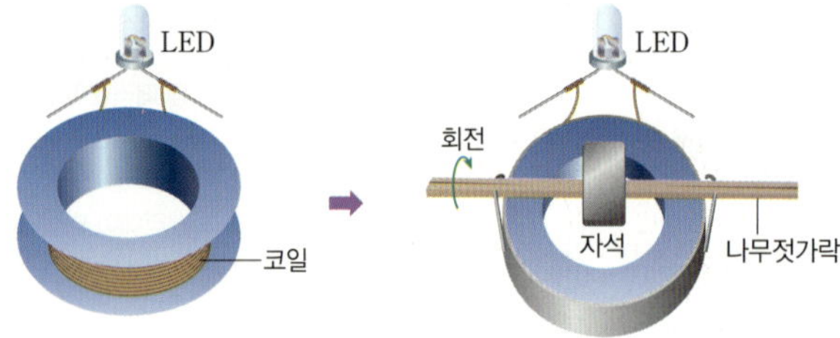
>
>
> **[실험 결과]**
>
> (1) 자석을 회전시키면 발광 다이오드에서 빛이 방출된다.
>
> (2) 자석을 더 빠르게 회전시키면 발광 다이오드에서 방출되는 빛의 밝기가 더 밝아진다.
>
> ➡ 자석의 회전으로 인한 운동 에너지가 전기 에너지로 전환되었다.

　② 일상생활에서 이용되는 간이 발전기

자전거의 발전기	발광 킥보드의 바퀴	자가 발전 손전등
전조등 코일	발광 다이오드　코일 철심 영구 자석 바퀴 축	코일　자석
자전거 바퀴의 회전을 이용하여 전기 에너지를 생산해 전조등에 공급한다.	킥보드 바퀴의 회전을 이용해 전기 에너지를 생산하여 발광 다이오드를 켠다.	손전등을 흔들 때 자석이 코일을 통과하면서 전기 에너지를 생산한다.

(2) 여러 가지 발전 방식

① **발전소의 발전기**: 기체나 액체의 흐름을 이용해 회전 운동을 발생시키는 장치인 터빈에 발전기가 연결되어 있다. 터빈이 돌아갈 때 ❶발전기 내부의 자석이 회전하면서 전기 에너지가 생산된다.

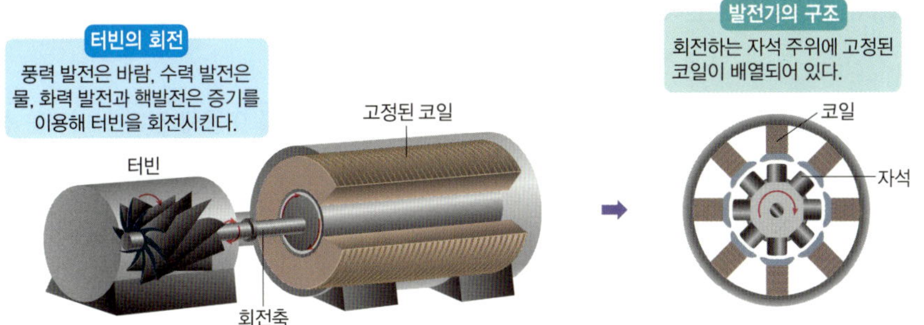

② **여러 가지 발전**: ❷발전기에 연결된 터빈을 돌리는 에너지원에 따라 구분한다.

구분	화력 발전	수력 발전	핵발전
에너지원	화석 연료(석탄, 석유, 천연가스)의 화학 에너지	물의 중력 위치 에너지	핵연료(우라늄, 플루토늄)의 핵에너지
원리			
	화석 연료가 연소할 때 발생한 열에너지를 이용해 고온 고압의 수증기를 만들어 터빈을 돌린다.	물의 중력 위치 에너지를 운동 에너지로 전환시켜 터빈을 돌린다.	핵연료가 핵분열할 때 발생한 열에너지를 이용해 고온·고압의 수증기를 만들어 터빈을 돌린다.
에너지 전환	화석 연료의 화학 에너지 → 열에너지 → 증기의 운동 에너지 → 전기 에너지	물의 위치 에너지 → 물의 운동 에너지 → 전기 에너지	핵연료의 핵에너지 → 열에너지 → 증기의 운동 에너지 → 전기 에너지

③ **발전과 인간 생활**: 현대 문명에서 인간 생활에 전기는 필수적이므로 발전소를 이용해 전기 에너지를 생산하는 것은 매우 중요하다. 화력 발전, 수력 발전, 핵발전은 발전소의 건설, 발전 과정, 발전 방식에 따라서 장점과 단점이 모두 있다.

구분	화력 발전	수력 발전	핵발전
장점	• 발전량이 많다. • 낮은 기술 수준으로도 쉽게 건설할 수 있다.	• 발전 과정에서 온실 가스가 배출되지 않는다. • 자원 고갈의 우려가 없다.	• 발전 단가가 낮고 발전량이 많다. • 발전 과정에서 온실 가스가 배출되지 않는다.
단점	• 발전 과정에서 온실 가스가 배출된다. • 화석 연료 자원의 고갈 우려가 있다.	• 발전량이 적다. • 건설할 수 있는 입지가 제한적이다. • 건설 과정에서 생태계가 파괴될 수 있다.	• 유지 보수에 높은 기술 수준이 요구된다. • 건설 입지가 제한적이다. • 발전 과정에서 방사성 폐기물이 발생한다.

❶ 발전소의 발전기

발전기는 코일이 회전하는 전기자형 발전기, 자석이 회전하는 계자 발전기가 있다. 대부분의 발전소에서 발전기는 코일을 고정시키고 자석이 회전하는 계자 발전기이다. 코일을 회전시키는 데 비해 자석을 회전시키는 편이 전선의 배열이 쉽고 절연에 유리하며 부속 장치의 구조가 간단해지기 때문이다.

❷ 발전기를 이용한 발전 방식

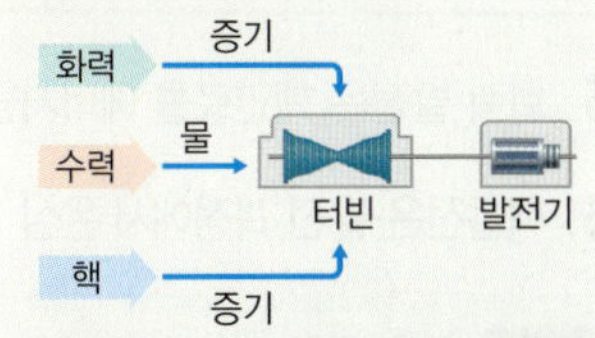

화력 발전은 화석 연료의 연소, 핵발전은 핵연료의 핵반응 과정에서 발생하는 열에너지를 이용한다. 열원에서 발생하는 열에너지로 보일러를 이용해 고온·고압의 증기를 만들어 터빈을 돌린다. 몇몇 화력 발전의 경우, 화석 연료를 연소시킬 때 발생하는 가스의 압력을 이용해 터빈을 돌리는 방식도 있다. 수력 발전은 물의 운동 에너지를 이용해 직접 터빈을 돌린다.

○, × 퀴즈

1. 자석이 코일에 접근할 때 코일을 통과하는 자기장이 변한다.
(○, ×)

2. 자석을 코일에 빠르게 접근시킬수록 코일에 흐르는 유도 전류의 세기가 증가한다. (○, ×)

3. 자석이 코일 속에 정지해 있을 때 코일에 유도 전류가 흐른다.
(○, ×)

4. 유도 전류는 자기장의 변화를 도와 주는 방향으로 흐른다.
(○, ×)

5. 화력 발전은 핵연료를 에너지원으로 이용한다. (○, ×)

6. 핵발전은 발전 과정에서 온실 가스가 발생한다. (○, ×)

빈칸 완성

7. 코일을 통과하는 자기장이 변할 때 코일에 전류가 흐르는 현상을 (   )(이)라고 한다.

8. (   )은/는 전자기 유도를 이용해 전기 에너지를 생산하는 장치이다.

9. 높은 곳에 있는 물이 낮은 곳으로 내려올 때 생기는 물의 운동 에너지를 이용한 발전 방식은 (   )이다.

10. 화력 발전은 (   )을/를 에너지원으로 이용한다.

11. 핵발전은 발전 과정에서 발전기에 연결된 (   )을/를 회전시킨다.

12. 핵발전 과정에서 처리가 어려운 (   )이/가 발생한다.

정답 1. ○ 2. ○ 3. × 4. × 5. × 6. × 7. 전자기 유도 8. 발전기 9. 수력 발전 10. 화석 연료 11. 터빈 12. 방사성 폐기물

바르게 연결하기

1. 화력 발전, 수력 발전, 핵발전의 에너지원을 바르게 연결하시오.

(1) 화력 발전 •   • ㉠ 핵연료의 핵에너지

(2) 수력 발전 •   • ㉡ 화석 연료의 화학 에너지

(3) 핵발전 •   • ㉢ 물의 중력 위치 에너지

2. 발전 과정에서 열에너지를 이용하는 것과 이용하지 <u>않는</u> 것을 바르게 연결하시오.

(1) 화력 발전 •   • ㉠ 열에너지를 이용해 증기를 만드는 과정이 있다.

(2) 수력 발전 •

(3) 핵발전 •   • ㉡ 열에너지를 이용해 증기를 만드는 과정이 없다.

둘 중에 고르기

3. 자석의 N극이 코일에 접근할 때와 S극이 코일에 접근할 때, 코일에 흐르는 유도 전류의 방향은 (같다, 반대이다).

4. 세기가 강한 자석을 사용하면 코일에 흐르는 유도 전류의 세기는 (증가, 감소)한다.

5. 발전기는 (역학적 에너지, 빛에너지)를 전기 에너지로 전환하는 장치이다.

6. 화석 연료는 자원 고갈의 우려가 (있다, 없다).

7. 수력 발전은 발전 과정에서 온실 가스가 (발생한다, 발생하지 않는다).

정답 1. (1) ㉡ (2) ㉢ (3) ㉠ 2. (1) ㉠ (2) ㉡ (3) ㉠ 3. 반대이다 4. 증가 5. 역학적 에너지 6. 있다 7. 발생하지 않는다

1 에너지 전환과 보존

(1) 에너지 전환

① 한 형태의 에너지가 다른 형태의 에너지로 바뀌는 것을 에너지 전환이라고 한다.

② 에너지 전환의 예

구분	상황	에너지 전환
광합성	식물이 태양 빛을 이용해 포도당을 합성한다.	빛에너지 → 화학 에너지
번개	구름 속에 분리되어 있던 양(+)전하와 음(−)전하가 만나서 빛을 방출한다.	전기 에너지 → 빛에너지
반딧불이	반딧불이의 배에 있는 화학 물질이 빛을 방출한다.	화학 에너지 → 빛에너지
근육 운동	음식물의 에너지를 이용해 몸을 움직인다.	화학 에너지 → 운동 에너지
조명 장치	전원을 켜면 빛을 방출한다.	전기 에너지 → 빛에너지
배터리	배터리로 장치에 전력을 공급한다.	화학 에너지 → 전기 에너지
선풍기	전원을 켜면 선풍기의 날개가 회전한다.	전기 에너지 → 운동 에너지
폭포	높은 곳에 있는 물이 아래로 떨어진다.	위치 에너지 → 운동 에너지

③ 에너지 전환과 이용: 우리는 여러 형태의 에너지를 원하는 형태로 전환하여 사용하고 있다.

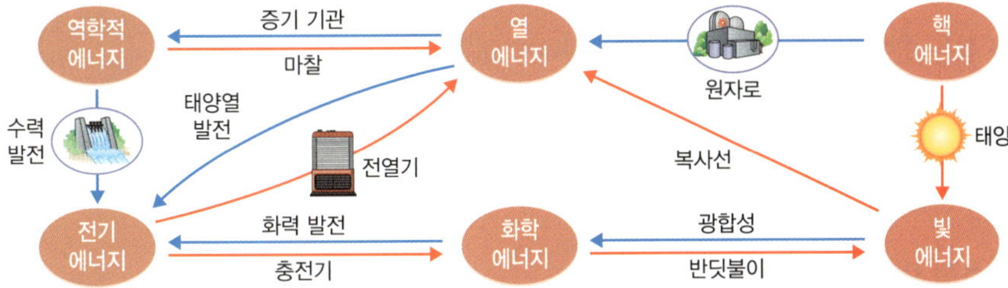

(2) 에너지 보존

① 에너지 보존: 에너지가 전환되는 과정에서 에너지의 형태는 바뀌지만 에너지가 새로 생기거나 없어지지 않으며 총량은 일정하게 보존된다.

전환되기 전 에너지의 총량 = 전환된 후 에너지의 총량

② 에너지 보존 법칙의 예: 휴대 전화에서도 에너지가 보존된다.

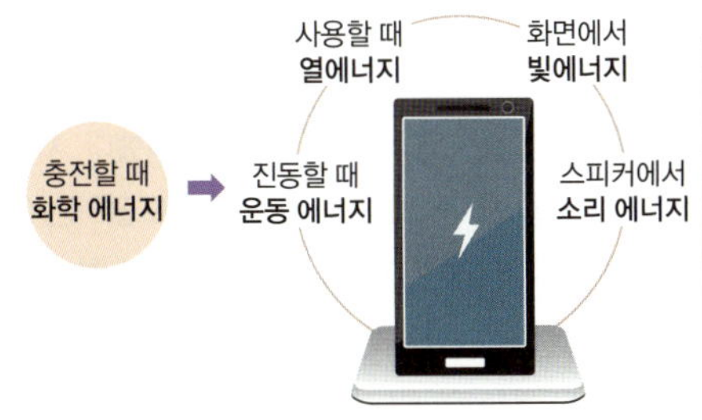

배터리의 화학 에너지(E_0) =
휴대 전화가 진동할 때 운동 에너지(E_1)
+휴대 전화에서 발생하는 열에너지(E_2)
+화면에서 발생하는 빛에너지(E_3)
+스피커에서 발생하는 소리 에너지(E_4)
➡ $E_0 = E_1 + E_2 + E_3 + E_4$

② 에너지의 효율적 이용

(1) 열기관과 열효율

① **[1]열기관**: 연료를 연소시켜 발생한 열에너지를 일로 전환하는 장치

② **열기관에서 에너지 전환**: 열기관에서 열에너지가 일로 전환되는 과정에서 공급한 에너지의 일부만 일로 전환된다.

③ Q_1만큼 열량을 공급받고 Q_2만큼 열량을 방출하는 열기관이 W만큼 일을 할 때, 에너지 전환 전의 총량은 전환 후의 총량과 같다.

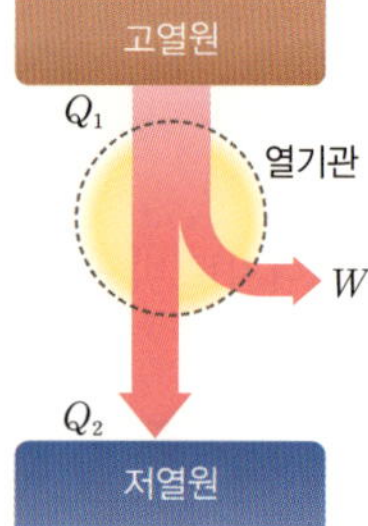

> **[2]공급한 열에너지$(Q_1)=$일$(W)+$방출한 열에너지(Q_2)**

④ **열효율(e)**: 공급한 열에너지 중에서 일로 전환되는 비율을 열효율이라고 한다.

$$열효율(e)=\frac{열기관이\ 한\ 일}{공급한\ 열에너지}=\frac{W}{Q_1}=\frac{Q_1-Q_2}{Q_1}=1-\frac{Q_2}{Q_1}$$

➡ **[3]열역학 제2법칙**에 의해 저열원으로 방출된 열에너지(Q_2)가 0이 될 수는 없기 때문에 열효율은 항상 1보다 작다. $(e<1)$

(2) 에너지 효율

① **에너지 전환에서의 방향성**: 에너지 전환 과정에서 에너지의 총량은 보존되지만 에너지의 일부가 사용할 수 없는 열에너지로 전환된다.

② 공급한 에너지 중에서 유용하게 사용한 에너지의 비율을 에너지 효율이라고 한다.

$$에너지\ 효율=\frac{유용하게\ 사용한\ 에너지}{공급한\ 에너지}$$

③ 에너지 전환 과정에서 사용할 수 없는 열에너지가 항상 발생하므로 에너지 효율은 항상 $1(=100\ \%)$보다 작다.

④ **에너지를 절약해야 하는 까닭**: 에너지 전환에서 총량은 보존되지만 항상 사용할 수 없는 열에너지가 발생하므로 유용한 에너지는 계속 줄어들기 때문이다.

③ 신재생 에너지와 에너지의 효율적 이용

(1) **신재생 에너지의 종류**: 신에너지 및 재생 에너지 개발·이용·보급 촉진법에서 지정된 방식으로 생산된 에너지이다.

① **신에너지**: 수소 에너지, 연료 전지, 석탄 액화 가스화

② **재생 에너지**: 태양 에너지, 풍력, 수력, 해양 에너지, 지열 에너지, 바이오 에너지, 폐기물 에너지 등 자원 고갈의 우려가 없는 에너지원을 이용하는 발전 방식으로 생성된 에너지

THE 들여다보기

○ 열, 일, 에너지

1830년대부터 열과 일, 그리고 화학 에너지와 같은 물리량이 서로 같은 종류이고 전환될 수 있다는 생각이 나타나기 시작했다. 자연철학주의자들은 자연 체계의 통일성을 강조했고, 다양한 형태로 나타나는 여러 가지 자연 현상들의 기저에는 모든 현상을 포괄하는 어떤 법칙이나 성질이 있다고 보았다. 이를 자연철학주의자들은 '에너지'라고 불렀고, 역학 현상, 열, 전기, 자기, 빛, 소리 등 여러 형태로 나타난다고 생각했다.

(2) ❶신재생 에너지의 활용

❷연료 전지	태양광 발전	태양열 발전	❸풍력 발전
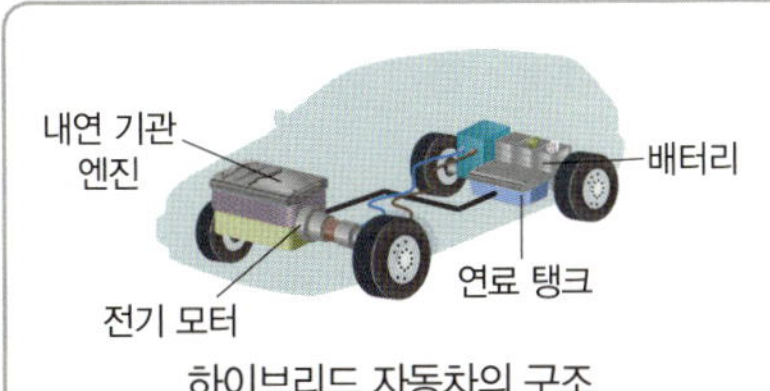			
연료의 화학 에너지를 화학 반응을 통해 전기 에너지로 전환한다. 에너지 효율이 높다.	태양 전지를 이용해 빛 에너지를 전기 에너지로 전환한다.	집열판을 이용해 태양열로 고온·고압의 증기를 발생시키고 터빈을 돌려 전기를 생산한다.	바람의 운동 에너지를 이용해 발전기를 돌려 전기 에너지를 생산한다.
조력 발전	파력 발전	지열 발전	바이오 에너지
조수 간만의 차이를 이용해 전기 에너지를 생산한다. 해양 생태계에 큰 영향을 줄 수 있다.	파도의 운동 에너지를 이용해 전기 에너지를 생산한다.	지구 내부의 열을 이용해 전기 에너지를 생산한다.	생물체로부터 생겨나는 에너지를 이용하는 것으로, 식물에 저장된 화학 에너지이다.

(3) 에너지의 효율적 이용

① 버려지는 열에너지를 줄여 에너지 효율을 높인다.

조명 기구	백열등	형광등	LED등
모습			
에너지 효율	5~10 %	20 %	40~50 %

백열등은 대부분의 에너지가 열에너지로 방출되기 때문에 에너지 효율이 낮아서 최근에는 거의 생산되지 않는다.

② 버려지는 에너지의 일부를 재사용한다.

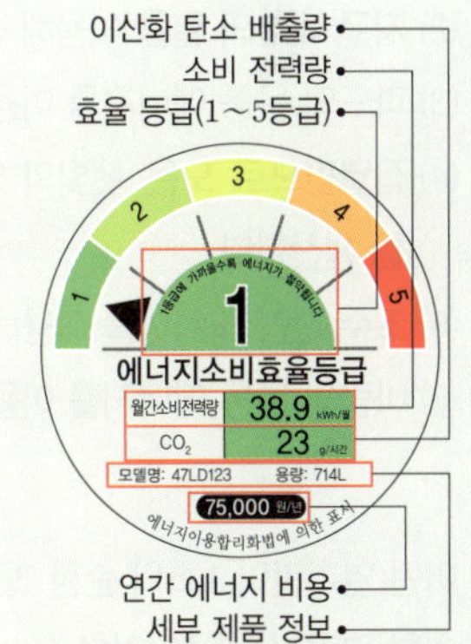

하이브리드 자동차에는 엔진과 전기 모터, 배터리가 들어있다. 브레이크를 밟는 동안 자동차의 운동 에너지가 전기 에너지로 전환되어 배터리에 화학 에너지로 저장되며, 다시 천천히 달릴 때는 전기 모터를 이용해 저장된 화학 에너지를 전기 에너지로 전환한다.

③ ❹에너지 소비 효율 등급: 에너지 소비 효율 등급이 1등급에 가까울수록 효율이 좋은 전기 제품이다. 1등급 제품은 5등급 제품보다 약 30~40 % 정도 에너지 절감 효과가 있다.

$$(-)극: 2H_2 \longrightarrow 4H^+ + 4e^-$$
$$(+)극: O_2 + 4H^+ + 4e^- \longrightarrow 2H_2O$$

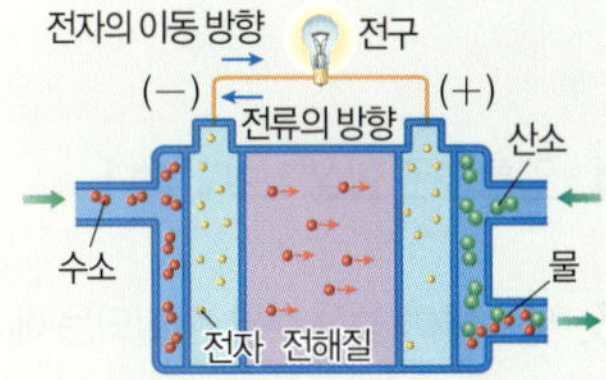

소비자들이 가전 제품의 에너지 사용량이나 에너지 소비 효율이 높은 제품을 쉽게 알 수 있도록 1~5등급으로 나누어 표기한 것이다. 효율 등급, 소비 전력량, 이산화 탄소 배출량, 연간 에너지 비용과 같은 정보가 표기되어 있다.

O, X 퀴즈

1. 에너지는 한 형태가 정해지면 다른 형태로 전환되지 않는다.
(O , ×)

2. 광합성은 화학 에너지를 빛에너지로 전환하는 과정이다.
(O , ×)

3. 에너지가 전환되는 과정에서 에너지의 총량은 보존된다.
(O , ×)

4. 열효율은 항상 1보다 작다. (O , ×)

5. 열효율이 높을수록 손실되는 에너지가 크다. (O , ×)

6. 에너지 소비 효율 등급이 1등급에 가까울수록 에너지 효율이
높은 제품이다. (O , ×)

바르게 연결하기

7. 다음 발전 방식을 발전기를 이용하는 방법과 발전기를 이용
하지 않는 방법으로 분류해 바르게 연결하시오.

(1) 풍력 발전 ·

(2) 태양열 발전 ·

(3) 태양광 발전 ·

(4) 조력 발전 ·

(5) 연료 전지 ·

· ㉠ 발전기를 이용해 전기 에너지를 생산한다.

· ㉡ 발전기 없이 직접 전기 에너지를 생산한다.

정답 1. × 2. × 3. O 4. O 5. × 6. O 7. (1) ㉠ (2) ㉠ (3) ㉡ (4) ㉠ (5) ㉡

단답형

1. 다음 설명에 해당하는 발전 방식을 쓰시오.
(1) 태양 전지를 이용해 전기 에너지를 생산한다.
(2) 지구 내부의 열을 이용해 전기 에너지를 생산한다.
(3) 파도의 운동 에너지를 이용해 전기 에너지를 생산한다.
(4) 집열판으로 모은 햇빛의 열에너지를 이용해 전기 에너지
를 생산한다.
(5) 조수 간만의 차이를 이용해 전기 에너지를 생산한다.
(6) 바람의 운동 에너지를 이용해 전기 에너지를 생산한다.

2. 어떤 열기관이 1회의 순환 과정에서 흡수한 열량이 100 J, 방
출한 열량이 80 J이었다.
(1) 열기관이 한 일은 몇 J인지 구하시오.
(2) 열기관의 열효율을 구하시오.

빈칸 완성

3. 스피커는 전기 에너지를 ( ) 에너지로 전환한다.

4. 반딧불이가 빛을 낼 때 ( ) 에너지가 빛에너지로 전환
된다.

5. 광합성은 ( )에너지를 화학 에너지로 전환하는 과정이다.

6. 배터리는 화학 에너지를 ( ) 에너지로 전환하는 장치이다.

7. 공급한 에너지 중 유용하게 사용한 에너지의 비율을 ( )
(이)라고 한다.

8. 에너지가 전환되는 과정에서 반드시 ( )에너지가 발생
한다.

정답 1. (1) 태양광 발전 (2) 지열 발전 (3) 파력 발전 (4) 태양열 발전 (5) 조력 발전 (6) 풍력 발전 2. (1) 20 J (2) 0.2(20 %) 3. 소리 4. 화학 5. 빛 6. 전기
7. 에너지 효율 8. 열

탐구 활동 — 전기 에너지 만들어 보기

목표

자석과 코일을 이용해 운동 에너지가 전기 에너지로 전환되는 과정을 이해한다.

과정

1. 그림과 같이 코일과 검류계를 집게 달린 전선으로 연결한다.

2. 자석을 코일 위에 올려놓거나 코일 속에 가만히 놓았을 때 코일에 전류가 흐르는지를 관찰한다.

3. 코일에 자석의 N극이나 S극을 접근시키면서 코일에 전류가 흐르는지를 관찰한다.

4. 자석을 더 빠르게 접근시키거나 자성이 더 강한 자석을 사용하거나 더 많이 감은 코일을 이용해 과정 **3**을 수행한다.

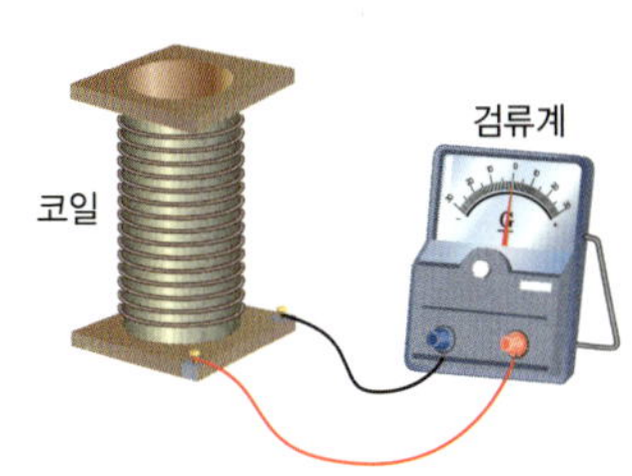

결과 정리 및 해석

1. 자석을 움직이지 않았을 때

과정 **2**의 결과(자석을 코일 위에 올려놓았을 때)	과정 **2**의 결과(자석을 코일 속에 가만히 놓았을 때)

2. 자석의 극을 다르게 하여 코일에 접근시킬 때

과정 **3**의 결과 (N극을 접근)	과정 **3**의 결과 (S극을 접근)

3. 자석과 코일의 상태를 다르게 하여 접근시킬 때

과정 **3**의 결과 (N극을 접근)	과정 **4**의 결과 (자석을 더 빠르게 접근)	과정 **4**의 결과 (더 강한 자석을 사용)	과정 **4**의 결과 (코일을 더 많이 감음)

탐구 분석

1. 과정 **2**의 결과를 바탕으로 코일에 전류가 흐르지 않는 까닭을 서술하시오.

   ➡

2. 과정 **3**의 결과를 바탕으로 N극과 S극을 각각 코일에 접근시킬 때 코일에 흐르는 전류의 방향을 비교하시오.

   ➡

3. 과정 **3**의 결과를 바탕으로 N극과 S극을 각각 코일로부터 멀리할 때 코일에 흐르는 전류의 방향을 유추하시오.

   ➡

4. 과정 **3**, **4**의 결과를 바탕으로 코일에 세기가 더 센 전류가 흐르는 경우에 대해 서술하시오.

   ➡

> 25595-0218

01 수소 핵융합 반응에 대한 설명으로 옳은 것은?

① 헬륨 원자핵이 생성된다.
② 초저온 상태에서 일어난다.
③ 빛에너지가 화학 에너지로 전환된다.
④ 반응 전의 질량 합은 반응 후의 질량 합과 같다.
⑤ 무거운 원자핵이 가벼운 원자핵으로 쪼개지는 반응이다.

> 25595-0219

02 태양에 대한 설명으로 옳은 것만을 〈보기〉에서 있는 대로 고른 것은?

┤ 보기 ├
ㄱ. 내부 온도는 표면의 온도보다 낮다.
ㄴ. 대부분 수소와 헬륨으로 이루어져 있다.
ㄷ. 수소 핵융합 반응을 통해 에너지를 방출한다.

① ㄱ   ② ㄷ   ③ ㄱ, ㄴ
④ ㄴ, ㄷ   ⑤ ㄱ, ㄴ, ㄷ

> 25595-0220

03 핵에너지에 대한 설명으로 옳은 것은?

① 운동하는 물체가 가지는 에너지이다.
② 물체에 흐르는 전류에 의한 에너지이다.
③ 화학 결합 속에 저장되어 있는 에너지이다.
④ 온도에 의해 물체가 가지는 내부 에너지이다.
⑤ 양성자와 중성자의 결합으로 인한 에너지이다.

> 25595-0221

04 태양 에너지로 인해 발생하는 현상으로 옳지 <u>않은</u> 것은?

① 지진이 발생한다.
② 해변에서 파도가 친다.
③ 식물에서 광합성이 일어난다.
④ 흐린 날에 갑자기 비가 내린다.
⑤ 물이 증발해서 구름이 만들어진다.

☆중요
> 25595-0222

05 대기와 해수의 순환에 대한 설명으로 옳은 것만을 〈보기〉에서 있는 대로 고른 것은?

┤ 보기 ├
ㄱ. 근원이 되는 에너지는 태양 에너지이다.
ㄴ. 저위도의 과잉 에너지가 고위도로 이동한다.
ㄷ. 순환 과정에서 화석 연료가 생성된다.

① ㄱ   ② ㄷ   ③ ㄱ, ㄴ
④ ㄴ, ㄷ   ⑤ ㄱ, ㄴ, ㄷ

> 25595-0223

06 태양 에너지에 대한 설명으로 옳지 <u>않은</u> 것을 모두 고르면? (2개)

① 지구에서 에너지 순환을 일으킨다.
② 핵분열 반응에 의해 생성되는 에너지이다.
③ 지구에서 물의 순환의 근원이 되는 에너지이다.
④ 지구 생명체의 생명 활동을 유지시키는 에너지이다.
⑤ 태양에서 방출되는 에너지는 모두 지구에 도달한다.

> 25595-0224

07 그림과 같이 검류계가 연결된 코일에 자석의 N극을 접근시켰다. 이에 대한 설명으로 옳지 <u>않은</u> 것은?

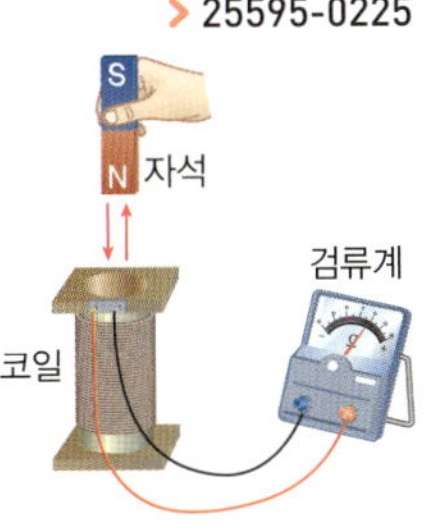

① 코일에 기전력이 유도된다.
② 코일의 윗부분은 N극을 띤다.
③ 자석과 코일 사이에는 서로 밀어 내는 힘이 작용한다.
④ N극이 다가올수록 코일을 통과하는 자기장은 증가한다.
⑤ 코일에 흐르는 유도 전류의 방향은 b → ⓖ → a이다.

> 25595-0225

08 그림과 같이 코일에 검류계를 연결하고 자석을 코일 위에서 왕복 운동시켰다.
자석이 왕복 운동을 하는 동안, 검류계가 가리키는 바늘의 상태로 가장 적절한 것은?

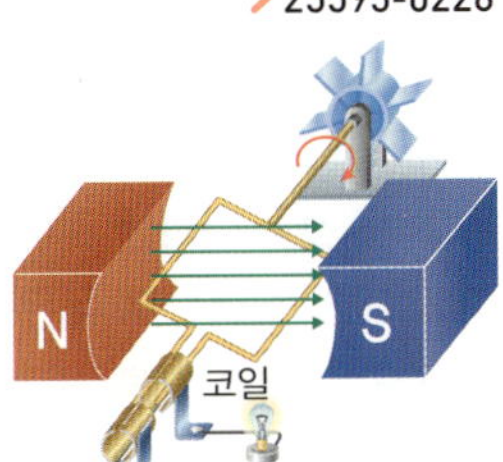

① 항상 0을 가리킨다.
② 왼쪽으로 치우쳐져 움직이지 않는다.
③ 오른쪽으로 치우쳐져 움직이지 않는다.
④ 왼쪽과 오른쪽으로 진동하다가 0에서 멈춘다.
⑤ 0을 중심으로 왼쪽과 오른쪽으로 계속 진동한다.

> 25595-0226

09 그림과 같이 발전기의 코일이 회전할 때 나타나는 현상으로 옳은 것만을 〈보기〉에서 있는 대로 고른 것은?

보기
ㄱ. 자기장이 수직으로 통과하는 코일 단면의 넓이가 변한다.
ㄴ. 코일에 유도 전류가 흐른다.
ㄷ. 운동 에너지가 전기 에너지로 전환된다.

① ㄱ   ② ㄷ   ③ ㄱ, ㄴ
④ ㄴ, ㄷ   ⑤ ㄱ, ㄴ, ㄷ

> 25595-0227

10 화력 발전의 특징으로 옳지 <u>않은</u> 것은?

① 에너지원이 고갈될 염려가 없다.
② 에너지원으로 화석 연료를 사용한다.
③ 발전 과정에서 열에너지를 이용한다.
④ 화석 연료를 연소시킬 때 온실 가스가 발생한다.
⑤ 기체의 운동 에너지를 전기 에너지로 전환하는 장치가 있다.

> 25595-0228

11 핵발전에 대한 설명으로 옳은 것만을 〈보기〉에서 있는 대로 고른 것은?

보기
ㄱ. 핵반응에서 발생하는 열에너지를 이용한다.
ㄴ. 발전 과정에서 방사성 폐기물이 발생한다.
ㄷ. 발전기를 이용해 전기 에너지를 생산한다.

① ㄱ   ② ㄷ   ③ ㄱ, ㄴ
④ ㄴ, ㄷ   ⑤ ㄱ, ㄴ, ㄷ

> 25595-0229

12 그림과 같이 자석의 N극이 접근할 때 코일에 유도 전류가 흐른다.
코일에 흐르는 전류의 방향이 N극이 접근할 때와 같은 것만을 〈보기〉에서 있는 대로 고른 것은?

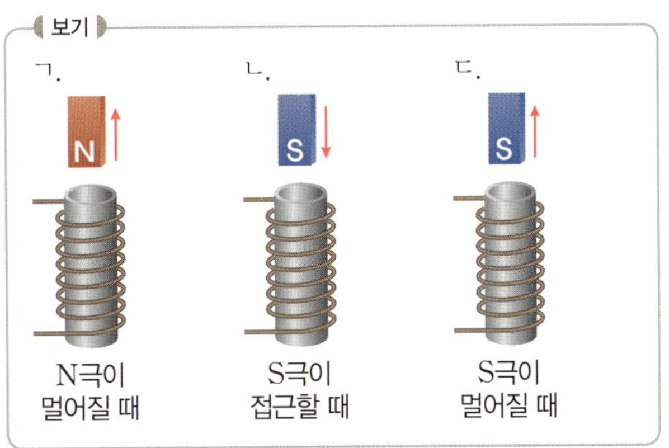

① ㄱ   ② ㄷ   ③ ㄱ, ㄴ
④ ㄴ, ㄷ   ⑤ ㄱ, ㄴ, ㄷ

> 25595-0230

13 에너지 전환에 대한 설명으로 옳은 것은?

① 에너지의 형태는 바뀌지 않는다.
② 떨어지는 빗방울의 위치 에너지는 점점 증가한다.
③ 마이크는 전기 에너지를 소리 에너지로 전환한다.
④ LED 전등은 전기 에너지를 빛에너지로 전환한다.
⑤ 식물의 광합성은 운동 에너지를 전기 에너지로 전환한다.

> 25595-0231

14 신재생 에너지에 해당하지 <u>않는</u> 것은?

① 핵에너지
② 연료 전지
③ 지열 에너지
④ 태양 에너지
⑤ 해양 에너지

> 25595-0232

15 수소 연료 전지에 대한 설명으로 옳지 <u>않은</u> 것은?

① 에너지 효율이 높다.
② 반응물로 수소와 산소를 이용한다.
③ 화학 에너지가 전기 에너지로 전환된다.
④ 물을 전기 분해하여 전기 에너지를 생산한다.
⑤ 전기 에너지를 생산하는 과정에서 물이 생성된다.

> 25595-0233

16 풍력 발전과 조력 발전의 공통점만을 〈보기〉에서 있는 대로 고른 것은?

┤ 보기 ├
ㄱ. 자원 고갈의 우려가 없다.
ㄴ. 전기 에너지를 생산할 때 발전기를 이용한다.
ㄷ. 우리나라 생산 전력의 대부분을 차지한다.

① ㄱ ② ㄷ ③ ㄱ, ㄴ
④ ㄴ, ㄷ ⑤ ㄱ, ㄴ, ㄷ

> 25595-0234

17 열효율에 대한 설명으로 옳은 것은?

① 항상 1보다 크다.
② 열효율이 높을수록 에너지의 총량이 잘 보존된다.
③ 열효율이 낮을수록 에너지의 총량이 잘 보존되지 않는다.
④ 공급한 열에너지 중에서 방출된 열에너지의 비율을 나타낸다.
⑤ 같은 열량을 흡수할 때, 열효율이 높을수록 더 많은 양의 일을 한다.

> 25595-0235

18 그림은 열기관 속의 기체가 1회의 순환 과정을 거치는 동안 Q_1의 열을 흡수하고, Q_2의 열을 방출하며 W만큼 일을 하는 것을 나타낸 것이다.
이에 대한 설명으로 옳은 것만을 〈보기〉에서 있는 대로 고른 것은?

┤ 보기 ├
ㄱ. $W = Q_1 - Q_2$이다.
ㄴ. $Q_1 > Q_2$이다.
ㄷ. 열기관의 열효율은 $1 - \dfrac{Q_2}{Q_1}$이다.

① ㄱ ② ㄷ ③ ㄱ, ㄴ
④ ㄴ, ㄷ ⑤ ㄱ, ㄴ, ㄷ

실력 향상 문제

> 25595-0236

01 태양 에너지에 대한 설명으로 옳지 **않은** 것을 모두 고르면? (2개)

① 화산 활동의 에너지원이다.
② 수소 핵융합 반응에 의한 에너지이다.
③ 태양 내부에서 수소는 계속 생성된다.
④ 지구에서 대기와 해수의 순환을 일으킨다.
⑤ 태양 중심부에서 에너지를 방출하는 반응이 일어난다.

> 25595-0237

02 지구에 도달한 태양 에너지에 대한 설명으로 옳지 **않은** 것은?

① 모두 지구 표면에서 반사된다.
② 먹이그물을 통해 생명체에 저장된다.
③ 태양 전지에서 전기 에너지로 전환된다.
④ 일부는 대기에서 바람의 운동 에너지로 전환된다.
⑤ 일부는 광합성 과정에서 화학 에너지로 전환된다.

> 25595-0238

★중요
03 그림은 수소 원자핵 4개가 합쳐져 헬륨 원자핵 1개가 되는 과정을 나타낸 것이다.

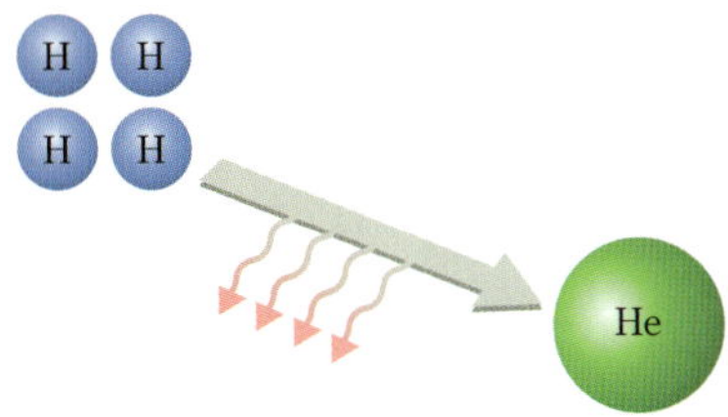

이에 대한 설명으로 옳은 것은?

① 핵분열 반응이다.
② 반응 과정에서 질량이 보존된다.
③ 질량 결손에 의해 에너지가 방출된다.
④ 화력 발전소에서 일어나는 반응 중 하나이다.
⑤ 수소 원자핵 4개의 질량 합은 헬륨 원자핵 1개의 질량과 같다.

> 25595-0239

04 다음은 핵반응에 대한 설명이다.

> 핵반응은 무거운 원자핵이 가벼운 원자핵으로 쪼개지는 ⓐ ㉠ 과/와 가벼운 원자핵이 무거운 원자핵으로 합쳐지는 ㉡ 이/가 있다.

이에 대한 설명으로 옳은 것만을 〈보기〉에서 있는 대로 고른 것은?

┤ 보기 ├
ㄱ. ㉠은 핵발전소에서 일어난다.
ㄴ. ㉡은 태양에서 일어난다.
ㄷ. ㉠과 ㉡ 모두 에너지를 흡수하는 반응이다.

① ㄱ 　② ㄷ 　③ ㄱ, ㄴ
④ ㄴ, ㄷ 　⑤ ㄱ, ㄴ, ㄷ

> 25595-0240

05 그림은 태양 에너지 발표 자료에 대한 학생 A, B, C의 대화이다.

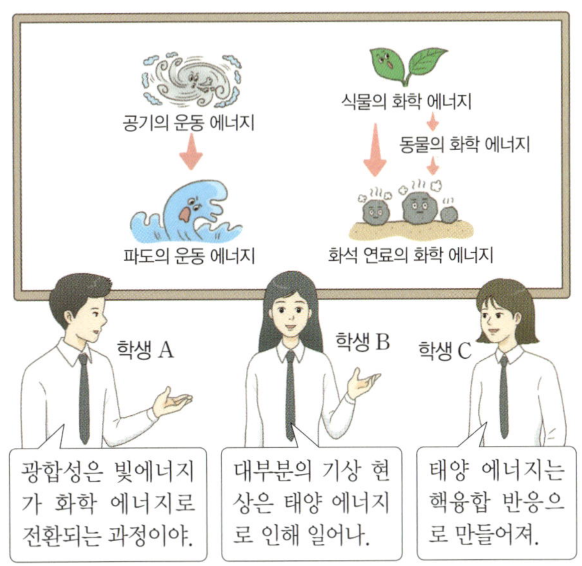

제시한 내용이 옳은 학생만을 있는 대로 고른 것은?

① A 　② B 　③ A, C
④ B, C 　⑤ A, B, C

06 〉25595-0241
다음은 중수소($_1^2\mathrm{H}$) 2개가 합쳐져서 삼중수소($_1^3\mathrm{H}$)를 만드는 핵반응식이다.

$$_1^2\mathrm{H} + {}_1^2\mathrm{H} \longrightarrow {}_1^3\mathrm{H} + \boxed{\ \text{㉠}\ } + \text{에너지}$$

이에 대한 설명으로 옳은 것만을 〈보기〉에서 있는 대로 고른 것은?

〔 보기 〕
ㄱ. 삼중수소($_1^3\mathrm{H}$)의 중성자수는 2이다.
ㄴ. ㉠은 중수소($_1^2\mathrm{H}$)와 양성자수가 같다.
ㄷ. 방출되는 에너지는 질량 결손에 의한 것이다.

① ㄱ　　　　② ㄴ　　　　③ ㄱ, ㄷ
④ ㄴ, ㄷ　　　⑤ ㄱ, ㄴ, ㄷ

07 〉25595-0242
태양에서 에너지가 생성되는 원리를 '질량'과 '에너지'라는 용어를 모두 사용하여 서술하시오.

____

____

____

____

08 〉25595-0243
핵반응에 대한 설명으로 옳은 것만을 〈보기〉에서 있는 대로 고른 것은?

〔 보기 〕
ㄱ. 반응 전의 총 질량은 반응 후의 총 질량보다 크다.
ㄴ. 핵융합 반응에서는 에너지가 방출되고 핵분열 반응에서는 에너지가 흡수된다.
ㄷ. 가벼운 원자핵이 합쳐지는 과정을 핵분열이라고 한다.

① ㄱ　　　　② ㄴ　　　　③ ㄱ, ㄷ
④ ㄴ, ㄷ　　　⑤ ㄱ, ㄴ, ㄷ

09 〉25595-0244
다음은 중수소($_1^2\mathrm{H}$)가 핵반응하여 헬륨 원자핵($_2^4\mathrm{He}$)을 생성하는 핵반응식이다. 표는 수소와 헬륨 원자핵의 질량을 원자핵을 구성하는 중성자수에 따라 나타낸 것이다.

$$_1^2\mathrm{H} + \boxed{\ \text{㉠}\ } \longrightarrow {}_2^4\mathrm{He} + E(\text{에너지})$$

원자핵	중성자수	질량
수소	0	M_1
	1	M_2
헬륨	1	M_3
	2	M_4

(1) ㉠이 무엇인지 쓰시오.

(2) E를 $M_1 \sim M_4$ 중 적절한 값과 c를 이용해 나타내고, 그 까닭을 서술하시오. (단, c는 빛의 속력이다.)

____

____

____

10 〉25595-0245
코일 주위에서 자석이 운동할 때, 코일에 흐르는 유도 전류의 방향이 옳은 것만을 〈보기〉에서 있는 대로 고른 것은?

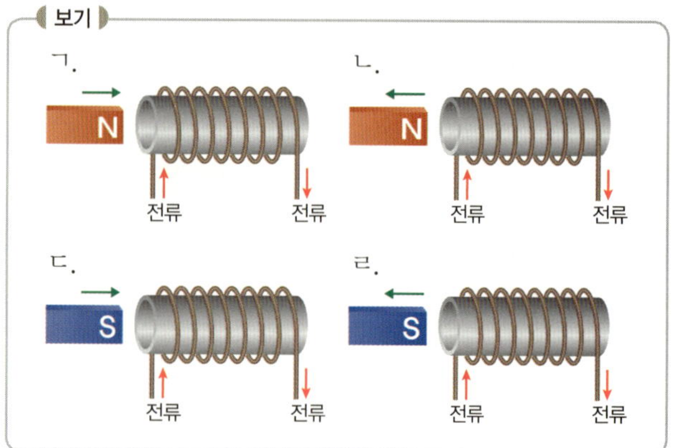

① ㄱ, ㄴ　　　② ㄱ, ㄷ　　　③ ㄴ, ㄷ
④ ㄴ, ㄹ　　　⑤ ㄷ, ㄹ

11 그림과 같이 코일에 검류계를 연결하고 자석을 가까이 놓았다. 검류계에 유도 전류가 흐를 수 있는 상황만을 〈보기〉에서 있는 대로 고른 것은?

> 25595-0246

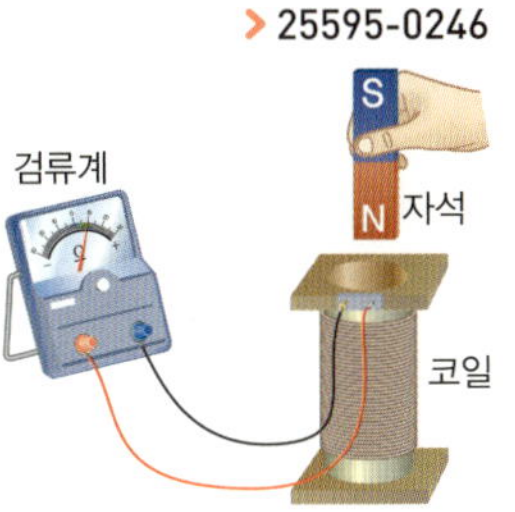

| 보기 |

ㄱ. 자석이 코일에서 멀어질 때
ㄴ. 자석이 코일 속에 가만히 정지해 있을 때
ㄷ. 자석이 코일 위에 가만히 정지해 있을 때

① ㄱ   ② ㄴ   ③ ㄱ, ㄷ
④ ㄴ, ㄷ   ⑤ ㄱ, ㄴ, ㄷ

12 그림은 발전기의 구조를 나타낸 것이다.
이에 대한 설명으로 옳지 **않은** 것은?

> 25595-0247

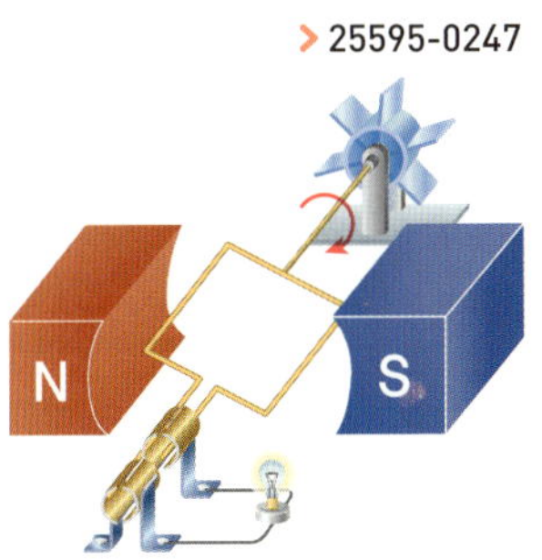

① 전자기 유도를 이용한 장치이다.
② 코일이 회전하면서 전류가 흐른다.
③ 코일에 흐르는 전류의 세기는 일정하다.
④ 운동 에너지가 전기 에너지로 전환된다.
⑤ 코일을 많이 감을수록 더 센 전류가 흐른다.

13 전자기 유도를 이용한 장치만을 〈보기〉에서 있는 대로 고른 것은?

> 25595-0248

| 보기 |

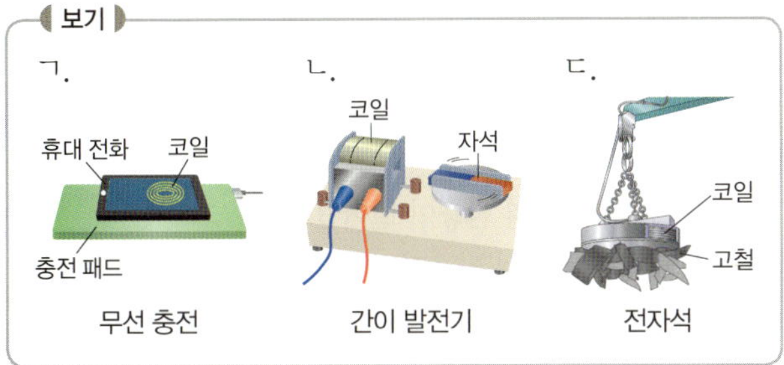

① ㄱ   ② ㄷ   ③ ㄱ, ㄴ
④ ㄴ, ㄷ   ⑤ ㄱ, ㄴ, ㄷ

14 그림과 같이 코일을 감아 간이 발전기를 만들고, 손으로 잡고 흔들었더니 내부에 있는 물체가 코일을 통과하면서 발광 다이오드에서 빛이 방출되었다.
이에 대한 설명으로 옳은 것만을 〈보기〉에서 있는 대로 고른 것은?

> 25595-0249

| 보기 |

ㄱ. 내부에 있는 물체는 자석이다.
ㄴ. 발광 다이오드에서 빛이 방출될 때, 코일에 전류가 흐른다.
ㄷ. 간이 발전기를 더 세게 흔들어 내부의 물체가 더 빠르게 움직이면 발광 다이오드에서 방출되는 빛이 더 밝아진다.

① ㄱ   ② ㄷ   ③ ㄱ, ㄴ
④ ㄴ, ㄷ   ⑤ ㄱ, ㄴ, ㄷ

15 그림과 같이 자전거 페달을 회전시키면 페달에 연결된 자석이 회전하는 간이 발전기를 통해 휴대 전화를 충전시킨다.

> 25595-0250

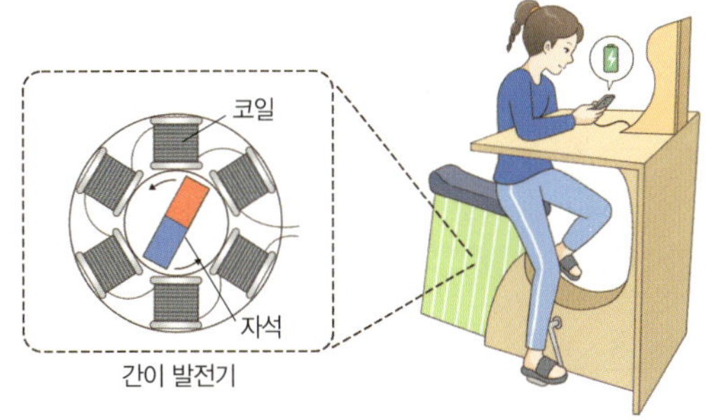

이에 대한 설명으로 옳은 것만을 〈보기〉에서 있는 대로 고른 것은?

| 보기 |

ㄱ. 발전기는 전자기 유도 현상을 이용한다.
ㄴ. 자석과 코일의 상대 운동으로 인해 전류가 발생한다.
ㄷ. 자석이 회전할 때, 코일을 통과하는 자기장이 변한다.

① ㄱ   ② ㄷ   ③ ㄱ, ㄴ
④ ㄴ, ㄷ   ⑤ ㄱ, ㄴ, ㄷ

16 그림과 같이 코일 위에서 자석을 코일에 접근시키며 코일에 흐르는 유도 전류를 측정하였다. 코일에 흐르는 유도 전류의 세기를 증가시킬 수 있는 방법 3가지를 서술하시오.

> 25595-0251

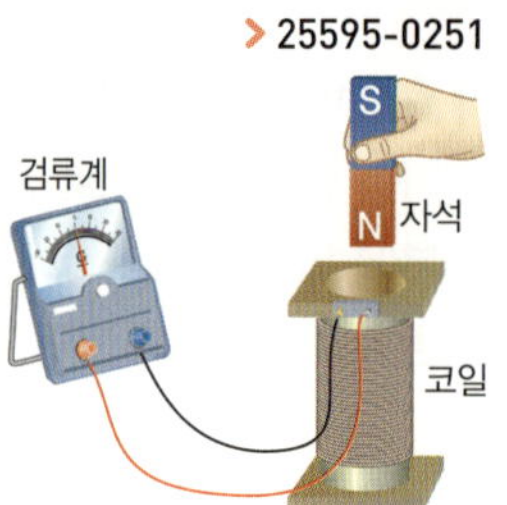

____

____

____

17 그림과 같이 경사면을 따라 내려온 자석이 솔레노이드의 중심축에 놓인 레일을 따라 레일 위의 점 p와 q를 차례로 통과한다. (단, 자석의 크기, 모든 마찰은 무시한다.)

> 25595-0252

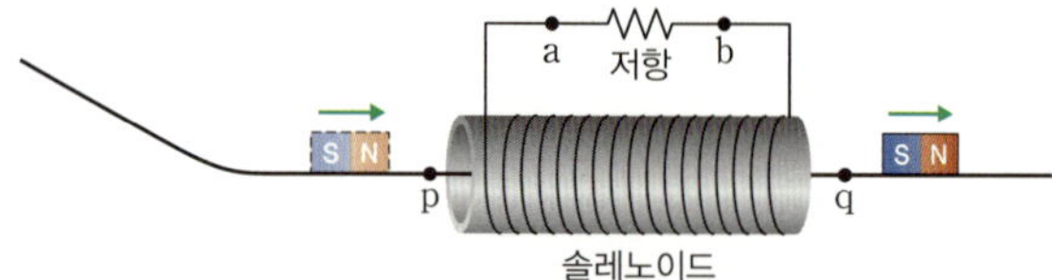

(1) 자석이 p를 통과할 때, 저항에 흐르는 전류의 방향을 쓰고, 그 까닭을 서술하시오.

____

(2) 자석이 p와 q를 지날 때의 속력을 비교하고, 그 까닭을 서술하시오.

____

18 조력 발전의 특징으로 옳은 것을 모두 고르면? (2개)

> 25595-0253

① 자원 고갈의 우려가 있다.
② 발전 과정에서 온실 가스가 배출된다.
③ 갯벌이 사라져 해양 생태계에 혼란을 줄 수 있다.
④ 운동 에너지를 전기 에너지로 전환하는 장치가 있다.
⑤ 파도의 운동 에너지를 이용해 전기 에너지를 생산한다.

19 태양광 발전에 대한 설명으로 옳지 <u>않은</u> 것은?

> 25595-0254

① 태양 전지를 이용한다.
② 발전기를 돌려 전기를 생산한다.
③ 빛에너지가 전기 에너지로 전환된다.
④ 발전 과정에서 온실 가스가 배출되지 않는다.
⑤ 발전 과정에서 방사성 폐기물이 발생하지 않는다.

20 그림은 아파트에 설치된 태양 전지에 대해 학생 A, B, C가 대화하고 있는 모습을 나타낸 것이다.

> 25595-0255

제시한 내용이 옳은 학생만을 있는 대로 고른 것은?

① A   ② C   ③ A, B
④ B, C   ⑤ A, B, C

21 핵발전에 대한 설명으로 옳지 <u>않은</u> 것은?

> 25595-0256

① 원자로에서 핵분열 반응이 일어난다.
② 발전 과정에서 온실 가스가 발생한다.
③ 우라늄이나 플루토늄을 원료로 이용한다.
④ 발전 과정에서 방사성 폐기물이 발생한다.
⑤ 운동 에너지를 전기 에너지로 전환하는 과정이 포함되어 있다.

> 25595-0257

22 그림은 여러 가지 발전 방식 ㉠, ㉡, ㉢을 에너지원과 에너지 전환 방식에 따라 분류한 것이다.

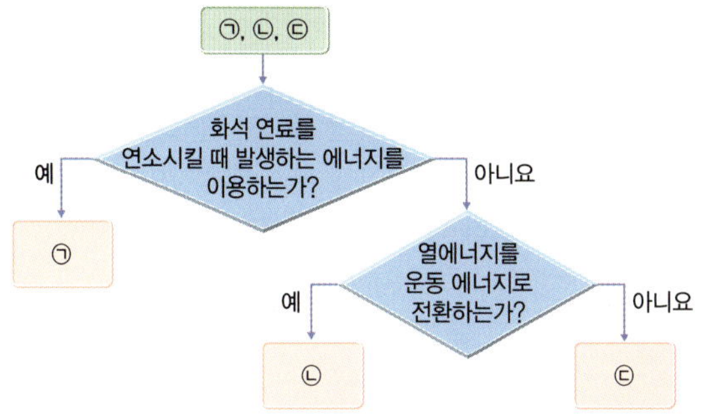

이에 대한 설명으로 옳은 것만을 〈보기〉에서 있는 대로 고른 것은?

보기
ㄱ. ㉠의 에너지원으로 천연가스가 있다.
ㄴ. 태양열 발전은 ㉡에 해당한다.
ㄷ. 풍력 발전은 ㉢에 해당한다.

① ㄱ ② ㄴ ③ ㄱ, ㄷ ④ ㄴ, ㄷ ⑤ ㄱ, ㄴ, ㄷ

> 25595-0258

23 그림은 수소 연료 전지에 대해 학생 A, B, C가 대화하는 모습을 나타낸 것이다.

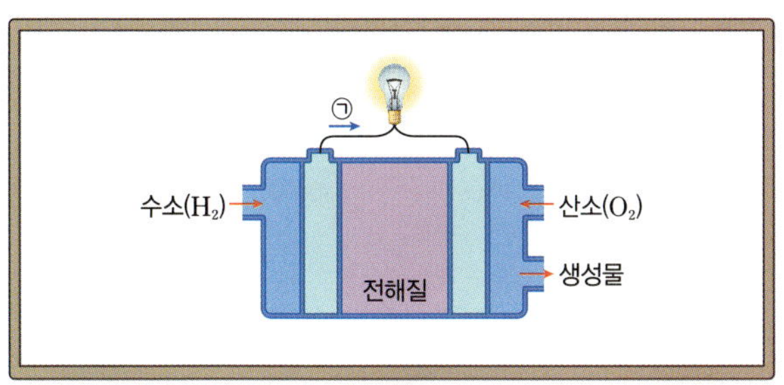

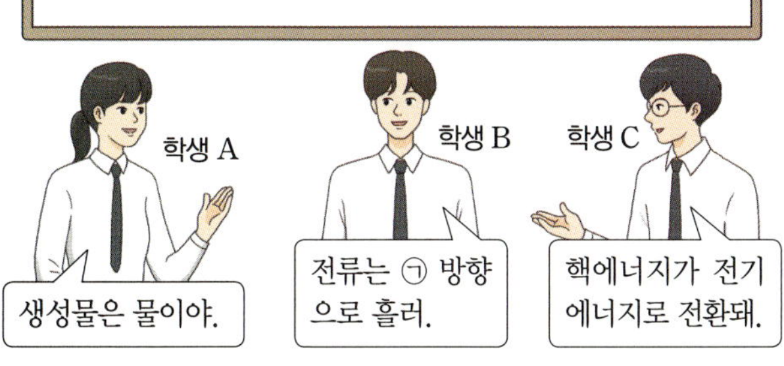

제시한 내용이 옳은 학생만을 있는 대로 고른 것은?

① A ② B ③ A, C ④ B, C ⑤ A, B, C

> 25595-0259

24 그림 (가)는 태양광 발전을, 그림 (나)는 태양열 발전을 나타낸 것이다.

(가)　　　　　　　(나)

태양열 발전의 원리를 태양광 발전과 비교하여 서술하시오.

____

____

____

> 25595-0260

25 다음을 읽고 물음에 답하시오.

• 그림은 수소 연료 전지를 나타낸 것이다. 연료 전지에 수소와 산소가 공급되어 전기 에너지가 생산될 때 수소와 산소가 결합한 물질인 ▢㉠▢ 이/가 발생한다.

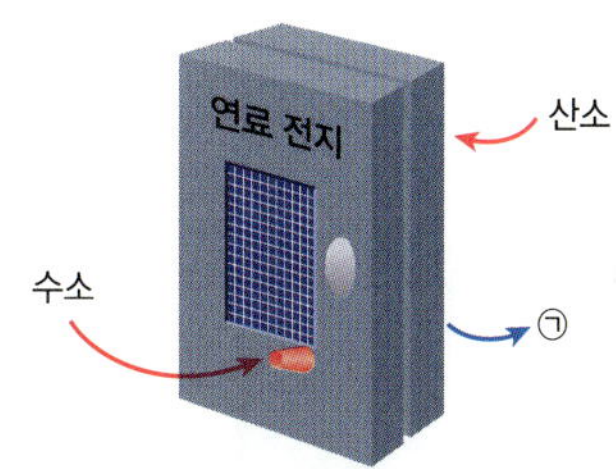

• 연료 전지가 미래의 에너지원으로 주목받는 까닭은 ㉡연료 전지의 장점 때문이다. 현재 연료 전지는 휴대용 전원이나 자동차부터 발전소와 같은 대규모 발전까지 가능하다. 그러나 앞으로 더 많은 분야에 쓰이기 위해서는 기술 개발이 더 필요하다.

물질 ㉠의 성질을 바탕으로 ㉡을 서술하시오.

____

____

____

> 25595-0261

26 다음은 반딧불이가 빛을 내는 원리에 대해 발표하는 모습을 나타낸 것이다.

반딧불이가 빛을 내는 과정에 대한 설명으로 옳은 것만을 〈보기〉에서 있는 대로 고른 것은?

┤ 보기 ├
ㄱ. 화학 에너지를 빛에너지로 전환한다.
ㄴ. 반응 전의 에너지의 합은 반응 후의 에너지의 합과 같다.
ㄷ. 열에너지가 발생하지 않는다.

① ㄱ 　② ㄷ 　③ ㄱ, ㄴ 　④ ㄴ, ㄷ 　⑤ ㄱ, ㄴ, ㄷ

🌟중요

> 25595-0262

27 그림은 휴대 전화를 사용할 때 휴대 전화에서 일어나는 여러 가지 현상을 나타낸 것이다.

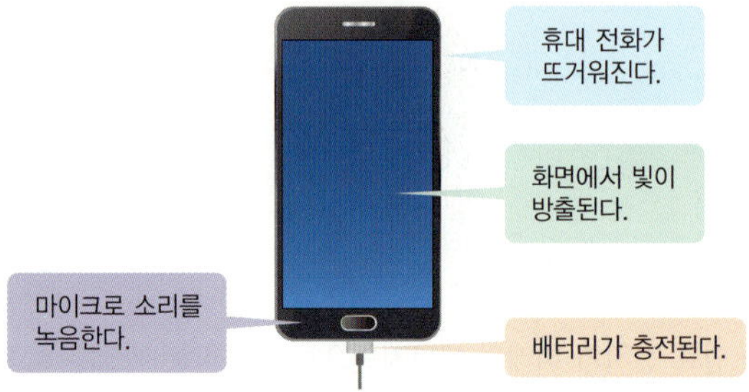

이에 대한 설명으로 옳지 <u>않은</u> 것은?

① 화면에서 전기 에너지가 빛에너지로 전환된다.
② 마이크에서 소리 에너지가 전기 에너지로 전환된다.
③ 배터리를 충전하는 동안 전기 에너지가 화학 에너지로 전환된다.
④ 휴대 전화를 사용할 때 뜨거워지면서 발생한 열에너지는 다시 모아 사용하기 어렵다.
⑤ 휴대 전화가 뜨거워지는 까닭은 에너지 총량이 감소하기 때문이다.

> 25595-0263

28 내연 기관 자동차에서의 에너지 전환에 대한 설명으로 옳지 <u>않은</u> 것은?

① 화석 연료를 에너지원으로 사용한다.
② 다시 사용하기 어려운 열에너지가 발생한다.
③ 화석 연료가 연소하면서 온실 가스가 발생한다.
④ 에너지 효율이 낮을수록 온실 가스 배출량이 증가한다.
⑤ 공급한 에너지보다 더 많은 에너지를 주행에 사용한다.

> 25595-0264

29 표는 열기관 A, B에 공급된 열에너지, 열기관이 하는 일, 열기관의 열효율을 나타낸 것이다.

열기관	A	B
공급된 열에너지	$40E_0$	$50E_0$
하는 일	$4E_0$	㉠
열효율	ε	3ε

㉠을 구하시오.

서술형

> 25595-0265

30 그림은 열량 Q를 흡수하는 가상의 열기관 A, B, C에서의 에너지 전환을 나타낸 것이다.

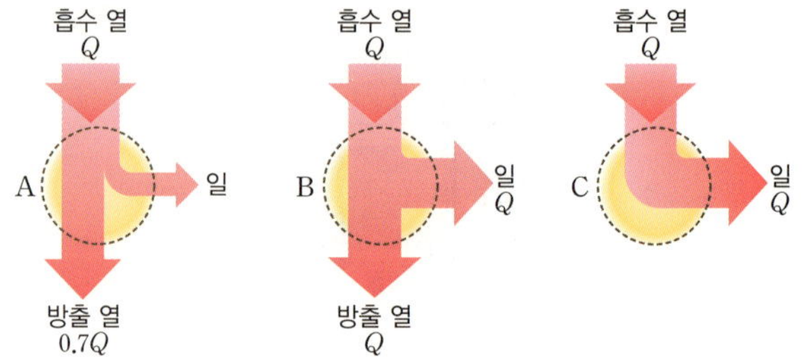

(1) A의 열효율을 구하시오.

(2) B에서와 같은 에너지 전환이 불가능한 까닭을 서술하시오.

(3) C에서와 같은 에너지 전환이 불가능한 까닭을 서술하시오.

> 25595-0266

01 다음은 에너지의 전환에 대한 내용이다.

> 초록색 ㉠잔디를 심은 운동장에서 친구와 함께 ㉡축구를 하였다.
>
> 

이에 대한 설명으로 옳은 것만을 〈보기〉에서 있는 대로 고른 것은?

【 보기 】
ㄱ. ㉠은 광합성을 통해 빛에너지를 화학 에너지로 전환한다.
ㄴ. ㉠에서 생성되는 에너지의 근원은 태양 에너지이다.
ㄷ. ㉡은 화학 에너지를 운동 에너지로 전환하는 과정이다.

① ㄱ 　② ㄴ 　③ ㄱ, ㄷ
④ ㄴ, ㄷ 　⑤ ㄱ, ㄴ, ㄷ

> 25595-0267

02 그림은 태양에서 수소 원자핵 4개가 헬륨 원자핵 1개로 변할 때 태양 에너지가 방출되는 모습을 모식적으로 나타낸 것이다. 이에 대한 설명으로 옳은 것만을 〈보기〉에서 있는 대로 고른 것은?

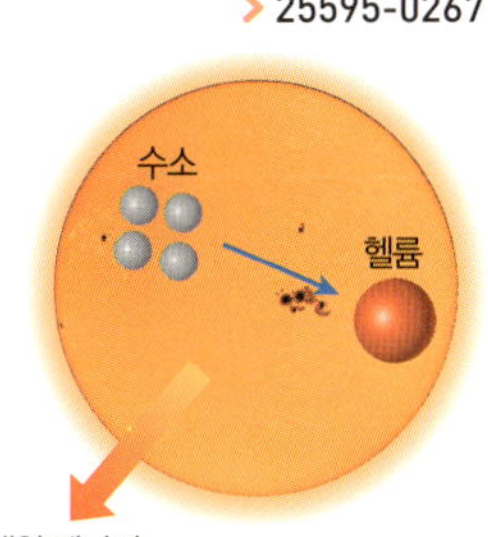

【 보기 】
ㄱ. 수소 원자핵이 헬륨 원자핵으로 변하는 반응은 핵융합 반응이다.
ㄴ. 수소 원자핵 4개의 질량 합은 헬륨 원자핵 1개의 질량과 같다.
ㄷ. 태양 에너지의 일부는 복사 에너지의 형태로 지구에 도달한다.

① ㄱ 　② ㄴ 　③ ㄱ, ㄷ
④ ㄴ, ㄷ 　⑤ ㄱ, ㄴ, ㄷ

★중요

> 25595-0268

03 다음은 헬륨 원자핵이 생성되는 두 핵반응식을 나타낸 것이다.

> (가) $4^1_1\text{H} \longrightarrow {}^4_2\text{He} + 26\ \text{MeV}$
> (나) $2^2_1\text{H} \longrightarrow {}^4_2\text{He} + 24\ \text{MeV}$

이에 대한 설명으로 옳은 것만을 〈보기〉에서 있는 대로 고른 것은?

【 보기 】
ㄱ. 수소 원자핵(^1_1H) 4개의 질량 합은 헬륨 원자핵(^4_2He) 1개의 질량과 같다.
ㄴ. 중수소 원자핵(^2_1H) 2개의 질량 합은 헬륨 원자핵(^4_2He) 1개의 질량보다 크다.
ㄷ. 질량 결손은 (가)에서가 (나)에서보다 크다.

① ㄱ 　② ㄴ 　③ ㄱ, ㄷ
④ ㄴ, ㄷ 　⑤ ㄱ, ㄴ, ㄷ

> 25595-0269

04 다음 (가)~(라)는 태양 에너지에 의해 일어나는 물의 순환과 탄소의 순환을 순서 없이 나타낸 것이다.

> (가) 바닷물이 열을 흡수하여 수증기를 발생시킨다.
> (나) 수증기가 구름이 되어 비나 눈과 같은 기상 현상을 일으킨다.
> (다) 탄소가 광합성을 통해 식물에 저장된다.
> (라) 생명체의 유해가 땅에 묻혀 화석 연료로 저장된다.

(가)~(라)를 물의 순환과 탄소의 순환으로 분류한 것으로 옳은 것은?

	물의 순환	탄소의 순환
①	(가)	(나), (다), (라)
②	(가), (나)	(다), (라)
③	(가), (나), (다)	(라)
④	(나), (다)	(가), (라)
⑤	(다), (라)	(가), (나)

05 그림은 탄소 순환 과정의 일부를 나타낸 것이다.

> 25595-0270

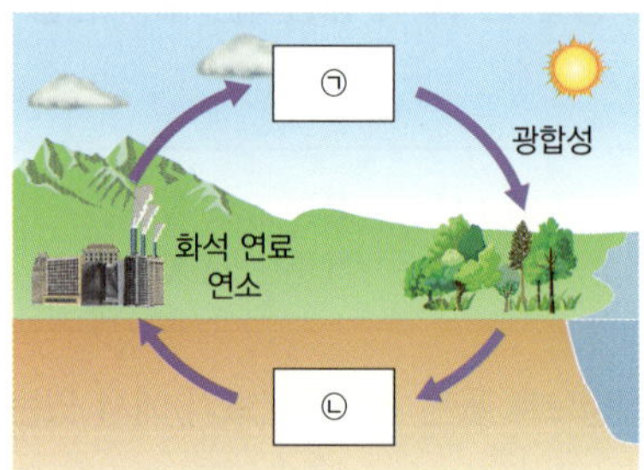

이에 대한 설명으로 옳은 것만을 〈보기〉에서 있는 대로 고른 것은?

보기
ㄱ. ㉠은 이산화 탄소이다.
ㄴ. 광합성 과정에서 빛에너지가 필요하다.
ㄷ. ㉡은 화력 발전의 에너지원이다.

① ㄱ　　　　② ㄴ　　　　③ ㄱ, ㄷ
④ ㄴ, ㄷ　　　⑤ ㄱ, ㄴ, ㄷ

06 다음은 핵융합 발전에 대한 기사이다.

> 25595-0271

Kstar는 한국형 핵융합 연구를 위한 장치이다. 도넛 모양의 구조물은 강한 자기장 속에서 초고온의 ㉠플라스마 상태를 유지함으로써 수소를 바탕으로 한 인공 ㉡핵융합을 가능하게 한다.

이에 대한 설명으로 옳은 것만을 〈보기〉에서 있는 대로 고른 것은?

보기
ㄱ. ㉠은 태양 중심부에서 수소의 상태이다.
ㄴ. ㉡ 과정에서 질량 결손이 발생한다.
ㄷ. ㉡ 과정에서 에너지가 흡수된다.

① ㄱ　　　　② ㄷ　　　　③ ㄱ, ㄴ
④ ㄴ, ㄷ　　　⑤ ㄱ, ㄴ, ㄷ

★중요

07 그림 (가)는 자석의 N극을 코일에 접근시킬 때 검류계의 모습을 나타낸 것이다. 그림 (나)는 (가)에서 실험 조건을 바꾸었을 때 검류계의 모습을 나타낸 것이다.

> 25595-0272

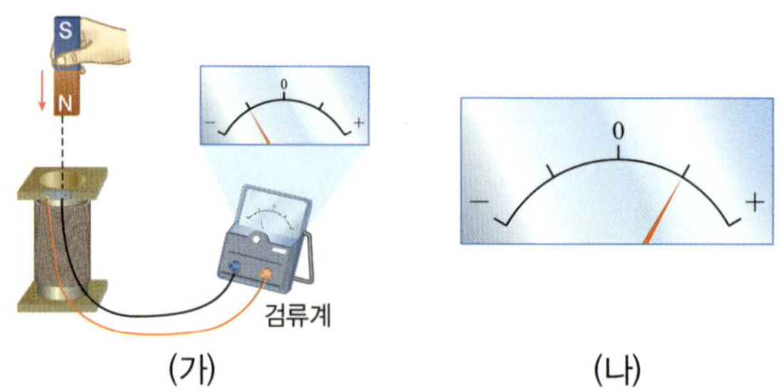

(나)와 같은 결과가 나올 수 있는 실험 조건만을 〈보기〉에서 있는 대로 고른 것은?

보기
ㄱ. N극을 코일에서 멀리 한다.
ㄴ. S극을 코일에 가까이 한다.
ㄷ. S극을 코일에서 멀리 한다.

① ㄱ　② ㄷ　③ ㄱ, ㄴ　④ ㄴ, ㄷ　⑤ ㄱ, ㄴ, ㄷ

08 그림 (가)는 막대자석을 금속 고리의 중심축을 따라 접근시키는 모습을 나타낸 것이다. 그림 (나)는 (가)에서 동일한 자석을 같은 극끼리 겹쳐서 동일한 속력으로 금속 고리의 중심축을 따라 접근시키는 모습을 나타낸 것이다.

> 25595-0273

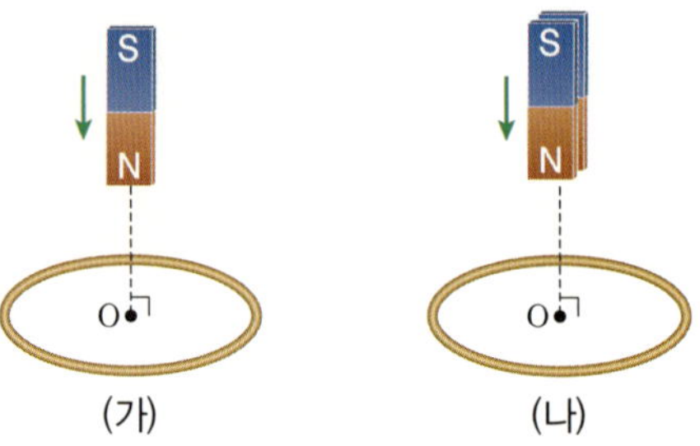

(나)의 금속 고리에서 일어나는 현상을 (가)와 비교한 것으로 옳은 것만을 〈보기〉에서 있는 대로 고른 것은?

보기
ㄱ. 금속 고리를 통과하는 자기장의 세기가 감소한다.
ㄴ. 유도 전류의 방향이 바뀐다.
ㄷ. 유도 전류의 세기가 증가한다.

① ㄱ　② ㄷ　③ ㄱ, ㄴ　④ ㄴ, ㄷ　⑤ ㄱ, ㄴ, ㄷ

09 그림 (가), (나)는 동일한 자석이 솔레노이드 A, B의 중심축을 따라 A와 B에 각각 동일한 속력으로 접근하는 모습을 나타낸 것이다. 코일의 감은 수는 B가 A보다 많고, A와 B에 연결된 저항의 저항값은 서로 같다.

> 25595-0274

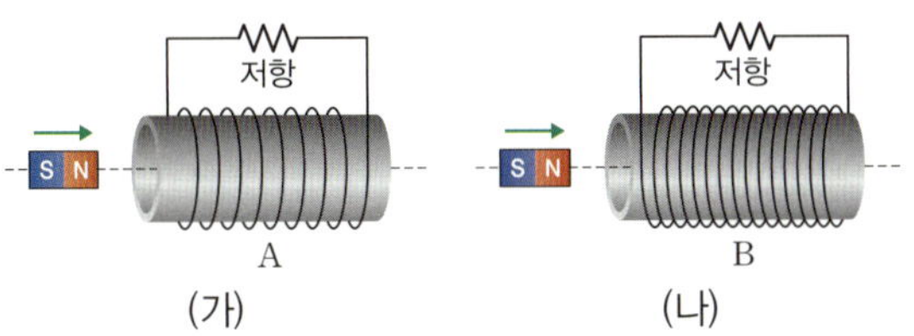

이에 대한 설명으로 옳은 것만을 〈보기〉에서 있는 대로 고른 것은?

보기
ㄱ. 저항에 흐르는 전류의 방향은 A에서와 B에서가 서로 같다.
ㄴ. 자석의 역학적 에너지가 전기 에너지로 전환된다.
ㄷ. 발생한 전기 에너지는 B에서가 A에서보다 크다.

① ㄱ ② ㄷ ③ ㄱ, ㄴ ④ ㄴ, ㄷ ⑤ ㄱ, ㄴ, ㄷ

> 25595-0275

10 그림은 교통 카드를 카드 단말기에 가까이 할 때 교통 카드에 들어 있는 코일과 카드 단말기에 의해 한쪽 방향으로 형성된 자기장을 나타낸 것이다.

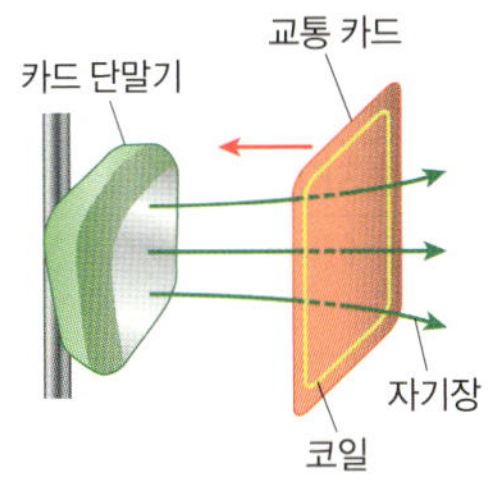

이에 대한 설명으로 옳은 것만을 〈보기〉에서 있는 대로 고른 것은?

보기
ㄱ. 교통 카드를 카드 단말기에 가까이 할 때 코일을 통과하는 자기장이 변한다.
ㄴ. 전자기 유도에 의해 코일에 유도 전류가 흐른다.
ㄷ. 교통 카드를 카드 단말기에 가까이 할 때와 멀리 할 때 코일에 흐르는 전류의 방향은 서로 반대이다.

① ㄱ ② ㄷ ③ ㄱ, ㄴ ④ ㄴ, ㄷ ⑤ ㄱ, ㄴ, ㄷ

> 25595-0276

11 다음은 간이 발전기를 제작하는 실험이다.

[실험 과정]
• 코일에 검류계를 연결하고 코일 위에 자석을 회전시키는 장치를 설치한다.
• 자석을 회전시키는 속력을 다르게 하면서 검류계로 코일에 흐르는 전류의 최댓값을 측정한다.

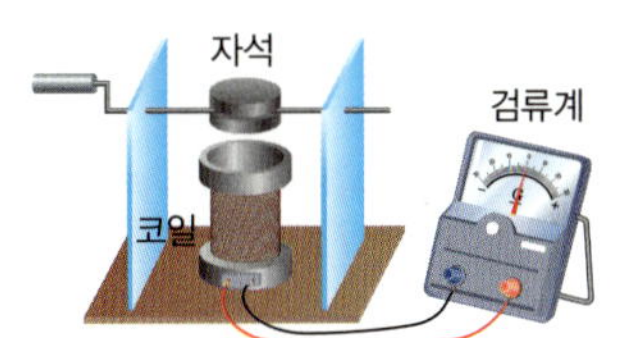

[실험 결과]

자석의 회전	천천히 돌림	빠르게 돌림	매우 빠르게 돌림
전류의 최댓값	I_1	I_2	I_3

이에 대한 설명으로 옳은 것만을 〈보기〉에서 있는 대로 고른 것은?

보기
ㄱ. 자석을 반대 방향으로 회전시키면 코일에 전류가 흐르지 않는다.
ㄴ. 자석이 한 바퀴 회전하는 동안 코일에 흐르는 전류의 방향은 변하지 않는다.
ㄷ. $I_1 < I_2 < I_3$이다.

① ㄱ ② ㄷ ③ ㄱ, ㄴ ④ ㄴ, ㄷ ⑤ ㄱ, ㄴ, ㄷ

> 25595-0277

12 그림은 자가 발전 손전등의 구조를 나타낸 것이다.

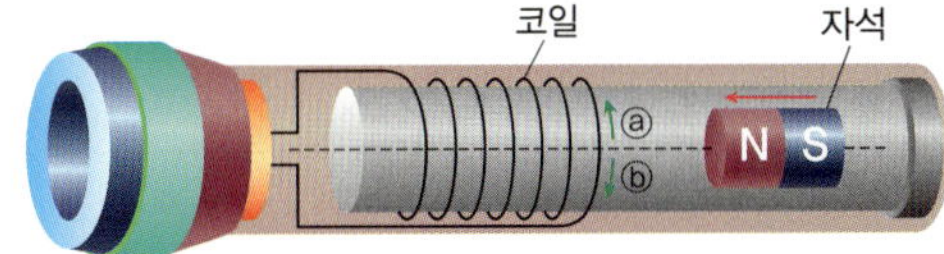

이에 대한 설명으로 옳은 것만을 〈보기〉에서 있는 대로 고른 것은?

보기
ㄱ. 자석이 코일에 다가올 때, 코일에 흐르는 전류의 방향은 ⓑ이다.
ㄴ. 코일에서 발생한 전기 에너지는 자석의 운동 에너지보다 크다.
ㄷ. 자석이 코일에 다가올 때와 멀어질 때 코일에 흐르는 전류의 방향은 같다.

① ㄱ ② ㄷ ③ ㄱ, ㄴ ④ ㄴ, ㄷ ⑤ ㄱ, ㄴ, ㄷ

13 그림은 자전거 바퀴에 연결되어 자전거의 전조등이나 후미등을 켜는 장치의 구조를 나타낸 것이다.

> 25595-0278

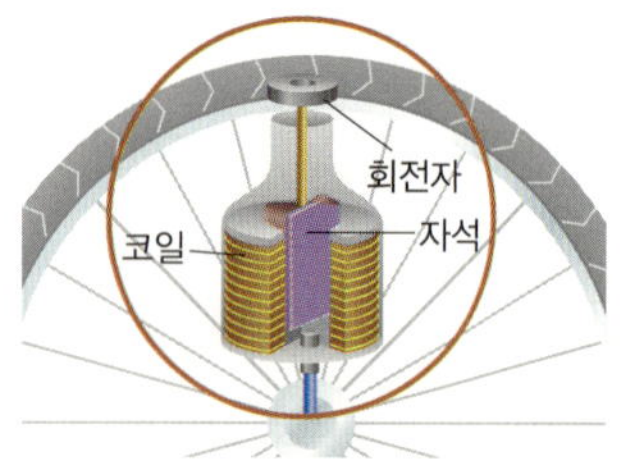

이에 대한 설명으로 옳은 것만을 〈보기〉에서 있는 대로 고른 것은?

보기
ㄱ. 코일에 흐르는 유도 전류의 방향은 계속 변한다.
ㄴ. 회전자가 더 빠르게 회전할수록 코일에 흐르는 유도 전류의 세기가 크다.
ㄷ. 자석의 운동 에너지가 감소하는 동안에는 코일에 유도 전류가 흐르지 않는다.

① ㄱ   ② ㄷ   ③ ㄱ, ㄴ
④ ㄴ, ㄷ   ⑤ ㄱ, ㄴ, ㄷ

14 표는 발전 방식 A, B, C에 대한 자료이다. A, B, C는 각각 핵발전, 태양광 발전, 풍력 발전 중 하나이다.

> 25595-0279

발전 과정의 특징	A	B	C
신재생 에너지를 이용한다.	×	○	○
전자기 유도 법칙을 이용한다.	○	×	○

(○: 예, ×: 아니요)

이에 대한 설명으로 옳은 것만을 〈보기〉에서 있는 대로 고른 것은?

보기
ㄱ. A는 핵발전이다.
ㄴ. B는 날씨에 따라 발전량이 달라진다.
ㄷ. C의 발전량은 우리나라 전력 생산의 대부분을 차지한다.

① ㄱ   ② ㄷ   ③ ㄱ, ㄴ
④ ㄴ, ㄷ   ⑤ ㄱ, ㄴ, ㄷ

☆중요

15 그림은 화력 발전, 조력 발전, 태양광 발전을 두 가지 기준으로 분류한 것을 나타낸 것이다.

> 25595-0280

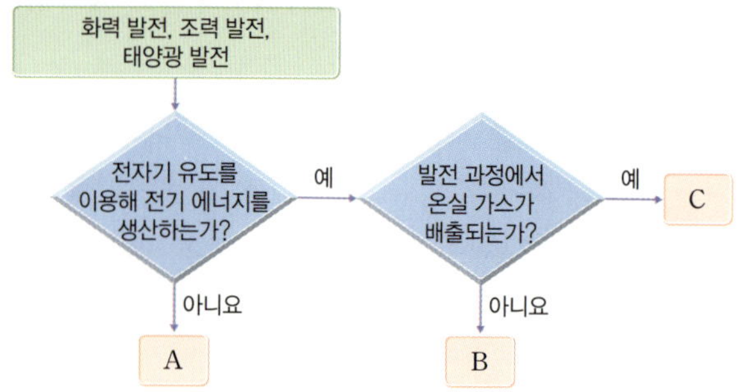

A, B, C로 옳은 것은?

	A	B	C
①	화력 발전	조력 발전	태양광 발전
②	조력 발전	화력 발전	태양광 발전
③	조력 발전	태양광 발전	화력 발전
④	태양광 발전	화력 발전	조력 발전
⑤	태양광 발전	조력 발전	화력 발전

16 다음은 퀴즈 대회에서 출연자가 단계별로 공개되는 도움말을 통해 정답을 말하는 모습을 나타낸 것이다.

> 25595-0281

이것은 어떤 발전 방식일까요?	
1단계	자원 고갈의 염려가 없다.
2단계	발전 과정에서 터빈을 돌린다.
3단계	강원도 산간 지대에 건설되어 있다.
4단계	바람의 운동 에너지를 이용해 전기 에너지를 생산한다.
5단계	

㉠에 들어갈 말로 옳은 것은?

① 풍력 발전   ② 조력 발전   ③ 태양광 발전
④ 핵발전   ⑤ 화력 발전

17 그림은 핵발전소의 발전 모습을 나타낸 것이다. 이에 대한 설명으로 옳은 것만을 〈보기〉에서 있는 대로 고른 것은?

> 25595-0282

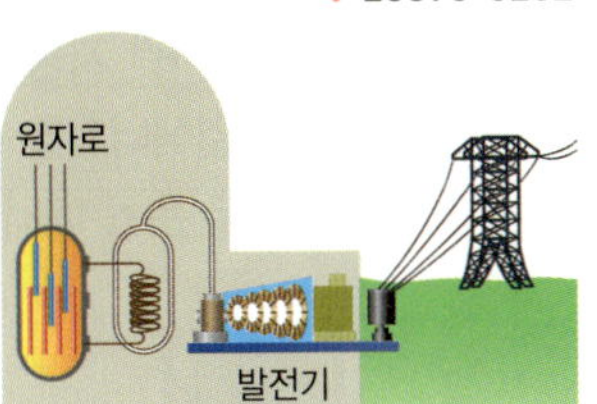

〔 보기 〕

ㄱ. 원자로에서 화석 연료를 연소시킨다.
ㄴ. 발전 과정에서 방사성 폐기물이 발생한다.
ㄷ. 발전기는 전자기 유도 현상을 이용해 전기 에너지를 생산한다.

① ㄱ   ② ㄷ   ③ ㄱ, ㄴ   ④ ㄴ, ㄷ   ⑤ ㄱ, ㄴ, ㄷ

> 25595-0283

18 그림은 수소 연료 전지의 구조와 원리를 나타낸 것이다.

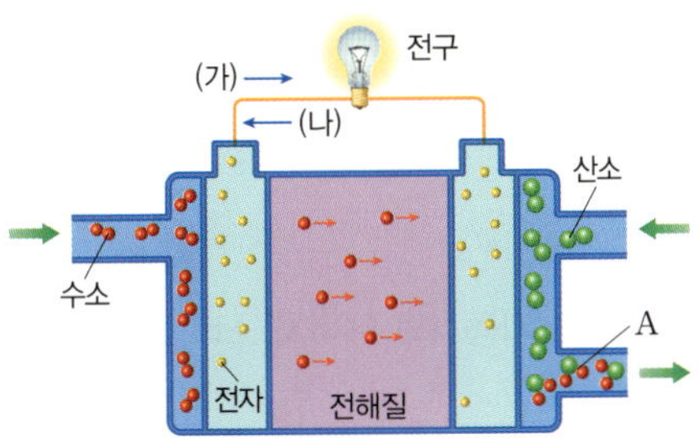

이에 대한 설명으로 옳지 <u>않은</u> 것은?

① A는 이산화 탄소이다.
② 전류의 방향은 (나)이다.
③ 전자의 이동 방향은 (가)이다.
④ 수소는 전자를 내어놓고 수소 이온이 된다.
⑤ 산소가 들어오는 쪽의 전극은 (+)극이다.

> 25595-0284

19 풍력 발전에 대한 설명으로 옳은 것만을 〈보기〉에서 있는 대로 고른 것은?

〔 보기 〕

ㄱ. 신재생 에너지에 해당하는 발전 방식이다.
ㄴ. 핵연료를 에너지원으로 이용한다.
ㄷ. 전자기 유도를 이용해 전기 에너지를 생산한다.

① ㄱ   ② ㄴ   ③ ㄱ, ㄷ   ④ ㄴ, ㄷ   ⑤ ㄱ, ㄴ, ㄷ

> 25595-0285

20 다음은 과학 과제에 대한 교사와 학생의 대화이다.

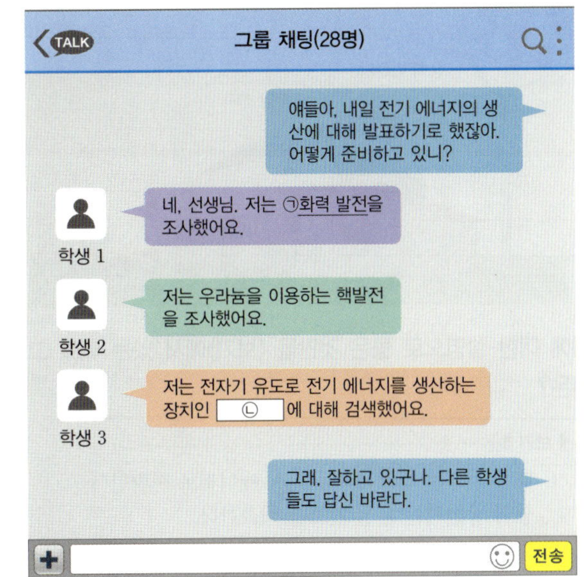

이에 대한 설명으로 옳은 것만을 〈보기〉에서 있는 대로 고른 것은?

〔 보기 〕

ㄱ. ㉠은 화석 연료를 에너지원으로 사용한다.
ㄴ. ㉡은 발전기이다.
ㄷ. ㉡은 자석과 코일의 상대적인 운동으로 전기 에너지를 생산한다.

① ㄱ   ② ㄴ   ③ ㄱ, ㄷ
④ ㄴ, ㄷ   ⑤ ㄱ, ㄴ, ㄷ

중요

> 25595-0286

21 표는 조명 장치 A, B, C에 전기 에너지를 공급하여 조명을 켤 때 조명 장치에서 손실된 에너지를 나타낸 것이다.

구분	A	B	C
공급한 전기 에너지(J)	150	200	300
손실된 에너지(J)	100	150	200

A, B, C의 에너지 효율을 비교한 것으로 옳은 것은?

① A>B>C   ② A=B=C   ③ A=C>B
④ B>C>A   ⑤ C>A>B

> 25595-0287

22 그림은 에너지 제로 하우스에 설치된 장치를 나타낸 것이다.

이에 대한 설명으로 옳은 것만을 〈보기〉에서 있는 대로 고른 것은?

──┤ 보기 ├──

ㄱ. 태양 전지는 빛에너지를 전기 에너지로 전환한다.
ㄴ. 풍력 발전기는 온실 가스를 배출한다.
ㄷ. 전기 자동차를 충전하는 동안 화학 에너지가 전기 에너지로 전환된다.

① ㄱ   ② ㄴ   ③ ㄱ, ㄷ   ④ ㄴ, ㄷ   ⑤ ㄱ, ㄴ, ㄷ

> 25595-0288

23 그림은 화석 연료를 이용한 자동차의 에너지 전환을 나타낸 것이다.

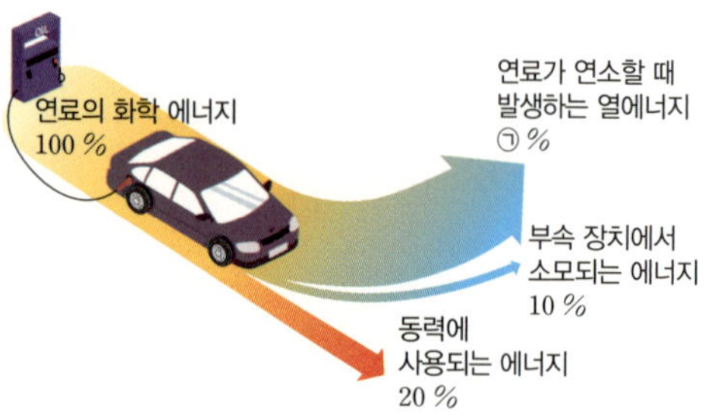

이에 대한 설명으로 옳은 것만을 〈보기〉에서 있는 대로 고른 것은?

──┤ 보기 ├──

ㄱ. ㉠은 70이다.
ㄴ. 연료의 에너지를 동력으로 전환할 때 에너지 효율은 0.2이다.
ㄷ. 화석 연료를 연소시킬 때 화학 에너지가 열에너지로 전환된다.

① ㄱ   ② ㄷ   ③ ㄱ, ㄴ   ④ ㄴ, ㄷ   ⑤ ㄱ, ㄴ, ㄷ

> 25595-0289

24 그림은 내연 기관 자동차 A와 전기 자동차 B에 공급된 에너지와 방출된 열에너지를 각각 나타낸 것이다. A, B에 공급된 에너지는 모두 운동 에너지와 열에너지로만 전환된다.

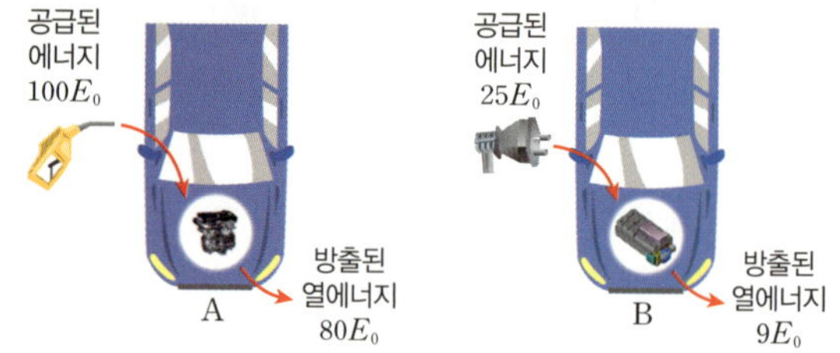

이에 대한 설명으로 옳지 <u>않은</u> 것은?

① A의 에너지 효율은 0.2이다.
② A에서 방출된 열에너지는 다시 유용하게 사용하기 어렵다.
③ B의 에너지 효율은 0.5이다.
④ B에 $100E_0$의 에너지를 공급하면 방출되는 열에너지는 $36E_0$이다.
⑤ A와 B의 에너지 효율이 큰 차이가 나는 까닭은 방출된 열에너지 때문이다.

> 25595-0290

25 그림은 어떤 자동차의 에너지 소비 효율 등급을 나타낸 것이다.

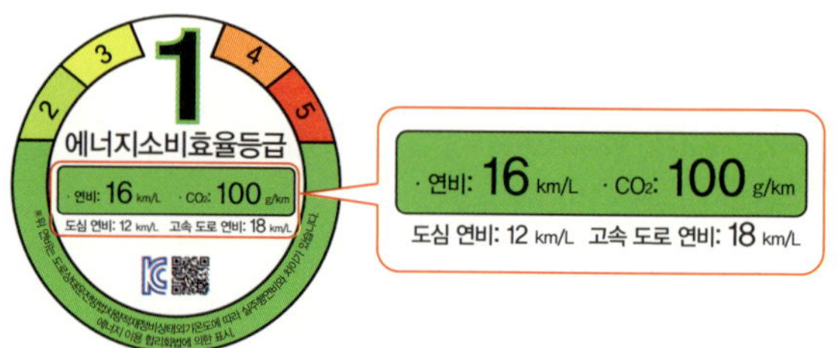

이에 대한 설명으로 옳은 것만을 〈보기〉에서 있는 대로 고른 것은? (단, CO_2는 1 km 주행하는 동안 배출하는 이산화 탄소의 양을 g으로 표시한 것이다.)

──┤ 보기 ├──

ㄱ. CO_2 항목의 숫자가 클수록 CO_2 배출량이 적다.
ㄴ. 같은 종류의 제품일 경우 1등급 제품이 2등급 제품보다 에너지 이용 효율이 높다.
ㄷ. 같은 양의 연료를 이용할 때 도심에서보다 고속 도로에서 더 긴 거리를 주행할 수 있다.

① ㄱ   ② ㄷ   ③ ㄱ, ㄴ   ④ ㄴ, ㄷ   ⑤ ㄱ, ㄴ, ㄷ

1. 생물과 환경

(1) 생태계의 구성

① 생태계구성요소: 생태계는 생물요소와 비생물요소로 구성된다.

- 생물요소: 양분을 얻는 방식에 따라 생산자, 소비자, 분해자로 구분한다.
- 비생물요소: 생물을 둘러싸고 있는 환경요인으로, 빛, 온도, 물, 토양, 공기 등이다.
- 생물요소와 비생물요소는 서로 영향을 주고받는다.

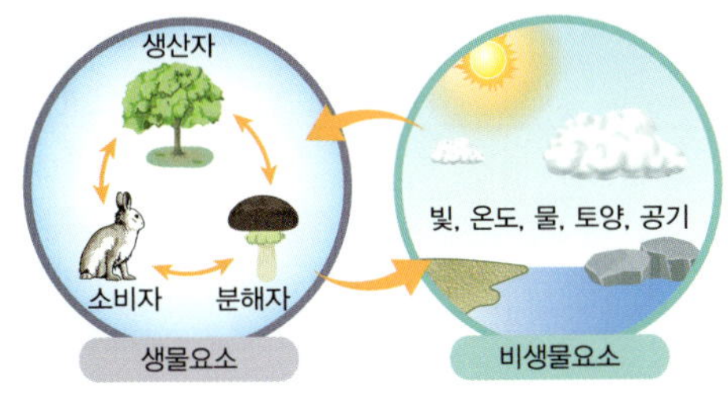

② 개체군과 군집

- 개체군: 하나의 종으로 구성된 개체의 무리이다.

- 군집: 같은 서식지에 살아가는 여러 개체군의 모임이다.

(2) 생태계구성요소 사이의 상호작용의 예

구분	환경 → 생물	생물 → 환경
빛	일조 시간에 따라 동물의 번식 시기가 달라진다.	숲이 울창해지면 지표면에 도달하는 빛의 세기가 감소한다.
온도	기온이 내려가면 단풍이 든다.	숲은 식물의 증산 작용으로 주변보다 온도가 낮다.
물	사막에 사는 선인장의 잎은 가시 모양이다.	고래의 배설물은 무기물의 순환에 도움을 준다.
토양	식충식물은 질소를 얻기 위해 곤충을 잡아 분해하는 기관을 갖는다.	지렁이에 의해 토양의 통기성이 증가한다.
공기	산소가 부족한 고산 지대에 사는 사람은 적혈구 수가 많다.	식물의 광합성으로 숲은 다른 곳보다 산소의 농도가 높다.

2. 생태계평형

(1) 먹이 관계와 피라미드

① 생태계평형: 생태계를 구성하는 생물종의 종류, 개체수, 에너지 흐름 등이 안정적으로 유지되는 상태이다.

② 먹이 관계: 생물은 살아가는 데 에너지를 필요로 하며, 생산자가 만든 유기물은 먹이 관계에 의해 상위 영양단계로 전달된다.

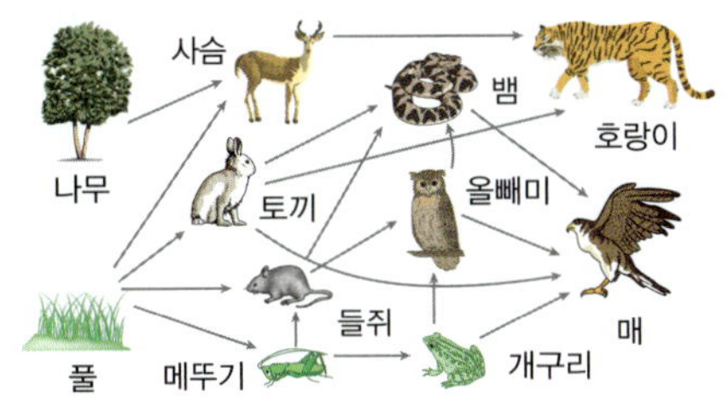

③ 생태피라미드: 각 영양단계의 개체수, 생물량(생체량), 에너지양 등을 영양단계별로 나타낸 것이다.

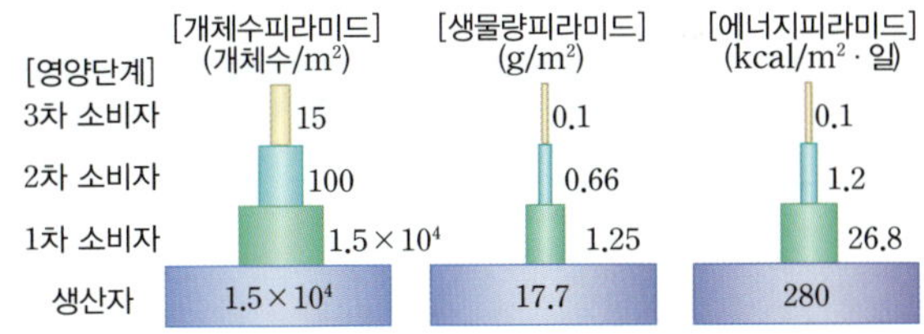

(2) 생태계평형의 유지: 일시적으로 평형 상태가 깨어지더라도 먹이 관계에 의해 생태계는 평형 상태를 회복한다.

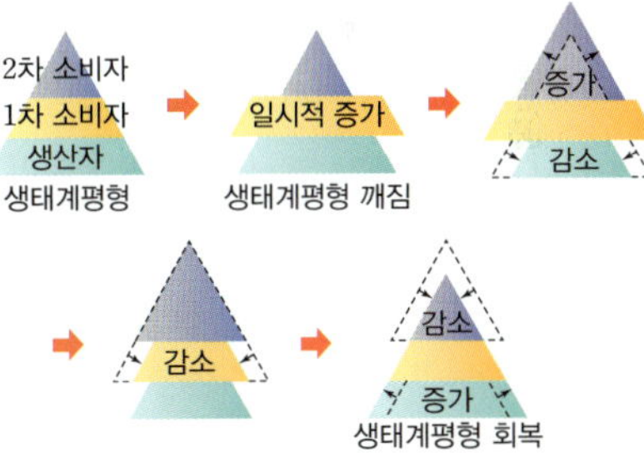

(3) 환경 변화와 생태계

① 생태계에 영향을 미치는 환경 변화: 기후 변화, 자연재해, 무분별한 개발과 환경오염, 남획과 불법 포획, 외래생물(외래종)의 도입은 생태계평형을 깨뜨리거나 파괴할 수 있다.

② 생태계보전을 위한 노력: 개인적(물품 재활용 등), 국가적(법 제정, 공원 지정 등), 국제적(생물다양성 협약 등)인 노력을 통해 생태계를 보전하는 것은 인류의 생존을 위해 필요하다.

3. 온실 효과와 지구 온난화

(1) **온실 효과:** 대기가 흡수한 지구 복사 에너지를 다시 방출하면서 지표면을 따뜻하게 하여 대기가 없을 때보다 지구의 온도를 높이는 효과이다.

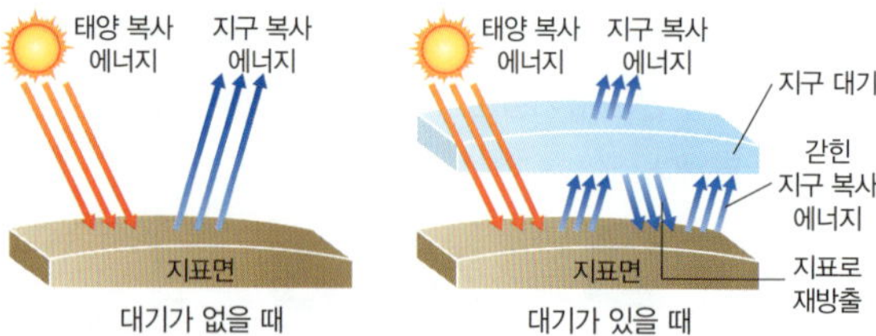

(2) **온실 기체:** 수증기, 이산화 탄소, 메테인, 염화 플루오린화 탄소, 오존 등이 있다.

(3) **복사 평형과 열수지:** 지구 및 지구를 구성하는 대기와 지표는 흡수한 에너지와 같은 양의 에너지를 방출한다. 지구는 태양으로부터 흡수한 에너지와 같은 양의 에너지 70을 지구 복사 에너지로 우주에 방출하여 복사 평형을 이룬다.

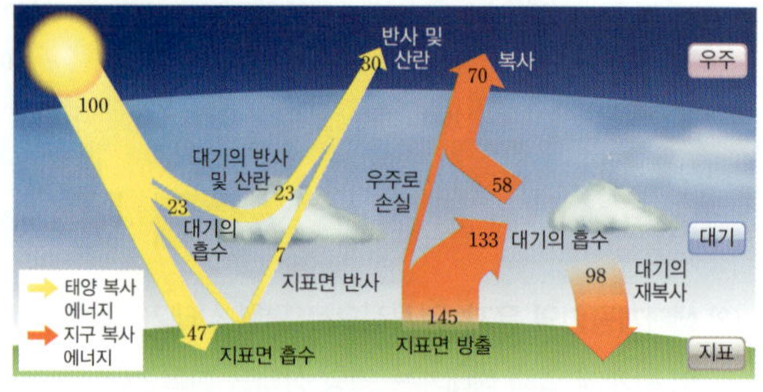

(4) **지구 온난화:** 대기 중에 이산화 탄소와 같은 온실 기체의 양이 증가하면 온실 효과가 커지고, 더 많은 에너지가 지표로 재복사된다. 그 결과 더 높은 온도에서 복사 평형이 이루어지며 지구 온난화가 심해진다.

→ 빙하 면적 감소, 해수면 상승, 홍수, 가뭄, 폭염, 한파, 물 부족, 멸종 생물의 증가와 같은 현상이 일어난다.

4. 사막화와 엘니뇨

(1) **사막화:** 사막 주변 지역의 토지가 황폐해지면서 점차 사막으로 변하는 현상이다.

① 대기 대순환의 변화로 강수량이 줄어든 지역이나, 가축의 과잉 방목, 과도한 경작, 무분별한 삼림 벌채 등으로 사막화가 진행된다.

② 사막화가 진행되면 생물다양성과 농업 생산성이 낮아지고,

거주지 감소와 건강 문제 등이 발생한다. 또한 토양 침식이 늘어나고 물의 순환에도 영향을 준다.

(2) **엘니뇨**

① 발생 과정: 태평양 적도 부근에서 무역풍이 평상시보다 약해진다. → 동태평양에서 서태평양으로 따뜻한 표층 해수의 이동이 약해진다. → 동태평양의 표층 수온이 평년보다 높은 상태가 한동안 유지된다.

② 대기와 해양의 변화

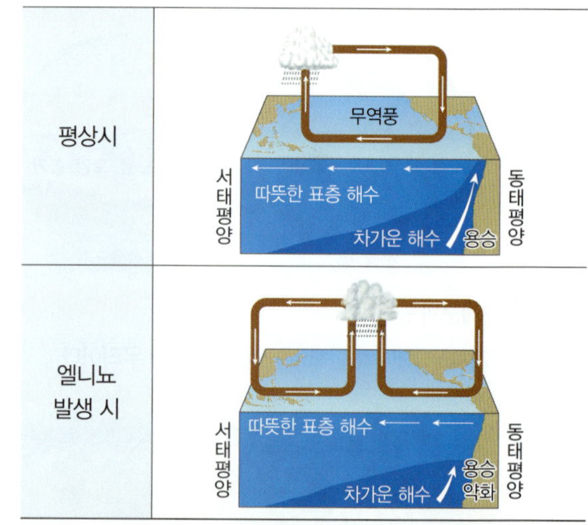

③ 엘니뇨 발생 시의 기후 변화

• 동태평양(페루 연안): 표층 수온 상승 → 강수량 증가로 인한 홍수 발생, 용승 약화로 어획량 감소

• 서태평양(인도네시아 지역): 하강 기류 발생 → 강수량 감소로 가뭄 및 산불 발생

5. 환경 변화의 영향과 대처 방안

(1) **환경 변화의 영향**

• 평균 기온 상승으로 빙하 감소, 해수면 상승, 태풍의 발생 빈도 및 세기 증가, 홍수와 가뭄 지역 변화, 사막화 등이 진행된다.

• 농작물 생산량 감소, 다양한 생물종의 멸종 위기, 질병 발생, 물 부족 등의 현상이 나타난다.

(2) **대처 방안**

• 탄소 저감 기술, 지속가능한 에너지 사용 기술, 에너지 효율을 높이는 기술 등을 꾸준히 개발해야 한다.

• 기후 변화 대처 방안 마련을 위한 국가 간 협력이 필요하다.

6. 에너지

(1) **에너지**: 일을 할 수 있는 능력

(2) **여러 가지 에너지**

운동 에너지	운동하는 물체가 가지는 에너지
위치 에너지	물체의 위치에 따라 잠재적으로 가지는 에너지
화학 에너지	화학 결합을 통해 물질 속에 저장된 에너지
전기 에너지	전하의 이동을 통해 발생하는 에너지
열에너지	물체의 온도나 상태를 변화시키는 에너지
빛에너지	빛이 가지는 에너지
핵에너지	원자핵 속에 저장되었다가 핵반응을 통해 나타나는 에너지
소리 에너지	소리가 가지는 에너지

7. 태양 에너지

(1) **핵반응과 에너지**

① **핵반응**: 가벼운 원자핵이 합쳐져서 무거운 원자핵이 되는 과정을 핵융합, 무거운 원자핵이 쪼개져서 가벼운 원자핵이 되는 과정을 핵분열이라고 한다.

② **질량 결손과 에너지**: 질량과 에너지는 서로 전환될 수 있는 물리량이다. 핵반응 과정에서 발생한 질량 결손이 Δm일 때 방출되는 에너지 E는 다음과 같다.

$$E = \Delta mc^2 \ (c: \text{빛의 속력})$$

(2) **태양 에너지의 발생**

① **태양 에너지의 발생**: 태양 중심부에서 일어나는 수소 핵융합 반응을 통해 에너지가 발생한다.

② **수소 핵융합 반응**: 수소 원자핵 4개가 합쳐져서 헬륨 원자핵 1개가 되는 핵반응으로 반응 전의 질량 합은 반응 후의 질량 합보다 크다.

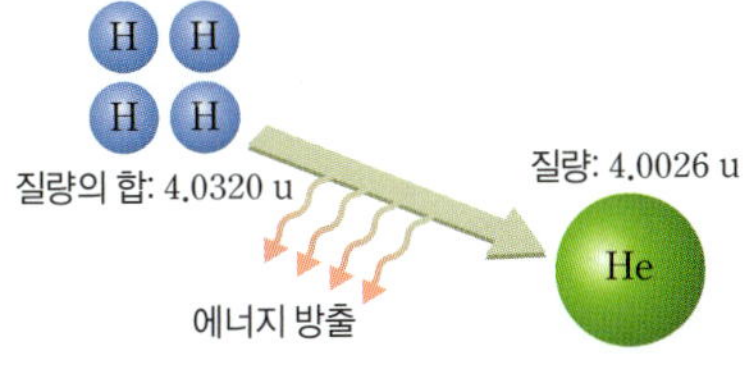

(3) **태양 에너지의 전달**: 태양의 중심부에서 생성된 에너지는 복사의 형태로 우주로 퍼져 나간다. 이를 태양 복사 에너지 또는 태양 에너지라고 한다.

---

(4) **태양 에너지의 전환**

① **에너지 순환**

대기와 해수의 순환	탄소의 순환
저위도의 남는 에너지가 고위도로 이동하는 과정에서 대기와 해수의 순환이 일어난다.	광합성 과정에서 대기 중의 이산화 탄소가 식물에 저장되며, 생명체의 유해는 화석 연료가 되어 탄소 순환이 일어난다.

② **태양 에너지의 전환과 이용**

기상 현상	• 태양열에 의해 물이 증발하여 비와 눈과 같은 기상 현상이 일어난다. • 열에너지 → 역학적 에너지
광합성	• 광합성을 통해 식물에 양분으로 저장된다. • 빛에너지 → 화학 에너지
화석 연료	• 생명체의 유해가 오랫동안 땅속에 묻혀 화석 연료가 된다.
태양광 발전	• 태양 전지를 이용하여 태양의 빛에너지를 전기 에너지로 전환한다. • 빛에너지 → 전기 에너지

8. 전기 에너지의 생산

(1) **전자기 유도**: 코일과 자석의 상대 운동으로 인해 코일에 전류가 유도되는 현상을 전자기 유도라고 한다.

① **유도 전류의 방향**: 코일을 통과하는 자기장의 변화를 방해하는 방향으로 유도 전류가 흐른다.

N극이 가까워질 때	N극이 멀어질 때	S극이 가까워질 때	S극이 멀어질 때
코일 위쪽에 N극이 형성	코일 위쪽에 S극이 형성	코일 위쪽에 S극이 형성	코일 위쪽에 N극이 형성

② **유도 전류의 세기**: 자석이나 코일을 빠르게 움직일수록, 자석의 자성이 강할수록, 코일의 감은 수가 많을수록 유도 전류의 세기가 크다. ➡ 자기장의 변화가 빠르고 클수록 유도 전류의 세기가 크다.

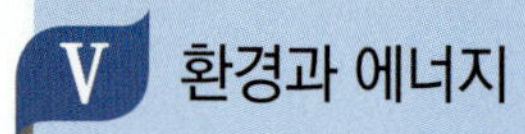

(2) 발전기와 전기 에너지의 생산

① 발전기: 전자기 유도를 이용해 전기 에너지를 생산하는 장치

② 발전기의 원리: 자석 사이에서 코일이 회전하면 코일을 통과하는 자기장이 변하여 코일에 유도 전류가 흐른다. 발전기에서는 운동 에너지가 전기 에너지로 전환된다.

(3) 여러 가지 발전 방식

화력 발전	수력 발전	핵발전
화석 연료(석탄, 석유, 천연가스)의 화학 에너지	물의 중력 위치 에너지	핵연료(우라늄, 플루토늄)의 핵에너지
화석 연료가 연소할 때 발생한 열에너지를 이용해 고온 고압의 수증기를 만들어 터빈을 돌린다.	물의 중력 위치 에너지를 운동 에너지로 전환시켜 터빈을 돌린다.	핵연료가 핵분열할 때 발생한 열에너지를 이용해 고온·고압의 수증기를 만들어 터빈을 돌린다.
화석 연료의 화학 에너지 → 열에너지 → 증기의 운동 에너지 → 전기 에너지	물의 위치 에너지 → 물의 운동 에너지 → 전기 에너지	핵연료의 핵에너지 → 열에너지 → 증기의 운동 에너지 → 전기 에너지

9. 에너지 전환과 보존

(1) 에너지 전환: 에너지가 한 형태에서 다른 형태로 바뀌는 것

광합성	빛에너지 → 화학 에너지
반딧불이	화학 에너지 → 빛에너지
근육 운동	화학 에너지 → 운동 에너지
전등	전기 에너지 → 빛에너지
선풍기	전기 에너지 → 운동 에너지
전지	화학 에너지 → 전기 에너지
전기 난로	전기 에너지 → 열에너지

(2) 에너지 보존: 에너지가 전환되는 과정에서 에너지가 새로 생기거나 없어지지 않으며 총량은 일정하게 보존된다.

전환 전 에너지의 총량 = 전환 후 에너지의 총량

10. 에너지의 효율적 이용

(1) 열기관: 열에너지를 일로 전환하는 장치

① 열기관에서 열에너지의 일부만 일로 전환되며 나머지는 사용할 수 없는 열에너지로 방출된다.

② 전환 전 에너지의 총량은 전환 후 에너지의 총량과 같다. ➡ $Q_1 = W + Q_2$

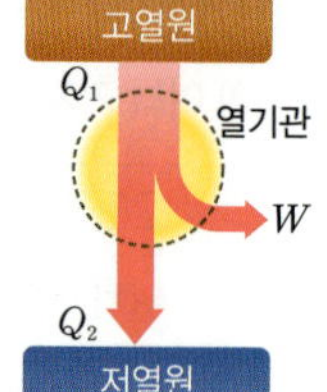

(2) 열효율: 공급한 열에너지 중에서 일로 전환되는 비율

$$열효율(e) = \frac{열기관이\ 한\ 일}{공급한\ 열에너지} = \frac{W}{Q_1} = 1 - \frac{Q_2}{Q_1}$$

➡ Q_2가 0이 아니므로 열효율은 항상 1보다 작다. ($e < 1$)

(3) 에너지를 절약해야 하는 까닭: 에너지 전환 과정에서 총량은 보존되지만 사용할 수 없는 열에너지가 항상 발생하므로 유용하게 사용할 수 있는 에너지는 계속 줄어들기 때문이다.

11. 신재생 에너지와 에너지의 효율적 이용

(1) 신재생 에너지의 활용

연료 전지	연료의 화학 에너지를 화학 반응을 통해 전기 에너지로 전환한다.
태양광 발전	태양 전지를 이용해 빛에너지를 전기 에너지로 전환한다.
태양열 발전	태양열로 증기를 발생시키고 터빈을 돌려 전기 에너지를 생산한다.
풍력 발전	바람의 운동 에너지를 이용해 발전기를 돌려 전기 에너지를 생산한다.
조력 발전	조수 간만의 차이를 이용해 전기 에너지를 생산한다.
파력 발전	파도의 운동 에너지를 이용해 전기 에너지를 생산한다.
지열 발전	지구 내부의 열을 이용해 전기 에너지를 생산한다.
바이오 에너지	식물에 저장된 화학 에너지를 이용한다.

(2) 신재생 에너지의 장단점

① 장점: 발전 과정에서 오염 물질이나 온실 가스를 배출하지 않는다. 자원 고갈의 우려가 없다.

② 단점: 발전량이 적다.

(3) 에너지의 효율적 이용: 버려지는 에너지의 일부를 재사용한다. 에너지 소비 효율 등급이 높은 제품을 사용한다.

> 25595-0291

01 그림은 생태계구성요소 사이의 상호 관계를 나타낸 것이다. (가)와 (나)는 각각 생산자와 분해자 중 하나이다.

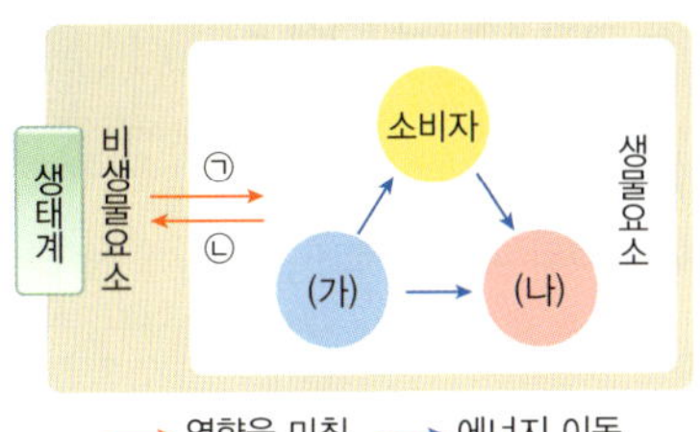

이에 대한 설명으로 옳은 것만을 〈보기〉에서 있는 대로 고른 것은?

보기
ㄱ. (가)는 분해자이다.
ㄴ. '토양의 깊이에 따라 공기의 함량이 달라 분포하는 세균의 종류가 달라진다.'는 ㉠의 예에 해당한다.
ㄷ. '고래의 배설물은 해양 무기물 순환에 도움을 준다.'는 ㉡의 예에 해당한다.

① ㄱ   ② ㄴ   ③ ㄱ, ㄷ   ④ ㄴ, ㄷ   ⑤ ㄱ, ㄴ, ㄷ

> 25595-0292

02 그림은 계절에 따른 식물 세포의 탄수화물 함량과 삼투압에 대한 자료이다. A와 B는 각각 녹말과 포도당 중 하나이다.

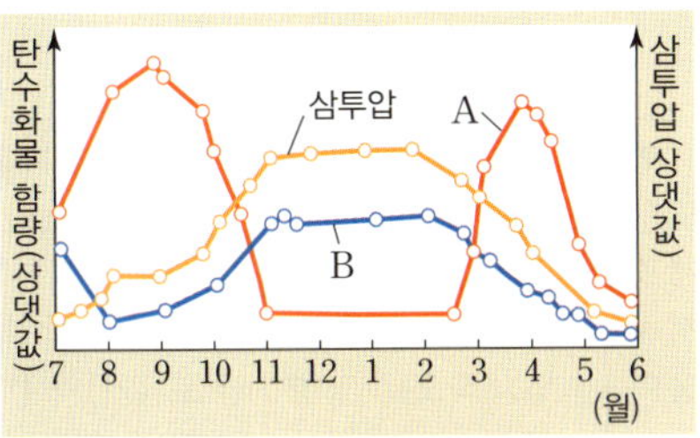

이에 대한 설명으로 옳은 것만을 〈보기〉에서 있는 대로 고른 것은?

보기
ㄱ. A는 녹말이다.
ㄴ. B는 A의 단위체이다.
ㄷ. 식물 세포에서 나타나는 탄수화물 함량의 변화는 가을이 되면 엽록소가 파괴되어 단풍이 드는 것과 같은 비생물요소가 작용한 결과이다.

① ㄱ   ② ㄷ   ③ ㄱ, ㄴ   ④ ㄴ, ㄷ   ⑤ ㄱ, ㄴ, ㄷ

> 25595-0293

03 다음은 환경에 대한 생물의 적응 결과 (가)~(다)를 나타낸 것이다.

(가) 곰은 추운 겨울이 오면 겨울잠을 잔다.
(나) 사막에 사는 포유류는 진한 오줌을 배설한다.
(다) 바다의 깊이에 따라 서식하는 해조류의 종류가 다르다.

(가)~(다)가 비생물요소인 물, 빛, 온도 중 무엇에 적응한 예인지 옳게 짝 지은 것은?

	물	빛	온도
①	(가)	(나)	(다)
②	(가)	(다)	(나)
③	(나)	(가)	(다)
④	(나)	(다)	(가)
⑤	(다)	(나)	(가)

> 25595-0294

04 그림은 어떤 안정된 생태계에서 영양단계별 에너지양을 상댓값으로 나타낸 것이다. A~C는 각각 생산자, 1차 소비자, 2차 소비자 중 하나이다.

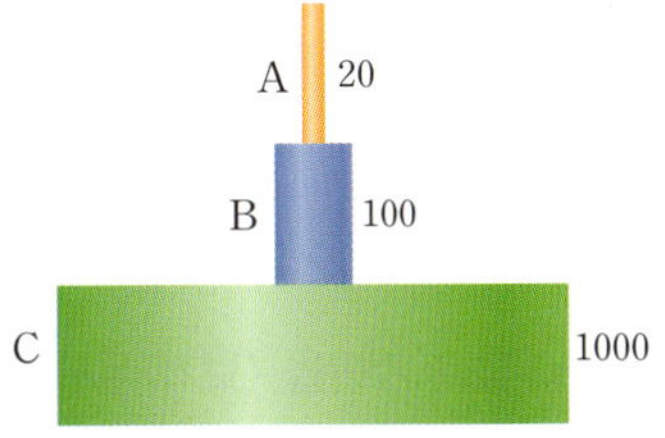

이에 대한 설명으로 옳은 것만을 〈보기〉에서 있는 대로 고른 것은?

보기
ㄱ. A는 생산자이다.
ㄴ. 상위 영양단계로 갈수록 에너지양이 감소한다.
ㄷ. 먹이 관계에 의해 C의 에너지 일부가 B로 전달된다.

① ㄱ   ② ㄷ   ③ ㄱ, ㄴ
④ ㄴ, ㄷ   ⑤ ㄱ, ㄴ, ㄷ

05 그림은 생태계 A에서 1차 소비자의 일시적인 개체수 증가로 인한 변화를 생태피라미드로 나타낸 것이다.

> 25595-0295

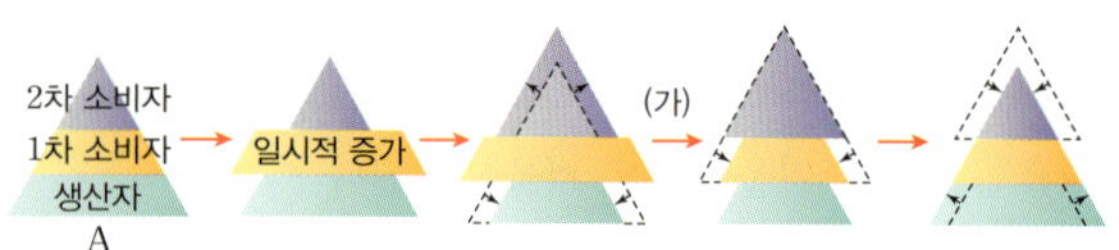

이에 대한 설명으로 옳은 것만을 〈보기〉에서 있는 대로 고른 것은?

【 보기 】
ㄱ. A는 안정된 생태계이다.
ㄴ. (가)에서 1차 소비자의 개체수는 증가한다.
ㄷ. 먹이 관계에 의해 생태계평형이 유지된다.

① ㄱ   ② ㄴ   ③ ㄷ
④ ㄱ, ㄴ   ⑤ ㄱ, ㄷ

06 그림은 농경지에서 해충을 제거하기 위해 살충제를 살포했을 때와 거미를 도입했을 때의 해충 개체군과 거미 개체군의 크기 변화를 나타낸 것이다.

> 25595-0296

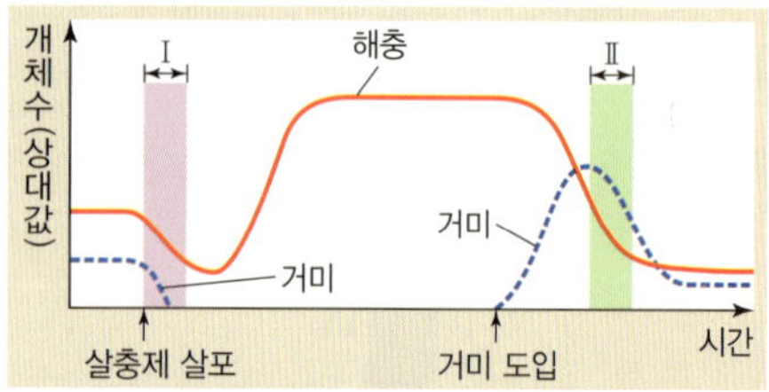

이에 대한 설명으로 옳은 것만을 〈보기〉에서 있는 대로 고른 것은?

【 보기 】
ㄱ. 거미 개체군은 하나의 종으로 구성된다.
ㄴ. 구간 Ⅰ과 Ⅱ에서 거미의 개체수 감소는 모두 먹이 부족이 원인이다.
ㄷ. 해충 제거를 위해 살충제를 남용하는 것이 거미를 도입하는 것보다 효과적이다.

① ㄱ   ② ㄴ   ③ ㄱ, ㄷ
④ ㄴ, ㄷ   ⑤ ㄱ, ㄴ, ㄷ

07 그림은 어떤 생태계에서 3차 소비자의 유무에 따른 생산자, 1차 소비자, 2차 소비자의 개체수를 나타낸 것이다. ㉠과 ㉡은 각각 1차 소비자와 2차 소비자 중 하나이다.

> 25595-0297

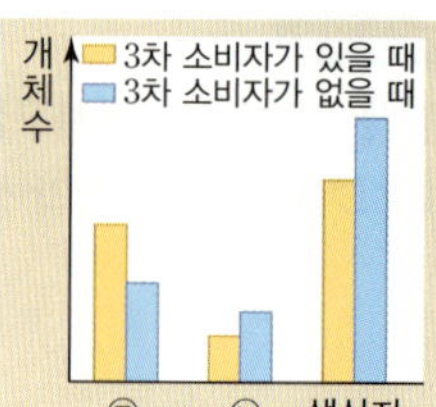

이에 대한 설명으로 옳은 것만을 〈보기〉에서 있는 대로 고른 것은?

【 보기 】
ㄱ. 초식동물은 ㉠에 해당한다.
ㄴ. ㉠의 영양단계는 ㉡의 영양단계보다 높다.
ㄷ. 3차 소비자가 있는 평형 상태에서 ㉡의 개체수가 일시적으로 증가하면 3차 소비자의 개체수는 일시적으로 감소한다.

① ㄱ   ② ㄴ   ③ ㄱ, ㄷ   ④ ㄴ, ㄷ   ⑤ ㄱ, ㄴ, ㄷ

> 25595-0298

08 표는 한반도의 기후 변화에 따른 생태계 변화를, 그림은 이에 대한 학생 A~C의 발표를 나타낸 것이다.

(가) ㉠외래 해충인 꽃매미는 과거에는 개체수가 적었지만 겨울철 평균 기온이 상승하면서 급격히 늘어나 농작물에 피해를 주고 있다.
(나) 평균 기온이 상승하면서 식물의 꽃이 피는 시기가 점차 빨라지고 있으며, 꿀과 열매를 먹는 곤충과 동물의 생태에도 혼란이 가중되고 있다.

제시한 내용이 옳은 학생만을 있는 대로 고른 것은?

① A   ② C   ③ A, B
④ B, C   ⑤ A, B, C

09 그림은 과거 지구의 이산화 탄소(CO_2) 농도와 지구의 기온 변화를 나타낸 것이다.

> 25595-0299

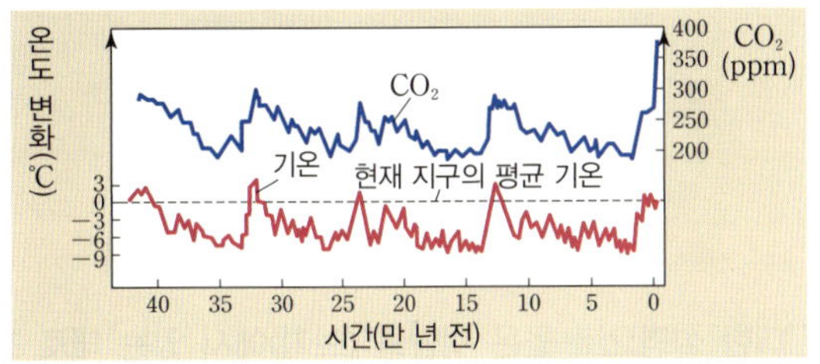

이에 대한 설명으로 옳은 것만을 〈보기〉에서 있는 대로 고른 것은?

보기
ㄱ. 이산화 탄소는 온실 기체에 해당한다.
ㄴ. 최근 40만 년 동안 대기 중 이산화 탄소 농도는 꾸준히 증가하였다.
ㄷ. 이산화 탄소 농도가 증가하면 기온이 상승하는 경향이 나타난다.

① ㄱ   ② ㄴ   ③ ㄱ, ㄷ
④ ㄴ, ㄷ   ⑤ ㄱ, ㄴ, ㄷ

10 그림은 1993년부터 2009년까지의 평균 해수면 높이 변화와 대기 중 이산화 탄소 농도를 나타낸 것이다.

> 25595-0300

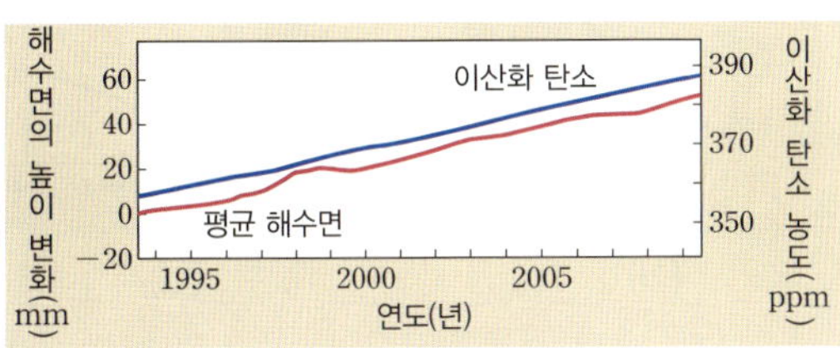

이 기간에 대한 설명으로 옳은 것만을 〈보기〉에서 있는 대로 고른 것은?

보기
ㄱ. 해수의 평균 온도가 높아졌을 것이다.
ㄴ. 극지방의 빙하 면적이 증가했을 것이다.
ㄷ. 해안 저지대의 침수가 발생했을 것이다.

① ㄱ   ② ㄴ   ③ ㄱ, ㄷ
④ ㄴ, ㄷ   ⑤ ㄱ, ㄴ, ㄷ

11 그림은 복사 평형 상태에 있는 지구의 열수지를 나타낸 것이다.

> 25595-0301

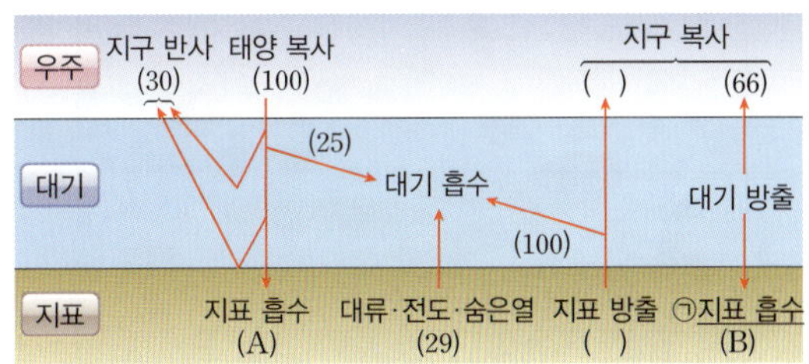

이에 대한 설명으로 옳은 것만을 〈보기〉에서 있는 대로 고른 것은?

보기
ㄱ. 지구가 우주로 방출하는 복사 에너지의 양은 70이다.
ㄴ. A는 B보다 크다.
ㄷ. ㉠은 대부분 자외선의 형태로 일어난다.

① ㄱ   ② ㄴ   ③ ㄱ, ㄷ
④ ㄴ, ㄷ   ⑤ ㄱ, ㄴ, ㄷ

12 그림 (가)와 (나)는 평상시와 엘니뇨 시기의 표층 수온을 순서 없이 나타낸 것이다.

> 25595-0302

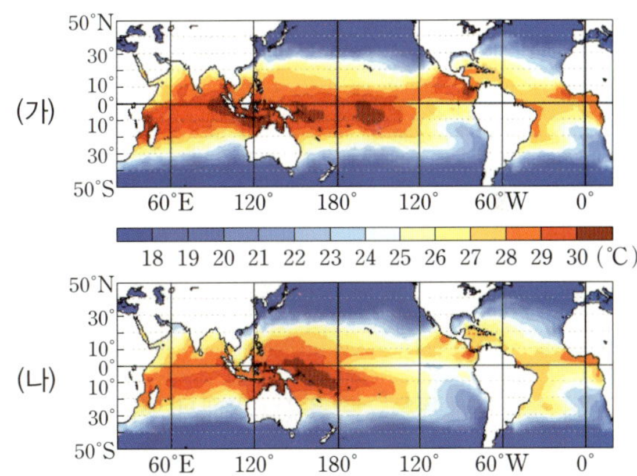

이에 대한 설명으로 옳은 것은?

① (가)는 평상시, (나)는 엘니뇨 시기의 모습이다.
② 무역풍의 풍속은 (가)가 (나)보다 빠르다.
③ 서태평양의 강수량은 (가)가 (나)보다 적다.
④ 동태평양 부근의 어획량은 (가)가 (나)보다 많다.
⑤ 동태평양 연안에서 용승은 (가)가 (나)보다 활발하게 일어난다.

> 25595-0303

13 그림은 엘니뇨가 발생한 어느 시기의 겨울철 기후 변화를 나타낸 것이다.

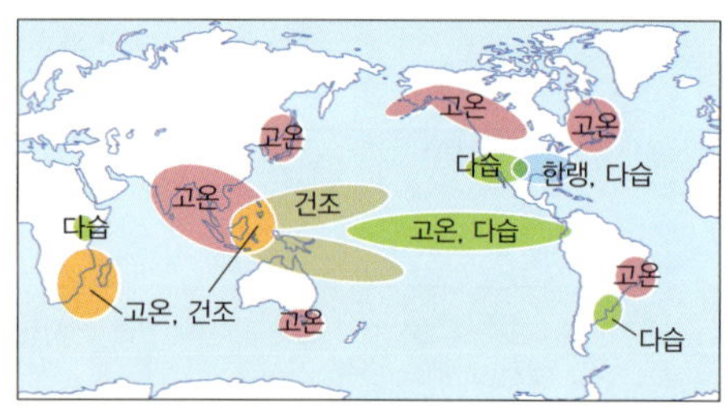

이 시기에 대한 설명으로 옳은 것만을 〈보기〉에서 있는 대로 고른 것은?

보기

ㄱ. 적도 부근 서태평양에서 상승 기류가 평상시보다 강하다.
ㄴ. 적도 부근 동태평양에서 심층의 차가운 해수가 상승하는 현상이 평상시보다 강하다.
ㄷ. 적도 부근 동태평양에서 어획량이 평상시보다 감소한다.

① ㄱ 　② ㄷ 　③ ㄱ, ㄴ
④ ㄴ, ㄷ 　⑤ ㄱ, ㄴ, ㄷ

> 25595-0304

14 그림은 태평양 적도 부근 해역에서 관측된 깊이에 따른 수온 편차(관측값−평년값)를 나타낸 것이다. (가)와 (나) 중 한 시기는 엘니뇨 시기에 해당한다.

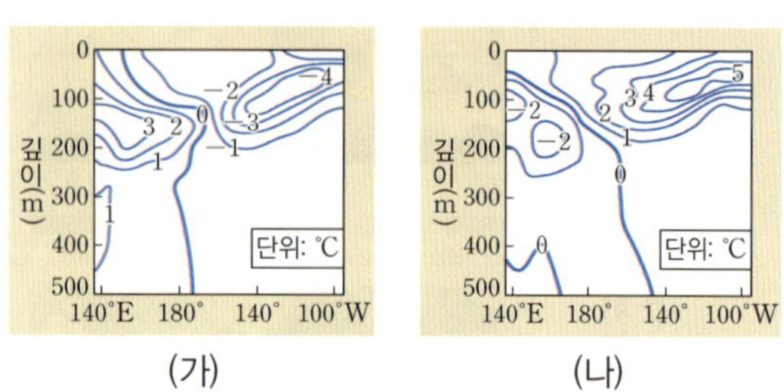

이에 대한 설명으로 옳은 것만을 〈보기〉에서 있는 대로 고른 것은?

보기

ㄱ. 동태평양에서 심층의 차가운 해수가 상승하는 현상은 (가)일 때가 (나)일 때보다 약하다.
ㄴ. 무역풍의 세기는 (가)일 때가 (나)일 때보다 강하다.
ㄷ. 엘니뇨 시기는 (나)이다.

① ㄱ 　② ㄷ 　③ ㄱ, ㄴ
④ ㄴ, ㄷ 　⑤ ㄱ, ㄴ, ㄷ

> 25595-0305

15 그림은 동태평양의 엘니뇨 감시 해역에서의 수온 편차를 나타낸 것이다. 편차는 (관측값−평년값)이다.

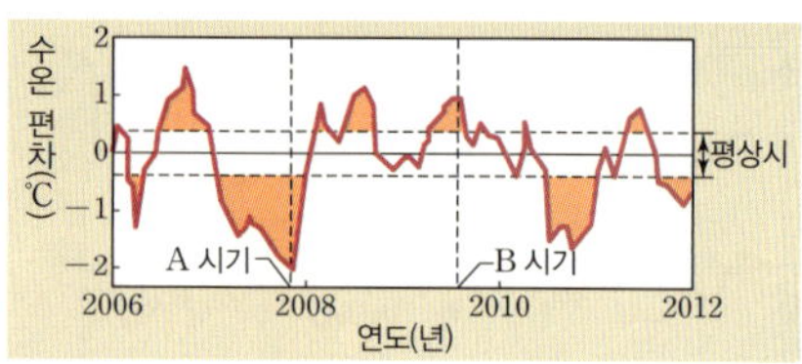

이에 대한 설명으로 옳은 것만을 〈보기〉에서 있는 대로 고른 것은?

보기

ㄱ. 이 해역에서 표층 수온은 A 시기가 평상시보다 높다.
ㄴ. 엘니뇨가 발생한 시기는 B이다.
ㄷ. 서태평양에서 강수량은 A 시기가 평상시보다 많을 것이다.

① ㄱ ② ㄴ ③ ㄱ, ㄷ ④ ㄴ, ㄷ ⑤ ㄱ, ㄴ, ㄷ

> 25595-0306

16 그림 (가)와 (나)는 IPCC(정부 간 기후 변화 협의체)가 두 가지 온실 가스 배출 시나리오를 바탕으로 제시한 2100년까지 대기의 CO_2 농도와 지표면 온도의 변화량을 각각 나타낸 것이다.

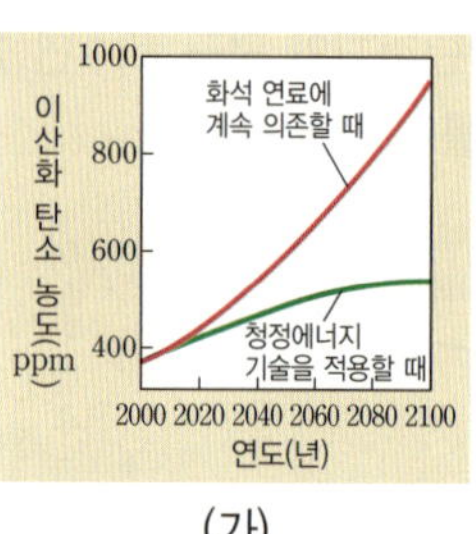

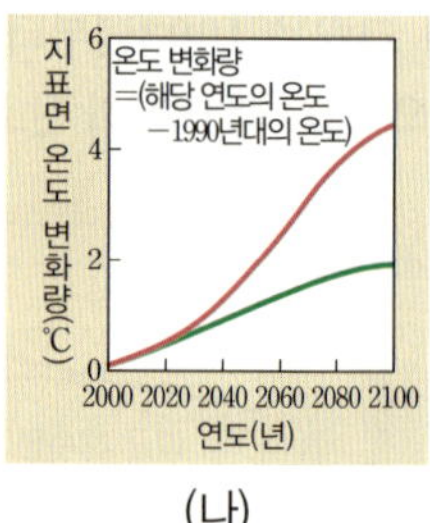

이에 대한 설명으로 옳은 것만을 〈보기〉에서 있는 대로 고른 것은?

보기

ㄱ. 청정에너지 기술을 적용하는 경우 화석 연료에 계속 의존할 때보다 이산화 탄소 배출량은 감소할 것이다.
ㄴ. 청정에너지 기술을 적용하는 경우 2100년의 지표면 온도는 현재보다 낮을 것이다.
ㄷ. 2100년의 지구 빙하 면적은 현재보다 넓을 것이다.

① ㄱ ② ㄴ ③ ㄱ, ㄷ ④ ㄴ, ㄷ ⑤ ㄱ, ㄴ, ㄷ

17 그림 (가)는 태양에서 수소 원자핵 4개가 헬륨 원자핵 1개로 변할 때 태양 에너지가 방출되는 모습을, (나)는 지구에 도달한 태양 에너지에 의해 발생하는 기상 현상을 나타낸 것이다.

25595-0307

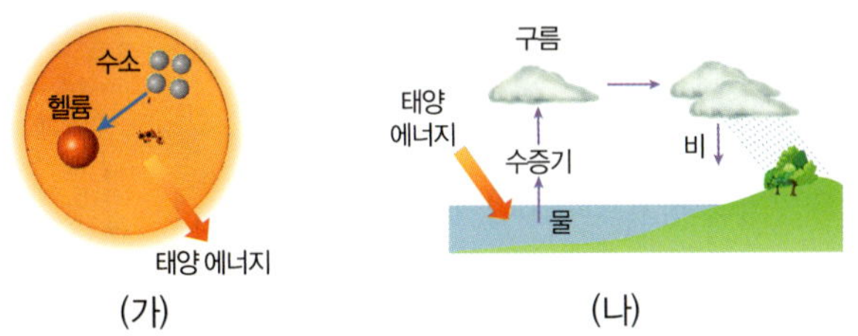

이에 대한 설명으로 옳은 것만을 〈보기〉에서 있는 대로 고른 것은?

보기
ㄱ. 태양에서 발생한 에너지의 일부가 지구에 도달한다.
ㄴ. 헬륨 원자핵 1개의 질량은 수소 원자핵 4개의 질량의 합과 같다.
ㄷ. (나)에서 물이 수증기가 될 때 열을 흡수한다.

① ㄱ ② ㄴ ③ ㄱ, ㄷ
④ ㄴ, ㄷ ⑤ ㄱ, ㄴ, ㄷ

수능 유형
18 다음은 헬륨 원자핵($^4_2$He)을 생성하는 핵반응식과 원자핵의 질량을 나타낸 것이다.

25595-0308

$$^3_1\text{H} + \bigcirc \longrightarrow\ ^4_2\text{He} + 2^1_0\text{n} + \text{에너지}$$

종류	질량(u)
$^1_0$n	1.009
$^3_1$H	3.016
$^4_2$He	4.003

이에 대한 설명으로 옳은 것만을 〈보기〉에서 있는 대로 고른 것은? (단, u는 원자 질량 단위이다.)

보기
ㄱ. ㉠은 삼중수소($^3_1$H)이다.
ㄴ. 헬륨 원자핵($^4_2$He)의 중성자수는 4이다.
ㄷ. 핵반응 과정에서 질량 결손은 0.011 u이다.

① ㄱ ② ㄴ ③ ㄱ, ㄷ
④ ㄴ, ㄷ ⑤ ㄱ, ㄴ, ㄷ

19 그림은 지표면에서 태양 복사 에너지 흡수량과 지구 복사 에너지 방출량을 나타낸 것이다.

25595-0309

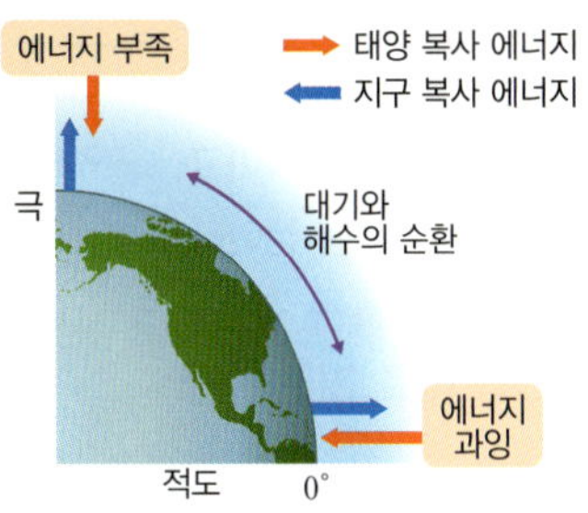

이에 대한 설명으로 옳은 것만을 〈보기〉에서 있는 대로 고른 것은?

보기
ㄱ. 극지방에서는 에너지가 부족하다.
ㄴ. 적도 부근에서는 에너지가 남는다.
ㄷ. 위도에 따른 에너지의 불균형으로 인해 대기와 해수의 순환이 일어난다.

① ㄱ ② ㄴ ③ ㄱ, ㄷ ④ ㄴ, ㄷ ⑤ ㄱ, ㄴ, ㄷ

수능 유형
20 그림과 같이 중력을 받아 낙하하는 막대자석이 점 p를 v의 속력으로 지난 후 금속 고리의 중심 O를 통과해 점 q를 $2v$의 속력으로 지난다. p, q는 O로부터 같은 거리만큼 떨어진 점이다.
이에 대한 설명으로 옳은 것만을 〈보기〉에서 있는 대로 고른 것은? (단, 자석의 크기, 공기 저항은 무시한다.)

25595-0310

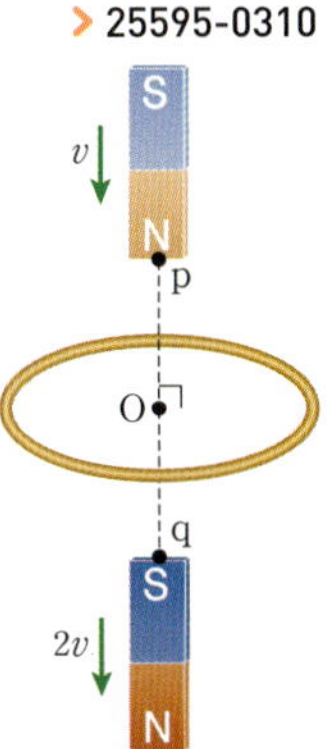

보기
ㄱ. 고리에 흐르는 전류의 세기는 자석이 q를 지날 때가 p를 지날 때보다 크다.
ㄴ. 고리에 흐르는 전류의 방향은 자석이 p를 지날 때와 q를 지날 때가 같다.
ㄷ. p에서 q까지 자석의 중력 위치 에너지 감소량은 자석의 운동 에너지 증가량과 같다.

① ㄱ ② ㄷ ③ ㄱ, ㄴ ④ ㄴ, ㄷ ⑤ ㄱ, ㄴ, ㄷ

21 그림과 같이 균일한 자기장 속에서 직사각형 도선이 자기장 방향에 수직인 회전축을 중심으로 회전한다. θ는 자기장의 방향과 도선이 이루는 면 사이의 각이고, a, b, c는 도선에 고정된 점이다. 이에 대한 설명으로 옳은 것만을 〈보기〉에서 있는 대로 고른 것은?

> 25595-0311

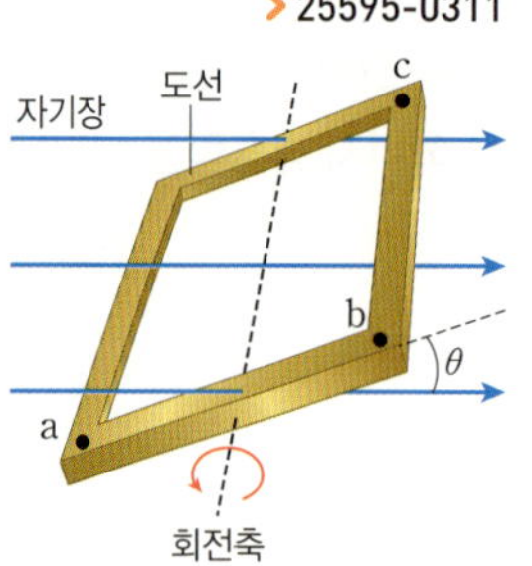

〈보기〉
ㄱ. $\theta=0$부터 $\theta=90°$까지 도선을 통과하는 자기장은 증가한다.
ㄴ. $\theta=0$부터 $\theta=90°$까지 도선에 흐르는 전류의 방향은 a → b → c이다.
ㄷ. $\theta=90°$ 이후로는 전류가 흐르지 않는다.

① ㄱ   ② ㄷ   ③ ㄱ, ㄴ
④ ㄴ, ㄷ   ⑤ ㄱ, ㄴ, ㄷ

> 25595-0312

22 그림 (가)는 높이 h인 곳에서 출발한 자석이 구리링을 통과한 모습을, (나)는 (가)에서와 동일한 자석을 높이 $2h$인 곳에서 출발시켰을 때 자석이 구리링을 통과한 모습을 나타낸 것이다.

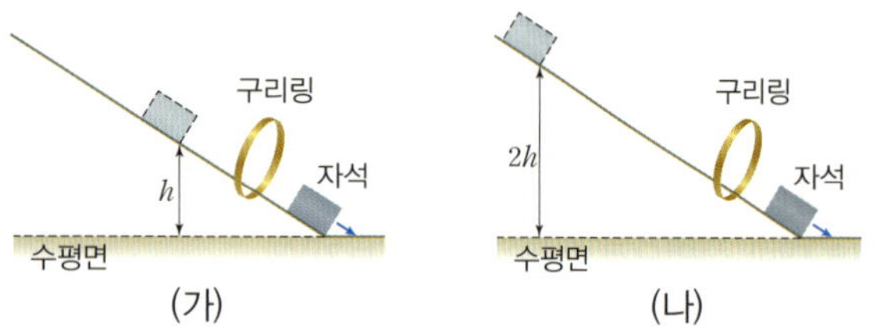

이에 대한 설명으로 옳은 것만을 〈보기〉에서 있는 대로 고른 것은? (단, 모든 마찰과 공기 저항은 무시한다.)

〈보기〉
ㄱ. 바닥에 도착할 때 자석의 운동 에너지는 (나)에서가 (가)에서의 2배이다.
ㄴ. (가), (나)에서 모두 자석의 역학적 에너지의 일부는 전기 에너지로 전환된다.
ㄷ. 발생한 전기 에너지는 (나)에서가 (가)에서보다 크다.

① ㄱ   ② ㄷ   ③ ㄱ, ㄴ
④ ㄴ, ㄷ   ⑤ ㄱ, ㄴ, ㄷ

> 25595-0313

23 다음은 전자기 유도에 대한 실험이다.

[실험 과정]
(가) 그림과 같이 코일에 검류계를 연결한다.
(나) 자석의 N극을 아래로 하고, 코일의 중심축을 따라 자석을 일정한 속력으로 코일에 가까이 가져간다.
(다) 자석이 p점을 지나는 순간 검류계의 눈금을 관찰한다.
(라) [　　　㉠　　　] 과정 (다)를 반복한다.

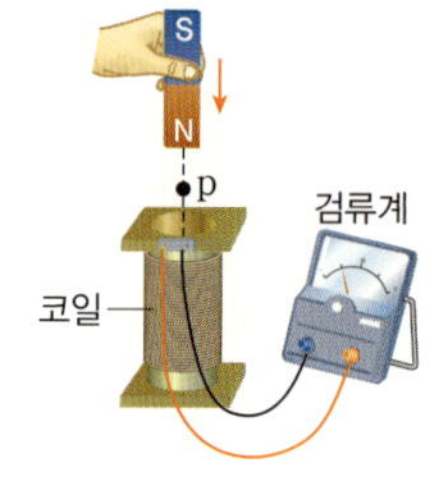

[실험 결과]

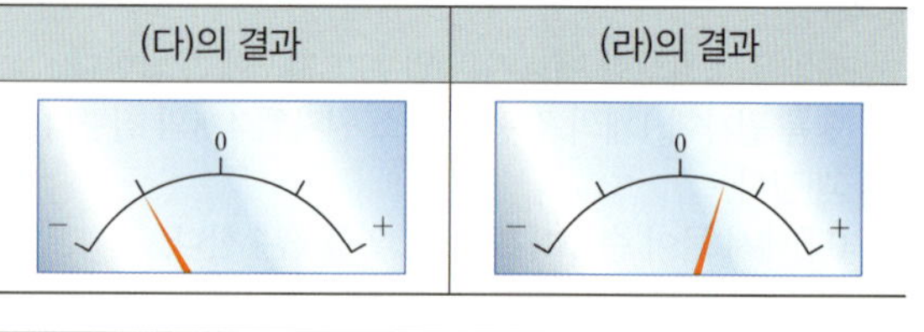

(다)의 결과	(라)의 결과

㉠에 들어갈 말로 가능한 것만을 〈보기〉에서 있는 대로 고른 것은?

〈보기〉
ㄱ. 자석의 N극을 아래로 하고, 자석을 (나)에서보다 느린 속력으로 코일로부터 멀리 하면서
ㄴ. 자석의 S극을 아래로 하고, 자석을 (나)에서보다 느린 속력으로 코일에 가까이 가져가면서
ㄷ. 자석의 S극을 아래로 하고, 자석을 (나)에서보다 빠른 속력으로 코일에 가까이 가져가면서

① ㄱ   ② ㄷ   ③ ㄱ, ㄴ   ④ ㄴ, ㄷ   ⑤ ㄱ, ㄴ, ㄷ

> 25595-0314

24 다음은 화력 발전소에서 전기 에너지를 생산할 때의 에너지 전환을 설명한 것이다.

• 화석 연료가 연소하는 과정에서 화학 에너지가 [㉠] 에너지로 전환된다.
• 보일러에서는 증기를 가열시켜 증기의 [㉡] 에너지를 증가시킨다.
• 증기의 [㉡] 에너지는 터빈을 회전시키게 되고, 터빈과 연결된 발전기에서 [㉢] 에너지로 전환된다.

㉠, ㉡, ㉢에 들어갈 알맞은 말을 각각 쓰시오.

> 25595-0315

25 다음은 발전 방식을 두 가지 기준에 따라 분류한 것이다.

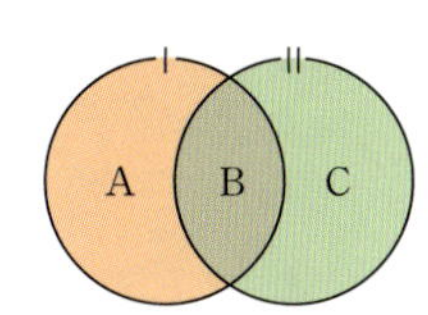

분류 기준
Ⅰ. 발전기를 통해 전기 에너지를 생산한다. Ⅱ. 에너지원이 거의 무한하다.

A, B, C에 들어갈 수 있는 발전 방식으로 옳은 것은?

	A	B	C
①	화력 발전	태양광 발전	핵발전
②	화력 발전	조력 발전	연료 전지
③	수력 발전	연료 전지	화력 발전
④	태양광 발전	핵발전	연료 전지
⑤	태양광 발전	화력 발전	조력 발전

> 25595-0316

26 그림과 같이 태양 전지와 전구를 연결하였다. 일정 시간 동안 태양 전지에 공급된 빛에너지는 $100E_0$이고, 전구에서 발생한 빛에너지는 $4E_0$이다. 태양 전지가 빛에너지를 전기 에너지로 전환할 때의 에너지 효율과 전구가 전기 에너지를 빛에너지로 전환할 때의 에너지 효율은 e로 같다.

e는 얼마인지 구하시오.

> 25595-0317

27 가능한 열기관만을 〈보기〉에서 있는 대로 고르시오.

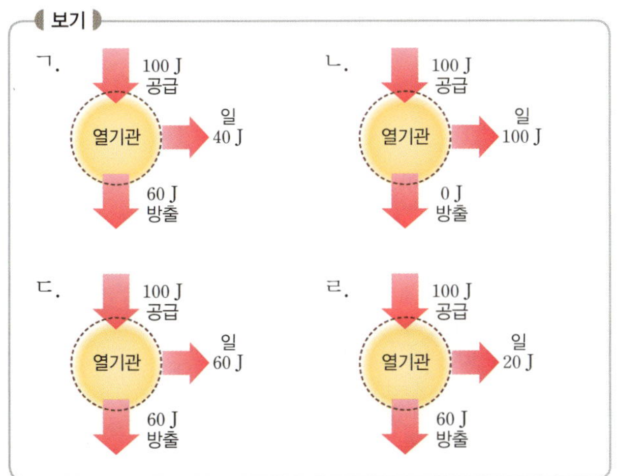

> 25595-0318

28 표는 전기 에너지를 공급받아 빛을 내는 조명 장치 A, B에서 방출된 빛에너지와 발생한 열에너지를 나타낸 것이다.

조명 장치	A	B
방출된 빛에너지	E_0	E_0
발생한 열에너지	$9E_0$	$1.5E_0$

이에 대한 설명으로 옳은 것만을 〈보기〉에서 있는 대로 고른 것은?

보기
ㄱ. A의 에너지 효율은 0.1이다. ㄴ. 에너지 효율은 B가 A보다 크다. ㄷ. 공급된 전기 에너지는 A가 B의 4배이다.

① ㄱ ② ㄷ ③ ㄱ, ㄴ
④ ㄴ, ㄷ ⑤ ㄱ, ㄴ, ㄷ

> 25595-0319

29 다음은 하이브리드 자동차가 주행할 때의 에너지 전환 과정이다.

(가) 일정한 속력으로 달릴 때 내연 기관을 이용하고 남은 운동 에너지는 전기 에너지로 전환하여 저장한다.
(나) 가속할 때는 내연 기관과 전기 모터를 동시에 사용하여 출력을 높인다.
(다) 감속할 때는 자동차의 운동 에너지를 전기 에너지로 전환하여 저장한다.

이에 대한 설명으로 옳은 것만을 〈보기〉에서 있는 대로 고른 것은?

보기
ㄱ. 내연 기관에서는 재사용할 수 없는 열에너지가 방출된다. ㄴ. 전기 모터는 전기 에너지를 운동 에너지로 전환한다. ㄷ. (다) 과정은 하이브리드 자동차가 내연 기관 자동차에 비해 에너지 효율이 높은 원인 중 하나이다.

① ㄱ ② ㄷ ③ ㄱ, ㄴ
④ ㄴ, ㄷ ⑤ ㄱ, ㄴ, ㄷ

VI

과학과 미래 사회

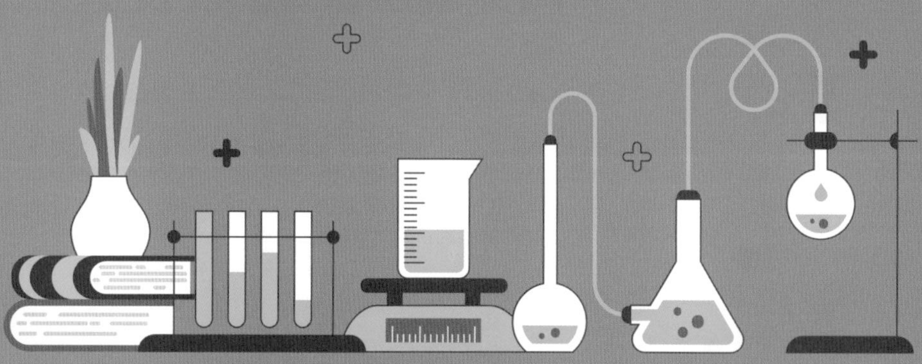

과학의 유용성과 빅데이터의 활용

- 감염병의 진단, 추적 등을 사례로 과학의 유용성 설명하기
- 미래 사회 문제 해결에서 과학의 필요성에 대해 논증하기
- 빅데이터를 과학기술사회에서 사용하고 있는 사례를 조사하여 빅데이터 활용의 장점과 문제점 추론하기

이 단원의 **핵심**

● **미래 사회 문제 해결에서 과학이 필요할까?**

감염병의 진단, 추적 등에서 나타난 과학의 유용성	미래 사회 문제 해결에서 과학의 필요성
• **감염병**: 세균이나 바이러스와 같은 병원체에 의해 생기는 질병 • **단백질을 이용한 감염병 진단 기술**: 검체에 바이러스를 구성하는 단백질이 존재하는지 확인하는 검사 방법 예 신속항원검사 • **유전자증폭검사**: 검체에 들어 있는 매우 적은 양의 핵산을 중합효소연쇄반응(PCR)시킨 다음 컴퓨터를 활용하여 정밀하게 분석하는 방법 • **감염병의 추적**: 과학기술의 발달로 감염병 환자의 감염 경로와 동선을 추적 관리할 수 있다.	• **미래 사회의 문제**: 과학기술이 빠르게 발달하면서 미래 사회에는 복잡하고 다양한 문제들이 나타날 것으로 예측된다. 예 산업 구조의 양극화, 저출산·초고령 사회, 주변국과의 지정학적 갈등, 기후 변화와 자연재해 등 • **미래 사회 문제의 해결**: 과학기술을 복합적으로 활용하여 해결할 수 있도록 해야 한다. 예 빅데이터, 인공지능, 유전공학, 분자생물학, 온실가스 저감 기술 등

● **빅데이터를 과학기술사회에서 사용할 때의 장점과 문제점은 무엇이 있을까?**

빅데이터를 과학기술사회에서 사용하는 사례	빅데이터 활용의 장점과 문제점
• **빅데이터**: 방대하고 복잡한 데이터의 집합으로, 센서 도구의 발달로 그 양이 방대해졌다. • **과학기술사회에서 빅데이터의 활용**: 과학 실험, 기상 관측, 유전체 분석, 신약 개발 등에서 빅데이터가 활용되고 있다.	• **빅데이터 활용의 장점**: 빅데이터를 활용하면 복잡한 문제를 수학적 모델링을 통해서 빠르게 분석할 수 있어 합리적인 의사 결정에 활용할 수 있다. • **빅데이터 활용의 문제점**: 지나치게 데이터에 의존한 의사 결정으로 인해 편협된 결론을 얻을 수 있으므로, 필요한 정보를 선별하고 비판적으로 평가할 수 있는 소양을 길러야 한다.

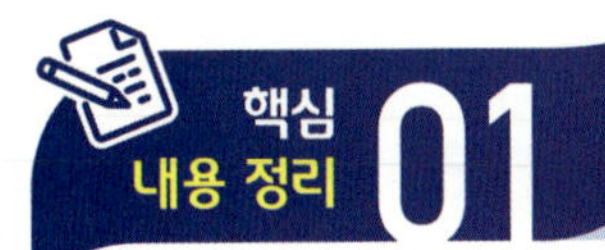

핵심 내용 정리 01 과학의 유용성과 필요성

1 과학기술을 활용한 ❶감염병 진단과 추적

(1) 감염병의 진단

① 감염병: 세균이나 바이러스와 같은 병원체에 의해 생기는 질병이다.

예 감기, 독감, 결핵, 폐렴 등

② 감염병의 감염 경로: 병원체의 감염은 호흡, 음식 섭취, 피부 접촉, 수혈 등 다양한 경로를 통해 일어난다.

③ 감염병의 진단: 병원체에 감염되었는지를 판별하는 것으로, 일반적으로 감염병 증상이 나타나는 사람에게서 ❷검체를 채취한 다음 실험실에서 병원체의 존재를 확인하여 이루어진다.

④ 단백질을 이용한 감염병 진단 기술: ❸신속항원검사가 대표적인 예로, 검체에 바이러스를 구성하는 단백질이 존재하는지를 확인하는 검사 방법이다. 일상생활에서 간편하게 할 수 있는 검사법이지만 병원체의 양이 적은 경우 검출되지 않을 수도 있다.

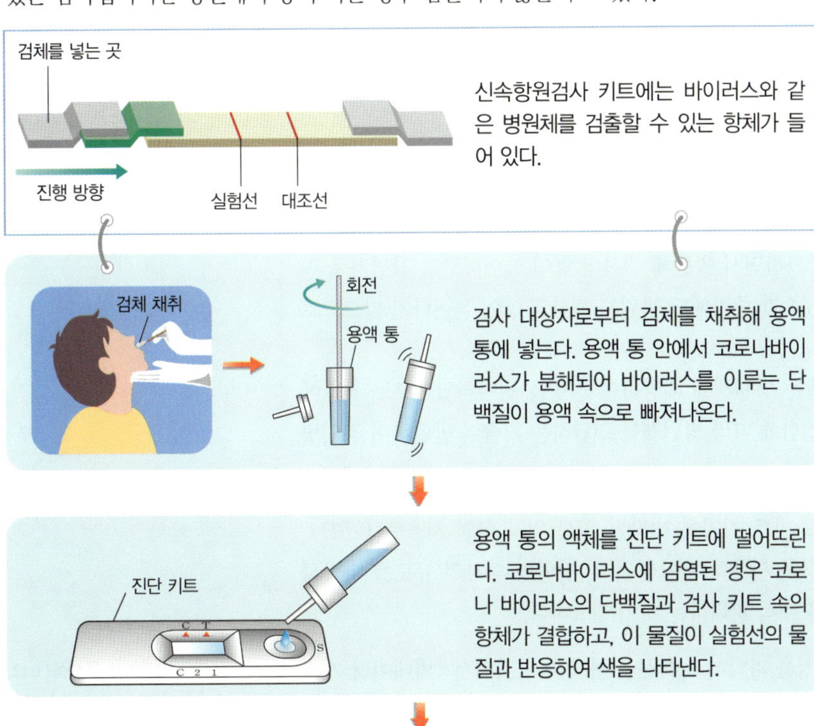

신속항원검사 키트에는 바이러스와 같은 병원체를 검출할 수 있는 항체가 들어 있다.

검사 대상자로부터 검체를 채취해 용액 통에 넣는다. 용액 통 안에서 코로나바이러스가 분해되어 바이러스를 이루는 단백질이 용액 속으로 빠져나온다.

용액 통의 액체를 진단 키트에 떨어뜨린다. 코로나바이러스에 감염된 경우 코로나 바이러스의 단백질과 검사 키트 속의 항체가 결합하고, 이 물질이 실험선의 물질과 반응하여 색을 나타낸다.

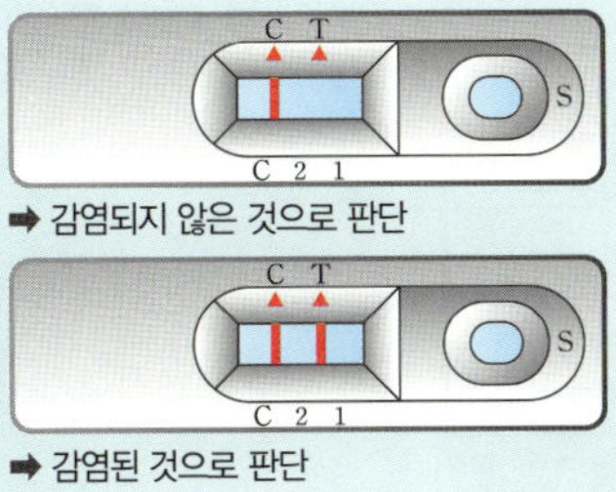

진단 키트의 대조선(C)과 실험선(T)의 변화를 통해서 감염 여부를 판단할 수 있다. 대조선과 실험선에 모두 색 변화가 나타나면 감염병에 걸린 것으로 판단할 수 있다.

신속항원검사 과정

THE 알기

❶ 감염병
최근 전 세계를 위기에 빠뜨린 코로나바이러스감염증-19(코로나19)가 대표적인 감염병이고, 현재에도 다양한 감염병이 존재한다.

❷ 검체
혈액, 체액, 소변, 대변 등으로 사람 또는 동물로부터 수집하거나 채취한 것

❸ 신속항원검사
항체가 특정 항원(병원체 표면의 단백질)에 결합하는 특징을 활용하는 방식이다.

⑤ **❶유전자증폭검사**: 검체에 들어 있는 매우 적은 양의 핵산을 단시간에 많은 양으로 복제(**❷중합효소연쇄반응(PCR)**)한 다음 컴퓨터를 활용하여 정밀하게 분석하는 방법이다. 적은 양의 병원체에 들어 있는 핵산의 양을 증폭시켜 검사할 수 있으므로 최종 진단용으로 사용할 수 있다.

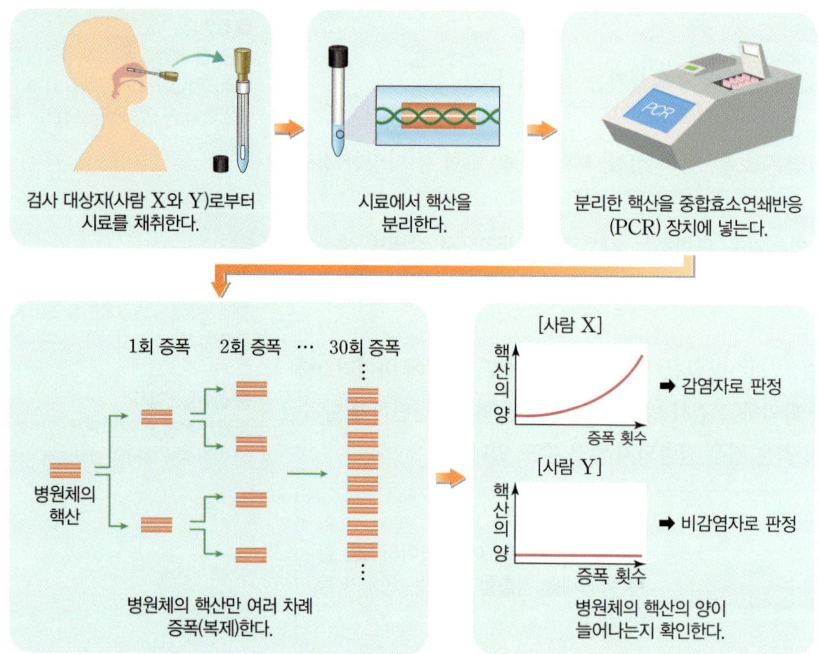

유전자증폭검사 과정

➡ 사람 X의 경우 증폭 횟수가 증가하면서 병원체 핵산의 양이 늘어나므로 감염자로 판정되고, 사람 Y의 경우 증폭 횟수가 증가해도 병원체 핵산의 양이 늘어나지 않으므로 비감염자로 판정된다.

⑥ **감염병 진단 기술의 발달**: 과거에는 병원체를 배양하여 질병을 진단하였으므로 진단에 시간이 걸렸으나, 과학기술이 발전함에 따라 병원체를 진단하는 기술이 발달하여 감염병을 빠르게 진단하는 것이 가능해졌다.

(2) **감염병의 추적**: 과학기술의 발달로 스마트 기기에 내장된 위성 위치 확인 시스템(GPS), 와이파이(WiFi), 블루투스, 센서 등을 활용하여 감염원 및 감염병 환자의 규모를 파악하고 감염병 환자의 감염 경로와 동선을 추적 관리하는 것이 필요하다.

(3) **감염병의 예측과 방역**: 감염병의 특성을 파악하고 확산을 예측하기 위해서 **❸빅데이터 기술과 인공지능 기술이 활용**되고, 방역과 소독이 가능한 **방역 로봇** 등의 개발이 연구되고 있다.

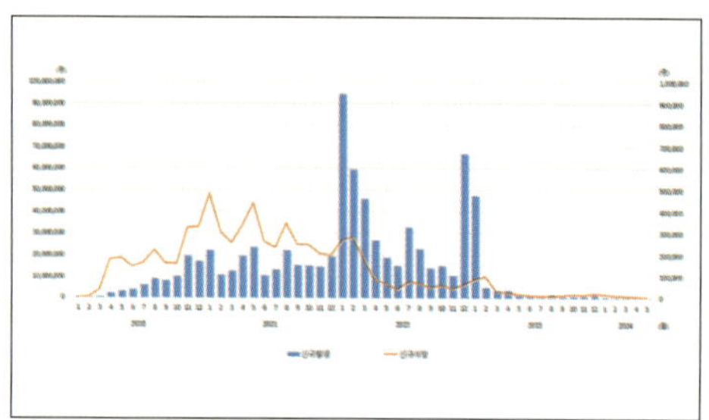
전 세계 코로나19 발생·사망 보고 현황

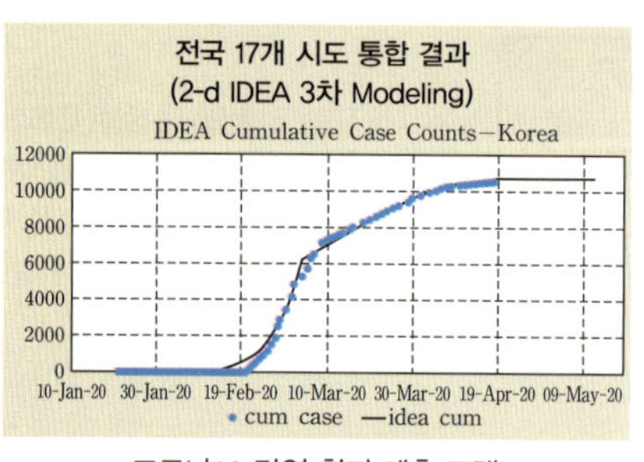

코로나19 감염 환자 예측 모델

② 과학과 미래 사회의 문제 해결

(1) **❶미래 사회의 문제:** 과학기술이 빠르게 발달하면서 미래 사회에는 복잡하고 다양한 문제들이 나타날 것으로 예측되고 있다.

분야	미래 사회의 문제
경제	초연결 사회, 저성장과 성장 전략 전환, 디지털 경제, 고용 불안, 제조업의 혁명, 산업구조의 양극화
사회	저출산·초고령화 사회, 불평등 문제, 미래세대 삶의 불안정성, 삶의 질을 중시하는 라이프스타일, 다문화 확산, 전통적 가족 개념 변화, 학력 중심 경쟁적 교육, 젠더이슈 심화, 난치병 극복(100세 시대), 사이버 범죄
정치	식량 안보, 주변국과의 지정학적 갈등, 북한과 안보/통일 문제, 전자 민주주의, 글로벌 거버넌스
환경	재난 위험, 에너지 및 자원 고갈, 기후 변화 및 자연재해, 국가간 환경영향 증대, 원자력 안전 문제, 생물다양성의 위기, 식품안전성

(2) **미래 사회 문제의 해결에서 과학의 역할:** 미래 사회의 다양한 문제 해결을 위해서 ❷과학기술을 복합적으로 활용하여 해결할 수 있도록 해야 하며, 인류가 안전하고 풍요롭도록 삶의 질을 개선하는 데 기여해야 한다.

미래 사회의 문제를 해결할 핵심 기술	사물인터넷, 빅데이터, 인공지능, 가상현실, 웨어러블 디바이스, 줄기세포, 유전공학, 분자생물학, 분자영상, 나노소재, 3D 프린터, 신재생 에너지, 온실가스 저감 기술, 에너지자원 재활용 기술, 우주개발, 원자력 기술

미래 사회 문제 해결을 위한 과학기술 사례

에너지 분야의 화석 연료 고갈 문제를 해결하기 위해 신재생 에너지의 기술을 지속적으로 개발한다.

교육 분야의 문제를 해결하기 위해 온라인 협업 도구나 인공지능 도구를 개발한다.

경제 분야의 노동력 부족 및 노동자의 안전 문제를 해결하기 위해 로봇을 활용한 자동화 기술을 개발한다.

교통사고 문제를 예방하고 해결하기 위해 인공지능과 빅데이터 기술을 이용한 위험도 예측 시스템을 개발한다.

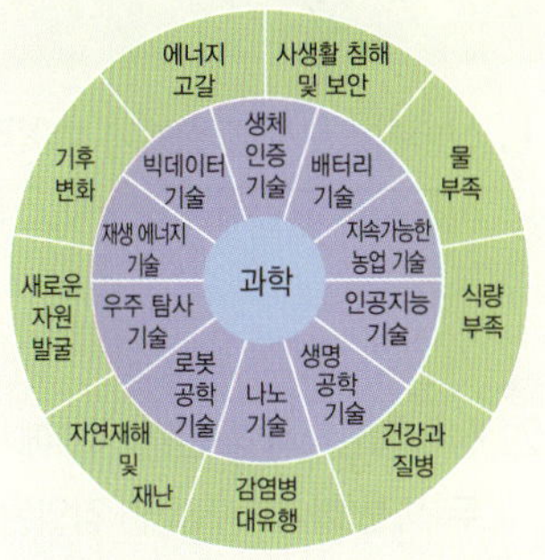

빈칸 완성

1. 세균이나 바이러스와 같은 병원체에 의해 생기는 질병을 (　　　)(이)라고 한다.

2. 병원체에 감염되었는지를 판별하기 위해 증상이 있는 사람에게서 채취하는 것을 (　　　)(이)라고 한다.

3. 신속항원검사는 검체의 바이러스를 구성하는 (　　　)이/가 존재하는지를 확인하는 검사 방법이다.

4. (　　　)검사는 검체에 들어 있는 매우 적은 양의 핵산을 빠른 속도로 복제하여 핵산의 양을 증폭시켜 검사하는 방법이다.

둘 중에 고르기

5. 코로나바이러스 자가진단 키트는 바이러스의 (단백질을 검출하는, 핵산을 증폭하는) 검사 방법이다.

6. 유전자증폭검사에서 유전자 증폭 횟수가 증가함에 따라 핵산의 양이 (일정하면, 늘어나면) 감염병 환자로 판정된다.

7. 과학기술의 발달로 GPS, WiFi, 블루투스, 센서 등을 활용하여 감염원 및 감염병 환자를 관리할 수 있는 감염병 (추적, 예측) 시스템이 필요하다.

정답 1. 감염병 2. 검체 3. 단백질 4. 유전자증폭 5. 단백질을 검출하는 6. 늘어나면 7. 추적

○, × 퀴즈

1. 신속항원검사는 검체에 바이러스를 구성하는 단백질이 존재하는지를 확인하는 것이다. (○, ×)

2. 신속항원검사의 진단 키트에서 대조선(C)과 실험선(T)에 모두 색 변화가 나타나면 감염된 것으로 판단할 수 있다. (○, ×)

3. 유전자증폭검사보다 신속항원검사가 최종 진단용으로 사용된다. (○, ×)

4. 과학기술의 발달로 질병 진단에 걸리는 시간이 많이 단축되었다. (○, ×)

5. 미래 사회의 문제들은 대부분 과학기술을 융복합적으로 활용하여 해결할 수 있도록 노력해야 한다. (○, ×)

6. 다음 감염병의 진단 결과를 토대로 감염된 경우 ○, 감염되지 않은 경우 ×를 표시하시오.

(1) (○, ×)

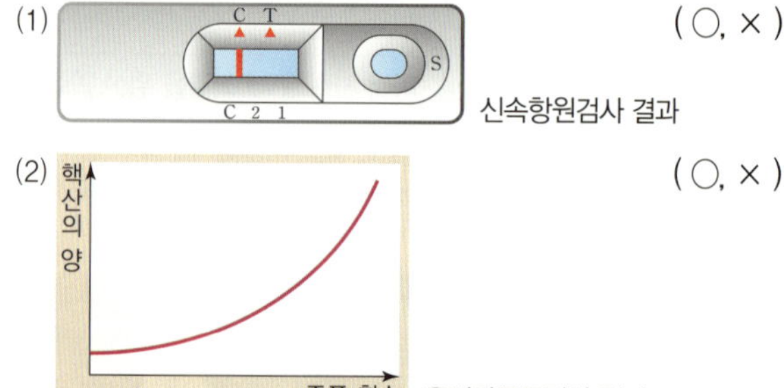

신속항원검사 결과

(2) (○, ×)

유전자증폭검사 결과

단답형

7. 미래 사회 문제와 해결에 도움이 되는 과학기술을 옳게 연결한 것은?

① 식량 부족 – 가상현실 기술

② 초고령화 사회 – 나노소재 기술

③ 기후 변화 – 온실가스 저감 기술

④ 사이버 범죄 – 재생 에너지 기술

⑤ 에너지 및 자원 고갈 – 3D 프린트 기술

정답 1. ○ 2. ○ 3. × 4. ○ 5. ○ 6. (1) × (2) ○ 7. ③

빅데이터의 활용

① 빅데이터

(1) **①빅데이터:** 방대하고 복잡한 데이터의 집합으로, 디지털 센서 도구의 발달로 그 양이 방대해졌으며 숫자, 글, 영상, 음성 등 그 형태도 다양해지고 있다.

빅데이터의 축적 사례	
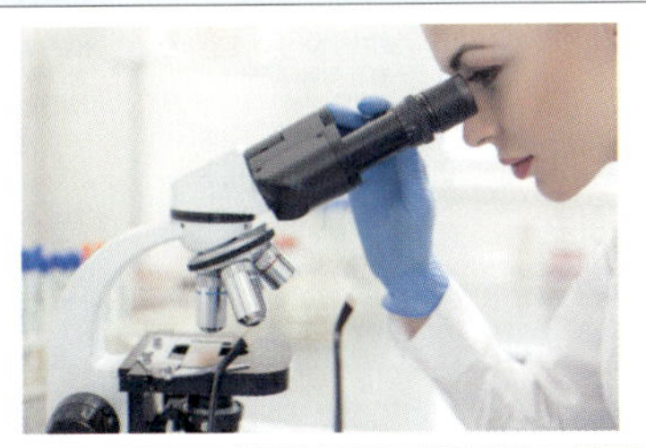 수많은 과학 실험으로 얻어진 실험 결과가 빅데이터로 축적된다.	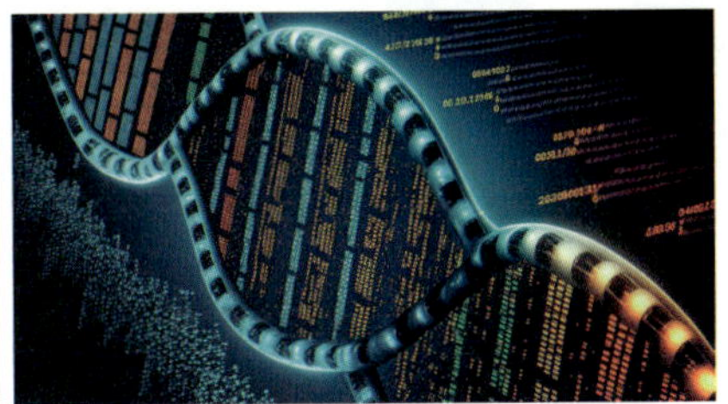 다양한 생물의 유전체 연구 자료가 빅데이터로 축적된다.

(2) **빅데이터의 활용:** 빅데이터를 분석하여 가치 있는 정보를 추출하고, 변화를 예측하는 방향으로 활용 범위가 넓어지고 있다.

빅데이터 활용 사례	
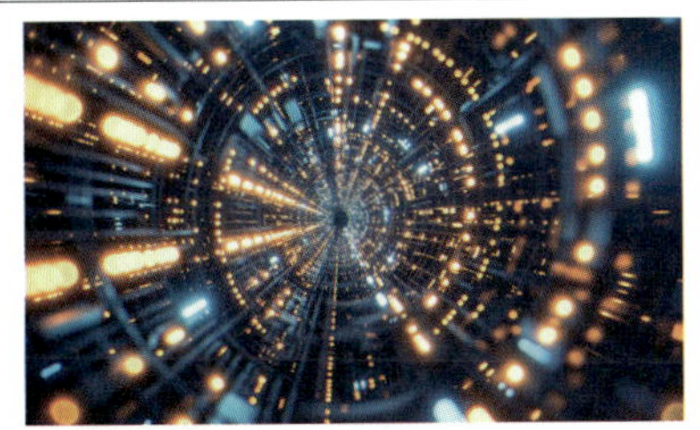 **[과학 실험 분야]** ❷입자 충돌 실험과 같은 대규모의 과학 실험은 빅데이터를 생성한다. 현대 과학에서는 이러한 빅데이터를 분석하여 이론적 모델과 비교하여 새로운 과학 지식을 축적하게 할 수 있다.	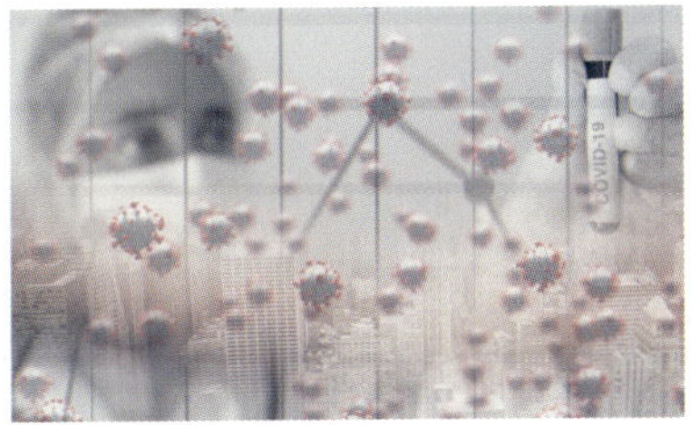 **[신약 개발 분야]** 이미 빅데이터로 정리되어 있는 수많은 화학 물질의 구조와 성질을 분석하여 ❸신약 개발의 속도가 매우 빨라지고 있다. 이때 유전자 데이터나 임상 시험 데이터를 활용하기도 한다.
 **[기상 관측 분야]** 관측소와 인공위성으로 기상 관련 빅데이터가 수집되어 이를 이용하여 일기 예보의 정확도를 높이고 기후 변화를 연구하고 있다.	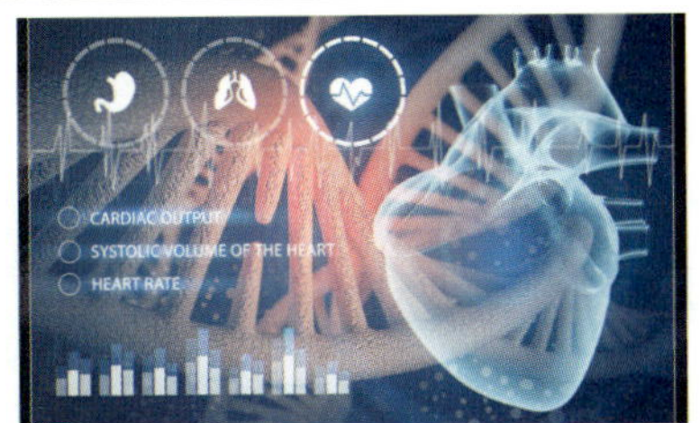 **[의료 분야]** 유전체와 관련된 빅데이터를 분석하여 개인에게 발생 가능한 ❹질병을 예측하고 적절한 치료나 보험 설계를 받을 수 있게 활용하고 있다.

THE 알기

❶ 빅데이터
대량의 데이터를 분석하여 새로운 가치를 찾아내는 행위나 기술을 뜻하기도 한다.

❷ 입자 충돌 실험과 빅데이터
유럽핵입자물리연구소(CERN)의 실험 결과를 빅데이터로 만들어 기초과학 연구자들이 빠르고 쉽게 데이터를 활용할 수 있도록 하고 있다.

❸ 신약 개발과 빅데이터
인공지능과 빅데이터를 이용하여 신약 후보 물질을 예측하여 신약 개발 속도가 빨라지고 있다.

❹ 질병 예측 및 치료와 빅데이터
유전자 빅데이터와 보건 정보 빅데이터에 의해 생성된 의료 빅데이터를 효과적으로 분석하여 질병의 예측과 치료에 도움이 되고 있다.

(3) **빅데이터를 이용한 의사 결정:** 빅데이터를 활용하면 다양한 변수가 얽힌 복잡한 문제를 수학적 모델링을 통해서 빠르게 분석할 수 있다. 빅데이터는 정부의 정책 결정이나 교육, 의료 등 우리 생활의 다양한 분야에서 합리적인 의사 결정에 유용하게 활용된다.

빅데이터를 이용한 의사 결정 사례

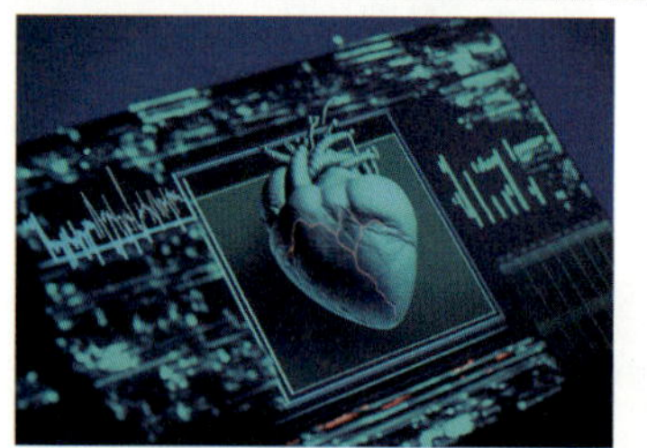

방대한 양의 의료 데이터를 분석하여 질병을 진단하고 치료 방안을 제시할 수 있다.

❶범죄 데이터를 분석하여 범죄 패턴을 예측하고, 이를 바탕으로 경찰 배치를 최적화하여 범죄율을 줄일 수 있다.

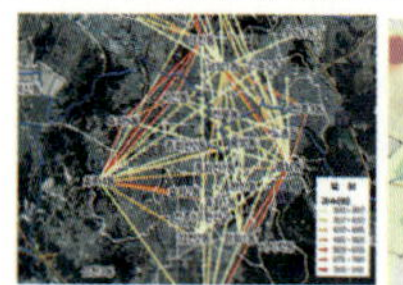
노선 운행 밀도 분석

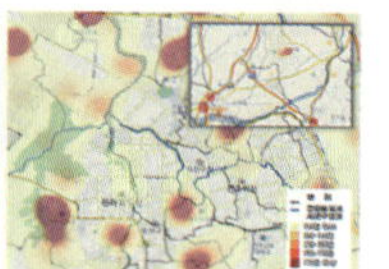
유동 인구 측면 분석

교통 데이터를 분석하여 교통 흐름을 최적화하고, 교통 체증을 줄이기 위한 실시간 교통 관리 시스템을 운영할 수 있다.

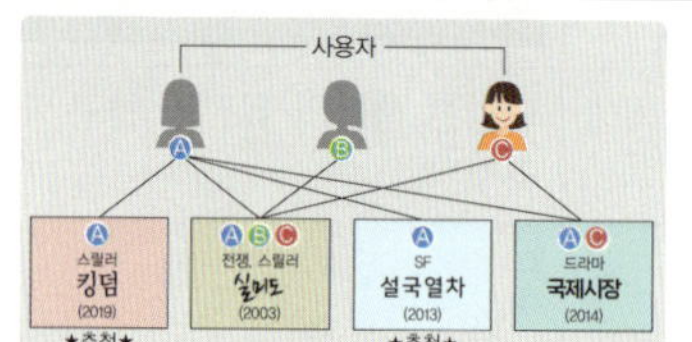

영상을 시청하는 사용자들의 데이터를 분석하여 추천 알고리즘을 만들어 최적화된 서비스를 만들 수 있다.

② 빅데이터 활용의 문제점

(1) **빅데이터 수집에서의 문제점:** 빅데이터를 수집하는 과정에서 과도한 데이터가 수집되어 ❷사생활 침해 가능성이 있다. 충분히 검증되지 못한 데이터를 수집할 수도 있다.

(2) **빅데이터 활용에서의 문제점:** 지나치게 데이터에 의존한 의사 결정으로 인해 ❸편협된 결론을 얻을 수 있다.

(3) **빅데이터 활용의 바람직한 방법:** 다양한 문제점의 발생 가능성을 염두에 두고, 필요한 정보를 선별하고 비판적으로 평가할 수 있는 소양을 길러야 한다.

THE 알기

❶ 범죄 데이터 분석

빅데이터를 이용하여 범죄를 예측하고 분석하는 방법은 전 세계적으로 활용되고 있다.

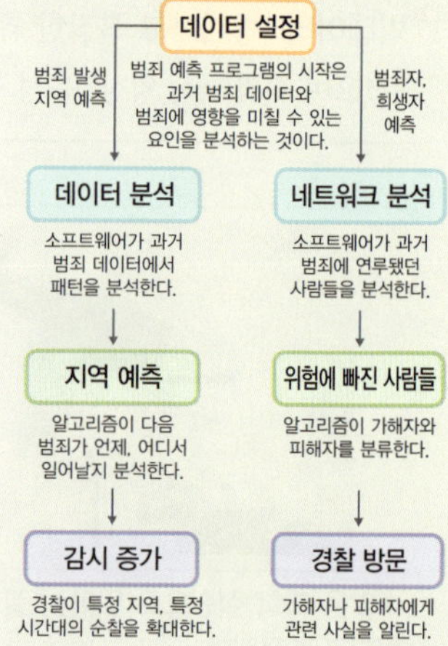

빅데이터를 이용한 범죄 예측 분석

❷ 개인 정보 유출

빅데이터를 수집, 분석, 관리하는 과정에서 개인 정보 유출 등의 문제가 발생할 수 있다. 개인 정보 수집 과정에서는 반드시 동의를 얻어야 하며, 공개용 데이터에서는 개인 정보를 삭제해야 한다.

❸ 데이터 편향

빅데이터가 특정 부분에 편향되어 있을 때 인공지능 모델에도 편향성이 반영되어 왜곡된 결과를 가져올 수 있으므로 주의해야 한다. 특정 인종, 성별에 대한 차별적인 요소가 들어가지 않도록 유의해야 한다.

THE 들여다보기

누구나 이용할 수 있는 공공 데이터

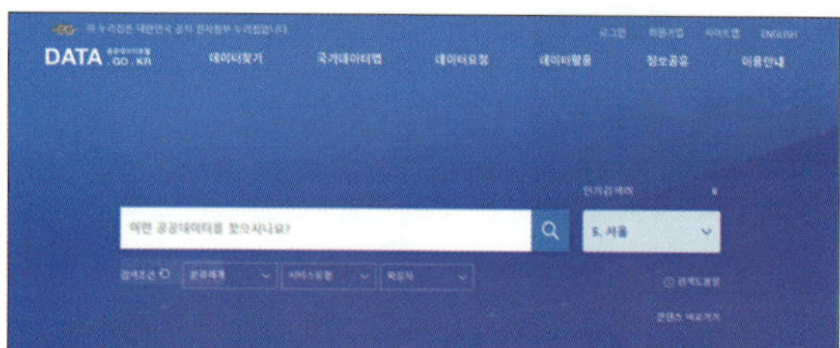

국가에서 수집한 빅데이터 플랫폼: 공공 데이터 포털(data.go.kr)

전국의 관측소에서 수집된 기상 자료 플랫폼: 기상 자료 개방 포털(data.kma.go.kr)

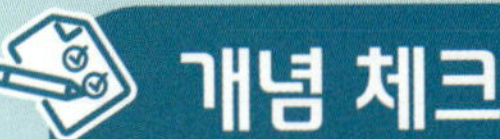

개념 체크

빈칸 완성

1. 방대하고 복잡한 데이터의 집합으로, 센서 도구의 발달로 그 양이 방대해진 것을 (　　　)(이)라고 한다.

2. 디지털 (　　　) 도구의 발달로 데이터의 양이 방대해졌다.

3. 빅데이터를 분석하여 가치 있는 (　　　)을/를 추출하고, 변화를 (　　　)할 수 있다.

4. 빅데이터는 교육, 의료 등 다양한 생활 분야에서 합리적인 (　　　)에 유용하게 활용된다.

둘 중에 고르기

5. (입자 충돌, 화학 반응) 실험은 대규모 과학 실험으로 빅데이터를 생성한다.

6. 기상 관련 (빅데이터, 스몰데이터)가 수집되어 일기 예보의 정확성이 높아지고 있다.

7. (교통, 범죄) 빅데이터를 분석하여 실시간 교통 관리 시스템을 운영할 수 있다.

8. 영상을 시청하는 사용자들의 빅데이터를 분석하여 (추천, 예측) 알고리즘을 만들어 사용자가 선택할 수 있는 최적화된 서비스를 개발할 수 있다.

정답 1. 빅데이터 2. 센서 3. 정보, 예측 4. 의사 결정 5. 입자 충돌 6. 빅데이터 7. 교통 8. 추천

O, × 퀴즈

1. 수많은 과학 실험으로 얻어진 결과를 빅데이터로 축적할 수 있다. (○, ×)

2. 다양한 생물의 유전체 연구 자료가 빅데이터로 축적되었다. (○, ×)

3. 빅데이터로 축적된 자료는 과학 실험 분야에서도 새로운 시도를 할 수 있게 한다. (○, ×)

4. 유전자 빅데이터나 임상시험 빅데이터를 이용하여 기후 변화를 연구하고 있다. (○, ×)

5. 빅데이터를 이용한 의사 결정은 항상 옳은 방향으로 이루어진다. (○, ×)

6. 빅데이터 수집 시에 지나친 개인 정보를 수집하지 않도록 유의해야 한다. (○, ×)

단답형

7. 빅데이터의 종류와 발전해 온 분야를 연결한 것으로 옳지 <u>않은</u> 것은?
   ① 범죄 빅데이터 – 치안 분야
   ② 유전자 빅데이터 – 의료 분야
   ③ 교통 빅데이터 – 과학 실험 분야
   ④ 기상 관측 빅데이터 – 기후 변화 연구 분야
   ⑤ 화학 물질의 구조와 성질 빅데이터 – 신약 개발 분야

8. 빅데이터 활용 시 주의 사항으로 옳지 <u>않은</u> 것은?
   ① 개인 정보 수집은 동의를 얻어야 한다.
   ② 공개용 데이터에서는 개인 정보를 삭제해야 한다.
   ③ 지나친 데이터 의존에서 벗어난 의사 결정을 위해 노력해야 한다.
   ④ 데이터 편향 문제를 인식하고 충분히 검증된 데이터를 활용해야 한다.
   ⑤ 합리적인 의사 결정을 위해 빅데이터의 데이터셋은 최대한 대규모의 형태로 수집되어야 한다.

정답 1. ○ 2. ○ 3. ○ 4. × 5. × 6. ○ 7. ③ 8. ⑤

목표

디지털 탐구 도구를 활용하여 실시간 생활 데이터를 측정하여 문제를 발견하고, 생활 속 문제를 창의적으로 해결할 수 있다.

과정

1. 마이크로프로세서를 탑재한 피지컬 컴퓨팅 기기를 코딩하는 누리집에 접속한다.
2. 미세먼지 센서 또는 소음 센서 등을 피지컬 컴퓨팅 기기에 연결하고 코딩한다.
3. 측정 장치를 실행하고 데이터를 수집하여 그래프로 나타내고 분석해 본다.

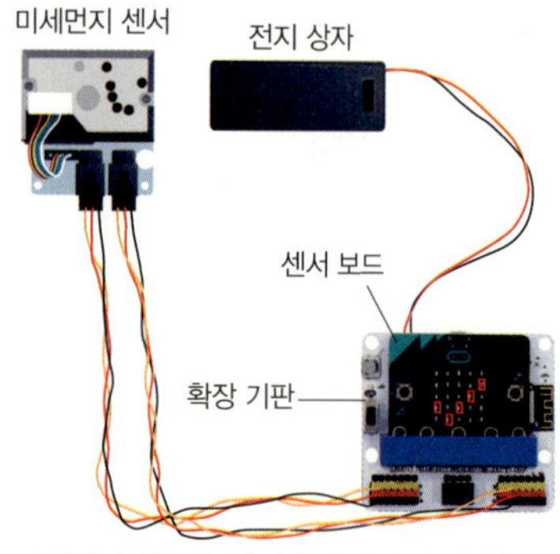

미세먼지 센서를 연결한 피지컬 컴퓨팅 기기

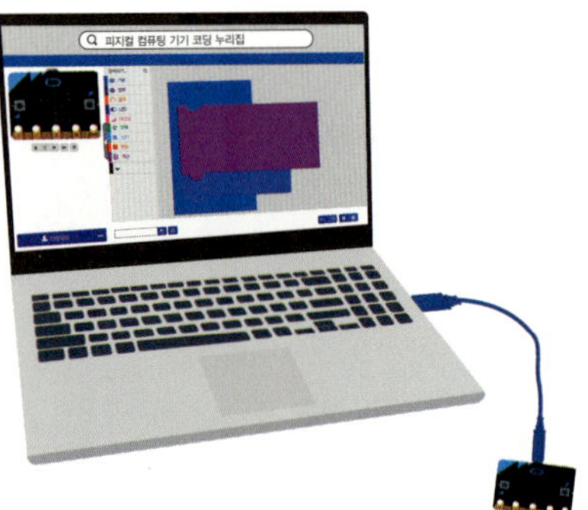
소음 센서를 연결한 피지컬 컴퓨팅 기기

결과 정리 및 해석

(예시: 미세먼지 센서를 사용한 경우)

1. 센서로 측정한 데이터를 이용하여 시간에 따른 그래프를 그려 보자.

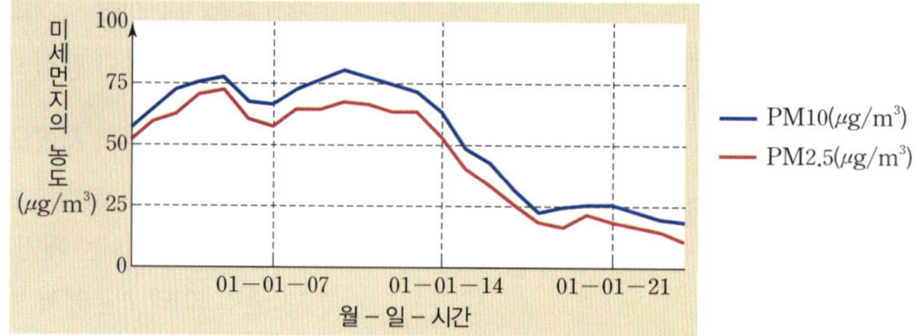

(자료: 에어코리아 2024년 1월 1일의 24시간 데이터)

탐구 분석

1. 측정한 날의 미세먼지 농도 변화를 분석해 보자.

01 감염병의 감염 경로로 옳은 것만을 〈보기〉에서 있는 대로 고른 것은?

> 25595-0320

┌ 보기 ┐
ㄱ. 호흡　　　　ㄴ. 음식 섭취　　　　ㄷ. 피부 접촉

① ㄱ　　　　　② ㄴ　　　　　③ ㄱ, ㄷ
④ ㄴ, ㄷ　　　　⑤ ㄱ, ㄴ, ㄷ

중요

02 그림은 감염병의 검사 방법 중 하나를 나타낸 것이다.
이에 대한 설명으로 옳은 것만을 〈보기〉에서 있는 대로 고른 것은?

> 25595-0321

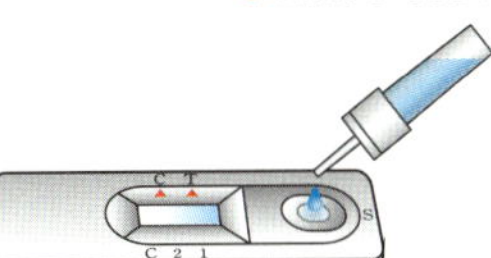

┌ 보기 ┐
ㄱ. 병원체의 단백질을 확인하는 검사이다.
ㄴ. 병원체의 핵산을 증폭시켜 검사한다.
ㄷ. 아주 적은 양으로도 검사 결과를 확인할 수 있다.

① ㄱ　　　　　② ㄷ　　　　　③ ㄱ, ㄴ
④ ㄴ, ㄷ　　　　⑤ ㄱ, ㄴ, ㄷ

중요

03 다음은 핵산을 이용한 감염병 진단 과정에 대한 설명이다.

> 25595-0322

(가) 검사 대상자로부터 시료를 채취하여 핵산을 분리한다.
(나) 핵산을 중합효소연쇄반응 장치에 넣는다.
(다) 병원체의 핵산의 양이 늘어나는지 판단하여 감염 여부를 판정한다.
(라) 병원체의 핵산만 여러 차례 증폭시킨다.

(가)~(라)를 순서대로 옳게 나타낸 것은?

① (가) → (나) → (다) → (라)
② (가) → (나) → (라) → (다)
③ (가) → (라) → (나) → (다)
④ (나) → (가) → (라) → (다)
⑤ (나) → (라) → (가) → (다)

04 다음은 미래 사회에 일어날 문제에 대한 설명이다.

> 25595-0323

인공지능과 자동화 기술의 발전으로 일자리가 줄어들 것으로 나타났다. 단순하고 반복적인 일들이 로봇으로 대체되어 일자리 부족 문제가 심각해질 것으로 보인다.

이 문제를 해결하기 위한 과학의 역할로 가장 적절한 것은?

① 지속가능한 농업 기술을 개발해야 한다.
② 재생 에너지 효율을 높이는 기술을 개발해야 한다.
③ 배터리 기술 교육을 통해 관련 분야를 확장해야 한다.
④ 인공지능 기술 교육을 통해 새로운 일자리를 창출해야 한다.
⑤ 우주 탐사 기술의 확대로 새로운 자원을 발굴하기 위해 노력해야 한다.

05 빅데이터의 특징이 <u>아닌</u> 것은?

> 25595-0324

① 형태가 다양하다.　　　② 처리 속도가 느리다.
③ 실시간으로 생성된다.　　④ 각종 센서로 수집된다.
⑤ 대용량의 저장 장치가 필요하다.

중요

06 그림은 빅데이터 분석을 통한 추천 서비스를 나타낸 것이다.

> 25595-0325

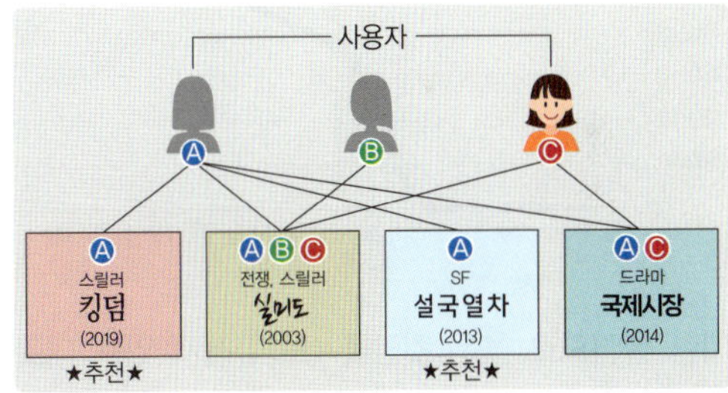

이에 대한 설명으로 옳은 것만을 〈보기〉에서 있는 대로 고른 것은?

┌ 보기 ┐
ㄱ. 공개용 데이터에서는 개인 정보를 삭제해야 한다.
ㄴ. 추천 서비스 외의 다른 선택지는 선택할 수 없다.
ㄷ. 최대한 많은 데이터만으로도 추천 서비스가 발전할 수 있다.

① ㄱ　　　　　② ㄷ　　　　　③ ㄱ, ㄴ
④ ㄴ, ㄷ　　　　⑤ ㄱ, ㄴ, ㄷ

중요

> 25595-0326

01 그림은 감염병의 진단에 쓰이는 키트로 사람 X의 감염 여부를 검사한 결과를 나타낸 것이다.

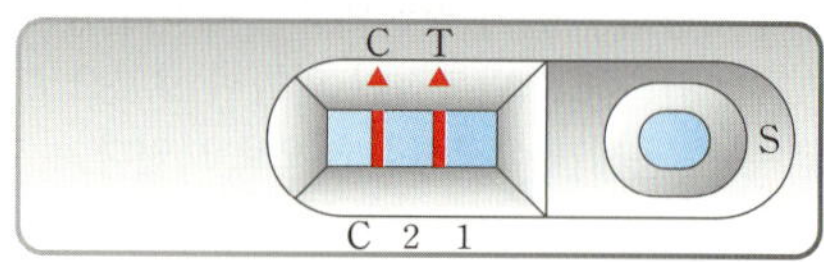

이에 대한 설명으로 옳은 것만을 〈보기〉에서 있는 대로 고른 것은?

보기

ㄱ. 검체에 병원체의 단백질이 존재하는지를 확인하는 검사 도구이다.
ㄴ. 검사 과정에서 핵산의 양이 늘어난다.
ㄷ. 이 결과로 X는 감염된 것으로 판단할 수 있다.

① ㄴ   ② ㄷ   ③ ㄱ, ㄴ
④ ㄱ, ㄷ   ⑤ ㄱ, ㄴ, ㄷ

> 25595-0327

02 그림은 예측 모델을 적용하여 추정한 코로나19 감염증 환자 수를 나타낸 것이다.

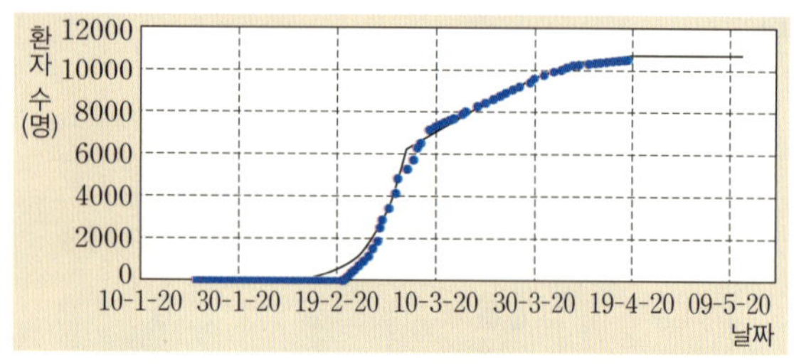

이에 대한 설명으로 옳은 것만을 〈보기〉에서 있는 대로 고른 것은?

보기

ㄱ. 환자 수를 예측하기 위해서 빅데이터와 인공지능 기술을 활용할 수 있다.
ㄴ. 감염자를 추적하기 위해서 GPS를 이용하여 환자의 감염 경로를 추적 관리할 수 있다.
ㄷ. 감염 환자 수를 예측하여 필요한 자원을 분배하는 데 활용할 수 있다.

① ㄱ   ② ㄴ   ③ ㄱ, ㄷ
④ ㄴ, ㄷ   ⑤ ㄱ, ㄴ, ㄷ

서술형

> 25595-0328

03 그림은 감염병 진단을 위해 사람 X와 Y의 감염병 유전자증폭검사 결과를 나타낸 것이다.

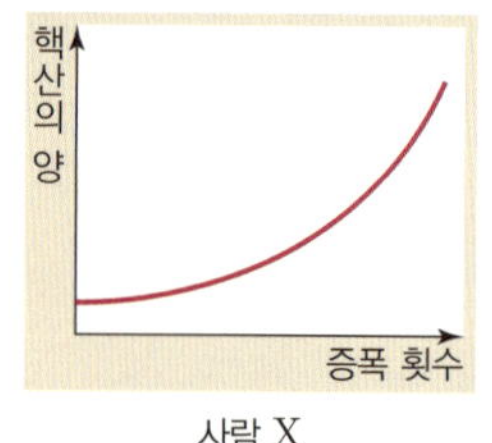

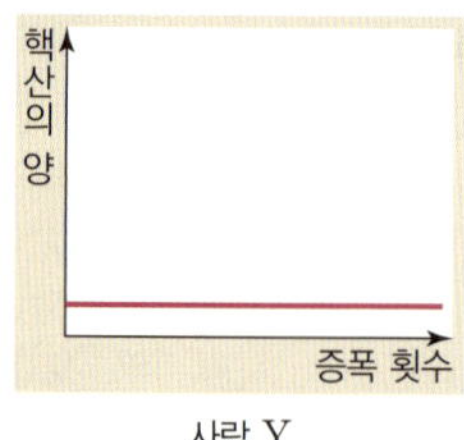

X와 Y 중 감염병에 걸린 사람을 쓰고, 그 까닭을 서술하시오.

____

____

> 25595-0329

04 그림은 기상 관측을 위한 다양한 기상청 관측망을 나타낸 것이다.

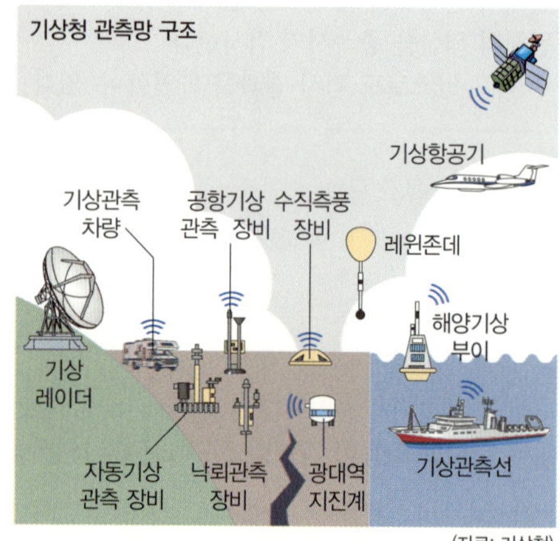

이에 대한 설명으로 옳은 것만을 〈보기〉에서 있는 대로 고른 것은?

보기

ㄱ. 기상청 관측망을 통해 기상 관련 빅데이터를 수집하고 있다.
ㄴ. 관측 내용이 다양해지면 기상 예보가 보다 정확해진다.
ㄷ. 수집된 데이터는 내부적으로 축적하여 공개하지 않고 보안에 신경써야 한다.

① ㄱ   ② ㄷ   ③ ㄱ, ㄴ
④ ㄴ, ㄷ   ⑤ ㄱ, ㄴ, ㄷ

01 표는 감염병 (가)에 대하여 사람 X와 Y의 2가지 검사 결과를 나타낸 것이다.

> 25595-0330

사람	X	Y
검사 ㉠	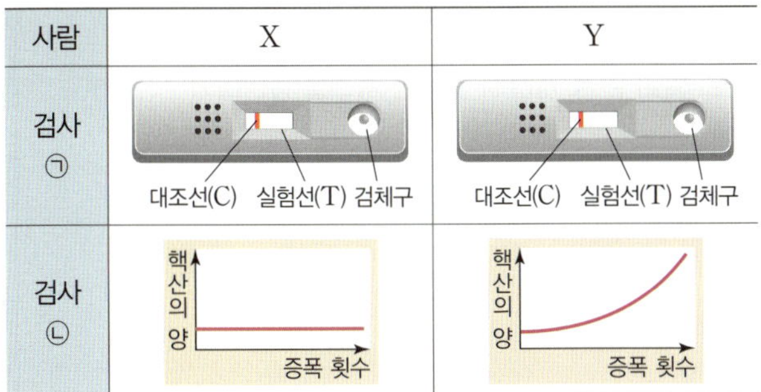 대조선(C) 실험선(T) 검체구	대조선(C) 실험선(T) 검체구
검사 ㉡	핵산의 양 / 증폭 횟수	핵산의 양 / 증폭 횟수

이에 대한 설명으로 옳은 것만을 〈보기〉에서 있는 대로 고른 것은?

보기

ㄱ. ㉠은 유전자증폭 기술을 이용한 것이다.
ㄴ. 검사의 정확도는 ㉡ > ㉠이다.
ㄷ. 검사 ㉠과 ㉡은 모두 인공지능 기술을 이용한다.

① ㄱ ② ㄴ ③ ㄷ ④ ㄱ, ㄷ ⑤ ㄴ, ㄷ

> 25595-0331

02 그림은 감염병 A의 전 세계 확진자를 나타내는 온라인 대시보드를 나타낸 것이다.

이 온라인 대시보드에 대한 설명으로 옳은 것만을 〈보기〉에서 있는 대로 고른 것은?

보기

ㄱ. 과학기술의 발달로 감염 환자의 위치와 감염 경로를 파악하는 데 도움이 되고 있다.
ㄴ. 국제적 빅데이터 베이스의 협조로 온라인 대시보드를 만들 수 있게 되었다.
ㄷ. 각국의 감염자 수 변동 상황을 파악함으로써 인접 국가들의 감염자 수를 예측할 수 있게 되었다.

① ㄱ ② ㄴ ③ ㄱ, ㄷ ④ ㄴ, ㄷ ⑤ ㄱ, ㄴ, ㄷ

> 25595-0332

03 다음은 지구촌의 문제에 대한 설명이다.

(가) 지구의 기온 상승으로 인해 자연재해와 환경의 변화가 가속화될 수 있으며, 이로 인해 인류의 생존에 큰 위협이 발생할 수 있다.
(나) 인터넷과 컴퓨터 기술이 발전함에 따라 사이버 범죄가 증가할 수 있다.

이에 대한 설명으로 옳은 것만을 〈보기〉에서 있는 대로 고른 것은?

보기

ㄱ. (가)와 (나)는 모두 현재 발생하고 있는 문제들이다.
ㄴ. (가)를 해결하기 위해 신재생 에너지를 개발하려는 과학의 노력이 필요하다.
ㄷ. (나)를 해결하기 위해 적극적인 정보 공개가 필요하다.

① ㄱ ② ㄷ ③ ㄱ, ㄴ
④ ㄴ, ㄷ ⑤ ㄱ, ㄴ, ㄷ

> 25595-0333

04 그림은 마이크로컨트롤러로 이산화 탄소 농도를 측정하는 장치를 나타낸 것이다.

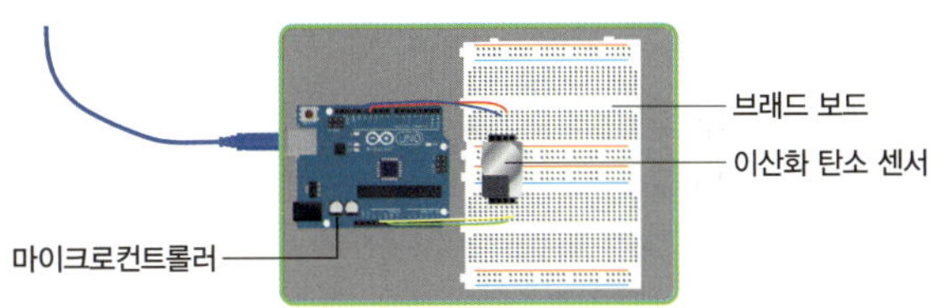

이에 대한 설명으로 옳은 것만을 〈보기〉에서 있는 대로 고른 것은?

보기

ㄱ. 이산화 탄소 센서에서는 아날로그 신호를 디지털 신호로 변환한다.
ㄴ. 이 장치를 이용하여 오랜 시간 측정을 하면 빅데이터로 만들 수 있다.
ㄷ. 이 장치로 공공 데이터와 비교하는 탐구를 설계할 수 있다.

① ㄱ ② ㄴ ③ ㄱ, ㄷ
④ ㄴ, ㄷ ⑤ ㄱ, ㄴ, ㄷ

2 과학기술의 발전과 윤리

- 인공지능 로봇, 사물 인터넷 등과 같이 과학기술의 발전을 인간의 삶과 환경 개선에 활용한 사례를 설명하기
- 과학기술의 발전이 미래 사회에 미치는 유용성과 한계를 설명하기
- 과학기술의 발전 과정에서 발생하는 과학 관련 사회적 쟁점에 대해 이해하고, 과학기술을 이용하는 과정에서 과학 윤리의 중요성 설명하기

이 단원의 핵심

● 과학기술의 발전은 우리 생활을 어떻게 변화시켰을까?

인공지능 로봇	사물 인터넷
• 인간의 추론이나 학습 능력을 컴퓨터에 구현한 인공지능 기술을 활용해 상황을 스스로 판단하며 자율적으로 움직이는 로봇이다. • 의료, 산업 현장 등에서 사람이 하는 일을 돕거나 위험한 상황에서 사람들을 안전하게 지킬 수 있다.	• 사물끼리 혹은 사물과 사람끼리 정보를 교환하며 작업을 수행하는 기술이다. • 사물 인터넷에 연결된 물건들은 스스로 정보를 수집하고 교환하며, 스스로 작동하거나 사용자가 원격으로 조절할 수도 있다.

● 과학 관련 사회적 쟁점에는 무엇이 있을까?

과학 관련 사회적 쟁점	과학 윤리
• 과학기술의 발전 과정에서 발생하는 사회적·윤리적 문제들을 과학 관련 사회적 쟁점이라고 한다. • 과학 관련 사회적 쟁점에는 원자력 발전소, 방사성 폐기물, 해양 자원 이용, 안락사, 동물 실험, 배아 연구, 맞춤 아기, 인간 복제, 유전자변형생물, 인공지능, 식품 첨가물, 기후 변화, 간척 사업, 지구 온난화, 원시림 벌목, 미세 플라스틱, 자율주행 기술, 우주 개발 등이 있다. • 쟁점이 가지고 있는 다양한 관점과 복잡한 상황을 이해하고 충분히 협의하여 합리적인 의사결정을 내리는 것이 중요하다.	• 과학 연구를 수행하거나 과학기술을 이용할 때 지켜야 할 윤리적 원칙과 기준을 과학 윤리라고 한다. • 과학 윤리는 과학기술이 인류 전체에게 이익이 되도록 하는 최소한의 원칙이다. • 과학 윤리는 이러한 과학 관련 사회적 쟁점을 해결하는 과정에서 중요한 역할을 한다.

과학기술의 발전과 한계

1 과학기술의 발전

(1) 과학기술의 발전과 우리의 삶

- 멀리 떨어진 곳까지 빠르게 이동하고, 정보를 쉽게 처리하며, 실시간으로 다른 사람과 소통할 수 있다.
- 태양광, 풍력 등과 같은 신재생 에너지 기술은 지속가능한 발전과 지구 환경 문제 해결에 도움을 주고 있다.
- 농업 기술은 식량 부족 문제 해결에 도움을 주며, 의학 기술은 인간을 질병의 고통에서 벗어나 건강한 삶을 살 수 있게 한다.

➡ 과학기술의 발전은 우리의 삶을 크게 변화시키고 있다.

예

휴대 전화 등을 이용해 장소와 시간에 얽매이지 않고 의사소통을 할 수 있다.

지속가능한 발전과 지구 환경 문제 해결을 위해 신재생 에너지 기술을 이용한다.

(2) 인공지능 로봇: ❶인공지능 기술은 인간의 추론이나 학습 능력을 컴퓨터에 구현한 기술이다. 인공지능 기술을 활용해 상황을 스스로 판단하며 자율적으로 움직이는 로봇이 인공지능 로봇이다. ➡ 인공지능 로봇은 센서를 통해 주변 상황을 인식하고 입력된 명령을 수행하기 위한 판단을 내리고 행동을 결정할 수 있다.

(3) 사물 인터넷(IoT, Internet of Things): 여러 가지 장치나 사물에 센서와 통신 기술을 내장하여 인터넷에 연결하고, 사물끼리 혹은 사물과 사람끼리 정보를 교환하며 작업을 수행하는 기술을 말한다.

- 사물 인터넷 기술의 활용

구분	활용
스마트 팜	온도, 습도, 토양 상태, 작물의 성장 등을 실시간으로 파악하여 자동으로 물과 영양분을 공급한다.
스마트 홈	집 안의 조명, 온도, 보안 장치 등을 실시간으로 관리하고 제어한다.
스마트 의료	원격 모니터링 기기로 환자의 건강 상태를 실시간으로 추적하고 관리하며, 응급 상황 발생 시 신속하게 조치할 수 있다.
스마트 공장	생산 기계를 실시간으로 관리하고 재고 물량을 바탕으로 제품을 생산하여 생산 과정의 효율성을 높인다.
스마트 물류	운송 차량의 위치를 실시간으로 추적하고 소비자의 주문 유형과 재고량을 파악한다.
스마트 도시	공기의 질, 수질, 에너지 사용 등을 실시간으로 관리한다.
스마트 교통	지능형 교통 체계로 수집한 교통 정보를 실시간으로 제공한다.

❶ 인공지능
(Artificial Intelligence, AI)
인간의 학습 능력, 추론 능력, 지각 능력을 인공적으로 구현하려는 컴퓨터 과학의 세부 분야 중 하나이다. 인간을 포함한 동물이 갖고 있는 지능 즉, 자연 지능과는 다른 개념이다.

② 과학기술 발전이 미래 사회에 미치는 영향

★★ (1) 과학기술의 유용성과 한계

과학기술의 발전은 인간의 삶과 미래 세대를 위한 환경 개선에 유용할 것이다. 그러나 과학기술의 발전으로 예상하지 못한 오염과 폐기물이 생길 수 있고, 새로운 과학기술에 적응하지 못하는 상황이 발생할 수 있으며, 과학기술에 너무 의존하여 인간의 삶에 필수적인 능력이 약해질 수 있다.

과학기술	유용성	한계
인공지능 로봇	로봇은 의료, 산업 현장 등에서 근로자의 안전을 보장하면서 작업 효율을 높일 수 있다.	인공지능 로봇을 무분별하게 이용하면 인간의 역량 계발이 방해받을 수 있으며, 인공지능 로봇이 사람을 대체하면서 일자리가 줄어들 수도 있다.
사물 인터넷	사물 인터넷을 집안 가전제품에 적용하면 일상생활이 자동화되고 사용자가 스마트 기기 하나로 모든 가전제품을 조작할 수 있어 편의성을 높일 수 있다.	사물 인터넷 장치는 대부분 인터넷에 연결되어 있기 때문에 해킹의 위험성이 커진다.
인터넷과 정보 통신 기술 발전	필요한 정보를 빠르고 쉽게 활용할 수 있게 도움을 준다.	익명성을 악용한 허위 사실 유포나 사이버 언어 폭력 등의 위험성도 높아짐
매체 기술의 발전	영화나 음악과 같은 문화 예술에 대한 접근성이 높아진다.	새로운 문화가 빨리 생겨나고 사라지며 세대 간 정보 격차와 소통의 문제를 일으킬 수 있다.

(2) 과학기술의 발전과 우리가 가져야 할 태도

① 인공지능 로봇이나 사물 인터넷과 같은 과학기술의 발전에 무조건 의존하기보다는 한계를 명확하게 알고 현명하게 이용할 필요가 있다.

② 이를 위해서는 관련기술 발전과 법률, 규제 등 다양한 측면에서 신중한 검토와 논의가 필요하며 새롭고 창의적인 일자리를 개발하는 노력이 필요하다.

③ 발전하는 과학기술의 영향에 대비하고 무분별한 기술의 악용을 막는 윤리적 지침을 세울 필요가 있다.

④ 건전한 가치 판단에 따라 책임 있게 과학기술을 적용하고 활용하는 자세를 가져야 한다.

THE 들여다보기

○ 미래 과학 도시

인터넷에 연결된 차량에는 교통 정보가 전송되어 운전자의 안전하고 편안한 운전을 돕고, 자동으로 측정되는 심장박동이나 운동량 등의 정보는 개인의 건강을 증진시키며, 주거 환경을 모니터링하는 기술은 에너지를 더 효율적으로 사용하게 한다.

또한 도시의 대기 상태, 쓰레기통의 포화 정도, 교통량, 실시간 주차 공간 등의 다양한 도시 데이터를 통해 도시 전체의 사물과 시민이 효율적으로 상호작용하는 도시 관리 시스템을 구축한다.

ㅇ, × 퀴즈

1. 인공지능 로봇은 인공지능 기술을 활용해 상황을 스스로 판단하며 적절한 행동을 선택하거나 배우고 실행한다. (○, ×)

2. 정보 통신 기술의 발전으로 필요한 정보를 빠르고 쉽게 활용하기 어렵게 되었다. (○, ×)

3. 과학기술의 발전은 여러 방면에 유용하면서도 문제점도 가지고 있어 양면성을 띤다고 할 수 있다. (○, ×)

4. 과학기술은 지속가능한 발전과 지구 환경 문제 해결에 도움을 주고 있다. (○, ×)

5. 사물 인터넷 기술을 이용하면 멀리 떨어진 곳에서도 자동차의 문을 열 수 있다. ( )

6. 사물 인터넷 기술을 이용하면 농장에서 자동으로 물과 영양분을 공급할 수 있다. ( )

7. 사물 인터넷 기술을 이용하면 공장에서 제품 생산의 효율성이 낮아진다. ( )

정답 1. ○ 2. × 3. ○ 4. ○ 5. ○ 6. ○ 7. ×

빈칸 완성

1. ( ) 기술은 인간의 추론이나 학습 능력을 컴퓨터에 구현한 기술이다.

2. ( )은/는 센서, 통신 기능, 소프트웨어 등을 내장한 사물이 인터넷에 연결된 다른 사물과 주변 환경의 데이터를 주고받는 기술이다.

3. 인공지능 로봇이 사람을 대체하면서 ( )이/가 줄어들 수 있다.

4. 인터넷과 정보 통신 기술이 발전하면서 ( )을/를 악용한 허위 사실 유포나 사이버 언어 폭력 등의 위험성이 높아질 수 있다.

5. 태양광, 풍력 등과 같은 신재생 에너지 기술은 ( )한 발전과 지구 환경 문제 해결에 도움을 주고 있다.

바르게 연결하기

6. 다음의 과학기술과 각각의 과학기술이 갖는 한계를 바르게 연결하시오.

(1) 인공지능 로봇 •　　• ㉠ 허위 사실 유포나 사이버 언어 폭력 등의 위험성이 높아진다.

(2) 사물 인터넷 •　　• ㉡ 새로운 문화가 빨리 생겨나고 사라지며 세대 간 정보 격차와 소통의 문제를 일으킬 수 있다.

(3) 인터넷과 정보 통신 기술 발전 •　　• ㉢ 로봇이 사람을 대체하면서 일자리가 줄어들 수도 있다.

(4) 매체 기술의 발전 •　　• ㉣ 해킹의 위험성이 커진다.

정답 1. 인공지능 2. 사물 인터넷 3. 일자리 4. 익명성 5. 지속가능 6. (1)—㉢, (2)—㉣, (3)—㉠, (4)—㉡

과학 관련 사회적 쟁점과 과학 윤리

1 과학 관련 사회적 쟁점

(1) **과학 관련 사회적 [1]쟁점:** 과학기술의 발전 과정에서 발생하는 사회적·윤리적 문제들을 과학 관련 사회적 쟁점(SSI, Socio – Scientific Issues)이라고 한다.

① 과학기술의 발전은 인간의 삶을 편리하고 풍요롭게 만들어 주는 긍정적인 영향을 미치지만, 이와 동시에 사회, 윤리, 경제, 환경, 문화 등 다양한 측면에서 논쟁을 일으키기도 한다.

② 과학 관련 사회적 쟁점의 예

분야	과학 관련 사회적 쟁점의 예
에너지	원자력 발전소, 방사성 폐기물, 신재생 에너지 사용, 해양 자원 이용 등
생명윤리	안락사, 동물 실험, 배아 연구, 맞춤 아기, 인간 복제, [2]유전자변형생물, 인공지능 등
건강	식품 첨가물, 가습기 살균제, 항생제 남용, 비만과 다이어트 등
환경 및 생태계	화학 물질, 미세 먼지, 기후 변화, 간척 사업, 지구 온난화, 원시림 벌목, 미세 플라스틱 등
첨단 과학	자율주행 기술, 우주 개발 등

③ 특징

- 하나의 쟁점에 다양한 입장을 가진 사람들의 이해관계가 얽혀 있는 경우가 많고 방치할 경우 사회적 갈등을 일으키기도 한다.
- 따라서 그 쟁점이 가지고 있는 다양한 관점과 복잡한 상황을 이해하고 충분히 협의하여 합리적인 의사결정을 내리는 것이 필요하다.

THE 알기

❶ 쟁점

서로 다투는 중심이 되는 내용이나 사실

❷ 유전자변형생물(GMO)

기존의 생물체 속에 다른 생물체의 유전자를 끼워 넣음으로써 기존의 생물체에 존재하지 않던 새로운 성질을 갖도록 한 생물체이다. 본래 유전자를 변형 및 조작하여 생산성 및 상품의 질을 높이는 등의 목적으로 생산되고 있다. 인체에 대한 유해 유무, 환경 문제, 유전자의 특허 문제 등이 대두되고 있다.

THE 들여다보기

○ 인공지능 및 로봇과 관련된 사회적 쟁점

② 과학 윤리

(1) **과학 윤리:** 과학 연구를 수행하거나 과학기술을 이용할 때 지켜야 할 윤리적 원칙과 기준을 말한다. ➡ 과학 윤리는 과학기술이 인류 전체에게 이익이 되도록 하는 최소한의 원칙이며, 생명 존중, 공정성, 안전, 환경적 책임 등이 있다.

① 과학 윤리의 적용
- 의약품을 개발할 때 동물 실험 과정에서 생명윤리를 준수해야 한다.
- 타인의 개인 정보를 활용할 때 개인 정보를 제공하는 사람을 보호하기 위한 제도적·기술적 변화가 필요하다.

② 과학 윤리의 필요성
- 과학기술을 올바르게 활용할 수 있다.
- 장기적으로 과학 연구의 신뢰성을 높일 수 있다.
- 지속가능한 생태계를 유지하는 데 도움을 준다.

(2) **과학 윤리의 중요성:** 현대 사회는 과학, 기술, 사회가 상호작용하고 있어 과학기술을 이용하는 과정에서 다양한 과학 관련 사회적 쟁점이 발생하기도 한다. 과학 윤리는 이러한 쟁점을 해결하는 과정에서 중요한 역할을 한다.

① 과학기술의 발달에는 양면성이 존재하며 이에 따라 과학기술과 관련된 다양한 문제가 발생하고 있다.

② 사회 구성원마다 과학 관련 사회적 쟁점들에 대한 견해가 다르므로 이를 해결할 때는 자신의 견해를 논리적으로 설명하고, 상대방의 입장과 근거 사이의 논리성과 타당성을 검토하면서 상대방의 의견을 경청하는 것이 중요하다.

③ 개인적 측면, 사회적 측면, 윤리적 측면 등 다양한 관점을 고려하여 합리적이고 사회적으로 책임감 있는 의사결정을 하도록 노력하고, 과학기술이 긍정적인 방향으로 발전할 수 있도록 노력해야 한다.

THE 들여다보기

◉ 과학자의 연구 윤리

과학자는 합리적이고 정직한 연구를 수행하며 생명 존엄성 존중 등의 연구 윤리를 지켜야 한다. 또, 연구 결과 얻은 지식이나 기술을 활용해 인류의 삶의 질 향상과 지속가능한 삶에 이바지하도록 노력할 사회적 책임이 있다.

① 정직성과 개방성: 연구 절차와 결과를 조작하거나 거짓으로 만들어 내지 않는다. 또 학문 발전을 위해 연구 내용을 공개한다.

② 실험 대상에 대한 존중: 실험 대상을 윤리적으로 대하며 실험 대상의 생명과 존엄성을 존중한다.

③ 지식 재산권 존중: 다른 과학자의 연구 결과를 함부로 사용하지 않는다.

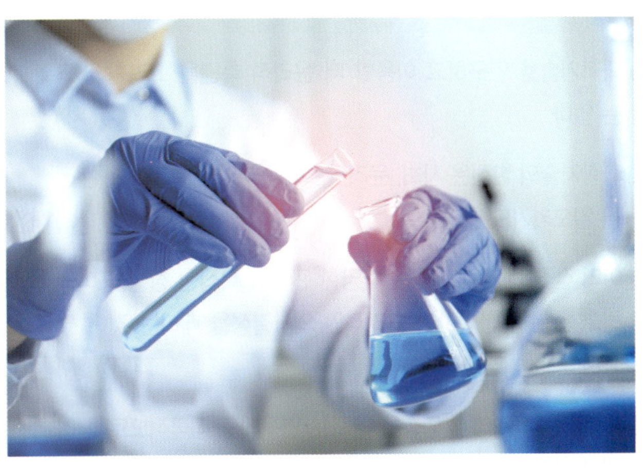

④ 상호 존중: 함께 연구하는 동료들을 존중하고 연구 참여자들의 성과를 공정하게 나눈다.

⑤ 사회적 책임: 사회에 악영향을 미치는 연구는 피하고 공공의 이익을 위해 노력한다.

<table><tr><td align="center">빈칸 완성</td><td align="center">단답형</td></tr></table>

1. 과학기술의 발전 과정에서 발생하는 사회적·윤리적 문제를 (　　　)(이)라고 한다.

2. 과학 연구를 수행하거나 과학기술을 이용할 때 지켜야 할 윤리적 원칙과 기준을 (　　　)(이)라고 한다.

3. 과학기술의 발전 과정에서 과학 관련 사회적 (　　　)이/가 발생할 수 있다.

4. (　　　)은/는 과학 관련 사회적 쟁점을 해결하는 과정에서 중요한 역할을 한다.

5. 의약품을 개발할 때 동물 실험 과정에서 (　　　)에 어긋나는 행동은 하지 않아야 한다.

6. 다음 중 과학 관련 사회적 쟁점이라고 볼 수 있는 것을 모두 골라 쓰시오.

• 안락사	• 맞춤 아기
• 간척 사업	• 미세 플라스틱
• 습지 보전	• 멸종 위기종 보호

정답 1. 과학 관련 사회적 쟁점 2. 과학 윤리 3. 쟁점 4. 과학 윤리 5. 생명윤리 6. 안락사, 맞춤 아기, 간척 사업, 미세 플라스틱

O, × 퀴즈

1. 과학기술을 연구하고 이용할 때 윤리적 측면을 고려할 필요는 없다. (O, ×)

2. 과학기술의 발전은 사회, 윤리, 문화 등 다양한 측면에서 논쟁을 일으키기도 한다. (O, ×)

3. 여러 쟁점이 가지고 있는 다양한 관점과 복잡한 상황을 이해하고 충분히 협의하여 합리적인 의사결정을 내리는 것이 필요하다. (O, ×)

4. 과학자는 사회에 악영향을 미치는 연구에도 적극적으로 참여해야 한다. (O, ×)

5. 과학자는 필요한 경우 연구 절차와 결과를 조작하거나 거짓으로 만들어 내도 된다. (O, ×)

6. 과학자는 실험 대상을 윤리적으로 대하며 실험 대상의 생명과 존엄성을 존중해야 한다. (O, ×)

7. 과학자는 다른 과학자의 연구 결과를 함부로 사용하면 안 된다. (O, ×)

8. 함께 연구하는 동료들을 존중하고 연구 참여자들의 성과를 공정하게 나눈다. (O, ×)

정답 1. × 2. O 3. O 4. × 5. × 6. O 7. O 8. O

목표

과학 관련 사회적 쟁점을 알아보고, 과학기술을 이용할 때 필요한 과학 윤리를 제안하고 논증할 수 있다.

과정

다음은 몇 가지 과학 관련 사회적 쟁점을 나타낸 것이다.

결과 정리 및 해석

1. 선택한 과학 관련 사회적 쟁점에서 논의되는 찬성과 반대 입장을 찾아 정리해 보자.

쟁점	찬성 입장	반대 입장
동물 실험	새로운 약품이나 화장품의 개발에 필요하다.	동물의 자연권 침해 및 동물 학대 논란이 있다.
맞춤 아기	희귀 질환이나 암 등을 치료할 수 있다.	생명의 존엄성 및 인간 윤리에 배치된다.
유전자변형생물	식량 부족 문제 해결에 도움이 된다.	유전자변형 농산물의 부작용이 충분히 검증되지 못했다.
자율주행 자동차	운전을 하기 어려운 사람들의 이동권이 보장된다.	자율주행 시스템이 해킹을 당할 위험이 있다.

탐구 분석

1. 과학 관련 사회적 쟁점과 과학기술을 이용할 때 과학 윤리의 중요성에 대해서 쓰시오.

➜

• 정답과 해설 49쪽

> 25595-0334

01 다음은 산업 시대의 과학기술 발전 과정을 순서 없이 나타낸 것이다.

> (가) 물품 제조   (나) 자원 채취   (다) 물질 추출

산업 시대의 과학기술 발전 과정을 순서대로 옳게 나열한 것은?

① (가)－(나)－(다)   ② (나)－(가)－(다)
③ (나)－(다)－(가)   ④ (다)－(가)－(나)
⑤ (다)－(나)－(가)

> 25595-0335

02 다음은 지능정보화 시대의 과학기술 발전 과정을 순서 없이 나타낸 것이다.

> (가) 데이터화   (나) 지능화   (다) 정보화

지능정보화 시대의 과학기술 발전 과정을 순서대로 옳게 나열한 것은?

① (가)－(나)－(다)   ② (가)－(다)－(나)
③ (나)－(다)－(가)   ④ (다)－(가)－(나)
⑤ (다)－(나)－(가)

중요

> 25595-0336

03 과학기술의 발전이 미래 사회에 미치는 유용성에 대한 설명으로 옳지 <u>않은</u> 것은?

① 핵융합과 우주 태양광 발전으로 지구 온난화에 대응한다.
② 인공지능과 로봇 기술을 활용한 우주 탐사로 달과 화성에서 자원을 개발한다.
③ 사물 인터넷과 빅데이터 기술로 의료 데이터를 분석하여 질병을 진단하고 치료한다.
④ 인공지능과 가상 현실 기술을 활용하여 수업 활동을 혁신한다.
⑤ 인공지능과 로봇 기술을 활용한 드론 택시의 등장으로 사고 발생 위험이 높아진다.

> 25595-0337

04 인공지능 로봇에 대한 설명으로 옳지 <u>않은</u> 것은?

① 센서를 통해 주변 상황을 인식한다.
② 스스로 학습할 수 있는 능력이 있다.
③ 스스로 판단하며 자율적으로 움직일 수 있다.
④ 미리 입력된 행동 명령에 따라서만 행동할 수 있다.
⑤ 사회의 다양한 분야에 활용되어 인간의 삶과 환경을 개선할 수 있다.

> 25595-0338

05 과학 윤리에 대한 설명으로 옳지 <u>않은</u> 것은?

① 과학기술은 우리에게 유용하지만 때로는 문제를 일으키기도 한다.
② 과학 윤리를 준수하면 과학기술을 올바르게 활용할 수 있다.
③ 동물의 이용은 생명윤리에 해당하지 않으므로 의약품을 개발할 때 동물 실험을 적극 이용해야 한다.
④ 임상 실험 중에 참가자가 동의하지 않은 실험은 수행하지 않아야 한다.
⑤ 과학자뿐만 아니라 다양한 분야의 사람들이 과학 윤리를 준수하는 것에 관심을 가져야 한다.

> 25595-0339

01 다음 중 사물 인터넷에 대한 설명으로 옳은 것만을 〈보기〉에서 있는 대로 고른 것은?

┌ 보기 ┐
ㄱ. 사물 인터넷으로 연결한 장치들에는 센서와 통신 장비가 내장되어 있다.
ㄴ. 스마트 도시, 스마트 공장, 자율주행 자동차 등에서 활용된다.
ㄷ. 사물 인터넷 기술을 적용한 장치는 사람이 직접 개입하여 제어하고 조종해야 한다.

① ㄱ　　　② ㄷ　　　③ ㄱ, ㄴ
④ ㄴ, ㄷ　　　⑤ ㄱ, ㄴ, ㄷ

> 25595-0340

02 사물 인터넷 기술의 활용 분야에 대한 설명으로 옳지 <u>않은</u> 것은?

① 스마트 팜에서는 농작물에 자동으로 물과 영양분을 공급한다.
② 스마트 공장에서는 생산 기계를 실시간으로 관리하여 생산 과정의 효율성을 높일 수 있다.
③ 스마트 홈에서는 집 안의 조명, 온도, 보안 장치 등을 실시간으로 관리하고 제어한다.
④ 스마트 도시에서는 공기의 질, 수질, 에너지 사용 등을 실시간으로 관리할 수 있다.
⑤ 스마트 의료에서는 청진기를 이용해 사람의 심박수를 확인한다.

> 25595-0341

03 다음 중 인공지능과 사물 인터넷이 사회에 미치는 긍정적인 영향으로 볼 수 <u>없는</u> 것은?

① 공장에서 생산 효율을 높일 수 있다.
② 도시를 더 효율적으로 관리할 수 있다.
③ 실시간으로 건강 정보를 원격 모니터링할 수 있다.
④ 인공지능 로봇 활용이 증가함에 따라 인간의 일자리가 감소한다.
⑤ 실시간 교통 정보를 반영한 자율주행이 가능해진다.

> 25595-0342

04 다음 중 과학 관련 사회적 쟁점에 대한 설명으로 옳은 것만을 〈보기〉에서 있는 대로 고른 것은?

┌ 보기 ┐
ㄱ. 자율주행 자동차의 운행과 관련된 논쟁은 과학 관련 사회적 쟁점 사례 중 하나이다.
ㄴ. 동물 실험은 새로운 의약품 개발에 도움을 줄 수 있으므로 동물 실험을 활용해야 한다는 입장이 있다.
ㄷ. 과학 관련 사회적 쟁점을 해결할 때는 자신의 입장을 논리적으로 설명하고 상대방의 의견을 경청해야 한다.

① ㄱ　　　② ㄴ　　　③ ㄱ, ㄷ
④ ㄴ, ㄷ　　　⑤ ㄱ, ㄴ, ㄷ

> 25595-0343

05 인공지능 로봇 기술의 발전이 가져다주는 유용성과 한계를 각각 하나씩 쓰시오.

____

____

____

____

⭐중요

> 25595-0344

01 다음 중 과학기술을 활용하여 사회 문제를 해결하려는 사례에 대한 설명으로 옳은 것만을 〈보기〉에서 있는 대로 고른 것은?

《 보기 》
ㄱ. 감염병 확산 문제 해결을 위해 면역 진단 기술로 병원체의 유전정보를 분석한다.
ㄴ. 환경 오염 문제 해결을 위해 신재생 에너지 기술을 활용한다.
ㄷ. 노동자의 안전 문제 해결을 위해 로봇 기술을 활용한 자동화 공장을 구성한다.

① ㄱ   ② ㄷ   ③ ㄱ, ㄴ
④ ㄴ, ㄷ   ⑤ ㄱ, ㄴ, ㄷ

⭐중요

> 25595-0345

02 다음은 산불 감시 및 예측 시스템에 대한 내용을 나타낸 것이다.

지구 온난화로 산불 발생 빈도가 높아져 사람의 힘으로 산불을 예방하거나 예측하는 일이 어려워지자 산불 감시 및 예측 시스템이 최근에 도입되었다. 그동안 축적된 많은 양의 산불 영상 자료를 (㉠)에 학습시켜서 산불 감시 및 예측 능력을 길러 활용하게 된 것이다.
㉡ 영상 인식 인공지능과 산불 감시를 위해 설치된 카메라들을 인터넷 기반 정보 통신 자원 통합·공유 시스템으로 연결하면 카메라가 연기 등 산불의 징후를 촬영했을 때 인공지능이 이를 분석해서 화재 여부를 판단하고 산불 감시 센터에 알려 준다.

이에 대한 설명으로 옳은 것만을 〈보기〉에서 있는 대로 고른 것은?

《 보기 》
ㄱ. '인공지능'은 ㉠에 해당한다.
ㄴ. ㉡은 사물 인터넷이 실생활에 이용되는 예에 해당한다.
ㄷ. 이러한 기술을 이용하면 산불 감지 시간이 단축될 수 있다.

① ㄱ   ② ㄴ   ③ ㄱ, ㄷ
④ ㄴ, ㄷ   ⑤ ㄱ, ㄴ, ㄷ

> 25595-0346

03 다음은 몇 가지 과학 관련 사회적 쟁점을 나타낸 것이다.

(가) 유전자변형 농산물 사용
(나) 우주 개발
(다) 신재생 에너지 사용

(가)~(다)를 지지하는 입장으로 옳은 것만을 〈보기〉에서 있는 대로 고른 것은?

《 보기 》
ㄱ. (가)를 통해 식량 부족 문제를 해결할 수 있다.
ㄴ. (나)보다는 지구의 심해와 같은 장소를 먼저 개발해야 한다.
ㄷ. (다)는 지구 환경을 보존하는 데 도움이 된다.

① ㄱ   ② ㄴ   ③ ㄱ, ㄷ
④ ㄴ, ㄷ   ⑤ ㄱ, ㄴ, ㄷ

> 25595-0347

04 다음은 유전체 분석 기술 이용에 대한 내용을 나타낸 것이다.

유전체 분석 기술이란 생물의 유전정보를 분석 및 해석하여 관련된 정보를 얻는 기술이다. 최근에는 유전체 분석 기술의 발전으로 개인의 유전정보를 적은 비용으로 확인할 수 있게 되었다.

이에 대한 설명으로 옳은 것만을 〈보기〉에서 있는 대로 고른 것은?

《 보기 》
ㄱ. 유전체 분석 기술에 인공지능 기술을 적용하면 개인 맞춤형 의료 서비스가 가능할 수 있다.
ㄴ. 유전체 분석 기술로 수집한 개인의 유전정보가 무단으로 유출되거나 사용되면 인권 침해 문제가 발생할 수 있다.
ㄷ. 보험 회사가 개인별 유전정보를 근거로 하여 보험에 가입할 때 보험료를 높이거나 보험 가입 자체를 거절하는 일이 발생할 수 있다.

① ㄱ   ② ㄴ   ③ ㄱ, ㄷ
④ ㄴ, ㄷ   ⑤ ㄱ, ㄴ, ㄷ

1. 감염병의 진단과 추적

(1) **감염병**: 세균이나 바이러스와 같은 병원체에 의해 생기는 질병이다. ⓔ 감기, 독감, 결핵, 폐렴 등

(2) **감염병의 감염 경로**: 병원체의 감염은 호흡, 음식 섭취, 피부 접촉, 수혈 등 다양한 경로를 통해 일어난다.

(3) **단백질을 이용한 감염병 진단 기술**: 검체에 바이러스를 구성하는 단백질이 존재하는지를 확인하는 검사 방법으로, 병원체의 양이 적은 경우 검출되지 않을 수도 있다. ⓔ 신속항원검사

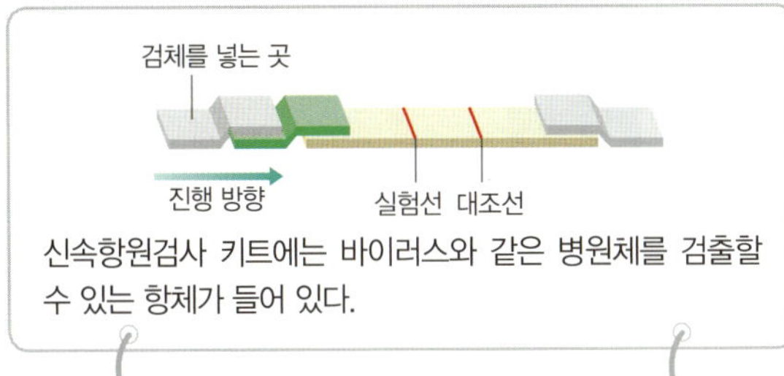

신속항원검사 키트에는 바이러스와 같은 병원체를 검출할 수 있는 항체가 들어 있다.

검체를 채취해 용액 통에 넣는다. 용액 통 안에서 코로나바이러스가 분해되어 바이러스를 이루는 단백질이 용액 속으로 빠져나온다.

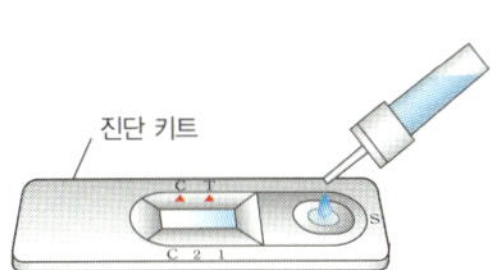

용액 통의 액체를 진단 키트에 떨어뜨린다. 코로나바이러스에 감염된 경우 코로나바이러스의 단백질과 검사 키트 속의 항체가 결합하고, 이 물질이 실험선의 물질과 반응하여 색을 나타낸다.

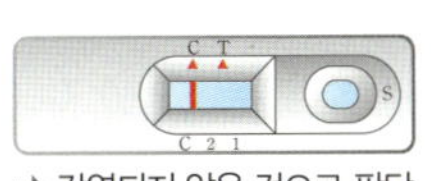

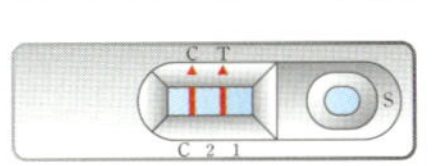

진단 키트의 대조선(C)과 실험선(T)의 변화를 통해서 감염 여부를 판단할 수 있다. 대조선과 실험선에 모두 색 변화가 나타나면 감염병에 걸린 것으로 판단할 수 있다.

(4) **유전자증폭검사**: 검체에 들어 있는 매우 적은 양의 핵산을 단시간에 많은 양으로 복제(중합효소연쇄반응)한 다음 컴퓨터를 활용하여 정밀하게 분석하는 방법으로, 적은 양의 병원체로도 검사 결과를 낼 수 있다.

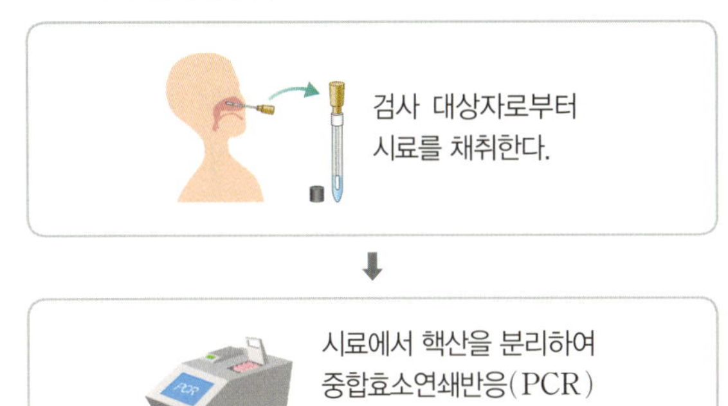

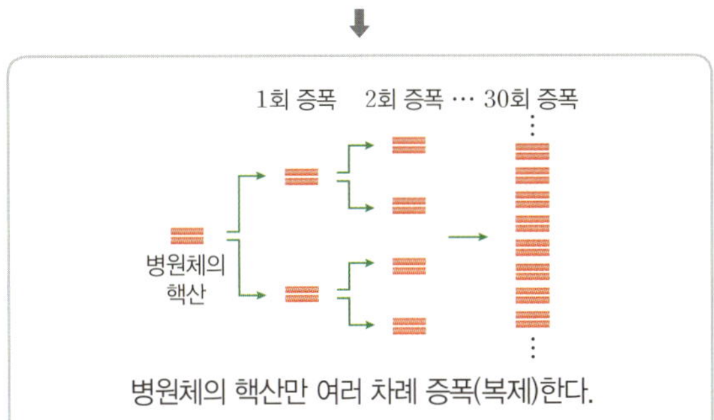

병원체의 핵산만 여러 차례 증폭(복제)한다.

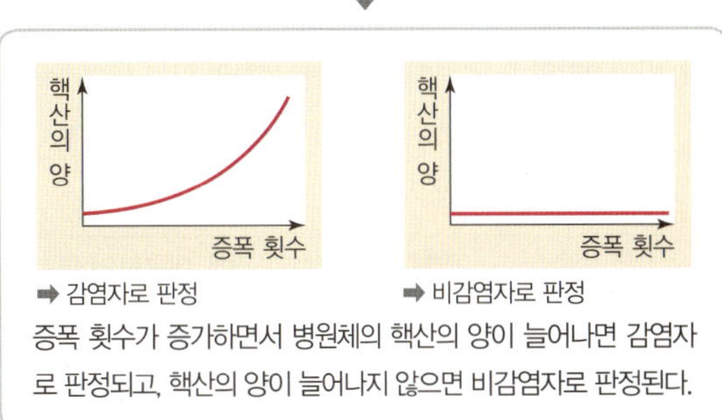

증폭 횟수가 증가하면서 병원체의 핵산의 양이 늘어나면 감염자로 판정되고, 핵산의 양이 늘어나지 않으면 비감염자로 판정된다.

(5) **감염병 진단 기술의 발달**: 과거에는 병원체를 배양하여 질병을 진단하였으므로 진단에 시간이 걸렸으나, 과학기술이 발전함에 따라 병원체를 진단하는 기술이 발달하여 감염병을 빠르게 진단하는 것이 가능해졌다.

(6) **감염병의 추적**: 과학기술의 발달로 스마트 기기에 내장된 위성 위치 확인 시스템(GPS), 와이파이(WiFi), 블루투스, 센서 등을 활용하여 감염원 및 감염병 환자의 규모를 파악하고 감염병 환자의 감염 경로와 동선을 추적 관리할 수 있다.

2. 과학과 미래 사회의 문제 해결

(1) **미래 사회의 문제:** 과학기술이 빠르게 발달하면서 미래 사회에는 복잡하고 다양한 문제들이 나타날 것으로 예측되고 있다.

  ⑩ 고용 불안, 저출산·초고령화 사회, 식량 안보 문제, 에너지 및 자원 고갈 문제 등

(2) **미래 사회의 문제 해결에서 과학의 역할:** 미래 사회의 다양한 문제 해결을 위해서 과학기술을 복합적으로 활용하여 해결할 수 있도록 해야 하며, 인류가 안전하고 풍요롭도록 삶의 질을 개선하는 데 기여해야 한다.

  ⑩ 빅데이터, 인공지능, 가상현실 기술 등

3. 빅데이터의 활용

(1) **빅데이터:** 방대하고 복잡한 데이터의 집합으로, 센서 도구의 발달로 그 양이 방대해졌으며 숫자, 글, 영상, 음성 등 그 형태도 다양해지고 있다.

  ⑩ 빅데이터의 축적 사례

   • 수많은 과학 실험으로 얻어진 실험 결과가 빅데이터로 축적된다.

   • 다양한 생물의 유전체 연구 자료가 빅데이터로 축적된다.

(2) **빅데이터의 활용:** 빅데이터를 분석하여 가치 있는 정보를 추출하고, 변화를 예측하는 방향으로 활용 범위가 넓어지고 있다.

  ⑩ 빅데이터의 활용 사례

과학 실험 분야	입자 충돌 실험과 같은 대규모의 과학 실험은 빅데이터를 생성한다. 현대 과학에서는 이러한 빅데이터를 분석하여 이론적 모델과 비교하여 새로운 과학 지식을 축적하게 할 수 있다.
신약 개발 분야	빅데이터로 정리되어 있는 수많은 화학 물질의 구조와 성질을 분석하여 신약 개발의 속도가 매우 빨라지고 있다. 이때 유전자 데이터나 임상 시험 데이터를 활용하기도 한다.
기상 관측 분야	관측소와 인공위성으로 기상 관련 빅데이터가 수집되어 이를 이용하여 일기 예보의 정확도를 높이고 기후 변화를 연구하고 있다.
의료 분야	유전체와 관련된 빅데이터를 분석하여 개인에게 발생 가능한 질병을 예측하고 적절한 치료 방법의 개발 및 적용에 활용하고 있다.

(3) **빅데이터를 활용한 의사 결정:** 빅데이터를 활용하면 다양한 변수가 얽힌 복잡한 문제를 수학적 모델링을 통해서 빠르게 분석할 수 있다. 빅데이터는 정부의 정책 결정이나 교육, 의료 등 우리 생활의 다양한 분야에서 합리적인 의사 결정에 유용하게 활용된다.

  ⑩ 범죄 데이터 분석을 통해 범죄 패턴을 예측하고, 이를 바탕으로 경찰 배치를 최적화하여 범죄율을 줄일 수 있다.

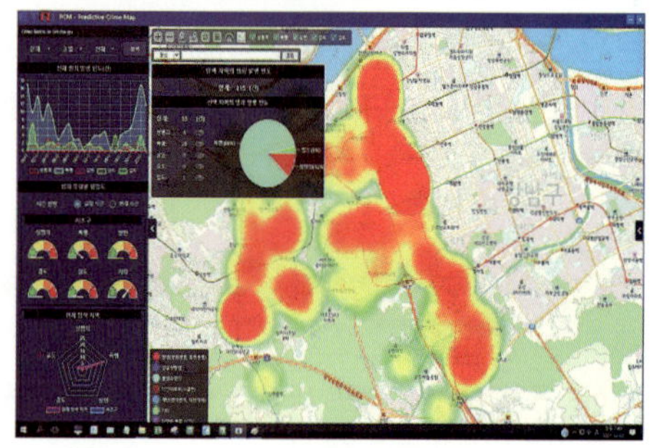

특정 지역의 범죄 데이터

  ⑩ 교통 빅데이터 분석을 통해 교통 관리 시스템을 운영할 수 있다.

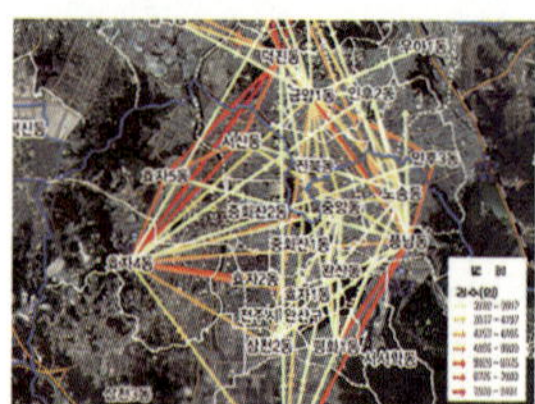

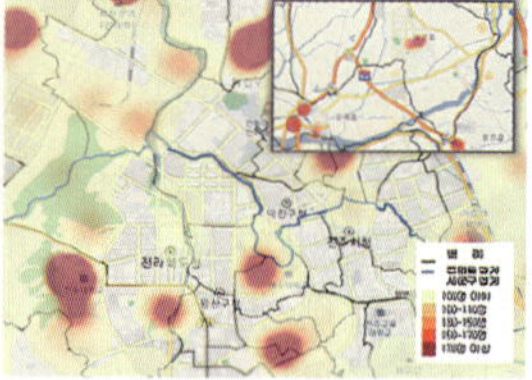

노선 운행 밀도 분석   유동 인구 측면 분석

4. 빅데이터 활용의 문제점

(1) **빅데이터 수집의 문제점:** 빅데이터를 수집하는 과정에서 과도한 데이터가 수집되어 사생활 침해 가능성이 있다. 충분히 검증되지 못한 데이터를 활용할 수도 있다.

(2) **빅데이터 활용에서의 문제점:** 지나치게 데이터에 의존한 의사 결정으로 인해 편협된 결론을 얻을 수 있다.

(3) **빅데이터 활용의 바람직한 방법**

  ① 다양한 문제점의 발생 가능성을 염두에 두고, 필요한 정보를 선별하고 비판적으로 평가할 수 있는 소양을 길러야 한다.

  ② 빅데이터를 수집, 분석, 관리하는 과정에서 개인 정보 유출 등의 문제가 발생할 수 있다. 개인 정보 수집 과정에서는 반드시 동의를 얻어야 하며, 공개용 데이터에서는 개인 정보를 삭제해야 한다.

5. 과학기술의 발전

과학기술은 우리의 삶을 크게 변화시키고 있다.

(1) 멀리 떨어진 곳까지 빠르게 이동하고, 정보를 쉽게 처리하며, 실시간으로 다른 사람과 소통할 수 있다.

(2) 태양광, 풍력 등과 같은 신재생 에너지 기술은 지속가능한 발전과 지구 환경 문제 해결에 도움을 주고 있다.

(3) 농업 기술은 식량 부족 문제 해결에 도움을 주며, 의학 기술은 인간을 질병의 고통에서 벗어나 건강한 삶을 살 수 있게 한다.

6. 인공지능 로봇

(1) **인공지능 로봇:** 인공지능 기술은 인간의 추론이나 학습 능력을 컴퓨터에 구현한 기술이며, 인공지능 기술을 활용해 상황을 스스로 판단하며 자율적으로 움직이는 로봇이 인공지능 로봇이다.

(2) **인공지능 로봇의 이용:** 센서를 통해 주변 상황을 인식하고 입력된 명령을 수행하기 위한 판단을 내리고 행동을 결정할 수 있다.

7. 사물 인터넷(IoT, Internet of Things)

(1) **사물 인터넷:** 여러 가지 장치나 사물에 센서와 통신 기술을 내장하여 인터넷에 연결하고, 사물끼리 혹은 사물과 사람끼리 정보를 교환하며 작업을 수행하는 기술이다.

(2) **사물 인터넷 기술의 활용**

① 온도, 습도, 토양 상태, 작물의 성장 등을 실시간으로 파악하여 자동으로 물과 영양분을 공급한다.

② 집 안의 조명, 온도, 보안 장치 등을 실시간으로 관리하고 제어한다.

③ 원격 모니터링 기기로 환자의 건강 상태를 실시간으로 추적하고 관리하며, 응급 상황이 발생하면 병원에 즉시 연락해 신속하게 조치할 수 있다.

④ 생산 기계를 실시간으로 관리하고 재고 물량을 바탕으로 제품을 생산하여 생산 과정의 효율성을 높인다.

⑤ 운송 차량의 위치를 실시간으로 추적하고 소비자의 주문 유형과 재고 물량을 파악한다.

⑥ 공기의 질, 수질, 에너지 사용 등을 실시간으로 관리한다.

⑦ 지능형 교통 체계로 수집한 교통 정보를 실시간으로 제공한다.

8. 과학기술 발전이 미래 사회에 미치는 영향

과학기술의 발전은 인간의 삶과 미래 세대를 위한 환경 개선에 유용하지만, 과학기술의 발전으로 예상하지 못한 오염과 폐기물이 생길 수 있고, 새로운 과학기술에 적응하지 못하는 상황이 발생할 수 있으며, 과학기술에 너무 의존하여 인간의 삶에 필수적인 능력이 약해질 수 있다.

(1) **과학기술의 유용성과 한계**

① 인공지능 로봇

유용성	로봇은 의료, 산업 현장 등에서 근로자의 안전을 보장하면서 작업 효율을 높일 수 있다.
한계	인공지능 로봇을 무분별하게 이용하면 인간의 역량 계발이 방해받을 수 있으며, 인공지능 로봇이 사람을 대체하면서 일자리가 줄어들 수도 있다.

② 사물 인터넷

유용성	사물 인터넷을 집안 가전제품에 적용하면 일상생활이 자동화되고 사용자가 스마트 기기 하나로 모든 가전제품을 조작할 수 있어 편의성을 높일 수 있다.
한계	사물 인터넷 장치는 대부분 인터넷에 연결되어 있기 때문에 해킹의 위험성도 커진다.

③ 인터넷과 정보 통신 기술 발전

유용성	필요한 정보를 빠르고 쉽게 활용할 수 있게 돕는다.
한계	익명성을 악용한 허위 사실 유포나 사이버 언어 폭력 등의 위험성도 높아진다.

④ 매체 기술의 발전

유용성	영화나 음악과 같은 문화 예술에 대한 접근성이 높아진다.
한계	새로운 문화가 빨리 생겨나고 사라지며 세대 간 정보 격차와 소통의 문제를 일으킬 수 있다.

(2) **과학기술의 발전과 우리가 가져야 할 태도**

① 과학기술의 발전에 무조건 의존하기보다는 한계를 명확하게 알고 현명하게 이용할 필요가 있다.

② 건전한 가치 판단에 따라 책임 있게 과학기술을 적용하고 활용하는 자세를 가져야 한다.

9. 과학 관련 사회적 쟁점

(1) 과학 관련 사회적 쟁점

과학기술의 발전 과정에서 발생하는 사회적·윤리적 문제들을 과학 관련 사회적 쟁점(SSI, Socio – Scientific Issues)이라고 한다.

① 과학기술의 발전은 인간의 삶을 편리하고 풍요롭게 만들어 주는 긍정적인 영향을 미친다.

② 이와 동시에 사회, 윤리, 경제, 환경, 문화 등 다양한 측면에서 논쟁을 일으키기도 한다.

③ 과학 관련 사회적 쟁점의 예

에너지 분야	• 원자력 발전소와 방사성 폐기물 • 신재생 에너지 사용 • 해양 자원 이용 등
생명윤리 분야	• 안락사 • 동물 실험과 배아 연구 • 맞춤 아기 • 인간 복제 • 유전자변형생물 • 인공지능 등
건강 분야	• 식품 첨가물 • 가습기 살균제 • 항생제 남용 • 비만과 다이어트 등
환경 및 생태계 분야	• 화학 물질과 미세 플라스틱 • 미세 먼지 • 기후 변화와 지구 온난화 • 원시림 벌목 • 간척 사업 등
첨단 과학 분야	• 자율주행 기술 • 우주 개발 등

(2) 과학 관련 사회적 쟁점의 특징

① 하나의 쟁점에 다양한 입장을 가진 사람들의 이해관계가 얽혀 있는 경우가 많고 방치할 경우 사회적 갈등을 일으키기도 한다.

② 따라서 그 쟁점이 가지고 있는 다양한 관점과 복잡한 상황을 이해하고 충분히 협의하여 합리적인 의사결정을 내리는 것이 필요하다.

10. 과학 윤리

(1) 과학 윤리: 과학 연구를 수행하거나 과학기술을 이용할 때 지켜야 할 윤리적 원칙과 기준을 과학 윤리라고 한다. 과학 윤리는 과학기술이 인류 전체에게 이익이 되도록 하는 최소한의 원칙이며, 생명 존중, 공정성, 안전, 환경적 책임 등이 있다.

(2) 과학 윤리의 적용

① 의약품을 개발할 때 동물 실험 과정에서 생명윤리에 어긋나는 행동은 하지 않아야 한다.

② 온라인상에서 개인 정보가 유출되는 사회적 문제가 발생했고, 이를 해결하려는 과정에서 사회 구성원은 자신뿐만 아니라 타인의 개인 정보도 보호해야 한다는 윤리 의식을 가지게 되었다. 결국 개인 정보를 제공하는 사람을 보호하기 위한 제도적·기술적 변화가 생겼다.

(3) 과학 윤리의 필요성

① 과학 윤리를 준수하면 과학기술을 올바르게 활용할 수 있다.

② 장기적으로 과학 연구의 신뢰성을 높이고, 지속가능한 생태계를 유지하는 데 도움을 준다.

➡ 과학자뿐만 아니라 다양한 분야의 사람들이 과학 윤리를 준수하는 것에 관심을 가져야 하며 이를 준수하도록 노력해야 한다.

(4) 과학 윤리의 중요성: 현대 사회는 과학, 기술, 사회가 상호작용하고 있어 과학기술을 이용하는 과정에서 다양한 과학 관련 사회적 쟁점이 발생하기도 한다. 과학 윤리는 이러한 쟁점을 해결하는 과정에서 중요한 역할을 한다.

① 과학기술의 발달에는 양면성이 존재하며 이에 따라 과학기술과 관련된 다양한 문제가 발생하고 있다.

② 사회 구성원마다 과학 관련 사회적 쟁점들에 대한 견해가 다르므로 이를 해결할 때는 자신의 견해를 논리적으로 설명하고, 상대방의 입장과 근거 사이의 논리성과 타당성을 검토하면서 상대방의 의견을 경청하는 것이 중요하다.

③ 개인적 측면, 사회적 측면, 윤리적 측면 등 다양한 관점을 고려하여 합리적이고 사회적으로 책임감 있는 의사결정을 하도록 노력하고, 과학기술이 긍정적인 방향으로 발전할 수 있도록 노력해야 한다.

> 25595-0348

01 다음은 감염병과 관련된 과학기술에 대한 설명이다.

> (가) 스마트 기기로 감염자의 이동 경로, 감염자 수, 체온 등 다양한 정보를 수집한다.
> (나) 정보통신 기술을 이용하여 수집한 정보를 실시간으로 전달 및 공유한다.
> (다) 인공지능을 이용하여 방대한 정보를 빠르게 처리 분석한다.

이를 통해 과학기술이 감염병에 대응할 수 있는 분야에 대한 설명으로 옳은 것만을 〈보기〉에서 있는 대로 고른 것은?

> **보기**
> ㄱ. 감염자 수와 분포를 빠르게 수집하고 정리하여 시민들에게 정보를 공개할 수 있다.
> ㄴ. 감염 경로를 공개하여 확산을 막을 수 있다.
> ㄷ. 역학 조사관의 직접 조사와 비슷한 속도로 결과를 얻을 수 있다.

① ㄱ   ② ㄷ   ③ ㄱ, ㄴ
④ ㄴ, ㄷ   ⑤ ㄱ, ㄴ, ㄷ

> 25595-0349

02 그림은 감염병 검사 방법 (가)와 (나)를 나타낸 것이다.

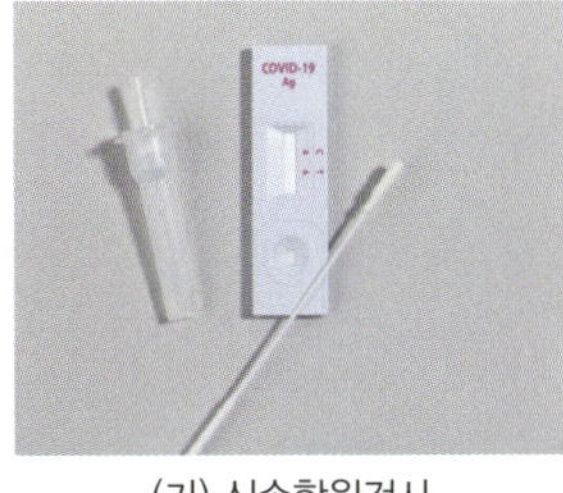
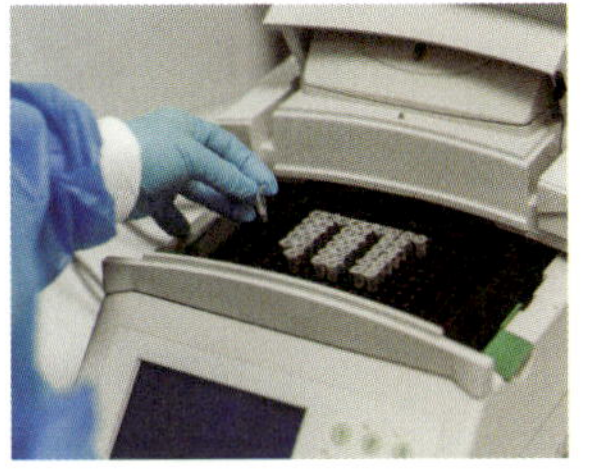

(가) 신속항원검사   (나) 유전자증폭검사

이에 대한 설명으로 옳은 것만을 〈보기〉에서 있는 대로 고른 것은?

> **보기**
> ㄱ. 병원체가 갖는 핵산을 검출하는 방법은 (가)이다.
> ㄴ. 검사의 정확도는 (나)가 (가)보다 높다.
> ㄷ. 검사에 걸리는 시간은 (가)가 (나)보다 짧다.

① ㄱ   ② ㄴ   ③ ㄷ
④ ㄱ, ㄷ   ⑤ ㄴ, ㄷ

수능 유형

> 25595-0350

03 그림은 태풍 경로를 예측하는 시스템을 나타낸 것이다.

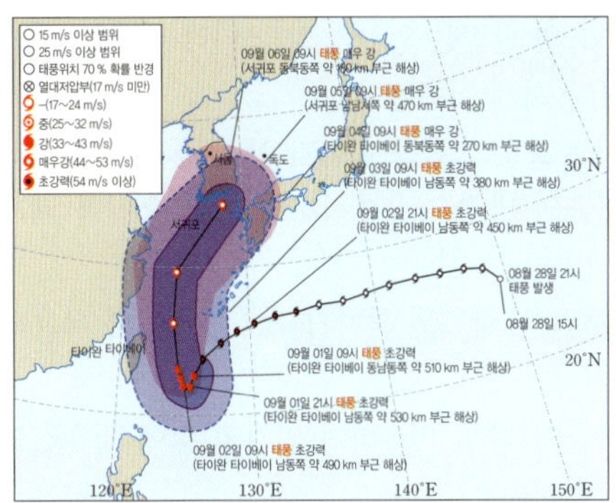

이에 대한 설명으로 옳은 것만을 〈보기〉에서 있는 대로 고른 것은?

> **보기**
> ㄱ. 기상 조건에 대한 빅데이터를 활용한다.
> ㄴ. 인공지능 기술을 활용한다.
> ㄷ. 한 가지 예측 모델을 이용하여 태풍 경로를 예측한다.

① ㄱ   ② ㄷ   ③ ㄱ, ㄴ
④ ㄴ, ㄷ   ⑤ ㄱ, ㄴ, ㄷ

> 25595-0351

04 다음은 현대 사회의 의사 결정에 많이 활용되는 ㉠에 대한 설명이다.

> ㉠ 은/는 방대하고 복잡한 데이터의 집합이며, 수치 자료뿐 아니라 글, 영상, 음성 등 그 형태도 매우 다양하다. ㉠ 은/는 정부의 결정이나 교육, 의료 등 우리 생활의 다양한 분야에 활용되고 있다.

㉠의 특징에 대한 설명으로 옳은 것만을 〈보기〉에서 있는 대로 고른 것은?

> **보기**
> ㄱ. 양이 매우 많다.
> ㄴ. 생성되고 처리되는 속도가 빠르다.
> ㄷ. 인공지능 기술의 기반이 된다.

① ㄱ   ② ㄴ   ③ ㄱ, ㄷ
④ ㄴ, ㄷ   ⑤ ㄱ, ㄴ, ㄷ

> 25595-0352

05 과학기술의 발전과 미래 사회에 대한 설명으로 옳지 <u>않은</u> 것은?

① 과학기술의 발전은 인간의 삶과 미래 세대를 위한 환경 개선에 유용하게 이용된다.
② 인공지능 로봇의 활용 분야가 확장될 것이다.
③ 과학기술의 발전으로 예상하지 못한 오염과 폐기물이 생길 수 있다.
④ 모든 사람이 새로운 과학기술에 적응하며 유용하게 사용할 것이다.
⑤ 과학기술에 너무 의존하여 인간의 삶에 필수적인 능력이 약해질 수 있다.

> 25595-0353

06 다음은 과학기술의 발전이 미래 사회에 미치는 유용성과 한계를 나타낸 것이다.

유용성	• 산업 현장의 생산성이 높아질 수 있다. • 시공간의 제약 없이 정보를 주고받을 수 있다. • ⊙문화 예술에 대한 접근성을 높일 수 있다.
한계	• ⓒ사라지는 직업이 생길 수 있다. • 사이버 언어 폭력의 위험성이 높아질 수 있다. • ⓒ온라인상에서 개인 정보가 유출되는 경우가 발생할 수 있다.

이에 대한 설명으로 옳은 것만을 〈보기〉에서 있는 대로 고른 것은?

〈보기〉
ㄱ. ⊙은 매체 기술의 발전에 따른 유용성에 해당한다.
ㄴ. 인공지능 로봇의 발전은 ⓒ과 같은 문제를 유발할 수 있다.
ㄷ. ⓒ과 같은 문제를 해결하기 위해서는 개인 정보를 제공하는 사람을 보호하기 위한 제도적·기술적 장치가 필요하다.

① ㄱ   ② ㄴ   ③ ㄱ, ㄷ
④ ㄴ, ㄷ   ⑤ ㄱ, ㄴ, ㄷ

> 25595-0354

07 과학 관련 사회적 쟁점에 대한 설명으로 옳지 <u>않은</u> 것은?

① 과학기술의 발달에는 긍정적 측면과 부정적 측면이 동시에 존재할 수 있다.
② 과학기술 발달의 양면성으로 인해 과학기술과 관련된 다양한 문제가 발생하고 있다.
③ 과학 관련 사회적 쟁점들은 사회 구성원마다 입장이 다를 수 있다.
④ 과학 관련 사회적 쟁점들을 해결할 때는 합리적이고 사회적으로 책임감 있는 의사결정을 해야 한다.
⑤ 과학 관련 사회적 쟁점을 해결할 때는 경제적인 측면을 최우선으로 고려해야 한다.

> 25595-0355

08 다음 중 과학자의 연구 윤리에 대한 설명으로 옳은 것만을 〈보기〉에서 있는 대로 고른 것은?

〈보기〉
ㄱ. 필요에 따라 연구 절차와 결과를 조작할 수 있다.
ㄴ. 실험 대상의 생명과 존엄성을 존중해야 한다.
ㄷ. 사회에 악영향을 미치는 연구는 피해야 한다.

① ㄱ   ② ㄷ   ③ ㄱ, ㄴ
④ ㄴ, ㄷ   ⑤ ㄱ, ㄴ, ㄷ

내 신 과
학력평가를
모 두
책 임 지 는

하루 6개
1등급
영어독해

매일매일 밥 먹듯이,
EBS랑 영어 1등급 완성하자!

✓ 규칙적인 일일 학습으로
영어 1등급 수준 미리 성취

✓ 최신 기출문제 + 실전 같은
문제 풀이 연습으로
내신과 학력평가 등급 UP!

✓ 대학별 최저 등급 기준 충족을 위한
변별력 높은 문항 집중 학습

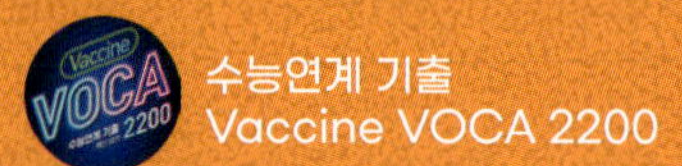

수능연계 기출
Vaccine VOCA 2200

* 본 교재 광고의 교재는 수능을 준비하는 모든 학생에게
추천하며 지금 바로 학습할수록 효과가 좋습니다.

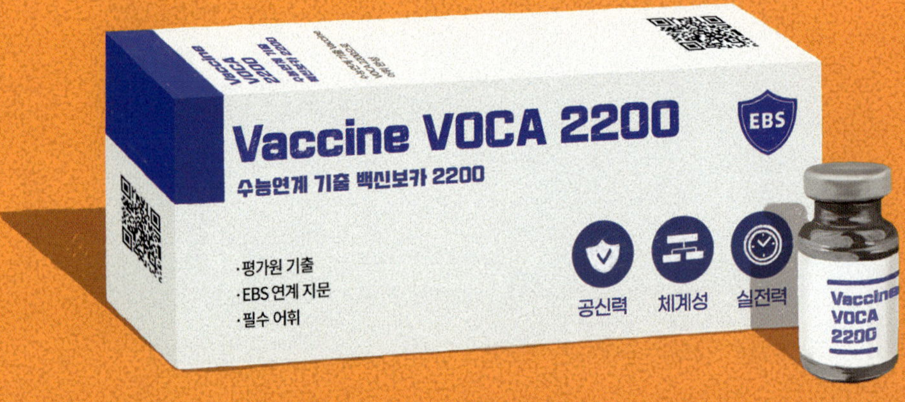

○ 수능 영단어장의 끝판왕!
10개년 수능 빈출 어휘 + 7개년 연계교재 핵심 어휘

○ 수능 적중 어휘 자동암기 3종 세트 제공
휴대용 포켓 단어장 / 표제어 & 예문 MP3 파일 / 수능형 어휘 문항 실전 테스트

휴대용 **포켓 단어장** 제공

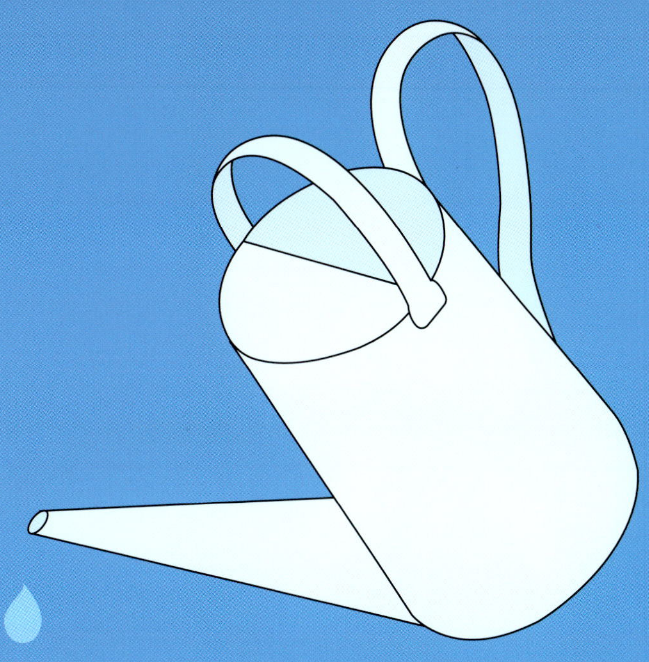

통합과학
2

정답과 해설

개념완성

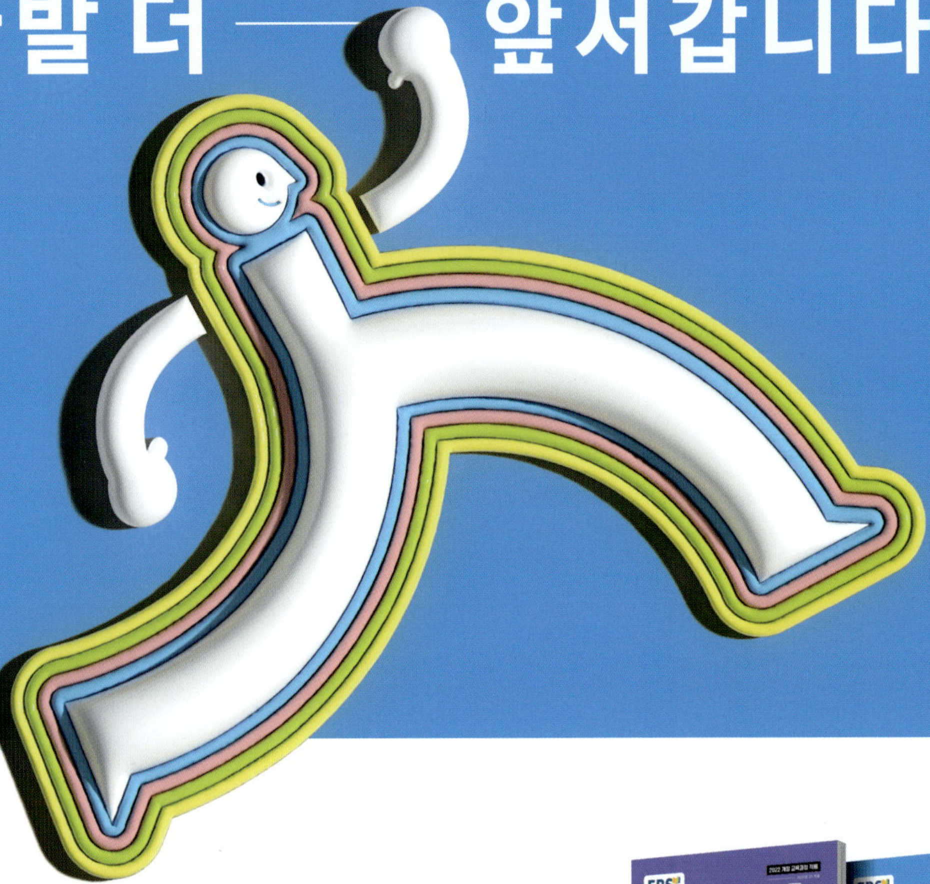

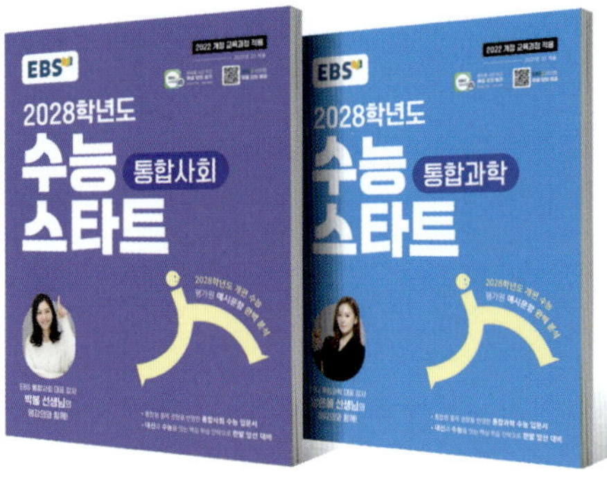

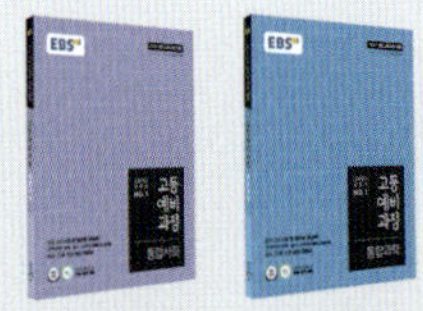

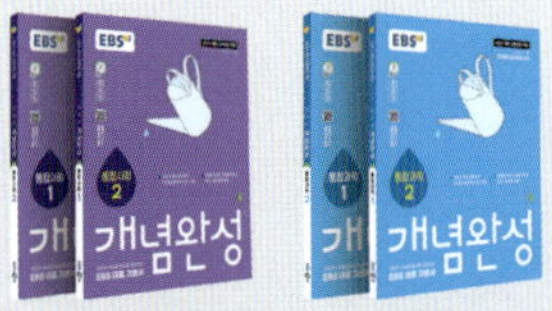

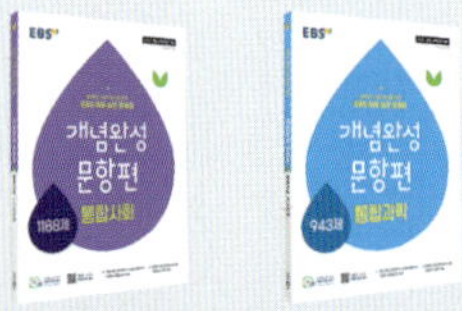

개념완성

정답과 해설

Ⅳ 변화와 다양성

1 지질 시대와 생물다양성

탐구 활동 본문 21쪽

1~2 해설 참조

내신 기초 문제 본문 22~24쪽

01 ④ 02 ① 03 ① 04 ④ 05 ② 06 ④
07 ④ 08 ⑤ 09 ⑤ 10 ① 11 ④ 12 ③
13 ⑤ 14 ④ 15 ⑤ 16 ② 17 ④

실력 향상 문제 본문 25~30쪽

01 ① 02 ⑤ 03 ② 04 ⑤ 05 해설 참조
06 ③ 07 ② 08 ③ 09 ⑤ 10 해설 참조
11 ⑤ 12 ② 13 ③ 14 (1) 자연선택설 (2) 해설
참조 15 ① 16 ① 17 ⑤ 18 ③ 19 ③
20 ② 21 ⑤ 22 (1) A: 유전적 다양성, B: 종다양
성, C: 생태계다양성 (2) 해설 참조 23 ⑤ 24 ⑤
25 ⑤ 26 (1) (가) (2) 해설 참조 (3) 해설 참조

수능 유형 문제 본문 31~35쪽

01 ① 02 ③ 03 ① 04 ② 05 ③ 06 ①
07 ① 08 ① 09 ① 10 ④ 11 ④ 12 ⑤
13 ② 14 ④ 15 ⑤ 16 ⑤ 17 ④ 18 ⑤
19 ④ 20 ⑤

2 화학 변화와 에너지 출입

탐구 활동 본문 49쪽

1~2 해설 참조 3 약 29 ℃

내신 기초 문제 본문 50~52쪽

01 ③ 02 ③ 03 ② 04 ③ 05 ③ 06 ⑤
07 ④ 08 ⑤ 09 ③ 10 ② 11 ② 12 ②
13 ① 14 ③ 15 ②

실력 향상 문제 본문 53~58쪽

01 ⑤ 02 ⑤ 03 ④ 04 해설 참조 05 ③
06 ① 07 ⑤ 08 ③ 09 ② 10 ① 11 ②
12 ⑤ 13 ② 14 ① 15 ③ 16 ⑤
17 해설 참조 18 ⑤ 19 해설 참조 20 ③
21 ④ 22 해설 참조 23 ⑤ 24 ③ 25 ⑤

수능 유형 문제 본문 59~64쪽

01 ① 02 ⑤ 03 ① 04 ② 05 ③ 06 ①
07 ③ 08 ④ 09 ③ 10 ⑤ 11 ⑤ 12 ②
13 ③ 14 ① 15 ① 16 ④ 17 ① 18 ④
19 ① 20 ③ 21 ⑤ 22 ⑤ 23 ④ 24 ①

Ⅴ. 환경과 에너지

1 생태계평형과 지구 환경 변화

2 에너지 자원과 활용

수능 유형 문제　　　　　　본문 129~134쪽

01 ⑤	02 ③	03 ④	04 ②	05 ⑤	06 ③
07 ③	08 ②	09 ④	10 ⑤	11 ②	12 ①
13 ③	14 ③	15 ⑤	16 ①	17 ④	18 ①
19 ③	20 ⑤	21 ③	22 ①	23 ⑤	24 ③
25 ④					

대단원 마무리 문제　　　　　　본문 139~145쪽

01 ④	02 ⑤	03 ④	04 ④	05 ⑤	06 ①
07 ①	08 ④	09 ③	10 ③	11 ①	12 ③
13 ②	14 ④	15 ④	16 ①	17 ③	18 ③
19 ⑤	20 ①	21 ③	22 ④	23 ③	
24 ㉠ 열, ㉡ 운동, ㉢ 전기		25 ②	26 0.2	27 ㄱ	
28 ⑤	29 ⑤				

Ⅵ 과학과 미래 사회

1 과학의 유용성과 빅데이터의 활용

탐구 활동　　　　　　본문 156쪽

1 해설 참조

내신 기초 문제　　　　　　본문 157쪽

01 ⑤	02 ①	03 ②	04 ④	05 ②	06 ①

실력 향상 문제　　　　　　본문 158쪽

01 ④	02 ⑤	03 해설 참조	04 ③

수능 유형 문제　　　　　　본문 159쪽

01 ②	02 ⑤	03 ③	04 ⑤

2 과학기술의 발전과 윤리

탐구 활동　　　　　　본문 167쪽

1 해설 참조

내신 기초 문제　　　　　　본문 168쪽

01 ③	02 ②	03 ⑤	04 ④	05 ③

실력 향상 문제　　　　　　본문 169쪽

01 ③	02 ⑤	03 ④	04 ⑤	05 해설 참조

수능 유형 문제　　　　　　본문 170쪽

01 ⑤	02 ⑤	03 ③	04 ⑤

대단원 마무리 문제　　　　　　본문 175~176쪽

01 ③	02 ⑤	03 ③	04 ⑤	05 ④	06 ⑤
07 ⑤	08 ④				

 정답과 해설

Ⅳ 변화와 다양성

1 지질 시대와 생물다양성

탐구 활동　　　　　　　　　　　본문 21쪽

1~2 해설 참조

1 자연선택을 통해 살아남은 개체는 번식을 통해 개체수를 늘린다.

모범 답안 도화지 위에 남아 있는 과자의 개수만큼 같은 색깔의 과자를 추가한다.

2 동일한 변이라 하더라도 환경이 바뀌면 생존에 유리한 정도가 달라질 수 있다.

모범 답안 노란색 도화지로 바꾼다면 노란색 뻥튀기 과자가 눈에 잘 띄지 않게 되어 노란색 뻥튀기 과자의 비율은 회차가 거듭될수록 증가할 것이다.

내신 기초 문제　　　　　　　　　本문 22~24쪽

01 ④	02 ①	03 ①	04 ④	05 ②	06 ④
07 ④	08 ⑤	09 ⑤	10 ①	11 ④	12 ③
13 ⑤	14 ④	15 ⑤	16 ②	17 ④	

01 **정답 맞히기** ④ 새로운 지층일수록 최근에 생성된 지층이므로 진화가 많이 진행된 생물의 화석이 산출된다.

오답 피하기 ① 화석으로 발견된 생물의 서식 환경을 통해 지층의 생성 환경을 알 수 있다.
② 오래된 지층부터 최근의 지층까지 발견되는 화석의 특징을 조사하면 생물의 진화 과정을 추정할 수 있다.
③ 최근의 지층일수록 최근에 생존했던 생물의 화석이 산출된다.
⑤ 화석은 과거 생물의 유해뿐 아니라 생물의 흔적도 포함된다.

02 **정답 맞히기** ㄱ. 삼엽충은 고생대 말에, 공룡과 암모나이트는 중생대 말에, 화폐석과 매머드는 신생대에 멸종한 생물이다. 따라서 이 화석들은 모두 과거에 멸종하였고 현재는 생존하지 않는다.

오답 피하기 ㄴ. 삼엽충은 고생대에, 공룡과 암모나이트는 중생대에, 화폐석과 매머드는 신생대에만 생존했던 생물이다. 따라서 여러 지질 시대에 걸쳐 생존하지 않았다.
ㄷ. 공룡, 삼엽충, 화폐석, 암모나이트, 매머드는 모두 특정 지질 시대에만 살았으며, 전 세계 대부분의 지역에서 발견되는 화석이다. 따라서 이 생물들은 지리적으로 넓고 다양한 지역에서 서식하였다.

03 **정답 맞히기** ① 양치식물은 고생대에 번성하였다.

오답 피하기 ② 선캄브리아시대에는 생물종의 수가 매우 적었으며, 고생대에 들어서면서 생물종의 수가 폭발적으로 늘어났다. 따라서 고생대에는 선캄브리아시대보다 생물종의 수가 많았다.
③ 매머드는 신생대의 육지에서 번성하였다.
④ 화폐석은 신생대의 바다에서 번성하였다.
⑤ 겉씨식물은 중생대에 번성하였다.

04 **정답 맞히기** ㄴ. 선캄브리아시대인 약 35억 년 전에 광합성 생물인 남세균이 최초로 출현하였다.
ㄷ. 선캄브리아시대에 에디아카라 생물군과 같은 다세포생물이 최초로 출현하였다.

오답 피하기 ㄱ. 선캄브리아시대에 살았던 생물들은 뼈나 단단한 껍질이 거의 없어 화석으로 남기 어렵고, 오랜 시간 동안 지각 변동을 받아 화석이 거의 발견되지 않는다.

05 **정답 맞히기** ② 양서류는 고생대에 최초로 출현하였다.

오답 피하기 ① 남세균이 최초로 출현한 시기는 선캄브리아시대이다.
③ 암모나이트는 중생대의 대표적인 화석이다. 고생대의 대표적인 화석으로는 삼엽충, 필석, 방추충, 갑주어 등이 있다.
④ 파충류가 번성한 시대는 중생대이다.
⑤ 고생대 초에는 오존층이 형성되지 않아 육상에 생명체가 살 수 없었으나, 이후 오존의 농도가 높아지며 오존층이 형성되면서 고생대에는 바다의 생물이 육지로 진출할 수 있었다.

06 **정답 맞히기** ④ 지질 시대의 길이는 과거로 갈수록 길다. 따라서 지질 시대의 길이가 가장 긴 D는 선캄브리아시대이며, 두 번째로 긴 C는 고생대이다. B와 A는 각각 중생대와 신생대이다. 따라서 A는 신생대이며, 신생대 육지에는 포유류가 번성하였다.

오답 피하기 ① A는 지질 시대의 길이가 가장 짧은 신생대이다.
② B는 중생대이다.
③ 가장 오래된 지질 시대는 선캄브리아시대이며, 지질 시대의 길이가 가장 긴 D이다.
⑤ D는 선캄브리아시대이며 화석이 거의 발견되지 않는다.

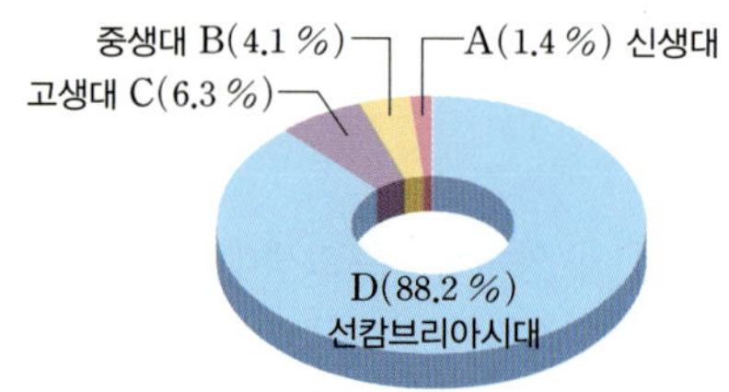

07 정답 맞히기 ④ 다윈은 변이가 있는 집단의 개체 사이에서 생존경쟁이 일어나면 살아남은 개체가 번식하여 진화한다는 자연선택을 주장하였다. (나)는 변이가 있는 원시 집단을, (다)는 생존경쟁 과정을, (가)는 자연선택 과정을 나타내므로 기린의 진화 과정은 (나)−(다)−(가) 순이다.

08 정답 맞히기 ㄱ. 기존에 없었던 새로운 종이 출현하는 것은 진화에 해당한다.
ㄴ. 돌연변이와 유성생식에 의한 유전적 다양성의 증가는 진화를 일으키는 요인에 해당한다.
ㄷ. 오랜 시간의 진화 과정을 거쳐 오늘날 지구에 사는 생물종이 다양해졌다.

09 정답 맞히기 ㄱ. 개체에서 드러나는 다양한 특징은 모두 형질에 해당하므로 피부색(㉠)은 형질이다.
ㄴ. 완두의 모양(㉡)이 서로 다른 것은 개체가 가진 유전자 차이 때문이다.
ㄷ. (가)에서 사람의 피부색이 다양한 것과 (나)에서 완두의 모양이 다양한 것은 각각의 생물 집단에 변이가 나타났기 때문이다.

10 정답 맞히기 ① 자연선택은 다윈이 제시한 진화 원리이다.
오답 피하기 ②, ③ 자연선택은 생존에 유리한 형질을 가진 개체가 살아남아 자손을 낳아 번식하는 것이므로 변이가 있는 집단에서 일어난다.
④, ⑤ 자연선택되어 살아남은 개체가 번식하여 개체수를 늘리므로 자연선택된 개체의 번식률은 그렇지 못한 개체보다 높고, 점차 집단 내 자연선택된 개체와 같은 형질을 가진 개체의 비율이 증가한다.

11 정답 맞히기 ④ 환경의 변화에 따라 적합한 형질을 가진 개체가 살아남아 번식하므로 생물 형질의 진화 방향은 환경의 변화에 따라 달라진다.
오답 피하기 ①, ⑤ 변이는 같은 생물종의 개체 사이에서 나타나는 형질의 차이이다.
② 돌연변이와 유성생식은 생물의 진화의 요인에 해당한다.
③ 여러 세대에 걸쳐 변이가 쌓여 기존과는 다른 새로운 종이 출현하는 진화가 일어난다.

12 정답 맞히기 ③ 일정 지역에 서식하는 생물종의 다양함인 (가)는 종다양성, 같은 생물종에서 나타나는 형질의 다양함인 (나)는 유전적 다양성, 열대우림, 갯벌, 습지, 사막, 초원 등 생물 서식지의 다양함인 (다)는 생태계다양성이다.

13 정답 맞히기 ㄱ. 핀치는 각 섬에 있는 먹이의 종류에 따라 부리 모양이 달라졌으므로 먹이 종류에 따라 부리 모양에 대한 자연선택이 일어났다.
ㄴ. 환경의 변화에 따라 자연선택되는 생물의 형질도 달라지므로 환경의 변화는 진화를 일으키는 요인에 해당한다.
ㄷ. 같은 종이었던 핀치가 여러 섬에 흩어져 살면서 서로 다른 종으로 분화하기 전 핀치 집단에는 부리 모양에 대한 변이가 있어서 자연선택이 일어났다.

14 정답 맞히기 ㄱ. 적혈구의 모양은 정상인 것과 낫모양인 것이 있으므로 변이가 있다.
ㄷ. 낫모양적혈구 유전자의 비율이 말라리아가 발생하는 지역에서가 다른 지역에 비해 높으므로 정상 적혈구를 가진 사람과 낫모양적혈구를 가진 사람은 말라리아에 대한 저항성이 서로 다르다.
오답 피하기 ㄴ. 낫모양적혈구 유전자를 가진 사람은 일반적으로 생존에 불리하지만, 말라리아가 발생하는 지역에서는 생존에 유리하기도 하다. 따라서 같은 변이라도 환경 조건이 다르면 생존에 유리한 정도가 달라진다.

15 정답 맞히기 ㄱ. 털 색에 대한 변이 때문에 털 색이 서로 다르다.
ㄴ. 흰 개와 검은 개 사이에서 얼룩 강아지가 태어났으므로 유성생식에 의해 새로운 변이가 나타났다. 따라서 유성생식에 의해 변이가 다양해졌다.
ㄷ. 얼룩 강아지는 유성생식을 통해 태어났으므로 부모로부터

유전자를 물려받았다.

16 (정답 맞히기) ㄴ. 멸종 위기의 생물자원을 불법으로 포획하는 것은 생물다양성을 감소시키는 요인에 해당한다.
(오답 피하기) ㄱ. 단편화한 서식지에 생태통로를 설치하면 로드킬을 예방하고 생물 간 이동이 가능하므로 생물다양성 감소를 예방할 수 있다.
ㄷ. 나무를 심고, 생태보전지역으로 선정하는 것은 생물다양성을 보전하기 위한 방법이다.

17 (정답 맞히기) ㄴ. 생물다양성은 유전적 다양성, 종다양성, 생태계다양성을 의미하므로 생태계의 다양한 정도를 포함한다.
ㄷ. 생물다양성이 높을수록 더 다양한 생물종이 존재하므로 인간이 활용할 수 있는 생물자원이 다양해진다.
(오답 피하기) ㄱ. 생물다양성이 높을수록 생태계평형이 잘 유지된다.

실력 향상 문제

본문 25~30쪽

01 ①	02 ⑤	03 ②	04 ⑤	05 해설 참조
06 ③	07 ②	08 ③	09 ⑤	10 해설 참조
11 ⑤	12 ②	13 ③	14 (1) 자연선택설 (2) 해설 참조	
15 ①	16 ①	17 ⑤	18 ③	19 ③
20 ②	21 ⑤	22 (1) A: 유전적 다양성, B: 종다양성, C: 생태계다양성 (2) 해설 참조	23 ⑤	24 ⑤
25 ⑤	26 (1) (가) (2) 해설 참조 (3) 해설 참조			

01 (정답 맞히기) ㄱ. (가)는 암모나이트 화석이다. 암모나이트는 중생대 바다에서 서식했던 생물이므로, 암모나이트 화석을 통해 지층이 형성된 지질 시대를 알 수 있다.
(오답 피하기) ㄴ. (나)는 고사리 화석이다. 고사리는 따뜻하고 다습한 환경에 서식하므로, (나)의 화석이 발견된 지층은 따뜻하고 다습한 환경에서 형성되었다.
ㄷ. (가)의 암모나이트는 중생대에 최초로 출현하였다. (나)의 고사리는 양치식물로 고생대에 출현하였다. 따라서 (가)는 (나)보다 나중에 출현하였다.

02 (정답 맞히기) ㄱ. 삼엽충은 고생대 초에 출현하여 고생대 말에 멸종하였다. 따라서 삼엽충은 고생대에 번성하였다.
ㄴ. 암모나이트는 중생대에 생존한 생물이므로, 삼엽충 화석은 암모나이트 화석보다 더 오래전에 생성되었다.
ㄷ. 삼엽충은 바다에서 서식하였으므로 이 화석이 발견된 지층은 바다에서 퇴적되었다.

03 (정답 맞히기) ㄷ. 판게아가 갈라져 대륙이 점차 분리되기 시작했던 지질 시대는 중생대이다. 중생대에는 전 기간 내내 온난하였으며 빙하기가 없었다.
(오답 피하기) ㄱ. 최초의 어류가 출현한 시기는 고생대이다.
ㄴ. 속씨식물이 번성한 시기는 신생대이다.

04 (정답 맞히기) ⑤ 최초의 생물이 바다에서 등장하였으며, 광합성을 하는 세균이 최초로 출현한 지질 시대는 선캄브리아 시대이다. 선캄브리아시대에 생성된 화석은 에디아카라 생물군이다.
(오답 피하기) ① 필석은 고생대에 생성된 화석이다.
② 고사리는 양치식물이며, 양치식물은 고생대에 출현하였다. 따라서 고사리 화석은 고생대 이후에 생성된 것이다.
③ 암모나이트는 중생대에 생성된 화석이다.
④ 화폐석은 신생대에 생성된 화석이다.

서술형

05 약 35억 년 전 바다에서 광합성을 할 수 있는 남세균이 출현하면서 점차 대기 중 산소 농도가 증가하기 시작하였다. 고생대 초에 이르러 대기 중 산소 농도가 어느 정도 높아지면서 오존층이 형성되기 시작하였고, 이후에 생명체에 유해한 자외선이 차단되면서 생명체가 바다에서 육지로 진출할 수 있게 되었다.

(모범 답안) 최초의 육상 생명체가 등장한 지질 시대는 고생대이다. 이 시기에 이르러 대기 중 산소 농도가 높아져 오존층이 형성되었고, 이로 인해 생명체에 유해한 자외선이 차단되었기 때문이다.

채점 기준	배점
지질 시대와 오존층 형성에 의한 자외선 차단의 과정을 옳게 서술한 경우	100 %
지질 시대만 옳게 쓴 경우	50 %
자외선 차단 때문이라고만 쓴 경우	20 %

06 (정답 맞히기) ㄱ. 공룡은 대형 파충류 중 하나로 중생대에 번성하였다.

ㄴ. 초대륙인 판게아는 고생대 말에 형성되었다. 공룡은 중생대에 출현하였으므로, 판게아가 형성된 이후에 공룡이 출현하였다.

(오답 피하기) ㄷ. 공룡은 중생대 말에 멸종하였으며, 화폐석은 신생대 중기에 멸종하였다. 따라서 공룡과 화폐석은 비슷한 시기에 멸종하지 않았다.

07 (정답 맞히기) ㄷ. 그림의 수륙 분포를 보면 판게아가 형성되어 있다. 따라서 그림의 지질 시대는 고생대 말에 해당한다. 어류는 고생대에 출현하여 번성하였으므로, 이 시기 바다에는 어류가 살고 있었다.

(오답 피하기) ㄱ. 공룡과 암모나이트는 중생대 말에 멸종하였다.

ㄴ. 판게아가 형성된 고생대 말에는 양치식물이 번성하였고 겉씨식물이 최초로 출현하였다. 육지에 속씨식물이 번성하였던 시기는 신생대이다.

08 (정답 맞히기) ③ (가)는 암모나이트 화석이며 암모나이트는 중생대에 번성하였다. (나)는 삼엽충 화석이며 삼엽충은 고생대에 번성하였다. (다)는 매머드 화석이며 매머드는 신생대에 번성하였다. 따라서 (가), (나), (다)를 생성된 시기가 오래된 것부터 순서대로 나열하면 고생대에 번성했던 삼엽충 → 중생대에 번성했던 암모나이트 → 신생대에 번성했던 매머드 순이므로, (나) → (가) → (다)이다.

09 (정답 맞히기) ㄱ. 대멸종 직후 생물 과의 수가 일시적으로 감소하지만, 전 지질 시대에 걸쳐 생물 과의 수는 점차 증가하는 경향을 보인다. 그래프에서 생물 과의 수는 신생대에 가장 많다.

ㄴ. 대멸종은 지질 시대 동안 5번 일어났으며, 고생대 말과 중생대 말에 대멸종이 일어나면서 지질 시대가 바뀌었다. 따라서 중생대 말에 생물 대멸종이 일어났다.

ㄷ. 고생대와 중생대의 경계에서 가장 큰 대멸종이 있었다. 생물의 대멸종은 기후나 대기와 해양의 상태 등 생물의 서식 환경에 큰 변화가 있을 때 일어나므로, 이 시기에 생물 서식 환경에 큰 변화가 있었다.

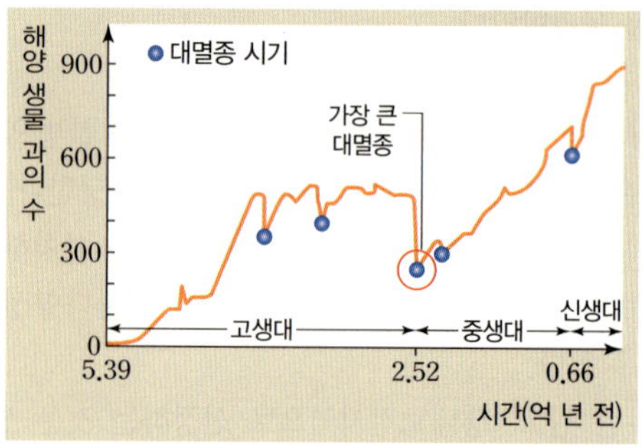

서술형

10 지질 시대 동안 5번의 대멸종이 있었고, 대멸종을 겪는 동안 급격히 변한 서식 환경에 적응하지 못한 생물들이 대부분 멸종하면서 생물종의 수는 급격히 감소했다. 그러나 대멸종 기간에 새로운 환경에 적응하고 살아남은 생물들이 번성하고 진화하면서 결국 생물종의 수는 대멸종이 있기 전보다 더 많아지게 되었다.

(모범 답안) 대멸종 과정에서 많은 생물이 멸종하였지만, 급격히 변한 서식 환경에 빠르게 적응한 생물들은 살아남았고, 이러한 생물들이 번성하고 진화함에 따라 생물종의 수는 점차 증가하면서 대멸종 이전보다 많아지게 되었다.

채점 기준	배점
생물종의 증가가 새로운 환경에 대한 적응과 진화의 결과라고 쓴 경우	100 %
생물종이 증가했다고만 쓴 경우	50 %

11 (정답 맞히기) ㄱ. 가무락조개의 껍질 무늬는 형질에 해당한다.

ㄴ. 가무락조개의 껍질 무늬가 서로 다른 것은 변이에 해당한다.

ㄷ. 껍질 무늬 차이는 개체 간 유전자 차이에 의해 나타난다.

12 (정답 맞히기) ㄴ. 산업 혁명에 의한 환경 변화로 검은색 나방의 빈도가 증가하고, 흰색 나방의 빈도는 감소하였으므로 검은색 나방이 흰색 나방보다 생존에 유리해졌다.

(오답 피하기) ㄱ. 산업 혁명 이전에 후추나방 집단에는 흰색 나방과 검은색 나방이 있으므로 변이가 있다.

ㄷ. 대기오염 규제로 흰색 나방의 빈도가 증가하고, 검은색 나방의 빈도는 감소하였으므로 포식자인 새에 의해 검은색 나방이 많이 피식되었다.

13 (정답 맞히기) ㄱ. 항생제 내성이 없는 세균 집단에서 항생

제 내성 대립유전자를 갖는 세균이 나타났으므로 (가)는 돌연변이이다. (나)는 유성생식이다.

ㄴ. 가족 내에 다양한 ABO식 혈액형이 있는 것은 변이에 해당한다.

오답 피하기 ㄷ. 항생제가 있는 환경에서는 항생제 내성이 없는 세균(ⓐ)이 항생제 내성 대립유전자를 갖는 세균(ⓑ)보다 생존에 불리하다.

서술형

14 ⑵ 다윈은 변이가 있는 집단에서 생존경쟁이 일어나 생존에 유리한 형질을 가진 개체가 살아남아 번식하여 진화가 일어난다고 하였다.

모범 답안 ㉠: 기린 집단에는 목 길이에 대한 변이가 있다., ㉡: 자연선택, ㉢: 목이 긴 기린이 생존에 유리하여 살아남았다.

채점 기준	배점
㉠~㉢을 모두 옳은 내용으로 작성한 경우	100 %
㉠~㉢ 중 2개만 옳은 내용으로 작성한 경우	70 %
㉠~㉢ 중 1개만 옳은 내용으로 작성한 경우	30 %

15 정답 맞히기 ㄱ. 자연선택은 변이가 나타나 형질의 차이가 있는 개체들이 있는 집단에서 일어난다.

오답 피하기 ㄴ. 자연선택이 일어난 생물 집단이라도 환경의 변화나 돌연변이 등에 의해 진화가 일어날 수 있다.

ㄷ. 환경의 조건에서 생존에 유리한 형질을 가진 개체가 자연선택된다.

16 정답 맞히기 ㄱ. 습지 형성 후 핀치 집단에서도 부리 크기는 다양하게 나타나므로 변이가 있다.

오답 피하기 ㄴ. 습지 형성 전과 비교하여 작은 부리를 가진 핀치의 개체수가 증가하고, 중간 부리를 가진 핀치의 개체수는 감소하였으므로 부리의 평균 크기는 감소하였다.

ㄷ. 습지 형성 후 중간 부리를 가진 핀치의 개체수가 감소하였으므로 중간 부리를 가진 핀치는 작은 부리를 가진 핀치보다 생존률이 낮다.

17 정답 맞히기 ㄱ, ㄴ, ㄷ. 낫모양적혈구 유전자의 빈도가 말라리아 발생 지역에서 높게 나타나므로 낫모양적혈구 유전자를 가진 사람은 말라리아가 발생하는 지역에서 생존에 유리하고 낫모양적혈구 유전자의 빈도가 말라리아 발생 지역에서 높게 나타난다. 따라서 낫모양적혈구 유전자를 가진 사람은

말라리아에 대해 저항성이 있으며, 자손에게 유전자가 전달되어 형질이 유전된다.

18 정답 맞히기 ㄱ. 과정 Ⅰ에서 항생제 내성 유전자를 가진 세균이 출현하였으므로 돌연변이가 일어났다.

ㄴ. (가)에서 세균 집단 내 항생제 내성에 대한 다양한 변이가 있다.

오답 피하기 ㄷ. 과정 Ⅱ에서 항생제를 처리한 후 항생제 내성이 있는 세균만 살아남았으므로 항생제 내성이 없는 세균은 항생제 내성 세균보다 생존률이 낮았다.

19 정답 맞히기 ㄱ. (나)에서 무당벌레 집단의 날개 반점 무늬가 다양하므로 A는 유전적 다양성이고, B는 생태계다양성이다.

ㄷ. 생태계다양성(B)은 어떤 지역에 존재하는 환경 조건이 서로 다른 생태계의 다양함을 뜻한다.

오답 피하기 ㄴ. 유전적 다양성의 예인 (나)의 무당벌레 집단은 한 종으로 구성된다.

20 정답 맞히기 B. 남아 있는 초콜릿은 자연선택을 통해 생존한 세균을 의미하고, 같은 색깔의 초콜릿을 추가하는 것은 생존 개체의 증식 과정을 표현한 것이다.

오답 피하기 A. 과정 (나)는 눈에 띄는 것이 사라지므로 자연선택 과정을 나타낸 것이다.

C. 실험 결과 빨간색 도화지에서는 빨간색 초콜릿의 비율이 가장 높고, 초록색 도화지에서는 초록색 초콜릿의 비율이 가장 높을 것이다.

21 정답 맞히기 ㄱ. 인간이 이용 가능한 생물은 모두 생물자원에 해당하므로 야자나무(㉠)도 생물자원에 해당한다.

ㄴ. 야자나무를 과도하게 벌채(㉡)한 결과 야자나무가 사라지고, 새도 사라졌으므로 생물다양성의 감소 요인에 해당한다.

ㄷ. 생물다양성이 감소한 이스터 섬에서 소수의 원주민만 살아남게 되었으므로 생물다양성을 보전하는 것은 인류의 생존에 도움이 된다.

서술형

22 ⑵ 유전적 다양성이 낮으면 급격한 환경 변화에 적응할 수 있는 형질을 가진 개체가 없어 멸종될 가능성이 높다.

모범 답안 유전적 다양성(A)이 높을수록 변화된 환경에 적합한 형질을 가진 개체가 있을 가능성이 높다. 따라서 유성생식을 통해 번식하는 야생 바나나는 땅속줄기로 번식하는 캐번디시에 비해 유전적 다

양성(A)이 높으므로 캐번디시가 야생 바나나에 비해 멸종 가능성이
더 높다.

채점 기준	배점
유전적 다양성(A)과 관련지어 옳게 작성한 경우	100 %
멸종 가능성이 높은 바나나만 옳게 작성한 경우	50 %

23 (정답 맞히기) ㄱ. 같은 종의 집단에서 유전자 구성이 다양
한 정도인 A는 유전적 다양성이고, B는 종다양성이다.
ㄴ. 종다양성(B)이 높을수록 생태계는 안정적으로 유지된다.
ㄷ. 제시된 자료는 생물다양성 중 유전적 다양성(A)의 중요
성을 보여주는 사례이다.

24 (정답 맞히기) ㄱ. 생물이 서식하는 환경뿐만 아니라 생물
과 환경 사이의 상호작용을 포함하는 ㉠은 생태계다양성이다.
ㄴ. 인류에게 유용한 물질을 제공해 주는 옥수수, 사탕수수
(ⓐ) 등은 생물자원에 해당한다.
ㄷ. 바이오에탄올은 옥수수, 사탕수수(ⓐ)를 이용하여 만든
물질이므로 ⓑ에 해당한다.

25 (정답 맞히기) ㄱ. 람사르 협약은 습지 보전에 대한 국제
협약이므로 ㉠에 해당한다.
ㄴ. 종자 은행을 설립하는 것은 생물자원을 보전하는 노력에
해당한다.
ㄷ. 생태통로를 설치하는 것은 생물다양성을 높이기 위한 노
력에 해당한다.

서술형

26 ⑵ 서식지단편화가 일어나면 서식지가 나뉘어 생물 간
이동이 제한된다.

(모범 답안) 서식지단편화에 의해 서식지가 분리되면 서식하는 생물
종의 수가 감소하므로 생물다양성이 감소한다.

채점 기준	배점
생물종의 변화와 관련지어 생물다양성의 변화에 대해 옳게 작성한 경우	100 %
생물다양성의 변화에 대해서만 옳게 작성한 경우	20 %

⑶ 단편화된 서식지에서는 생물 간의 이동이 제한되어 생물다
양성이 감소한다. (나)와 같이 단편화된 서식지를 연결하면 생
물종 수의 감소를 최소화할 수 있다.

(모범 답안) 생태통로를 설치하여 서로 떨어진 서식지 간 생물의 이동

을 자유롭게 한다.

채점 기준	배점
생태통로 설치 등의 대안을 적절하게 제시한 경우	100 %

수능 유형 문제 본문 31~35쪽

01 ①	02 ③	03 ①	04 ②	05 ③	06 ①
07 ①	08 ①	09 ①	10 ④	11 ④	12 ⑤
13 ②	14 ⑤	15 ⑤	16 ⑤	17 ④	18 ⑤
19 ④	20 ⑤				

01 (정답 맞히기) ㄱ. A 시대는 고생대, 중생대, 신생대 중 가
장 긴 지질 시대이므로 고생대이다. 고생대인 A 시대에는 양
치식물이 번성하였다.
(오답 피하기) ㄴ. B 시대는 중생대와 신생대 중 포유류가 번성
한 지질 시대이므로 신생대이다. 갑주어는 고생대에 살았던
생물이다. 신생대인 B 시대의 대표적인 화석으로는 화폐석과
매머드 등이 있다.
ㄷ. C 시대는 중생대이다. 중생대는 전 기간에 걸쳐 온난하였
으며 빙하기가 없었다.

02 (정답 맞히기) ㄱ. A는 지질 시대 중 가장 긴 시간을 차지
하므로 선캄브리아시대에 해당한다. 선캄브리아시대인 A 시
대에는 최초의 다세포생물이 출현하였다.
ㄷ. (다)는 삼엽충 화석이며, 삼엽충은 고생대에 번성하였다.
(가)에서 B는 선캄브리아시대인 A 다음으로 지질 시대의 길
이가 긴 고생대이다. 따라서 (다)는 B 시대에 번성하였다.
(오답 피하기) ㄴ. (나)는 고사리 화석으로, 양치식물인 고사리
는 고생대에 출현하여 번성하였다. (다)는 삼엽충으로 고생대
에 출현하여 번성하였다. 그러나 (나)는 육상 식물이므로 육지
에서 퇴적된 지층에서 산출되지만, (다)는 바다에서 살았으므
로 바다에서 퇴적된 지층에서 산출된다. 따라서 (나)와 (다)는
같은 지층에서 산출될 수 없다.

03 (정답 맞히기) ㄱ. 공룡 발자국 화석이 발견되었으므로 중
생대에 퇴적된 지층이다.
(오답 피하기) ㄴ. 공룡은 육상 대형 파충류이므로 공룡 발자국
화석이 발견된 지층은 육지에서 퇴적되었음을 알 수 있다.

ㄷ. 화성암은 마그마가 냉각되어 생성된 암석이므로 공룡 발자국 화석뿐만 아니라 생물 화석이 발견될 수 없다. 화석이 발견되는 지층은 대부분 퇴적암으로 이루어져 있다.

04 정답 맞히기 ㄴ. ⓛ 시기는 삼엽충이 출현한 시기부터 공룡이 출현한 시기까지이므로 고생대에 해당한다. 고생대인 ⓛ 시기에는 빙하기가 있었다.

오답 피하기 ㄱ. 최초의 육상 식물 출현은 고생대에 오존층이 형성되면서 가능해졌다. ㉠ 시기는 약 40억 년 전부터 삼엽충 출현 전까지에 해당하므로 선캄브리아시대에 해당한다. 최초의 육상 식물은 고생대에 해당하는 ⓛ 시기에 출현하였다.

ㄷ. ㉢ 시기는 공룡이 출현한 시기부터 현재까지이므로 중생대와 신생대를 포함한다. 중생대 초와 중생대 말에 대멸종이 있었으므로 ㉢ 시기에는 대멸종이 일어났다.

05 정답 맞히기 ㄱ. 지층 A에서는 중생대 바다에서 살았던 암모나이트 화석이, 지층 C에서는 육지에서 살았던 고사리 화석이 산출된다. 따라서 지층 A는 바다에서, 지층 C는 육지에서 퇴적되었다.

ㄷ. 지층 A에서는 중생대의 암모나이트 화석이, 지층 B에서는 고생대의 삼엽충 화석이 산출된다. 따라서 지층 A는 B보다 나중에 퇴적되었다.

오답 피하기 ㄴ. 공룡은 중생대에 살았던 생물이다. 지층 B는 삼엽충 화석이 산출되는 고생대에 퇴적된 지층이므로 B에서는 중생대의 공룡 화석이 산출될 수 없다.

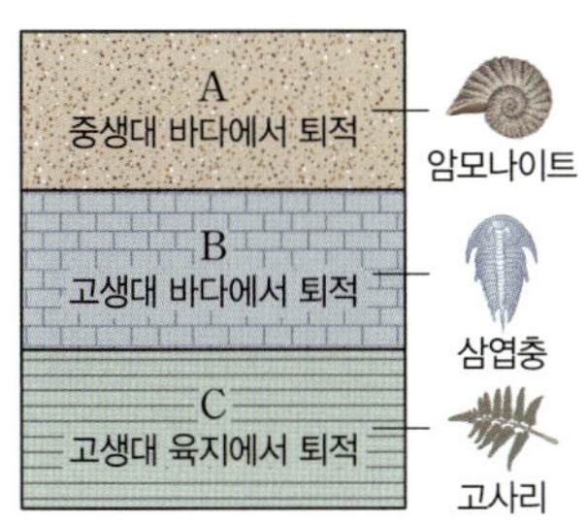

06 정답 맞히기 ㄱ. 지구에서 최초의 생물은 바다에서 출현하였다.

오답 피하기 ㄴ. 지구에서 최초의 광합성이 시작된 시기는 광합성을 할 수 있는 남세균이 출현한 약 35억 년 전부터이다. 약 4억 년 전은 최초의 육상 식물이 출현한 시기로, 이 시기에는 대기 중 산소 농도가 높아지면서 오존층이 형성되어 자외선이 어느 정도 차단된 시기이다.

ㄷ. 오존층은 남세균의 광합성으로 생성된 산소로 인해 형성되었으며, 오존층 형성 이후 육상 식물이 출현하면서 산소 농도가 더욱 높아지게 되었다.

07 정답 맞히기 ㄱ. 그림 (가)에서 삼엽충과 완족류 과의 수는 고생대에 가장 많다. 따라서 삼엽충과 완족류는 모두 고생대에 번성하였다.

오답 피하기 ㄴ. 완족류는 고생대 말에 있었던 대멸종 시기에 과의 수가 급격히 감소하였으나 멸종은 하지 않았다. 그 이후 중생대와 신생대를 거쳐 꾸준히 생존해 왔으며, 현재도 일부 완족류가 살고 있다. 따라서 완족류는 고생대 말기에 멸종하지 않았다.

ㄷ. (나)의 A 시기는 약 2.5억 년 전으로 고생대와 중생대의 경계에 해당한다. 이 시기의 대멸종으로 인해 많은 고생대 생물이 멸종했다. 따라서 (나)의 A 시기에 멸종된 과의 수가 증가한 것은 중생대에 번성했던 공룡의 멸종 때문이라고 할 수 없다.

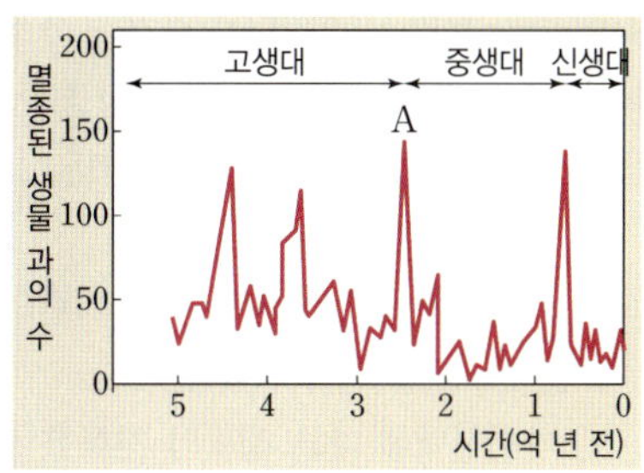

08 정답 맞히기 ㄱ. 대륙붕은 해안 부근의 수심이 얕고 평평한 해저 지형을 말한다. (가)에서 판게아가 분리되고 있으며, 이 과정에서 해안선의 길이가 길어진다. 따라서 (가)의 과정에서 해안선의 길이가 길어지면서 대륙붕의 면적은 넓어졌다.

오답 피하기 ㄴ. (가)에서 판게아가 분리되기 시작했으므로 이 시기는 고생대 말~중생대 초에 해당한다. C 시대는 신생대이므로, (가)의 수륙 분포 변화는 C 시대 이전에 일어났다.

ㄷ. A 시대는 고생대, B 시대는 중생대이므로 A 시대와 B 시대 사이에는 고생대 생물의 멸종이 일어났다. 암모나이트는 중생대에 번성했던 생물이므로 B와 C 시대 사이에 멸종했다.

09 정답 맞히기 ㄱ. 기존에 없던 새로운 형질이 나타났으므로 ㉠은 돌연변이이고, ㉡은 자연선택이다.

오답 피하기 ㄴ. 자연선택(㉡)에 의해 기존 집단에 있던 형질이 사라졌으므로 집단의 변이는 자연선택(㉡)에 의해 감소한다.

ㄷ. (가)에서 자연선택의 결과 A와 B 중 B만 생존하였으므로

생존율과 번식률은 A가 B보다 낮다.

10 정답 맞히기 ㄴ. 자연선택(㉠)은 진화의 요인이다.
ㄷ. 환경이 다르면 생존에 유리한 정도가 다르다.
오답 피하기 ㄱ. Ⅰ에서 흰색 후추나방의 개체수 비율이 검은색 후추나방보다 높으므로 Ⅰ은 오염되지 않은 숲이다.

11 정답 맞히기 ㄴ. 털실 방울은 벨크로 테이프에 붙어 제거되므로 항생제 내성이 없는 세균을 표현한 것이다.
ㄷ. 스타이로폼구는 벨크로 테이프에 의해 제거되지 않으므로 수와 비율이 실험 과정을 반복할수록 증가할 것이다.
오답 피하기 ㄱ. 털실 방울만 있던 상태에서 스타이로폼구가 나타났으므로 ㉠은 돌연변이를 표현한 것이다.

12 정답 맞히기 ㄱ. 자연선택을 통해 서로 다른 종이 되었으므로 자연선택은 진화의 요인에 해당한다.
ㄴ. 먹이 종류에 따라 부리 모양이 다른 핀치가 각 섬에 있게 되었으므로 먹이 종류는 핀치의 자연선택에 영향을 준 요인이다.
ㄷ. 자연선택은 변이가 있는 집단에서 나타난다.

13 정답 맞히기 ㄴ. (가)에서 기린 집단 내 기린의 목 길이는 다양하므로 목 길이에 대한 변이가 있다.
오답 피하기 ㄱ. 자연선택에 따른 생물의 진화를 설명한 학자 A는 다윈이다.
ㄷ. (다)를 통해 (나)의 생존경쟁에서 목 길이가 긴 기린이 생존에 유리하였음을 알 수 있다.

14 정답 맞히기 ㄱ. t_1일 때 ㉠의 비율이 100 %였지만 살충제를 사용하면서 t_3일 때 10 %로 감소하였으므로 ㉠은 살충제 내성이 없는 모기이다.
ㄴ. t_1일 때 모기 집단에는 살충제 내성에 대한 변이가 없다.
ㄷ. $t_2 \sim t_3$ 사이에 자연선택이 일어나 살충제 내성이 있는 모기가 증가하였다.

15 정답 맞히기 ㄱ. (나)의 토끼 집단의 털색이 서로 다른 것은 유전적 다양성에 해당한다. 따라서 ㉠은 유전적 다양성, ㉡은 종다양성이다. 유전적 다양성(㉠)이 높은 집단일수록 환경이 급격히 변했을 때 멸종이 일어날 가능성이 낮다.
ㄴ. 종다양성(㉡)은 한 생태계 내에서 생물종의 다양한 정도를 의미한다.

ㄷ. 생태계다양성이 높은 지역일수록 종다양성(㉡)도 높다.

16 정답 맞히기 A. ㉠의 무당벌레는 날개 반점 무늬가 다양하므로 집단 내 변이가 있다.
C. 유전적 다양성은 변이가 다양한 ㉠에서가 ㉡에서보다 높다.
오답 피하기 B. 유전적 다양성은 한 종으로 구성된 집단 내 개체 사이의 유전자 차이를 의미한다.

17 정답 맞히기 ㄴ. 사람마다 눈동자 색이 다른 것은 유전적 다양성인 (나)에 해당한다.
ㄷ. 남획과 불법 포획은 생물다양성을 감소시키므로 종다양성인 (가)를 감소시키는 요인에 해당한다.
오답 피하기 ㄱ. (가)는 종다양성이다.

18 정답 맞히기 ㄱ. 생물다양성(㉠)은 유전적 다양성, 종다양성, 생태계다양성을 포함한다.
ㄴ. 의복 재료에 이용되는 목화를 비롯하여 인간이 이용하는 여러 생물은 모두 생물자원(㉡)에 해당한다.
ㄷ. 생물다양성(㉠)이 높을수록 종다양성이 높으므로 생물자원(㉡)이 다양하다.

19 정답 맞히기 A. 기린 개체마다 크기와 무늬가 다른 것은 유전적 다양성에 해당한다.
C. 습지는 사막에 비해 다양한 환경이 존재하여 종의 수가 많은 생태계이므로 종다양성이 높다.
오답 피하기 B. 종다양성은 생물종의 수가 많고, 생물종의 개체수가 고를수록 높다.

20 정답 맞히기 A. 멸종 위기의 야생 동물 지정 종 수가 증가하는 것으로부터 종다양성이 감소하고 있음을 알 수 있다.
B. 서식지단편화로 인한 서식지 분리는 로드킬을 유발하는 원인에 해당한다.
C. 생태계보전 지역을 설정하는 것은 생물다양성을 높이는 국가적 노력에 해당한다. 하지만 관련 캠페인에 참여하는 것은 개인적 노력이다.

2 화학 변화와 에너지 출입

탐구 활동
본문 49쪽

1~2 해설 참조   3 약 29 ℃

1 중화점에서 H^+과 OH^-이 반응하여 H_2O이 가장 많이 생성되므로 중화열이 가장 많이 발생한다. 따라서 중화점에서 혼합 용액의 온도가 가장 높게 측정된다.

모범 답안 (다), 혼합 용액의 최고 온도가 가장 높기 때문이다.

2 (다)의 혼합 용액이 중성이므로 묽은 염산과 수산화 나트륨 수용액은 1 : 1의 부피비로 반응함을 알 수 있다. 따라서 (가)와 (마)에서 반응한 H^+과 OH^-의 수가 같아 생성된 물의 양이 같으므로 발생한 중화열도 같다. (가)와 (마)는 혼합 용액의 부피가 같고 발생한 중화열의 양도 같으므로 혼합 용액의 온도가 같다.

모범 답안 혼합 용액의 총 부피가 같고, 반응한 H^+과 OH^-의 수가 같아 발생한 중화열이 같기 때문이다.

3 묽은 염산 12 mL와 수산화 나트륨 수용액 12 mL를 섞을 때 반응하는 H^+과 OH^-의 수가 (다)에서의 2배가 되므로 생성되는 물의 양도 (다)에서의 2배가 된다. 반응 결과 발생하는 중화열은 (다)에서의 2배이지만 혼합 용액의 부피도 2배이므로 혼합 용액의 온도는 (다)와 거의 같아진다.

모범 답안 29 ℃, 반응한 H^+과 OH^-의 수가 (다)에서의 2배이고 혼합 용액의 부피도 (다)에서의 2배이기 때문이다.

내신 기초 문제
본문 50~52쪽

01 ③	02 ③	03 ②	04 ③	05 ③	06 ⑤
07 ④	08 ⑤	09 ③	10 ②	11 ②	12 ②
13 ①	14 ③	15 ②			

01 정답 맞히기 ㄱ. 산소를 얻는 반응은 산화, 산소를 잃는 반응은 환원이다.

ㄷ. 산화와 환원은 항상 동시에 일어난다.

오답 피하기 ㄴ. 전자를 잃는 반응은 산화, 전자를 얻는 반응은 환원이다.

02 정답 맞히기 ㄱ. 광합성 반응에서 이산화 탄소는 산소를 잃고 환원되어 포도당이 된다.

ㄴ. 광합성 반응은 이산화 탄소와 물이 빛에너지를 이용하여 포도당과 산소를 생성하는 반응이므로 에너지를 흡수하는 흡열 반응이다.

오답 피하기 ㄷ. 광합성 반응은 식물에서 일어나는 반응이다.

03 정답 맞히기 ② (가) 나트륨(Na)과 염소(Cl_2)가 반응하면 염화 나트륨($NaCl$)이 생성되는데, 이때 금속 원소인 Na은 전자를 잃고 산화된다.

(나) 산화 구리(Ⅱ)(CuO)와 탄소(C)가 반응하면 구리(Cu)와 이산화 탄소(CO_2)가 생성되는데, 이때 CuO는 산소를 잃고 환원된다.

(다) 묽은 염산(HCl)과 마그네슘(Mg)이 반응하면 수소 기체(H_2)가 생성되는데, 이때 Mg은 전자를 잃고 산화된다.

04 정답 맞히기 ㄱ. (가)에서 Mg은 Mg^{2+}이 되므로 전자를 잃는다.

ㄷ. (가)에서는 Mg이 산소를 얻고, (나)에서는 Fe_2O_3이 산소를 잃으므로 (가)와 (나)는 모두 산화 환원 반응이다.

오답 피하기 ㄴ. (나)에서 CO는 산소를 얻어 CO_2가 되므로 산화된다.

05 정답 맞히기 ③ H_2SO_4, HCl, CH_3COOH은 모두 산이다. 따라서 산성 수용액에 BTB 용액을 떨어뜨리면 노란색으로 변한다.

오답 피하기 ① 주어진 물질은 모두 산이며, 산 수용액에는 H^+이 들어 있다.

②, ④, ⑤ 산 수용액은 전기 전도성이 있고, 마그네슘 등의 금속과 반응하여 수소 기체를 발생시키며, 탄산 칼슘과 반응하여 이산화 탄소 기체를 발생시킨다.

06 정답 맞히기 ⑤ CH_3COOH은 산이므로 수용액에서 이온화하여 H^+을 내놓는다. 따라서 이온화 반응식은 $CH_3COOH \longrightarrow H^+ + CH_3COO^-$이다.

07 정답 맞히기 ④ X 수용액에 적신 실 부분에서 붉은색 리트머스 종이가 푸른색으로 변하므로 X 수용액은 염기성을 띠고, 전류를 흘려주면 푸른색이 (+)극 쪽으로 이동하므로 염기성을 띠게 하는 입자는 음이온임을 알 수 있다. 따라서 가장

적절한 가설은 'X 수용액에는 염기성을 나타내는 음이온이 존재한다.'이다.

08 정답 맞히기 ⑤ 일정량의 산 수용액에 염기 수용액을 계속 가하면 중화점 이후에는 더 이상 중화 반응이 일어나지 않고 혼합 용액의 부피가 커지므로 혼합 용액의 온도는 낮아진다.

오답 피하기 ①, ② 중화 반응은 산의 양이온인 H^+과 염기의 음이온인 OH^-이 반응하여 H_2O이 생성되는 반응이므로 알짜 이온 반응식은 $H^+ + OH^- \longrightarrow H_2O$이다.

③ 중화 반응에 참여하지 않고 수용액에 남아 있는 이온을 구경꾼 이온이라고 한다.

④ 묽은 염산과 수산화 나트륨 수용액의 중화 반응에서 H_2O과 염인 $NaCl$이 생성된다.

09 정답 맞히기 ㄱ. HA 수용액에는 H^+이 들어 있으므로 HA는 산이다.

ㄴ. BOH 수용액에는 OH^-이 들어 있으므로 BOH는 염기이다. 따라서 BOH 수용액에 페놀프탈레인 용액을 떨어뜨리면 붉은색으로 변한다.

오답 피하기 ㄷ. 산 수용액만 마그네슘 조각과 반응하여 수소 기체를 발생시키므로 HA 수용액에서만 수소 기체가 발생한다.

10 정답 맞히기 ② (가)에는 Na^+과 Cl^-이 존재하므로 전기 전도성이 있다.

오답 피하기 ① 반응 전 H^+과 OH^-의 수가 같으므로 혼합 용액의 액성은 중성이다.

③ 반응 결과 중화열이 발생하므로 혼합 전보다 온도가 높아진다.

④ 혼합 용액은 중성이므로 H^+과 OH^-이 존재하지 않는다.

⑤ 혼합 용액은 중성이므로 BTB 용액을 떨어뜨리면 녹색으로 변한다.

11 정답 맞히기 ㄴ. 수용액의 액성이 염기성인 것은 OH^-이 존재하는 것이므로 (가)와 (나) 2가지이다.

오답 피하기 ㄱ. 온도는 중화점에서 가장 높으므로 (다)가 가장 높다.

ㄷ. (가)에는 K^+ 2개, OH^- 2개가 존재하고, (나)에는 K^+ 2개, OH^- 1개, Cl^- 1개가 존재한다. 따라서 수용액에 들어 있는 전체 이온의 수는 (가)와 (나)가 같다.

12 정답 맞히기 ② ㉠은 수산화 나트륨 수용액을 넣었을 때 감소하므로 알짜 이온인 H^+이고, ㉡은 처음 수 그대로 변화가 없으므로 구경꾼 이온인 Cl^-이다. ㉢은 수산화 나트륨 수용액을 넣을수록 증가하므로 구경꾼 이온인 Na^+이고, ㉣은 중화점에 도달한 이후부터 존재하므로 알짜 이온인 OH^-이다.

13 정답 맞히기 ㄱ. 반응물의 에너지가 생성물의 에너지보다 크므로 이 반응은 에너지를 방출하는 발열 반응이다.

오답 피하기 ㄴ. 이 반응은 발열 반응이므로 반응이 일어나면 주위로 열에너지를 방출하므로 주위의 온도가 높아진다.

ㄷ. 드라이아이스가 승화하는 것은 열에너지를 흡수하는 과정이므로 이 반응의 사례로 적절하지 않다.

14 정답 맞히기 (가) 고체 연료 속 에탄올(C_2H_5OH)이 연소하는 반응은 열에너지를 방출하는 발열 반응이다.

(나) 묽은 염산(HCl)과 수산화 나트륨($NaOH$) 수용액의 중화 반응에서는 중화열이 발생한다. 따라서 중화 반응은 발열 반응이다.

오답 피하기 (다) 냉각 팩 속 질산 암모늄(NH_4NO_3)이 물에 용해되는 반응은 주위로부터 열에너지를 흡수하는 흡열 반응이다.

15 정답 맞히기 주위로부터 열에너지를 흡수하는 흡열 반응이 일어나면 주위의 온도가 낮아진다.

(나) 드라이아이스를 공기 중에 두면 기체로 승화하면서 주위로부터 열에너지를 흡수하므로 (나)는 흡열 반응이다.

오답 피하기 (가) 뷰테인의 연소 반응에서는 열에너지가 방출되므로 (가)는 발열 반응이다.

(다) 묽은 황산과 수산화 칼륨 수용액이 중화 반응을 하면 중화열이 방출되므로 (다)는 발열 반응이다.

실력 향상 문제
본문 53~58쪽

01 ⑤	02 ⑤	03 ④	04 해설 참조	05 ③
06 ①	07 ⑤	08 ③	09 ②	10 ①	11 ②
12 ⑤	13 ②	14 ①	15 ③	16 ⑤
17 해설 참조	18 ⑤	19 해설 참조	20 ③
21 ④	22 해설 참조	23 ⑤	24 ③	25 ⑤

01 (정답 맞히기) ㄱ. (가)에서 Cu는 CuO가 되므로 전자를 잃고 Cu^{2+}이 된다.

ㄴ. (나)에서 CuO는 산소를 잃고 Cu가 된다. 따라서 (나)에서 CuO는 환원된다.

ㄷ. (가)와 (나)에서는 모두 산소의 이동이 있는 산화 환원 반응이 일어난다.

02 (정답 맞히기) ㄴ. ㉠은 CO가 산소를 얻어 생성된 물질이므로 CO_2이다.

ㄷ. 이 반응으로 철광석의 주성분인 Fe_2O_3로부터 순수한 Fe을 얻을 수 있다.

(오답 피하기) ㄱ. Fe_2O_3은 산소를 잃고 Fe이 되므로 Fe_2O_3은 환원된다.

03 (정답 맞히기) ④ (가)에서 CO_2는 환원되고, H_2O은 산화된다.

(나)에서 Fe_2O_3은 산소를 잃고 환원되고, CO는 산소를 얻어 산화된다.

(다) CH_4은 산소를 얻어 산화되고, O_2는 환원된다.

서술형

04 철과 묽은 염산이 반응하면 Fe은 전자를 잃고 산화되고, 묽은 염산 속의 H^+은 전자를 얻어 환원된다.

(모범 답안) (1) $6HCl + 2Fe \longrightarrow 3H_2 + 2FeCl_3$

(2) Fe은 전자를 잃고 Fe^{3+}으로 산화되고, HCl에서 H^+은 전자를 얻어 H_2로 환원된다.

	채점 기준	배점
(1)	화학 반응식을 옳게 쓴 경우	50 %
(2)	산화된 물질과 환원된 물질을 전자의 이동으로 옳게 서술한 경우	50 %
	산화된 물질과 환원된 물질만 옳게 쓴 경우	30 %

05 (정답 맞히기) ㄱ. (가)에서 $C_6H_{12}O_6$은 산소와 반응하여 산화된다.

ㄴ. (나)에서 Cl_2의 Cl는 전자를 얻어 Cl^-이 되므로 Cl_2는 환원된다.

(오답 피하기) ㄷ. (가)의 O_2는 환원되므로 전자를 얻는 것과 같고, (나)의 Na은 전자를 잃고 Na^+이 된다. 따라서 (나)의 Na만 전자를 잃는다.

06 (정답 맞히기) ㄱ. Zn은 전자를 잃고 Zn^{2+}으로 산화된다.

(오답 피하기) ㄴ. Cu^{2+}은 전자를 얻어 Cu로 환원된다.

ㄷ. 황산 구리(II) 수용액의 푸른색은 Cu^{2+} 때문인데, 반응이 진행될수록 Cu^{2+}의 수가 감소하므로 수용액의 푸른색은 옅어진다.

07 (정답 맞히기) ㄱ. Cu는 전자를 잃고 Cu^{2+}으로 산화된다.

ㄴ. Ag^+은 전자를 얻어 Ag으로 환원된다.

ㄷ. 이 반응을 알짜 이온 반응식으로 나타내면 다음과 같다.

$Cu + 2Ag^+ \longrightarrow Cu^{2+} + 2Ag$

따라서 수용액 속 Ag^+이 2개 감소할 때 Cu^{2+}이 1개 증가하므로 반응 후 수용액 속 금속 양이온 수는 감소한다.

08 (정답 맞히기) ㄱ. 질량 보존 법칙에 따라 (가)에서 반응 전과 후 원자의 종류와 수가 같도록 하여 화학 반응식을 완성하면 ㉠은 CO이다.

ㄷ. (가)~(다)에서는 모두 산소의 이동이 있으므로 (가)~(다)는 모두 산화 환원 반응이다.

(오답 피하기) ㄴ. (나)에서 Fe_2O_3은 산소를 잃고 환원되고, (다)에서 Al은 전자를 잃고 산화된다.

09 (정답 맞히기) ㄴ. (나)에서 CuO와 ㉠이 반응하여 Cu와 H_2O이 생성되므로 ㉠은 H_2이다.

(오답 피하기) ㄱ. (가)의 반응을 화학 반응식으로 나타내면 $2Cu + O_2 \longrightarrow 2CuO$이다. 따라서 Cu는 산소를 얻어 산화된다.

ㄷ. (나)에서 CuO는 산소를 잃고 환원되어 Cu가 된다.

10 (정답 맞히기) ㄱ. 묽은 염산과 묽은 황산은 모두 산이므로 공통적으로 수용액에 H^+이 존재한다. 따라서 ●은 H^+이다.

(오답 피하기) ㄴ. (가)는 H^+과 음이온의 개수비가 $1:1$이고, (나)는 H^+과 음이온의 개수비가 $2:1$이므로 (가)는 묽은 염산이고, (나)는 묽은 황산이다.

ㄷ. (가)의 음이온(★)은 Cl^-이고, (나)의 음이온(▲)은 SO_4^{2-}이므로 음이온 1개의 전하량은 (나)가 (가)의 2배이다.

11 (정답 맞히기) ㄴ. (나)는 탄산 칼슘을 넣었을 때 기체가 발생하므로 산 수용액인 묽은 염산이다. 따라서 수용액 속에 양이온과 음이온이 존재하므로 전기 전도성이 있어 ㉠은 '있음'이다.

(오답 피하기) ㄱ. (가)는 전기 전도성이 있고 탄산 칼슘을 넣었을 때 기체가 발생하지 않으므로 염기 수용액인 수산화 나트륨 수용액이다.

ㄷ. (나)는 산 수용액이므로 (나)에 페놀프탈레인 용액을 넣으면 용액의 색은 변하지 않는다.

12 정답 맞히기 (나)에 BTB 용액을 떨어뜨렸을 때 녹색을 나타냈으므로 (나)는 중성을 나타내는 염화 나트륨 수용액이다. (다)에 Zn 조각을 넣었을 때 기체가 발생하였으므로 (다)는 산성을 나타내는 묽은 염산이고, (가)는 염기성을 나타내는 수산화 나트륨 수용액이다.

ㄴ. (나)는 염화 나트륨 수용액으로 액성이 중성이므로 Zn 조각을 넣어도 변화가 없다. 따라서 ⓒ은 '변화 없음'이다.

ㄷ. (가)는 수산화 나트륨 수용액, (다)는 묽은 염산이므로 중화 반응이 일어나면 (나)인 염화 나트륨 수용액이 생성될 수 있다.

오답 피하기 ㄱ. (가)는 염기성인 수산화 나트륨 수용액이므로 BTB 용액을 떨어뜨리면 파란색으로 변한다. 따라서 ㉠은 '파란색'이다.

13 정답 맞히기 KOH은 K^+과 OH^-이 결합한 이온 결합 물질이고, KCl은 K^+과 Cl^-이 결합한 이온 결합 물질이다. HCl는 비금속 원소끼리 결합한 공유 결합 물질이다. 따라서 (가)는 KCl이고, (나)는 HCl이다.

ㄴ. (가)의 수용액은 중성이므로 BTB 용액을 떨어뜨리면 녹색으로 변한다.

오답 피하기 ㄱ. KOH과 KCl은 모두 이온 결합 물질이므로 수용액은 모두 전기 전도성이 있다. 따라서 KOH과 KCl을 분류하는 기준 ㉠으로는 '수용액이 염기성인가?' 등이 적절하다.

ㄷ. (가)는 KCl이므로 중성, (나)는 HCl이므로 산성이다. 따라서 (가)의 수용액과 (나)의 수용액을 혼합하면 중화 반응이 일어나지 않는다.

14 정답 맞히기 (다)에 들어 있는 이온으로부터 산 X는 HCl임을 알 수 있으며, (가)에는 H^+ 2개, Cl^- 2개가 들어 있고, (나)에는 A 이온 1개, OH^- 1개가 들어 있음을 알 수 있다.

ㄱ. (다)에 들어 있는 양이온과 음이온의 전하량의 합은 0이어야 하므로 A는 $+1$의 전하를 가진 양이온이다.

오답 피하기 ㄴ. (다)에는 H^+이 존재하므로 (다)의 액성은 산성이다. 따라서 (다)에 BTB 용액을 떨어뜨리면 노란색으로 변한다.

ㄷ. 수용액에 들어 있는 전체 이온의 수는 (가)가 4, (나)가 2이므로 (가)가 (나)의 2배이다.

15 정답 맞히기 두 수용액을 혼합하면 묽은 염산의 H^+ 2개와 수산화 나트륨 수용액의 OH^- 2개가 반응하여 H_2O이 되므로 혼합 용액에는 Cl^- 2개, Na^+ 3개, OH^- 1개가 존재한다. 따라서 혼합 용액은 염기성이다.

ㄱ. 혼합 용액은 염기성이므로 BTB 용액을 떨어뜨리면 파란색으로 변한다.

ㄴ. 혼합 용액에 가장 많이 존재하는 이온은 Na^+이다.

오답 피하기 ㄷ. $\dfrac{OH^-의\ 수}{전체\ 이온\ 수}=\dfrac{1}{6}$이다.

16 정답 맞히기 묽은 염산과 수산화 나트륨 수용액이 각각 12 mL일 때 혼합 용액의 최고 온도가 가장 높으므로 B가 중화점이고, 두 수용액은 1 : 1의 부피비로 반응함을 알 수 있다.

ㄱ. A에서는 수산화 나트륨 수용액의 부피가 묽은 염산의 부피보다 크므로 수용액의 액성은 염기성이다.

ㄴ. B에서 혼합 용액의 온도가 가장 높으므로 B는 중화점이다.

ㄷ. 중화점인 B에 들어 있는 Na^+과 Cl^-의 수를 각각 $12N$개라고 하면, C에는 Cl^- $16N$개, H^+ $8N$개, Na^+ $8N$개가 들어 있으므로 수용액에 들어 있는 전체 이온의 수는 C>B이다.

서술형

17 혼합 용액에 Na^+이 4개, OH^-이 2개, Cl^-이 2개 들어 있으므로 혼합 전 묽은 염산에는 H^+이 2개, Cl^-이 2개, 수산화 나트륨 수용액에는 Na^+이 4개, OH^-이 4개 들어 있었음을 알 수 있다.

모범 답안

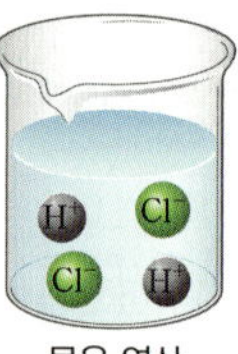

묽은 염산에 들어 있는 전체 이온 수는 4이고, 수산화 나트륨 수용액에 들어 있는 전체 이온 수는 8이므로 전체 이온 수는 수산화 나트륨 수용액이 묽은 염산의 2배이다.

채점 기준	배점
혼합 전 각 수용액의 이온 모형을 옳게 나타내고, 각 수용액에 들어 있는 이온 수 차이를 옳게 서술한 경우	100 %
혼합 전 각 수용액에 들어 있는 이온 수 차이만 옳게 서술한 경우	50 %
혼합 전 각 수용액의 이온 모형만 옳게 나타낸 경우	20 %

18 정답 맞히기 B에서 혼합 용액의 최고 온도가 가장 높으므로 B가 중화점이고, 묽은 염산과 수산화 나트륨 수용액은 1 : 1의 부피비로 반응함을 알 수 있다. 따라서 같은 부피의 두 수용액에 각각 들어 있는 H^+과 OH^-의 수가 같다.

ㄱ. A는 혼합한 묽은 염산보다 수산화 나트륨 수용액의 부피가 크므로 혼합 용액 A의 액성은 염기성이다. 따라서 BTB 용액을 떨어뜨리면 파란색으로 변한다.

ㄴ. B의 온도가 가장 높으므로 B에서는 H^+과 OH^-이 모두 반응하여 B에 들어 있는 이온은 Na^+, Cl^- 2종류이다.

ㄷ. A에서는 묽은 염산 20 mL와 수산화 나트륨 수용액 20 mL가 반응하여 물을 생성하고, C에서는 묽은 염산 10 mL와 수산화 나트륨 수용액 10 mL가 반응하여 물을 생성하므로 생성된 물의 양은 A > C이다.

서술형
19 일정량의 묽은 염산에 수산화 나트륨 수용액을 조금씩 넣어 줄 때 일어나는 반응에서 알짜 이온은 H^+, OH^-이고, 구경꾼 이온은 Na^+, Cl^-이다.

모범 답안 (1) · H^+ 수: 수산화 나트륨 수용액을 넣을수록 감소하다가 중화점 이후 0이 된다.

· Cl^- 수: 처음 상태 그대로 일정한 수를 유지한다.

· Na^+ 수: 수산화 나트륨 수용액을 넣을수록 증가한다.

· OH^- 수: 중화점을 지났을 때부터 증가한다.

(2) 20 mL, 중화점은 H^+과 OH^-의 수가 같아서 중성이 되는 지점이므로 수산화 나트륨 수용액을 20 mL 넣었을 때이다.

	채점 기준	배점
(1)	4가지 이온의 이온 수 변화를 모두 옳게 쓴 경우	50 %
(2)	중화점까지 넣어 준 수산화 나트륨 수용액의 부피를 구하고, 그 까닭을 옳게 서술한 경우	50 %
	중화점까지 넣어 준 수산화 나트륨 수용액의 부피만 옳게 구한 경우	30 %

20 정답 맞히기 Ⅱ에서 혼합 용액의 색이 녹색으로 변했으므로 Ⅱ는 중성이다. Ⅰ은 Ⅱ보다 묽은 염산이 적게 혼합된 용액이므로 염기성이다.

ㄱ. Ⅰ은 염기성이므로 BTB 용액을 떨어뜨리면 파란색으로 변한다. 따라서 ㉠은 '파란색'이다.

ㄴ. (나)와 (다)에서는 모두 중화 반응이 일어나므로 모두 중화열이 발생한다.

오답 피하기 ㄷ. Ⅰ은 묽은 염산 5 mL가 반응한 용액이고, Ⅱ

는 묽은 염산 10 mL가 반응한 용액이므로 중화열은 Ⅱ에서가 Ⅰ에서보다 더 많이 발생한다. 따라서 혼합 용액의 최고 온도는 Ⅱ가 Ⅰ보다 높다.

21 정답 맞히기 (가)는 중화 반응 초기에는 존재하지 않다가 중화점인 B 이후부터 존재하므로 가해 주는 수용액 속의 알짜 이온인 H^+이다.

ㄴ. Cl^-은 구경꾼 이온이므로 묽은 염산을 가할수록 계속 증가한다. 따라서 Cl^-의 수는 B에서가 A에서보다 크다.

ㄷ. A에서 B로 가면서 중화 반응이 계속 일어나 중화열이 발생하므로 혼합 용액의 온도는 B에서가 A에서보다 높다.

오답 피하기 ㄱ. (가)는 H^+이다.

서술형
22 중화점은 C이므로 C에서 혼합 전 같은 부피의 묽은 염산과 수산화 나트륨 수용액에 들어 있는 이온 수는 서로 같다.

모범 답안 C가 중화점이므로 C에서 혼합 전 같은 부피의 묽은 염산과 수산화 나트륨 수용액에 각각 들어 있는 Cl^-과 Na^+의 수는 같다. 중화 반응에서 Cl^-과 Na^+은 구경꾼 이온이므로 Cl^-과 Na^+의 수는 각 수용액의 부피에 비례한다. 따라서 A~D에서 혼합 용액 속 $\dfrac{Cl^-의\ 수}{Na^+의\ 수}$는 각각 $\dfrac{1}{5}$, $\dfrac{1}{2}$, 1, 2이다.

채점 기준	배점
혼합 용액 속 $\dfrac{Cl^-의\ 수}{Na^+의\ 수}$를 옳게 구하고, 중화점을 찾아 묽은 염산과 수산화 나트륨 수용액에 각각 들어 있는 Cl^-과 Na^+의 수는 같음을 이용하여 옳게 서술한 경우	100 %
혼합 용액 속 $\dfrac{Cl^-의\ 수}{Na^+의\ 수}$만 옳게 구한 경우	50 %

23 정답 맞히기 ㄱ. 메테인이 연소하면 $CH_4 + 2O_2 \longrightarrow CO_2 + 2H_2O$의 반응이 일어난다. 따라서 반응 결과 이산화 탄소와 물이 생성된다.

ㄴ. ㉠은 열에너지를 방출하는 발열 반응이므로 반응이 일어나면 주위의 온도가 높아진다.

ㄷ. 물이 끓어 수증기가 되는 과정에서는 열에너지를 흡수하므로 ㉡은 흡열 반응이다.

24 정답 맞히기 수산화 바륨과 염화 암모늄의 반응이 일어나면서 주위로부터 열에너지를 흡수하므로 주위의 온도가 낮아진다. 따라서 나무판 위의 물이 얼어 나무판이 삼각 플라스크에 달라붙게 된다.

ㄱ. 이 반응은 열에너지를 흡수하는 반응이므로 흡열 반응이다.

ㄷ. 흡열 반응이 일어나면서 주위의 온도가 낮아지므로 나무 판에 떨어뜨린 물의 온도가 낮아져 얼음으로 상태 변화한다.

(오답 피하기) ㄴ. 흡열 반응에서는 반응물이 에너지를 흡수하여 에너지가 더 큰 생성물로 변한다. 따라서 생성물의 에너지가 반응물의 에너지보다 크다.

25 (정답 맞히기) ㄱ. KOH을 물에 녹였을 때 수용액의 온도가 처음 물의 온도보다 높아졌으므로 KOH의 용해 반응은 열에너지를 방출하는 발열 반응이다.

ㄴ. 물은 전기 전도성이 없지만 KOH이 용해되면 K^+과 OH^-으로 이온화되므로 전기 전도성이 증가한다.

ㄷ. 반응 후 수용액에는 OH^-이 존재하므로 염기성이 된다.

본문 59~64쪽

01 ①	02 ⑤	03 ①	04 ②	05 ③	06 ①
07 ③	08 ④	09 ③	10 ⑤	11 ⑤	12 ②
13 ③	14 ①	15 ①	16 ④	17 ①	18 ④
19 ①	20 ③	21 ⑤	22 ⑤	23 ④	24 ①

01 (정답 맞히기) ㄱ. (가)에서 Mg은 Mg^{2+}이 되므로 전자를 잃는다.

(오답 피하기) ㄴ. (나)에서 Fe_2O_3은 산소를 잃고 Fe이 되므로 환원된다.

ㄷ. (가)와 (나)는 산화 환원 반응이지만, (다)는 산소나 전자의 이동이 없으므로 산화 환원 반응이 아니고 산과 염기가 반응하는 중화 반응이다.

02 (정답 맞히기) (가) H_2가 산소를 얻어 산화되어 H_2O이 된다.

(나) CO가 산소를 얻어 산화되어 CO_2가 된다.

(다) Zn이 전자를 잃고 산화되어 Zn^{2+}이 된다.

03 (정답 맞히기) (가)에서 일어나는 반응의 화학 반응식은 $2Cu+O_2 \longrightarrow 2CuO$이고, (나)에서 일어나는 반응의 화학 반응식은 $CuO+CO \longrightarrow Cu+CO_2$이다.

ㄱ. (나)에서 CuO는 산소를 잃고 Cu가 되고, CO는 산소를 얻어 CO_2가 된다. 따라서 X는 CO_2이다.

(오답 피하기) ㄴ. (가)에서 금속 원소인 Cu와 비금속 원소인 O가 결합하면서 이온 결합 물질인 CuO가 형성되는데, 이때 Cu는 전자를 잃고 Cu^{2+}이 된다.

ㄷ. (나)에서 CO는 CuO로부터 산소를 얻어 산화되어 CO_2가 된다.

04 (정답 맞히기) 이 반응에서 드라이아이스(CO_2)는 산소를 잃고 탄소(C)가 되고, 마그네슘(Mg)은 산소를 얻어 산화 마그네슘(MgO)이 된다.

ㄴ. CO_2는 산소를 잃고, Mg은 산소를 얻는 반응이 일어나므로 산화 환원 반응이 일어난다.

(오답 피하기) ㄱ. 이 반응에서 생성물이 탄소(C)이므로 화학 반응식은 $2Mg+CO_2 \longrightarrow 2MgO+C$이다.

ㄷ. CO_2는 산소를 잃고 환원되어 C가 된다.

05 (정답 맞히기) $AgNO_3$ 수용액에 Cu를 넣으면 Cu가 전자를 잃고 Cu^{2+}으로 되고, Ag^+이 전자를 얻어 Ag으로 석출되는 반응이 일어난다.

ㄱ. 알짜 이온 반응식은 $2Ag^++Cu \longrightarrow 2Ag+Cu^{2+}$이다.

ㄷ. Ag^+ 2개가 반응할 때 Cu^{2+} 1개가 생성되므로 수용액 속 금속 양이온 수는 감소한다.

(오답 피하기) ㄴ. Ag^+은 전자를 얻어 환원되어 Ag으로 석출된다.

06 (정답 맞히기) ㄱ. A 이온이 $8N$개 들어 있는 수용액에 $2N$개의 B 원자를 넣었을 때 전체 금속 이온 수가 감소하였으므로 A 이온의 전하보다 B 이온의 전하가 더 큼을 알 수 있다. B 원자 $2N$개를 넣었을 때 전체 금속 이온이 $2N$개 감소하였으므로 A 이온이 $4N$개 감소하는 동안 B 이온이 $2N$개 증가하였다. 따라서 금속 이온의 전하는 $A:B=1:2$이다.

(오답 피하기) ㄴ. 이온의 전하는 $A:B=1:2$이므로 알짜 이온 반응식은 $2A^++B \longrightarrow 2A+B^{2+}$이다.

ㄷ. B 원자를 xN개 넣었을 때 전체 금속 이온은 $3N$개 감소하였으므로, A 이온이 $6N$개 감소하고 B 이온이 $3N$개 증가한 것이다. 따라서 넣어 준 B 원자 수는 $3N$개이고, $x=3$이다.

07 (정답 맞히기) ㄱ. (나)에서 C는 전자를 잃고 C^{c+}으로 산화된다.

ㄴ. 반응 후 비커 Ⅰ에 C^{c+}이 존재하는데 양이온 수에는 변화가 없으므로 A^{2+}과 C^{c+}의 전하량이 같음을 알 수 있다. 따라서 $c=2$이다.

오답 피하기 ㄷ. $c=2$이고, 양이온 수가 반응 전보다 증가하므로 C^{2+}의 전하량보다 B^{b+}의 전하량이 커야 한다. 따라서 $b>c$이다.

08 **정답 맞히기** ㄴ. (가)에서 Cl_2는 Cl^-이 되므로 Cl는 전자를 얻는다.

ㄷ. (가)~(다)에서 Na은 모두 Na^+으로 존재하므로 네온(Ne)과 같은 전자 배치를 이룬다.

오답 피하기 ㄱ. (가)와 (나)는 전자가 이동하는 산화 환원 반응이지만, (다)는 양이온과 음이온이 정전기적 인력으로 결합하는 반응으로, 전자나 산소의 이동이 없으므로 산화 환원 반응이 아니다.

09 **정답 맞히기** ㄱ. (가)에서 X^+이 X로 석출되므로 Y는 Y^{2+}으로 전자를 잃고 산화된다. (나)에서 Y^{2+}이 Y로 석출되므로 Z는 전자를 잃고 Z 이온으로 산화된다. 따라서 (가)에서 Y와 (나)에서 Z는 모두 산화된다.

ㄷ. (나)에서 Y^{2+}이 환원되면서 Z 이온이 생성되었고 수용액 속 이온의 수가 감소하였으므로 Z 이온의 전하는 $+2$보다 크다.

오답 피하기 ㄴ. (가)에서 X^+이 전자를 얻어 X로 환원되면서 Y^{2+}이 생성되므로 수용액 속 양이온의 수는 감소한다.

10 **정답 맞히기** ㄱ. Fe은 전자를 잃고 Fe^{2+}이 되므로 산화된다.

ㄴ. Fe은 Fe^{2+}으로 되면서 전자를 2개 잃으므로 Ag^+은 전자를 2개 얻는다. 따라서 $a=2$이다.

ㄷ. 수용액 속 Ag^+이 2개 감소할 때 Fe^{2+}이 1개 생성되므로 반응 후 수용액 속 금속 양이온의 수는 감소한다.

11 **정답 맞히기** 식초와 묽은 염산은 산성, 비눗물은 염기성, 염화 나트륨 수용액은 중성이다.

ㄱ. 탄산 칼슘을 넣었을 때 기체가 발생하는 수용액은 산성이므로 (가)는 산성 용액이다. 산성 용액은 BTB 용액을 떨어뜨렸을 때 노란색을 나타내므로 ㉠은 '노란색'이다.

ㄴ. BTB 용액을 떨어뜨렸을 때의 색 변화로 보아 (다)는 산성, (라)는 중성이므로 (나)는 염기성 용액인 비눗물이다. 염기성 용액은 BTB 용액을 떨어뜨렸을 때 파란색을 나타내므로 ㉡은 '파란색'이다.

ㄷ. (라)는 중성인 염화 나트륨 수용액이다. 따라서 탄산 칼슘을 넣었을 때 기체가 발생하지 않으므로 ㉢은 '×'이다.

12 **정답 맞히기** (가)와 (나)에 공통적으로 들어 있는 ☆은 H^+이고, ▲과 ■은 음이온이므로 음이온의 수로부터 ▲은 SO_4^{2-}, ■은 Cl^-임을 알 수 있다. 따라서 (가)는 묽은 황산, (나)는 묽은 염산, (다)는 수산화 나트륨 수용액이다.

ㄴ. (다)는 염기성 수용액이므로 BTB 용액을 떨어뜨리면 파란색으로 변한다.

오답 피하기 ㄱ. ▲은 SO_4^{2-}이다.

ㄷ. (나)에 들어 있는 H^+의 수와 (다)에 들어 있는 OH^-의 수가 같으므로 (나)와 (다)를 혼합하면 H^+과 OH^-은 모두 반응하여 H_2O이 되고, 혼합 용액에 들어 있는 이온의 종류는 Na^+과 Cl^- 2가지이다.

13 **정답 맞히기** ㄱ. 혼합 전 A 수용액과 B 수용액의 부피가 같은 용액 (다)가 중성이고, 혼합 전 B 수용액의 부피가 A 수용액의 부피보다 큰 (가)가 산성이므로 A 수용액은 염기성을 띠는 NaOH 수용액, B 수용액은 산성을 띠는 HCl 수용액임을 알 수 있다.

ㄴ. (나)는 혼합된 A(NaOH) 수용액의 부피가 B(HCl) 수용액의 부피보다 크므로 염기성이다. 따라서 ㉠은 '염기성'이다.

오답 피하기 ㄷ. 중화 반응에서 반응한 H^+과 OH^-이 많을수록 중화열이 많이 발생하여 혼합 용액의 온도가 높다. 따라서 (가)~(다) 중 수용액의 온도는 중화점인 (다)가 가장 높다.

14 **정답 맞히기** B와 C에서 혼합 용액의 온도가 같으므로 B에서는 묽은 염산이 모두 반응하였고, C에서는 수산화 나트륨 수용액이 모두 반응하였음을 알 수 있다. 따라서 중화 반응을 하는 용액의 부피비는 묽은 염산 : 수산화 나트륨 수용액 $=30:20=3:2$이다.

ㄱ. A와 B에서는 각각 묽은 염산이 모두 반응하였으므로 생성된 물의 양은 B에서가 A에서의 3배이다.

오답 피하기 ㄴ. 묽은 염산 : 수산화 나트륨 수용액$=3:2$의 부피비로 반응하므로 같은 부피의 수용액에 들어 있는 H^+과 OH^-의 수는 $2:3$이다. 따라서 같은 부피에 들어 있는 전체 이온 수는 묽은 염산 : 수산화 나트륨 수용액$=2:3$으로 수산화 나트륨 수용액이 묽은 염산의 1.5배이다.

ㄷ. 묽은 염산 : 수산화 나트륨 수용액$=3:2$의 부피비로 혼합하였을 때 중화점에 도달한다. 따라서 묽은 염산 35 mL와 수산화 나트륨 수용액 25 mL를 혼합하였을 때는 중화점에 도달하지 않는다.

15 (정답 맞히기) (나)에 H^+과 OH^-이 존재하지 않고 구경꾼 이온인 Na^+과 Cl^-만 존재하므로 (나)에서 중성, 즉 중화점에 도달하였다. 따라서 (가)는 산성, (다)는 염기성이다.

ㄱ. (가)는 중화점에 도달하기 전이므로 혼합 용액의 액성은 산성이다. 따라서 'Na^+, Cl^-, H^+'은 ㉠으로 적절하다.

(오답 피하기) ㄴ. (나)에서 중화점에 도달하였으므로 이후 수산화 나트륨 수용액을 더 가하면 물은 더 이상 생성되지 않고 용액의 양만 많아져 용액의 온도는 낮아진다. 따라서 $t_2 > t_3$이다.

ㄷ. (나)에서 묽은 염산 10 mL에 들어 있는 Cl^-의 수를 $2N$개라고 하면 수산화 나트륨 수용액 20 mL에 들어 있는 Na^+의 수도 $2N$개이다. 따라서 수산화 나트륨 수용액이 10 mL 더 추가된 (다)에서 $\dfrac{Na^+의\ 수}{Cl^-의\ 수} = \dfrac{3N}{2N} = \dfrac{3}{2}$이다.

16 (정답 맞히기) B에서는 Na^+과 Cl^-의 수가 같으므로 B는 H^+과 OH^-이 모두 반응한 중화점이고, A는 Cl^-의 수가 Na^+의 수보다 많으므로 산성, C는 Na^+의 수가 Cl^-의 수보다 많으므로 염기성이다.

ㄱ. A는 산성이므로 A에 Zn을 넣으면 수소 기체가 발생한다.

ㄴ. B는 중화점이므로 A~C 중 혼합 용액의 온도는 B에서가 가장 높다.

(오답 피하기) ㄷ. B가 중화점이므로 B 이후에는 수산화 나트륨 수용액을 더 넣어도 중화 반응은 더 이상 일어나지 않는다. 따라서 B와 C에서 생성된 물의 양은 같으므로 생성된 물의 양은 C에서가 A에서의 2배이다.

17 (정답 맞히기) 묽은 염산에는 H^+과 Cl^-이 들어 있고, 수산화 나트륨 수용액을 가할수록 H^+의 수는 감소하고, Na^+의 수는 증가한다.

ㄴ. ●은 수산화 나트륨 수용액을 가한 후 존재하므로 수산화 나트륨 수용액에 들어 있던 구경꾼 이온인 Na^+이다.

(오답 피하기) ㄱ. ▲은 수산화 나트륨 수용액을 가했을 때 감소하므로 H^+이다.

ㄷ. (나)에 H^+이 존재하므로 (나)의 액성은 산성이다. 따라서 (나)에 가장 많이 존재하는 이온은 묽은 염산에 들어 있던 구경꾼 이온인 Cl^-이다.

18 (정답 맞히기) ④ 수산화 나트륨 수용액 20 mL를 가했을 때 중화점에 도달하므로, 묽은 염산 10 mL에 들어 있는 H^+과 Cl^-의 수를 각각 $2N$개, $2N$개라고 하면 수산화 나트륨

수용액 20 mL에 들어 있는 Na^+과 OH^-의 수가 각각 $2N$개, $2N$개이다. 따라서 A에는 Cl^-이 $2N$개, Na^+이 N개 들어 있으므로 $\dfrac{Na^+의\ 수}{Cl^-의\ 수} = \dfrac{1}{2}$이고, B에는 Cl^-이 $2N$개, Na^+이 $3N$개 들어 있으므로 $\dfrac{Na^+의\ 수}{Cl^-의\ 수} = \dfrac{3}{2}$이다.

19 (정답 맞히기) ㄱ. X는 혼합 초기에는 존재하지 않다가 중화점인 (나) 이후부터 존재하므로 OH^-이다.

(오답 피하기) ㄴ. (나)는 중화점이므로 H^+과 OH^-이 존재하지 않는다. 따라서 (나)에 존재하는 이온의 종류는 Cl^-, K^+ 2가지이다.

ㄷ. (가)는 산성이므로 (가)에 가장 많이 존재하는 이온은 Cl^-이고, (다)는 염기성이므로 (다)에 가장 많이 존재하는 이온은 K^+이다.

20 (정답 맞히기) (가)에 존재하는 양이온이 1종류이므로 H^+은 존재하지 않고 3개의 ●은 Na^+이다. 따라서 (나)의 ▲은 H^+이고, (나)는 산성이다.

ㄱ. Na^+의 수가 (가)에서는 3, (나)에서는 1이므로 (나)에서 혼합 전 묽은 염산에 들어 있던 H^+의 수는 4이다. 따라서 (가)의 혼합 전 H^+의 수는 2, OH^-의 수는 3이고, 혼합 용액의 액성은 염기성이다.

ㄴ. (나)는 산성이므로 탄산 칼슘을 넣으면 이산화 탄소 기체가 발생한다.

(오답 피하기) ㄷ. 수산화 나트륨 수용액 30 mL에는 Na^+ 3개, OH^- 3개가 들어 있고, 묽은 염산 20 mL에는 H^+ 4개, Cl^- 4개가 들어 있으므로 같은 부피에 들어 있는 전체 이온 수는 묽은 염산이 수산화 나트륨 수용액의 2배이다.

21 (정답 맞히기) ㄱ. (가)와 (나)는 모두 산소가 이동하는 반응이므로 산화 환원 반응이다.

ㄴ. (가)와 (나)는 모두 연소 반응이므로 열에너지가 방출되는 발열 반응이다.

ㄷ. (가)와 (나)는 발열 반응이므로 모두 반응물의 에너지가 생성물의 에너지보다 크다.

22 (정답 맞히기) 비커 바닥에 있던 고체 상태의 I_2이 에탄올의 연소에서 발생하는 열에너지를 흡수하여 기체 상태로 되고, 기체 상태의 I_2이 다시 위쪽의 얼음물로 인해 고체 상태의 I_2으로 승화하는 현상이 일어나서 플라스크 아래쪽에 고체 상

태의 I_2이 생성된다.

ㄴ. ⓛ은 고체 상태의 I_2이 열에너지를 흡수하여 기체 상태로 승화되는 반응이므로 흡열 반응이다.

ㄷ. ⓒ은 연소 반응으로 산소의 이동이 있으므로 산화 환원 반응이다.

(오답 피하기) ㄱ. ⑦은 I_2의 기체 상태에서 고체 상태로의 승화이다.

23 (정답 맞히기) ㄴ. 질산 암모늄(NH_4NO_3)은 물에 용해되면서 NH_4^+과 NO_3^-으로 이온화되므로 수용액 속 이온 수는 증가한다.

ㄷ. 질산 암모늄과 물이 들어 있는 지퍼백에서 용해 반응이 일어날 때 열에너지를 흡수하여 주위의 온도가 낮아지므로 냉각팩으로 활용할 수 있다.

(오답 피하기) ㄱ. 질산 암모늄이 물에 용해되면서 지퍼백의 온도가 낮아졌으므로 질산 암모늄의 용해 반응은 에너지를 흡수하는 흡열 반응이다.

24 (정답 맞히기) ① 산화 칼슘을 물에 녹여 온도를 측정하는 실험 과정으로 보아 산화 칼슘이 물에 녹는 반응에서 열에너지의 출입을 확인하고자 함을 알 수 있다. 실험 결과 온도가 높아졌으므로 산화 칼슘이 물에 용해되는 반응은 열에너지를 방출하는 발열 반응임을 알 수 있다.

대단원 마무리 문제

본문 69~75쪽

01 ③	02 ④	03 ⑤	04 ④	05 ③	06 ⑤
07 ①	08 ④	09 ④	10 ③	11 ⑤	12 ①
13 ①	14 ④	15 ⑤	16 ④	17 ⑤	18 ①
19 ①	20 ⑤	21 ④	22 ④	23 ④	24 ⑤
25 ③	26 ①	27 ⑤	28 ⑤		

01 (정답 맞히기) ㄱ. A 기간은 남세균이 출현한 시기부터 삼엽충이 멸종한 시기까지이다. 남세균은 약 35억 년 전에 출현했으며 삼엽충은 고생대 말인 약 2.52억 년 전에 멸종했으므로, A 기간은 약 30억 년이 넘는다. B 기간은 삼엽충이 멸종한 시기부터 매머드가 멸종한 시기까지이므로 중생대와 신생대를 포함한 약 2.52억 년 정도이다. 따라서 A 기간은 B 기간보다 길다.

ㄷ. B 기간은 중생대와 신생대를 모두 포함한다. 따라서 이 기간에 퇴적된 지층에서는 양치식물, 겉씨식물, 속씨식물 화석이 모두 발견될 수 있다.

(오답 피하기) ㄴ. 육상에 생명체가 살기 위해서는 오존층이 형성되어 자외선이 어느 정도 차단되어야 가능하다. 이렇게 육상에 생명체가 살 수 있을 만큼 자외선이 차단된 시기는 고생대 초이며, A 기간은 고생대 전 기간을 포함하고 있다. 따라서 A 기간에도 육상에 생명체가 살았던 시기가 있다.

02 (정답 맞히기) ④ (가)는 판게아가 형성된 시기이므로 고생대 말에 해당한다. (나)는 후기에 빙하기와 간빙기가 반복되었으므로 신생대 후기에 해당한다. (다)는 후기에 최초의 다세포 생물이 출현했으므로 선캄브리아시대에 해당한다. 따라서 (가), (나), (다)를 오래된 사건부터 순서대로 나열하면 (다) → (가) → (나)이다.

03 (정답 맞히기) ⑤ 암모나이트는 중생대의 바다에서 번성했던 생물이다. 암모나이트가 번성했던 중생대에는 소철이나 은행나무와 같은 겉씨식물이 번성하였다.

(오답 피하기) ① 중생대는 빙하기가 없었던 지질 시대이다.
② 어류는 고생대에 출현하였다.
③ 포유류는 신생대에 번성하였다.
④ 매머드는 신생대 말에 멸종하였다.

04 (정답 맞히기) ④ (가)는 양치식물이 출현한 지질 시대이므로 고생대이다. 고생대에 번성했던 생물은 삼엽충, 필석, 갑주어, 방추충 등이 있다. (나)는 빙하기가 없는 온난한 기후가 지속된 지질 시대이므로 중생대이다. 중생대에 번성했던 생물에는 공룡, 암모나이트 등이 있다. (다)는 계속된 대륙의 이동으로 수륙 분포가 현재와 비슷해진 지질 시대이므로 신생대이다. 신생대에 번성했던 생물에는 화폐석, 매머드 등이 있다.

05 (정답 맞히기) ㄱ. A 시기는 고생대이며, C 시기는 신생대이다. 그래프의 평균 기온을 보면 두 시기 모두 평균 기온이 현재보다 낮았던 시기가 있었다.

ㄴ. 그래프에서 평균 기온은 중생대인 B 시기가 고생대인 A 시기보다 높게 나타난다.

(오답 피하기) ㄷ. 생물 대멸종은 지질 시대 동안 5회 있었으며, 특히 고생대 말과 중생대 말에 큰 대멸종이 있었다. 대멸종의 원인은 해양 환경의 변화, 수륙 분포의 변화, 소행성 충돌, 화

산 활동 등으로 인한 지구 환경의 급격한 변화 등으로 매우 다양하다. 따라서 생물 대멸종이 있었던 시기가 모두 빙하기였던 것은 아니며, 그래프에서도 고생대 말과 중생대 말 모두 빙하기는 아니었다.

06 정답 맞히기 ㄱ. (가) 지층에서 삼엽충 화석이 산출되며, 삼엽충은 고생대에 번성했던 생물이므로, 이 지역에서는 고생대 지층이 발견된다.

ㄴ. 판게아는 고생대 말에 형성되었다. (다)에서는 공룡 화석이 산출되므로 이 지층은 중생대에 퇴적되었다. 따라서 (다)는 판게아 형성 이후에 퇴적되었다.

ㄷ. (가)는 고생대, (나)와 (다)는 암모나이트와 공룡 화석이 산출되므로 중생대, (라)는 매머드 화석이 산출되므로 신생대에 퇴적된 지층이다. (가)~(라)가 퇴적되는 동안 고생대, 중생대, 신생대를 모두 거쳤으므로 고생대 말 대멸종, 중생대 말 대멸종을 포함한 몇 번의 대멸종을 겪었다. 따라서 (가)~(라)가 퇴적되는 동안 2번 이상의 대멸종이 있었다.

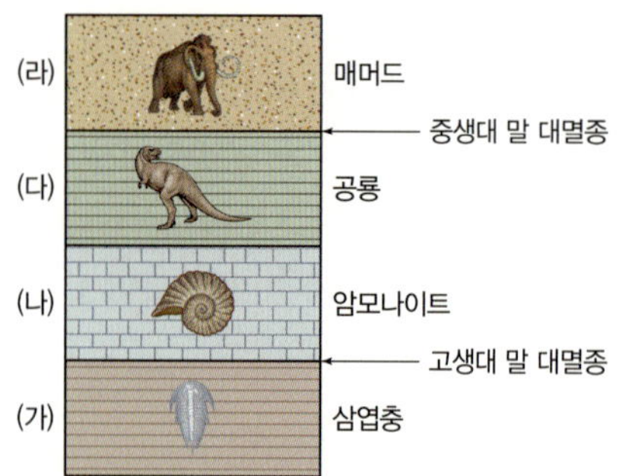

07 정답 맞히기 ㄱ. (가)는 판게아가 형성된 모습이며, 판게아는 고생대 말에 형성되었다. 고생대에는 오존층이 형성되면서 육상 생물이 출현했으므로 (가) 시기에는 육상에 생명체가 살고 있었다.

오답 피하기 ㄴ. 히말라야산맥은 판게아가 분리된 이후 수륙 분포가 현재와 비슷해진 시기에 형성되었다. 따라서 (나) 시기 이후에 형성되었다.

ㄷ. (다)는 수륙 분포가 현재와 비슷한 모습을 하고 있으므로 신생대이다. 공룡은 중생대 말에 멸종했으므로 (다) 시기 이전에 멸종하였다.

08 정답 맞히기 ㄴ. (가)는 고생대, (나)는 중생대, (다)는 신생대이다. B는 고생대인 (가) 시기에만 생존했으며, (가) 시기 이후에는 생존하지 않았으므로, B는 고생대 말에 있었던 대멸종 시기에 멸종했다.

ㄷ. 지질 시대는 생물의 급변이나 대규모 지각 변동, 부정합 등으로 구분한다. 그래프에서 육상 식물의 경우 지질 시대가 바뀌는 시기에도 생물 과의 수가 큰 변화가 없지만, 해양 동물의 경우는 지질 시대가 바뀌는 시기에 생물 과의 수도 급변한다. 따라서 지질 시대의 구분 기준으로는 육상 식물보다 해양 동물 과의 수 변화가 더 적합하다.

오답 피하기 ㄱ. A는 고생대, 중생대, 신생대에 걸쳐 모든 지질 시대에 살았던 생물이다. 암모나이트는 중생대에만 살았던 생물이므로 암모나이트는 A에 해당하지 않는다.

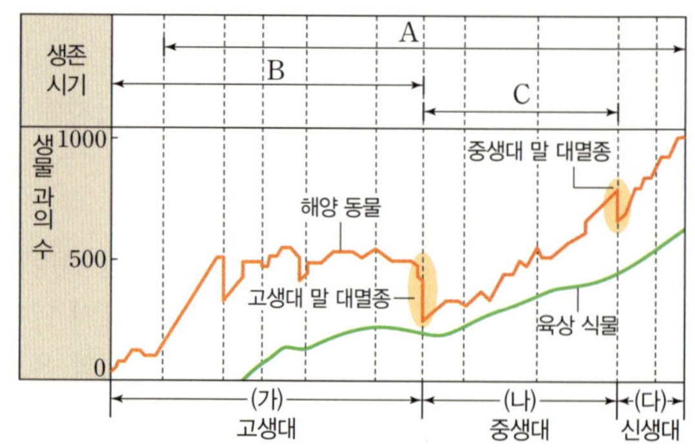

09 정답 맞히기 ㄴ. (가)는 변이이고, (나)는 자연선택이다. 변이는 집단 내 형질이 다양함을 의미하므로 '기린의 목 길이는 다양했다.'는 (가)의 예에 해당한다.

ㄷ. 자연선택(나)을 통해 목의 길이가 긴 형질을 가진 개체가 생존 및 번식하였다.

오답 피하기 ㄱ. (가)는 변이이다.

10 정답 맞히기 ㄱ. 가뭄 전 핀치의 부리 크기는 다양하므로 변이가 있었다.

ㄴ. 가뭄으로 인해 핀치의 부리 크기의 평균이 커졌다.

오답 피하기 ㄷ. 부리 크기가 큰 핀치가 자연선택되었으므로 크고 딱딱한 씨앗을 먹기에 부리 크기가 큰 핀치가 유리하다.

11 정답 맞히기 ㄱ. 사람에게서 정상 적혈구와 낫모양적혈구가 나타나므로 적혈구에 대한 변이가 있다.

ㄴ. ⓐ를 가진 사람에게서 심한 빈혈이 나타나므로 ⓐ는 낫모양적혈구인 B이다.

ㄷ. 자연선택은 말라리아가 유행하지 않는 지역보다 말라리아가 유행하는 지역에서 ⓐ의 유전자빈도가 높게 나타나는 데 (㉠) 영향을 준 요인에 해당한다.

12 [정답 맞히기] ㄴ. 환경에 따라 살아남은 나방의 종류가 다르므로 환경에 따라 생존에 유리한 형질이 다를 수 있다.
[오답 피하기] ㄱ. 어두운 숲에서는 검은색 나방의 생존 비율이 더 높으므로 검은색 나방이 흰색 나방보다 생존에 유리하였다.
ㄷ. 밝은 숲에서 천적에 피식된 비율은 흰색 나방이 검은색 나방보다 낮다.

13 [정답 맞히기] ㄱ. A는 유전적 다양성이다. 유전적 다양성(A)은 집단 내 변이가 많을수록 높다.
[오답 피하기] ㄴ. B는 종다양성이다. 종다양성이 높을수록 안정된 생태계이다.
ㄷ. 생태계다양성인 C가 낮으면 종다양성도 낮다.

14 [정답 맞히기] B. 자원 재활용과 같은 개인적 차원의 노력은 생물다양성 보전을 위한 방안에 해당한다.
C. 생물다양성을 보전하는 것은 생물자원의 보전과 관련이 있다.
[오답 피하기] A. 멸종 위기에 처한 종을 복원하고 관리하는 것은 국가적, 국제적 차원의 노력에 해당한다.

15 [정답 맞히기] ㄱ. 서로 다른 개체를 교배하는 방식을 통해 집단 내 유전적 다양성이 높아진다.
ㄴ. 새로운 품종의 벼를 이용한 식량 증산(㉡)은 인간이 생물자원을 이용한 사례이다.
ㄷ. 종자 은행을 통해 식물의 종자를 보전하는 것은 일부 토종 잡곡 종자들이 사라지는 것(㉢)을 막기 위한 방안에 해당한다.

16 [정답 맞히기] ㄱ. 대기 중 이산화 탄소의 농도 증가로 바닷물에 녹는 이산화 탄소의 양이 증가(㉠)하여 바닷물의 pH가 감소한다.
ㄷ. 생태계에 존재하는 다양한 생물은 모두 생물자원에 해당하므로 산호(ⓑ)도 생물자원에 해당한다.
[오답 피하기] ㄴ. 대기 중 이산화 탄소의 농도 증가(ⓐ)로 인해 여러 생물이 피해를 입으므로 ⓐ는 해양 생태계의 생물다양성을 감소시키는 요인에 해당한다.

17 [정답 맞히기] ㄱ. (가)는 전자의 이동이 있는 산화 환원 반응이고, (나)와 (다)는 산소의 이동이 있는 산화 환원 반응이다.
ㄴ. (가)와 (다)에서 Fe은 모두 양이온이 되므로 모두 전자를 잃고 산화된다.
ㄷ. (나)에서 CO는 Fe_2O_3로부터 산소를 얻어 산화된다.

18 [정답 맞히기] X 이온이 들어 있는 수용액에 Y를 넣었을 때 양이온의 종류가 바뀌었으므로 X 이온은 환원되어 X로 석출되고, Y는 산화되어 Y 이온이 되었다. Y 이온이 들어 있는 수용액에 Z를 넣었을 때 양이온의 종류가 바뀌었으므로 Y 이온은 환원되어 Y로 석출되고, Z는 산화되어 Z 이온이 되었다. 따라서 반응성의 크기는 Z>Y>X이다. 이때 금속 양이온의 전하량 합은 일정해야 하므로 이온의 화학식은 각각 X^+, Y^{2+}, Z^{3+}이다.
ㄱ. 반응성은 Z>X이므로 Z는 X보다 산화가 잘 된다. 따라서 X 이온이 들어 있는 수용액에 X보다 반응성이 큰 금속 Z를 넣으면 Z는 산화되어 Z^{3+}이 되고, X^+은 환원되어 X로 석출된다.
[오답 피하기] ㄴ. 반응성은 Y>X이므로 Y는 X보다 산화가 잘 된다. 따라서 Y 이온이 들어 있는 수용액에 Y보다 반응성이 작은 금속 X를 넣으면 반응은 일어나지 않는다.
ㄷ. 반응성은 Z>Y이므로 Z는 Y보다 산화가 잘 된다. 따라서 Z 이온이 들어 있는 수용액에 Z보다 반응성이 작은 금속 Y를 넣으면 반응은 일어나지 않는다.

19 [정답 맞히기] ㄱ. (가)와 (나)에서 Z는 모두 Z^{2+}으로 되므로 Z는 전자를 잃고 모두 산화된다.
[오답 피하기] ㄴ. (가)에서 반응 전과 후에 금속 양이온의 전하량 합은 같아야 한다. 이때 X^{2+}과 Z^{2+}의 전하량이 같으므로 이온의 수도 같아야 한다. 따라서 $a=3N$이다.
ㄷ. (나)에서 반응 전과 후에 금속 양이온의 전하량 합은 같아야 하므로 $3N \times m = N \times m + 3N \times 2$에서 $m=3$이다.

20 [정답 맞히기] ㄱ. B^+은 전자를 얻어 B가 되므로 환원된다.
ㄴ. A는 전자를 잃고 A^{2+}으로 산화된다.
ㄷ. B^+ 2개가 환원되어 B로 될 때 A^{2+} 1개가 생성되므로 수용액 속 양이온의 수는 감소한다.

21 [정답 맞히기] ㄱ. 반응 전과 후에 금속 양이온의 전하량 합은 같아야 한다. X^{m+} $4N$개가 반응하여 Y^+ $8N$개가 생성

되었으므로 $4N \times m = 8N$에서 $m=2$이다.

ㄷ. X^{2+} $2N$개가 들어 있는 수용액에 Y 원자 $2N$개를 넣으면 Y^+ $2N$개가 생성되고 X^{2+} N개가 X로 환원된다. 따라서 반응 후 수용액에 존재하는 금속 양이온의 수는 X^{2+} N개, Y^+ $2N$개로 총 $3N$개이다.

(오답 피하기) ㄴ. X^{m+}은 환원되어 X가 되고, Y는 산화되어 Y^+이 되었으므로 반응성은 Y>X이다. 따라서 Y^+이 들어 있는 수용액에 X를 넣으면 반응이 일어나지 않는다.

22 (정답 맞히기) ㄱ. 산성 수용액은 2가지이므로 (가)와 (나)에서 공통적으로 들어 있는 이온인 ★은 H^+이다.

ㄴ. (가)와 (나)는 산성이고, (다)는 염기성이므로 (다)에 BTB 용액을 떨어뜨리면 파란색으로 변한다.

(오답 피하기) ㄷ. (나)에는 H^+이 3개 들어 있고, (다)에는 OH^-이 2개 들어 있으므로 (나)와 (다)를 혼합한 용액의 액성은 산성이다. 따라서 페놀프탈레인 용액을 떨어뜨리면 색 변화가 없다.

23 (정답 맞히기) ㄱ. 수산화 칼륨 수용액을 가할수록 계속 증가하는 A는 K^+, 일정하게 유지되는 B는 Cl^-, 점점 감소하는 C는 H^+, 중화점 이후부터 증가하는 D는 OH^-이다.

ㄷ. 묽은 염산 10 mL에 들어 있는 Cl^-의 수를 $2N$개라고 하면 (나)는 중화점이므로 $\dfrac{Cl^-\text{의 수}}{K^+\text{의 수}}=1$이다. (가)는 중화점의 절반에 해당하는 수산화 칼륨 수용액이 가해졌으므로 $\dfrac{Cl^-\text{의 수}}{K^+\text{의 수}}=2$이다. 따라서 $\dfrac{Cl^-\text{의 수}}{K^+\text{의 수}}$는 (가)에서가 (나)에서의 2배이다.

(오답 피하기) ㄴ. H^+과 OH^-이 존재하지 않는 (나)가 중화점이다. (가)는 중화점의 절반에 해당하는 수산화 칼륨 수용액이 가해졌으므로 생성된 물의 양은 (나)에서가 (가)에서의 2배이다.

24 (정답 맞히기) (다)에서 혼합 용액의 온도가 가장 높으므로 (다)가 중화점이다. 따라서 묽은 염산과 수산화 나트륨 수용액은 1 : 1의 부피비로 반응한다.

ㄱ. 혼합 용액의 온도가 가장 높은 (다)는 중화점이다.

ㄴ. (가)와 (마)에서 혼합 용액의 온도가 같으므로 생성된 물 분자 수가 같다. 따라서 (가)에서 모두 반응한 묽은 염산의 부피와 (마)에서 모두 반응한 수산화 나트륨 수용액의 부피가 같으므로 $a=20$이다.

ㄷ. (라)에서는 수산화 나트륨 수용액 40 mL가 모두 반응하고 (가)에서는 묽은 염산 20 mL가 모두 반응하였다. 따라서 생성된 물 분자 수는 (라)에서가 (가)에서의 2배이다.

25 (정답 맞히기) 혼합 용액에 존재하는 이온의 종류가 3가지이므로 혼합 용액의 액성은 산성이거나 염기성이다. ▲은 Cl^-이므로 ▲보다 수가 더 많은 ■은 Na^+이고, ★은 OH^-이다.

ㄱ. 혼합 용액에 OH^-이 존재하므로 수용액은 염기성이다.

ㄴ. ■은 가장 많이 존재하는 이온으로 구경꾼 이온인 Na^+이다.

(오답 피하기) ㄷ. 혼합 용액에는 OH^-이 2개 존재하며, 묽은 염산 5 mL에는 H^+이 1개 들어 있다. 따라서 혼합 용액에 묽은 염산 5 mL를 더 가하면 OH^- 1개가 반응하지 않고 남게 되므로 용액의 액성은 염기성이 된다.

26 (정답 맞히기) 묽은 염산의 부피비는 (가) : (나)=2 : 1이고, 생성된 물 분자 수의 비는 (가) : (나)=4 : 3이므로 (가)의 전체 이온 수는 혼합 전 묽은 염산의 전체 이온 수와 같고, (나)의 전체 이온 수는 혼합 전 수산화 나트륨 수용액의 전체 이온 수와 같음을 알 수 있다. 따라서 (가)~(다)의 혼합 전 이온 수를 나타내면 다음과 같다.

혼합 용액	혼합 전 용액의 부피(mL)와 이온 수(개)		전체 이온 수 (개)
	묽은 염산	수산화 나트륨 수용액	
(가)	40 H^+ $6N$ Cl^- $6N$	40 Na^+ $4N$ OH^- $4N$	$12N$
(나)	20 H^+ $3N$ Cl^- $3N$	60 Na^+ $6N$ OH^- $6N$	$12N$
(다)	10 H^+ $1.5N$ Cl^- $1.5N$	30 Na^+ $3N$ OH^- $3N$	aN

ㄱ. (다)에 들어 있는 이온의 수는 Na^+ $3N$개, Cl^- $1.5N$개, OH^- $1.5N$개이므로 전체 이온 수는 $6N$개이고, $a=6$이다.

(오답 피하기) ㄴ. (다)에는 OH^-이 존재하므로 액성은 염기성이다. 따라서 (다)에 BTB 용액을 떨어뜨리면 파란색으로 변한다.

ㄷ. (가)에는 H^+ $2N$개가 들어 있고, (나)에는 OH^- $3N$개가

들어 있다. 따라서 (가)와 (나)를 혼합한 용액은 염기성이다.

27 정답 맞히기 ㄴ. 수증기가 물로 응결되는 반응은 발열 반응이다. 따라서 ⓒ에서는 반응물의 에너지가 생성물의 에너지보다 크다.

ㄷ. 소금이 물에 용해되면 Na^+과 Cl^-의 수가 증가하게 되므로 용액의 전기 전도성이 증가한다.

오답 피하기 ㄱ. 수증기가 비커 표면에 응결된 것으로 보아 소금이 물에 용해되면서 수용액의 온도가 낮아졌음을 알 수 있다. 따라서 소금이 물에 용해되는 반응은 흡열 반응이다.

28 정답 맞히기 ㄱ. (가)에서 산화 칼슘(CaO)은 적은 양으로 많은 열에너지를 방출할 수 있으므로 발열제로 적절하다.

ㄴ. 발열 용기는 발열제가 물과 반응하면서 방출하는 열에너지로 음식을 조리하는 원리를 이용한다.

ㄷ. 발열 용기를 이용하면 별도의 가열 장치 없이 음식물의 온도를 높여 음식을 조리할 수 있다.

 Ⅴ 환경과 에너지

1 생태계평형과 지구 환경 변화

탐구 활동
본문 91쪽

1~2 해설 참조

1 생태계의 평형이 일시적으로 깨어지면 영양단계에 따른 먹이 관계에 의해 각 영양단계에 속하는 생물의 개체수가 조절되어 평형을 회복한다.

모범 답안 특정 영양단계에 해당하는 생물의 개체수가 증가하면 먹이 관계에 따라 하위 영양단계 생물과 상위 영양단계 생물의 개체수가 연쇄적으로 변하며, 이를 통해 원래의 평형 상태로 돌아간다.

2 1차 소비자의 개체수가 증가하면 생산자와 2차 소비자 개체수 증가 → 1차 소비자 개체수 감소 → 생산자 개체수 증가 2차 소비자 개체수 감소 → 생태계평형 회복 순으로 진행된다.

모범 답안

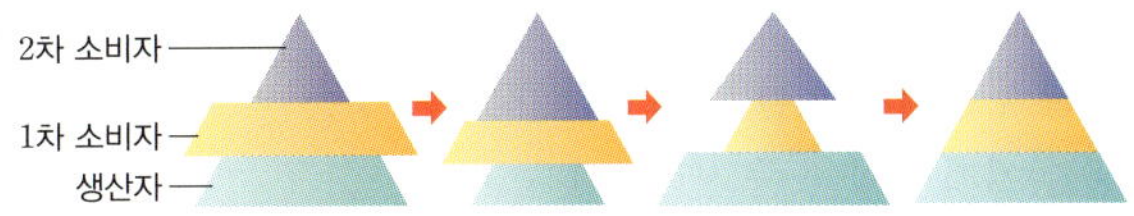

내신 기초 문제
본문 92~94쪽

01 ②	02 ①, ④	03 ⑤	04 ②	05 ③
06 ①	07 ④	08 ①	09 ④	10 ②	11 ④
12 ③	13 ①	14 ③	15 ②	16 ③	17 ②

01 정답 맞히기 ② 분해자인 곰팡이는 생물요소에 해당한다.
오답 피하기 ①, ③ 생태계는 생물요소인 생물과 비생물요소인 환경으로 구성되고, 생물과 환경은 서로 영향을 주고받는다.
④ 빛, 물, 토양, 공기, 온도 등은 비생물요소에 해당한다.
⑤ 생물요소는 역할에 따라 생산자, 소비자, 분해자로 구분된다.

02 정답 맞히기 ①, ④ 파래와 장미는 빛에너지를 흡수하여 유기물을 만드는 생산자이다.
오답 피하기 ② 버섯은 생물의 사체와 배설물을 분해하는 분해자이다.

③, ⑤ 사람과 메뚜기는 모두 다른 생물을 섭취하여 유기물을 얻는 소비자에 해당한다.

03 (정답 맞히기) ㄱ, ㄴ. 여러 종으로 구성된 (가)는 군집이고, 하나의 종으로 구성된 (나)는 개체군이다.
ㄷ. 개체군(나)과 군집(가)은 모두 생물로 구성되므로 생물요소에 해당한다.

04 (정답 맞히기) ② 빛에너지를 흡수해 유기물을 만드는 A는 생산자, 사체와 배설물을 분해하여 환경으로 되돌리는 B는 분해자, 다른 생물을 섭취하여 생태계에서 에너지가 흐르도록 하는 C는 소비자이다.

05 (정답 맞히기) ③ 식물은 광합성을 통해 이산화 탄소를 흡수하고 산소를 방출하므로 숲은 다른 곳보다 산소 농도가 높다(ⓐ).
(오답 피하기) ① 빛, 온도, 물, 토양, 공기 등은 비생물요소에 해당한다.
② 광합성을 통해 유기물을 합성하는 식물(ⓑ)은 생산자에 해당한다.
④ 식물의 줄기가 빛을 향해 굽어 자라는 것은 빛(환경)이 식물(생물)에게 영향을 준 사례이다.
⑤ 낮에 식물(생물)의 광합성이 일어나 숲의 산소 농도(환경)가 높아지는 것은 생물이 환경에게 영향을 준 사례이다.

06 (정답 맞히기) ㄱ. 생물다양성이 높을수록 다양한 생물종이 있어 생태계평형이 잘 유지된다.
(오답 피하기) ㄴ. 먹이그물이 복잡할수록 한 종이 사라져도 대체할 수 있는 종이 있으므로 생태계평형이 잘 유지된다.
ㄷ. 생태계평형은 생태계를 구성하는 생물종의 종류와 개체수가 급격히 변하지 않는 안정된 상태를 의미한다.

07 (정답 맞히기) ㄱ. 사막에 사는 선인장의 잎이 가시 모양으로 변형된 것은 물에 대한 생물의 적응 사례로 환경이 생물에 영향을 준 사례이다.
ㄷ. 고산 지대에 사는 사람이 저지대에 사는 사람에 비해 적혈구 수가 많은 것은 낮은 산소 농도의 공기에 대한 생물의 적응 사례로 환경이 생물에 영향을 준 사례이다.
(오답 피하기) ㄴ. 숲이 우거질수록 지표면에 도달하는 빛의 세기가 감소하는 것은 생물이 환경에 영향을 준 사례이다.

08 (정답 맞히기) ㄱ. B는 A를 잡아먹는 포식자이고, A는 B에게 잡아먹히는 피식자이다. A를 먹는 B의 개체수가 증가하면 A의 개체수는 감소(ⓐ)한다.
(오답 피하기) ㄴ. B는 다른 생물을 섭취하는 소비자이다.
ㄷ. B는 A를 먹으므로 B의 영양단계가 A의 영양단계보다 높다.

09 (정답 맞히기) ④ 범고래는 가다랑어보다 상위 영양단계의 생물이다.
(오답 피하기) ①, ③ 고등어는 참치의 먹이, 참치는 범고래의 먹이가 되므로 고등어에서 참치로, 참치에서 범고래로 에너지가 이동한다. 에너지는 유기물의 형태로 이동한다.
② 멸치가 사라지면 멸치만을 먹이로 하는 전갱이는 멸종 가능성이 높다.
⑤ 동물성 플랑크톤은 생산자인 식물성 플랑크톤을 섭취하므로 1차 소비자에 해당한다.

10 (정답 맞히기) ㄴ. 종다양성이 높고, 먹이그물이 복잡한 (나)가 (가)보다 안정된 생태계이다.
(오답 피하기) ㄱ. 종의 종류가 (가)는 5종, (나)는 8종이므로 종다양성은 (가)가 (나)보다 낮다.
ㄷ. 쥐가 사라지면 (가)에서는 뱀과 매가 사라지고, (나)에서는 뱀과 매가 사라지지 않는다.

11 (정답 맞히기) ④ 1차 소비자의 개체수가 일시적으로 증가하면 다음과 같은 변화가 연쇄적으로 나타난다.

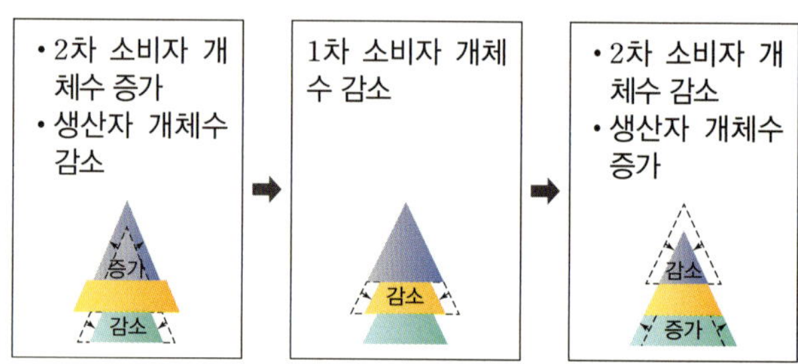

12 (정답 맞히기) ③ 질소는 지구 대기 성분 중 약 78 %를 차지하는 기체이며 온실 기체는 아니다.
(오답 피하기) ① 오존은 온실 기체에 해당한다.
② 메테인은 온실 기체에 해당한다.
④ 수증기는 온실 기체에 해당한다.
⑤ 이산화 탄소는 지구의 온실 효과를 일으키는 주요 온실 기

체이다.

13 정답 맞히기 ① 지구 온난화가 진행되면 지구 평균 기온이 상승하면서 빙하가 녹는 양이 많아진다. 따라서 전 지구의 빙하 면적이 감소하게 된다.

오답 피하기 ② 지구 온난화가 진행되면 대기와 해수의 순환이 달라지면서 이상 기후 현상으로 생태계가 파괴될 수 있다.
③ 지구 온난화가 진행되면 해수의 수온 상승으로 해수가 열팽창하고, 기온 상승으로 빙하가 녹게 되므로 해수면이 상승하여 해안 저지대가 침수될 것이다.
④ 지구 온난화가 진행되면 우리나라의 평균 기온도 상승하므로 우리나라의 경우 온대 기후에서 아열대 기후로 바뀔 것이다.
⑤ 지구 온난화가 진행되면 해수면의 수온이 상승하게 되고, 이로 인해 해수로부터 증발하는 수증기의 양이 많아지면서 대규모 태풍이 발생할 확률이 높아질 것이다.

14 정답 맞히기 ㄱ. 그림에서 2016년에 북극 주변의 빙하 면적은 1979년에 비해 현저하게 감소하였다. 따라서 이 기간 동안 북극 주변의 평균 기온은 상승하였음을 알 수 있다.
ㄴ. 평균 기온 상승으로 고위도 지방의 대륙 빙하 면적이 감소하였다.

오답 피하기 ㄷ. 지구 온난화의 영향으로 기온과 해수의 온도가 상승하면 평균 해수면의 높이가 높아진다.

15 정답 맞히기 ㄴ. 무역풍이 평상시보다 약해진 시기는 엘니뇨 시기에 해당한다. 무역풍이 약해지면 태평양 적도 부근의 따뜻한 해수가 서쪽으로 이동하는 흐름이 약해지므로 적도 부근 서태평양에서 표층 수온이 낮아진다.

오답 피하기 ㄱ. 무역풍이 약해지면 태평양 적도 부근의 따뜻한 해수가 서쪽으로 이동하는 흐름이 약해지므로 동태평양에서 심층의 차가운 해수가 올라오는 현상이 약해진다.
ㄷ. 무역풍이 약해지면 적도 부근 서태평양에서 표층 수온이 낮아진다. 수온이 낮아지면 적도 부근 서태평양에서 상승 기류가 약해진다.

16 정답 맞히기 ㄱ. ㉠ 발생 시 동태평양 해역에서 강수량이 많아지므로 동태평양의 수온이 평상시보다 높다. 따라서 이 시기는 엘니뇨 시기이므로 '엘니뇨'는 ㉠에 해당한다.
ㄷ. ㉠은 엘니뇨이므로, 동태평양 적도 부근에서 표층 해수의 수온은 ㉠ 발생 시가 평상시보다 높다.

오답 피하기 ㄴ. ㉠은 엘니뇨이며, 엘니뇨 발생 시 무역풍의 세기는 평상시보다 약해진다.

17 정답 맞히기 ㄴ. 가축의 과잉 방목, 무분별한 삼림 벌채는 사막화의 원인에 해당한다.

오답 피하기 ㄱ. 사막은 대기 대순환에 의해 하강 기류가 발달하는 위도 30° 부근에 주로 분포한다.
ㄷ. 사막화는 강수량이 증발량보다 적은 지역에서 주로 일어난다.

실력 향상 문제   본문 95~100쪽

01 ⑤	02 ③	03 ②	04 (1) 빛, 온도, 공기, 물, 토양, 습도 등 비생물요소 중 3가지 (2), (3) 해설 참조
05 ①	06 ③	07 ⑤	08 ⑤ 09 ① 10 ⑤
11 ⑤	12 (1) 해설 참조 (2) 해설 참조		13 ⑤
14 ④	15 ⑤	16 해설 참조	17 ③ 18 ⑤
19 ③	20 ⑤	21 ② 22 ⑤	23 ① 24 ②
25 해설 참조			

01 정답 맞히기 ㄱ. A에서 분해자와 B로 에너지가 이동하므로 A는 유기물을 만드는 생산자이다.
ㄴ. 사슴은 초식동물로 소비자(B)에 해당한다.
ㄷ. 분해자는 생물의 사체나 배설물에서 유기물을 얻어 분해하며 물질의 순환을 일으킨다.

02 정답 맞히기 ㄱ. 동물(㉠)은 생산자 또는 다른 동물을 섭취하여 에너지를 얻으므로 소비자에 해당한다.
ㄷ. 연꽃의 줄기와 뿌리에 통기조직이 발달되어 있는 것은 물에 서식하는 연꽃이 물에 적응한 예이므로 환경이 생물에 영향을 주는 Ⅱ의 예에 해당한다.

오답 피하기 ㄴ. (가)는 Ⅱ의 예이고, (나)는 Ⅰ의 예이다.

03 정답 맞히기 ㄷ. (다)는 생물요소와 비생물요소가 모두 포함되는 생태계이다.

오답 피하기 ㄱ, ㄴ. 한 종의 생물로 구성된 (가)는 개체군, 여러 종의 생물로 구성된 (나)는 군집이다.

04 생태계를 구성하는 생물요소와 비생물요소는 서로 영향을 주고받는다. 생물은 환경에 맞춰 적응하여 살아간다.

(2) **모범 답안**

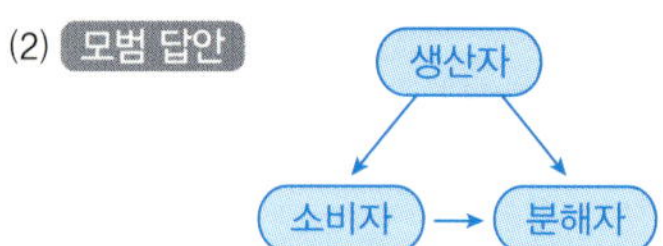

(3) **모범 답안** (가)의 예: 지렁이에 의해 토양의 통기성이 증가한다. 등
(나)의 예: 식충식물은 토양에 부족한 질소를 얻기 위해 곤충을 잡아 분해하는 기관을 갖는다. 등

채점 기준	배점
(가)와 (나)의 예가 모두 적절한 경우	100 %
(가)와 (나)의 예 중 하나만 적절한 경우	50 %

05 **정답 맞히기** ㄱ. 몸의 크기가 크고, 신체 말단부의 길이가 짧은 ㉠은 북극여우이고, ㉡은 사막여우이다.
오답 피하기 ㄴ, ㄷ. 북극여우(㉠)는 기온이 낮은 지역에 적응하여 열의 방출이 쉽게 이루어지지 않도록 신체 구조가 진화하였다. 북극여우(㉠)가 서식하는 (가)의 연평균 기온이 사막여우(㉡)가 서식하는 (나)의 연평균 기온보다 낮다.

06 **정답 맞히기** ㄱ. 해조류에 속하는 미역은 생산자이다.
ㄴ. 빛은 물, 공기 등과 함께 비생물요소에 해당한다.
오답 피하기 ㄷ. 식물성 플랑크톤은 생산자이고, 멸치는 소비자이다. 개체군은 하나의 종으로 구성된 집단이므로 식물성 플랑크톤과 멸치는 같은 개체군을 이룰 수 없다.

07 **정답 맞히기** ㄱ. A는 생물요소에 해당하지만, 생산자는 아니므로 버섯이다.
ㄴ. 생물요소이면서 생산자인 B는 은행나무이다. 안정된 생태계에서는 에너지가 생산자로부터 낙엽과 같은 유기물의 형태로 분해자인 버섯 등에 전달된다.
ㄷ. 빛(C)은 식물에서 잎의 울타리조직 두께 차이에 영향을 미친 비생물요소이다.

08 **정답 맞히기** A. 생물요소는 비생물요소뿐만 아니라 생물요소와도 서로 영향을 주고받는다.
B. 온도, 습도, 토양 등은 비생물요소에 해당한다.
C. 함초가 염분을 저장하는 조직이 발달하도록 적응한 것은 환경이 생물에게 영향을 준 사례이다.

09 **정답 맞히기** ㄱ. 나비는 식물로부터 양분을 얻는 1차 소비자이다.
오답 피하기 ㄴ. 다람쥐는 뱀의 먹이가 되므로 뱀이 다람쥐보다 상위 영양단계의 생물이다.
ㄷ. 애벌레의 개체수가 증가하면 애벌레를 먹는 거미의 개체수는 일시적으로 증가한다.

10 **정답 맞히기** ㄱ. (가)와 (나)에서 벼는 생산자이고, 나머지 생물은 모두 소비자이다.
ㄴ. 메뚜기가 사라지면 (가)에서는 생산자와 소비자 등 여러 생물이 생존하고, (나)에서는 벼만 남는다. 따라서 메뚜기가 멸종되었을 때 (가)가 (나)보다 안정적으로 유지된다.
ㄷ. (나)에서 개구리의 개체수가 증가하면 개구리의 먹이인 메뚜기의 개체수는 일시적으로 감소한다.

11 **정답 맞히기** ㄱ. 상위 영양단계로 갈수록 생산자(D, 100) → 1차 소비자(C, 10) → 2차 소비자(B, 1) → 3차 소비자(A, 0.1) 순으로 에너지양이 감소한다.
ㄴ. 초식동물은 1차 소비자이므로 C에 해당한다.
ㄷ. 생산자(D)는 광합성 등을 통해 무기물로부터 스스로 양분을 만들 수 있다.

12 종다양성이 높고 먹이그물이 복잡할 때는 특정 생물종이 사라지더라도 생태계가 안정적으로 유지될 수 있다.

(1) **모범 답안** 토끼가 사라지게 되면 (가)에서는 토끼 외에 사라지는 종이 없는데, (나)에서는 뱀과 매도 모두 사라지므로 (가)가 (나)보다 안정성이 큰 생태계이다.

채점 기준	배점
특정 생물종이 사라진 상황을 제시하여 안정성이 큰 생태계를 추론하고 변화를 적절하게 예상하여 서술한 경우	100 %
안정성이 큰 생태계만 옳게 추론한 경우	50 %

(2) **모범 답안** 생태계를 구성하는 종이 다양할수록 먹이 관계가 복잡하여 생태계의 안정성이 높다.

채점 기준	배점
먹이 관계와 관련지어 종다양성과 생태계 안정성의 관계를 옳게 설명한 경우	100 %
먹이 관계에 대한 설명 없이 종다양성과 생태계 안정성의 관계를 옳게 설명한 경우	50 %

13 정답 맞히기 ㄱ. 해달은 다양한 물고기를 먹는 소비자에 해당한다.

ㄴ. 남획(㉠)으로 인해 해달의 개체수가 감소하였으므로 생태계평형을 깨뜨리는 요인에 해당한다.

ㄷ. 온실 가스의 방출을 제한하는 기후 변화 협약은 지구 온난화(㉡)를 해결하기 위한 노력에 해당한다.

14 정답 맞히기 ㄴ. 스라소니는 눈신토끼의 포식자이므로 스라소니의 개체수가 증가하면 눈신토끼의 개체수는 감소한다.

ㄷ. 생물요소 사이의 먹이 관계에 의해 개체수가 주기적으로 변동하므로 먹이 관계는 개체수 변화에 영향을 주는 요인에 해당한다.

오답 피하기 ㄱ. A의 개체수 증가는 B의 개체수 증가를 가져오므로 A는 피식자인 눈신토끼이고, B는 포식자인 스라소니이다.

15 정답 맞히기 ㄱ. (가)에서 화산 활동으로 인해 생태계가 사라졌으므로 과도한 환경 변화는 생태계 파괴의 원인에 해당한다.

ㄴ. 일부 해양 쓰레기를 섭취한 생물을 사람이 먹어 건강이 위협받는 것(㉠)은 유해한 성분이 먹이사슬에 의해 최종 소비자인 사람에게까지 전달되기 때문이다.

ㄷ. 분리수거 및 자원 재활용은 해양 쓰레기 감소에 도움이 되므로 (가)와 (나) 중 (나)와 관련이 깊다.

서술형

16 생태계에 육식동물을 도입하면 먹이가 되는 생물종의 개체수가 감소하게 된다.

모범 답안 초식동물의 개체수는 감소하고 생산자의 개체수는 증가한다.

채점 기준	배점
생산자와 초식동물의 개체수 변화를 모두 옳게 서술한 경우	100 %
개체수 변화 중 하나만 옳게 서술한 경우	50 %

17 정답 맞히기 ㄱ. (가)는 태양 복사 에너지를 100만큼 흡수하고, 지구 복사 에너지를 100만큼 방출하므로 태양 복사 에너지와 지구 복사 에너지가 평형을 이룬다.

ㄴ. (나)에서 지구가 흡수하는 태양 복사 에너지가 100이며 복사 평형 상태를 이루고 있으므로 방출하는 지구 복사 에너

지도 100이어야 한다. 따라서 (나)에서 A는 100이다.

오답 피하기 ㄷ. (가)는 대기가 없지만, (나)는 지표가 복사하는 에너지의 일부가 지구 대기에 의해 흡수된 후 지표로 재복사되므로 지표면의 온도는 대기에 의한 온실 효과가 나타나는 (나)가 (가)보다 높다.

18 정답 맞히기 ㄱ. 이산화 탄소의 평균 농도는 대체로 높아지고 있다.

ㄴ. 지구 온난화는 대기 중 온실 기체의 농도가 높아지면서 일어난다. 이 기간 동안 이산화 탄소의 평균 농도가 높아지면서 지구의 평균 기온도 대체로 상승하고 있으므로 이 기간 동안 지구 온난화가 진행되었다.

ㄷ. 지구 온난화는 기온을 높여 빙하를 융해시키고, 해수의 온도 상승으로 해수가 열팽창하므로 해수면이 높아진다. 따라서 이 기간 동안 해수면은 점차 높아졌을 것이다.

19 정답 맞히기 ㄱ. 이 기간 동안 한대 기후에 해당하는 지역의 면적은 감소하고 아열대 기후에 해당하는 지역의 면적은 넓어진다.

ㄴ. 이 기간 동안 지구 평균 기온이 상승하면서 우리나라의 평균 기온이 상승하므로 여름철의 기간이 길어진다.

오답 피하기 ㄷ. 이 기간 동안 우리나라의 평균 기온이 상승하면서 남부 지방에 아열대 기후가 나타났다. 따라서 아열대 과일 재배가 가능한 지역은 점차 북상할 것이다.

20 정답 맞히기 ㄱ. 평상시에는 무역풍에 의해 적도 부근 태평양의 따뜻한 해수가 서쪽으로 이동한다. 따라서 표층 수온은 서태평양이 동태평양보다 높다.

ㄴ. 평상시 표층 수온은 서태평양이 동태평양보다 높다. 표층 수온이 높을수록 상승 기류가 발달하고 수증기의 공급도 많으므로 강수량이 많다. 따라서 평상시 강수량은 서태평양이 동태평양보다 많다.

ㄷ. 평상시에는 무역풍에 의해 적도 부근 태평양의 따뜻한 해수가 서쪽으로 이동하므로 따뜻한 해수층의 두께는 서태평양이 동태평양보다 두껍다.

21 정답 맞히기 ㄴ. 대기 대순환에 의해 하강 기류가 발달하는 위도 30° 부근은 강수량이 적고 증발량은 많다. 따라서 사막은 주로 B와 C의 경계 부근에서 발달한다.

오답 피하기 ㄱ. 엘니뇨 현상은 무역풍이 약해지면서 나타나는 현상이다. 따라서 적도~위도 30° 부근에서 서쪽으로 부는 바람인 C(무역풍)가 엘니뇨 현상과 관계가 가장 깊은 바람이다.
ㄷ. A, B, C는 각각 지구 대기 대순환에 의해 지표 부근에서 부는 바람인 극동풍, 편서풍, 무역풍이다. 지구 대기 대순환은 위도에 따른 태양 복사 에너지와 지구 복사 에너지의 차이에 의해 에너지 불균형이 생기게 되고, 이로 인해 대기에 순환이 나타나며, 여기에 지구 자전에 의한 효과가 더해지면서 3개의 순환이 만들어진 것이다. 따라서 이러한 대기 대순환은 지구의 온실 효과와 관계없이 나타난다.

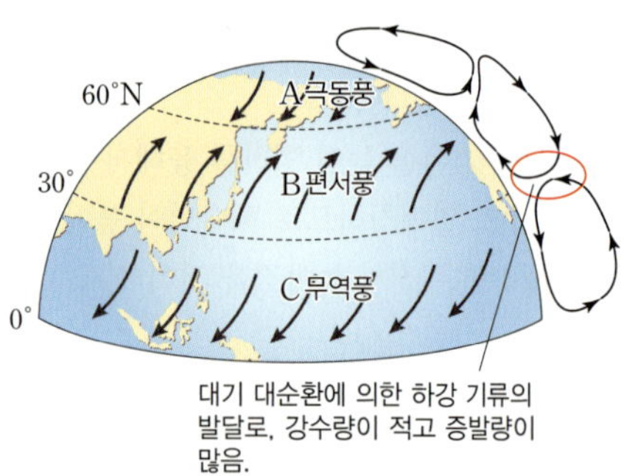

대기 대순환에 의한 하강 기류의 발달로, 강수량이 적고 증발량이 많음.

22 정답 맞히기 ㄱ. A는 사막화 지역이다. 사막화 지역이 확대되면 우리나라의 황사 피해는 증가할 것이다.
ㄴ. 사막화는 강수량이 적고 증발량이 많을수록 가속화된다. 따라서 강수량이 감소하고 가뭄이 지속되면 사막이 더욱 넓어질 것이다.
ㄷ. 과다한 방목으로 초원과 삼림이 감소하면 사막화되는 지역이 증가한다.

23 정답 맞히기 ㄱ. 그림의 바람은 적도 부근에서 서쪽으로 부는 무역풍이다. 무역풍이 평소보다 약해지면 동태평양인 A 해역에서 서쪽으로 이동하는 표층 해수의 흐름이 약해진다.
오답 피하기 ㄴ. 평소에는 무역풍에 의해 동태평양인 A 해역의 표층 해수가 서쪽으로 이동하면서 A의 아래 깊은 곳의 차가운 해수가 올라와 해수의 온도가 낮다. 그러나 무역풍이 평상시보다 약해지면 깊은 곳의 차가운 해수가 많이 올라오지 못해 해수의 온도가 평상시보다 높아진다.
ㄷ. 깊은 곳의 차가운 해수는 영양염이 풍부하여 물고기의 먹이가 되는 플랑크톤이 많다. 무역풍이 평상시보다 약해지면 깊은 곳의 차가운 해수가 많이 올라오지 못해 물고기의 먹이가 되는 플랑크톤의 양이 적어지므로 어획량이 감소한다.

24 정답 맞히기 ㄴ. 엘니뇨 시기에는 무역풍이 약해지면서 적도 부근 태평양에서 서쪽으로 이동하는 따뜻한 해수의 흐름이 약해진다. 따라서 평상시에 비해 서태평양인 A 해역의 표층 수온이 낮아지므로 A 해역의 강수량은 적어진다.
오답 피하기 ㄱ. 엘니뇨 시기에는 무역풍이 약해진다.
ㄷ. 엘니뇨 시기에는 무역풍이 약해지면서 적도 부근 태평양에서 서쪽으로 이동하는 따뜻한 해수의 흐름이 약해진다. 따라서 서태평양인 A 해역의 해수면 높이는 평상시보다 낮아지고, 동태평양인 B 해역의 해수면 높이는 평상시보다 높아진다.

서술형
25
수온 약층은 혼합층 아래에서 수심에 따라 수온이 급격하게 낮아지는 층이다. 표층의 따뜻한 해수층이 두꺼워지고, 깊은 곳의 차가운 해수가 올라오는 흐름이 약해지면 수온 약층이 나타나기 시작하는 깊이가 깊어진다. 반대로 표층의 따뜻한 해수층이 얇아지고, 깊은 곳의 차가운 해수가 올라오는 흐름이 강해지면 수온 약층이 나타나기 시작하는 깊이가 얕아진다.

모범 답안 엘니뇨 시기는 무역풍이 약해지므로 동태평양인 B 해역에서 따뜻한 해수층의 두께가 두꺼워지고, 깊은 곳의 차가운 해수가 올라오는 흐름이 약해지면서 수온 약층이 나타나기 시작하는 깊이가 깊어진다.

채점 기준	배점
수온 약층이 나타나기 시작하는 깊이 변화를 따뜻한 해수층의 두께와 용승을 이용하여 서술한 경우	100 %
수온 약층이 나타나기 시작하는 깊이 변화를 따뜻한 해수층의 두께나 용승 중 하나만 이용하여 서술한 경우	50 %
수온 약층이 나타나기 시작하는 깊이 변화만 옳게 쓴 경우	20 %

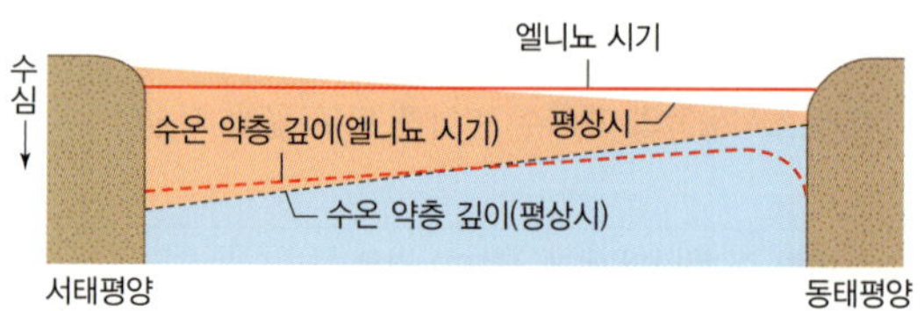

수능 유형 문제

01 ⑤	02 ④	03 ④	04 ⑤	05 ②	06 ①
07 ③	08 ③	09 ③	10 ④	11 ①	12 ②
13 ⑤	14 ②	15 ②	16 ④	17 ④	18 ③
19 ⑤	20 ②				

01 [정답 맞히기] ㄱ. B와 C로부터 탄소가 A로 이동하므로 A는 분해자이다. 버섯, 곰팡이는 분해자(A)에 해당한다.
ㄴ. 낮이 짧아지는 시기에 국화꽃이 피는 것은 빛(일조 시간)에 대한 생물의 적응이므로 ㉠의 예에 해당한다.
ㄷ. B는 생산자이고, C는 소비자이다. 생산자(B)에서 소비자(C)로의 탄소의 이동은 먹이 관계에 의해 일어난다.

02 [정답 맞히기] ㄴ. 한 식물의 잎에서 울타리조직의 두께가 다른 것은 빛(㉡)에 대한 식물의 적응 결과이다. 빛(㉡)은 비생물요소에 해당한다.
ㄷ. 도마뱀의 몸이 비늘로 덮인 것은 물(㉢)에 대한 생물의 적응 결과이다.
[오답 피하기] ㄱ. 북극여우와 사막여우의 몸집과 말단부 길이에 영향을 준 환경 요인은 온도(㉠)이다.

03 [정답 맞히기] ㄴ. 토양, 빛, 물, 온도 등은 비생물요소(㉠)에 해당한다.
ㄷ. (다)는 개체군이고, 개체군은 하나의 생물종으로 구성되므로 '하나의 생물종으로 구성된다.'는 ⓐ에 해당한다.
[오답 피하기] ㄱ. 여러 종류의 개체군(다)이 모여 (가)를 구성하므로 (가)는 군집이다.

04 [정답 맞히기] ㄱ. 숲이 울창해져 지표면에 도달하는 빛의 세기가 감소하는 것은 생물요소가 비생물요소에 영향을 주는 ㉠의 예이다.
ㄴ. 기온(ⓐ)은 비생물요소에 해당한다.
ㄷ. 산소가 희박한 고산 지대 사람들의 적혈구 수가 저지대 사람들보다 많은 것은 공기에 대해 생물이 적응한 예이므로 ㉡의 예에 해당한다.

05 [정답 맞히기] ㄷ. A는 개체, B는 개체군, C는 군집이다.
[오답 피하기] ㄱ. 같은 종인 개체(A)가 모여서 개체군(B)을 구성한다.

ㄴ. 개체군(B)은 같은 종들의 모임으로 비생물요소를 포함하지 않는다.

06 [정답 맞히기] ㄱ. 식물은 광합성을 통해 무기물로부터 유기물을 만드는 생산자이다.
[오답 피하기] ㄴ. 토양 속 세균은 분해자이므로 생물요소에 해당한다.
ㄷ. 지렁이에 의해 토양이 비옥해지는 것은 생물이 환경에게 영향을 주는 예이다.

07 [정답 맞히기] ㄱ. 해조류는 빛을 이용하여 유기물을 만드는 생산자에 해당한다.
ㄷ. 바다 깊이에 따른 해조류의 분포는 빛의 파장에 대해 생물이 적응한 결과이다.
[오답 피하기] ㄴ. 파장이 짧은 빛일수록 투과율이 높아 깊은 곳까지 도달한다.

08 [정답 맞히기] ㄱ. 다람쥐는 생산자를 먹이로 하여 에너지를 얻는 1차 소비자이다.
ㄴ. 먹이그물이 복잡하고, 종다양성이 높을수록 생태계의 안정성이 증가한다.
[오답 피하기] ㄷ. 꿩의 수가 증가하면 꿩의 포식자인 수리부엉이의 개체수는 일시적으로 증가한다.

09 [정답 맞히기] ㄱ. (가)에서 C가 사라지면 먹이 관계에 의해 E와 G도 사라진다.
ㄷ. (나)에서 G는 D보다 상위 영양단계의 생물이다.
[오답 피하기] ㄴ. 먹이그물이 복잡한 (나)가 (가)보다 생태계평형이 안정적으로 유지된다.

10 [정답 맞히기] ㄴ. 2차 소비자(B)의 에너지 일부는 자신의 생명활동에 이용되고, 남은 에너지 일부가 상위 영양단계인 3차 소비자(A)로 전달된다.
ㄷ. 생산자(D)에서 1차 소비자(C)로의 에너지 이동은 먹이 관계에 의해 일어난다.
[오답 피하기] ㄱ. A는 3차 소비자이다.

11 [정답 맞히기] ㄱ. A는 눈신토끼이고, B는 스라소니이다.
[오답 피하기] ㄴ. t_1일 때 개체수는 A가 B보다 많다.
ㄷ. 구간 Ⅰ에서 눈신토끼(A)의 개체수는 스라소니(B)의

개체수 증가에 의해 감소하였다.

12 정답 맞히기 B. 서식지파괴, 환경오염, 외래생물 유입 등은 기존 생물종의 서식 환경에 변화를 일으켜 생태계평형을 깨뜨릴 수 있다.

오답 피하기 A. 먹이그물이 복잡할수록 생태계평형이 잘 유지된다.

C. 생태계평형을 유지하기 위해서는 온실 기체인 이산화 탄소의 배출량을 줄여야 한다.

13 정답 맞히기 ㄱ. ㉠은 방출량이 가장 많으며, 온실 효과 기여도가 가장 크므로 이산화 탄소이다.

ㄴ. ㉠의 1 ppm당 온실 효과율은 CFC보다 훨씬 작지만 온실 효과 기여도는 훨씬 크다. 1 ppm당 온실 효과율이 작지만 온실 효과 기여도가 큰 이유는 대기 중 농도가 높기 때문이다. 따라서 대기 중 농도는 ㉠이 CFC보다 높다.

ㄷ. 표의 기체들은 모두 온실 기체이므로, 이러한 온실 기체의 대기 중 농도가 증가하면 지구의 평균 기온은 상승한다.

14 정답 맞히기 ㄴ. 지구 온난화가 진행되는 이유는 대기 중 온실 기체의 농도가 높아지면서 지표가 방출하는 에너지 중 대기가 흡수하는 양이 많아지기 때문이다. 대기가 흡수하는 에너지의 양이 많아지면 대기가 지표로 방출하여 지표가 흡수하는 에너지의 양이 많아진다. 따라서 지구 온난화가 진행되는 동안 C는 증가한다.

오답 피하기 ㄱ. 지표가 흡수하는 에너지의 총량은 지표가 방출하는 에너지의 총량과 같다. 지표가 흡수하는 에너지의 총량은 45+C이며, 지표가 방출하는 에너지의 총량은 29+B이다. 따라서 45+C=29+B이므로, B−C=16이다.

ㄷ. B는 지표가 방출하는 에너지의 양이다. 대기가 있을 때는 지표가 방출하는 에너지의 일부를 대기가 흡수한 후 다시 지표로 재방출하고, 이 에너지를 지표가 다시 흡수하므로, B는 대기가 있을 때보다 대기가 없을 때가 작을 것이다.

15 정답 맞히기 ㄴ. 엘니뇨 시기에는 동태평양인 B 해역에서 따뜻한 해수층의 두께가 증가하고, 깊은 곳에서 찬 해수가 상승하는 흐름이 약해지므로 수온이 높아진다. 따라서 B 해역의 수심 200 m에서의 수온은 평상시보다 높아진다.

오답 피하기 ㄱ. 엘니뇨 시기에는 무역풍이 약해지므로 태평양 적도 부근의 따뜻한 해수가 서쪽으로 이동하는 흐름이 약해진

다. 따라서 서태평양에 해당하는 A 해역의 해수면 높이는 낮아진다.

ㄷ. 엘니뇨 시기에 서태평양인 A 해역의 수온은 낮아지고 동태평양인 B 해역의 수온은 높아진다. 따라서 A와 B 해역의 표층 수온 차는 평상시보다 엘니뇨 시기에 작아진다.

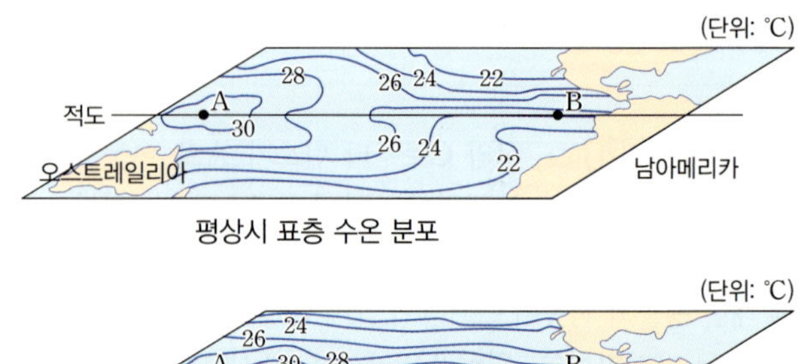

16 정답 맞히기 ㄴ. (가)는 서태평양에서 상승 기류가, 동태평양에서 하강 기류가 나타나므로 평상시에 해당한다. (나)는 태평양 적도 부근에서 상승 기류가 중앙 태평양 부근에서 나타나므로 엘니뇨 시기에 해당한다. 따라서 무역풍의 세기는 평상시인 (가)가 엘니뇨 시기인 (나)보다 강하다.

ㄷ. 서태평양에서의 강수량은 서태평양의 수온이 높고 상승 기류가 발달한 (가)가 (나)보다 많다.

오답 피하기 ㄱ. 엘니뇨 시기는 (나)이다.

17 정답 맞히기 ㄴ. (가)는 동태평양의 수온 편차가 (−) 값을 나타내고 있으므로 평상시보다 수온이 낮아진 시기이다. 무역풍이 평상시보다 강한 시기에는 적도 부근 태평양의 따뜻한 해수가 서쪽으로 이동하는 흐름이 강해지므로 동태평양의 수온이 낮아진다. (나)는 동태평양의 수온 편차가 (+) 값을 나타내고 있으므로 평상시보다 수온이 높아진 시기이다. 무역풍이 평상시보다 약한 시기에는 적도 부근 태평양의 따뜻한 해수가 서쪽으로 이동하는 흐름이 약해지므로 동태평양의 수온이 높아진다. 따라서 (나)는 엘니뇨 시기이다. 결국 무역풍의 세기는 (가)일 때가 (나)일 때보다 강하다.

ㄷ. 인도네시아 지역은 서태평양에 위치하며, 서태평양에서 강수량은 수온이 높은 시기일 때 많다. 서태평양의 수온은 무역풍의 세기가 강할수록 높아지므로 인도네시아 지역에서 강수량은 무역풍의 세기가 강한 (가)일 때가 무역풍의 세기가 약한 (나)일 때보다 많다.

 ㄱ. (가)일 때 동태평양의 수온 편차가 (−) 값을 나타내고 있으므로 평상시보다 표층 수온이 낮다.

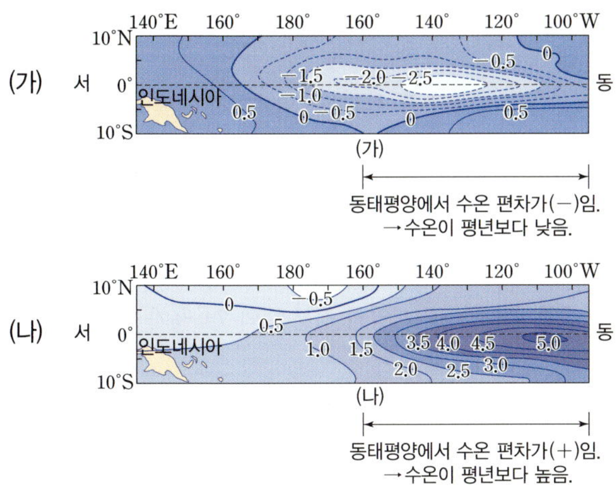

18 ㄱ. 그림은 동태평양에서 관측한 구름의 양이다. 동태평양에서 구름이 많아지는 시기는 동태평양의 수온이 높아져 상승 기류가 강해진 시기이므로 엘니뇨 시기이다. 따라서 A는 엘니뇨 시기, B는 평상시이다. 결국 동태평양 적도 부근 해역에서 상승 기류는 A가 B보다 활발하다.

ㄴ. B 시기는 평상시이며, 평상시인 B 시기에 표층 수온은 서태평양이 동태평양보다 높다.

ㄷ. 동태평양 적도 부근 해역에서 수온 약층이 나타나기 시작하는 깊이는 엘니뇨 시기가 평상시보다 깊다. 따라서 동태평양 적도 부근 해역에서 수온 약층이 나타나기 시작하는 깊이는 엘니뇨 시기인 A가 평상시인 B보다 깊다.

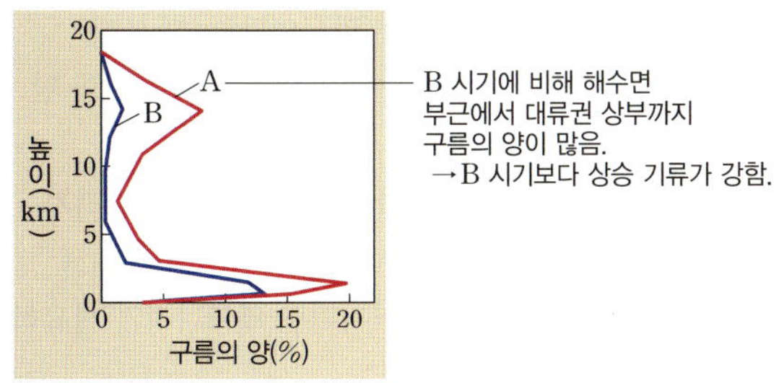

19 ㄱ. 그림에서 사막화 지역은 대체로 기존의 사막 주변에서 나타나고 있다.

ㄴ. 사막이 발달한 지역은 대체로 위도 30° 부근이며, 이 지역에서는 증발량이 강수량보다 많다.

ㄷ. 고비 사막 및 그 주변의 사막에서 상승 기류를 타고 상승

한 모래 먼지가 편서풍을 타고 동쪽으로 이동하기 때문에 우리나라에 황사가 나타난다. 따라서 고비 사막 주변에서 사막화가 진행될수록 우리나라의 황사 피해는 증가할 것이다.

20 ㄷ. 평상시에는 서태평양에 위치한 다윈 지역에 상승 기류가 나타나지만, 엘니뇨 시기에는 타히티 부근 지역에서 상승 기류가 나타난다. 따라서 엘니뇨 시기인 이 시기에 타히티에서의 기압은 평상시보다 낮다.

 ㄱ. 이 시기는 엘니뇨 시기이므로 무역풍의 세기가 평상시보다 약하다.

ㄴ. 다윈은 서태평양에 위치하며, 평상시에 서태평양은 상승 기류가 발달하여 강수량이 많다. 그러나 엘니뇨 시기에는 서태평양에 하강 기류가 발달하면서 강수량이 적어진다. 따라서 다윈에서 홍수가 발생할 가능성은 엘니뇨 시기가 평상시보다 낮다.

2 에너지 자원과 활용

탐구 활동
본문 119쪽

1~4 해설 참조

1 코일을 통과하는 자기장의 변화가 없으면 코일에 전류가 흐르지 않는다.

모범 답안 자석의 위치와 관계없이 자석이 움직이지 않으면 코일을 통과하는 자기장의 변화가 없어서 코일에 전류가 흐르지 않는다.

2 코일에 접근하는 자석의 극이 반대이면 코일에 흐르는 전류의 방향이 반대이다.

모범 답안 N극을 접근시킬 때와 S극을 접근시킬 때 검류계의 바늘이 반대쪽을 가리키고 있으므로 코일에 흐르는 전류의 방향은 서로 반대 방향이다.

3 코일에 자석의 한 극을 접근시킬 때와 멀리 할 때의 자기장의 변화는 반대이므로 반대 방향으로 전류가 흐른다.

모범 답안 코일을 통과하는 자기장의 변화가 같을 때 코일에 같은 방향으로 전류가 흐른다. 따라서 N극을 가까이 할 때와 S극을 멀리 할 때가 같은 방향으로 전류가 흐르고, N극을 멀리 할 때와 S극을 가까이할 때가 같은 방향으로 전류가 흐른다.

4 코일에 흐르는 전류의 세기는 패러데이 법칙을 따른다.

모범 답안 자석을 더 빠르게 접근시킬 때, 더 강한 자석을 사용할 때는 코일을 통과하는 자기장의 변화가 더 크기 때문에 코일에 세기가 더 센 전류가 흐른다. 코일을 더 많이 감은 경우 코일을 통과하는 자기장의 변화는 같아도 한 겹의 코일마다 기전력이 생기기 때문에 세기가 더 센 전류가 흐른다.

내신 기초 문제
본문 120~122쪽

01 ①	02 ④	03 ⑤	04 ①	05 ③
06 ②, ⑤		07 ⑤	08 ⑤	09 ⑤	10 ①
11 ⑤	12 ②	13 ④	14 ①	15 ④	16 ③
17 ⑤	18 ⑤			

01 정답 맞히기 ① 수소 핵융합 반응은 수소 원자핵 4개가 합쳐져서 헬륨 원자핵 1개가 생성되는 반응이다.

오답 피하기 ② 수소 핵융합 반응은 초고온 상태에서 일어날 수 있다.

③ 핵융합 과정에서 핵에너지가 열에너지와 빛에너지로 전환된다.

④ 반응 전의 질량 합은 반응 후의 질량 합보다 크다.

⑤ 가벼운 원자핵이 합쳐져 무거운 원자핵이 되는 반응이다.

02 정답 맞히기 ㄴ. 태양의 성분은 약 74 %가 수소이고, 약 25 %가 헬륨이다.

ㄷ. 태양에서는 수소 핵융합 반응이 일어나며, 이를 통해 에너지를 방출한다.

오답 피하기 ㄱ. 태양 내부의 온도는 약 1500만 K이고, 태양 표면의 온도는 약 6000 K이다.

03 정답 맞히기 ⑤ 양성자와 중성자의 결합으로 인한 에너지는 핵에너지이다.

오답 피하기 ① 운동하는 물체가 가지는 에너지는 운동 에너지이다.

② 전류에 의한 에너지는 전기 에너지이다.

③ 화학 결합 속에 저장되어 있는 에너지는 화학 에너지이다.

④ 온도에 의해 물체가 가지는 내부 에너지는 열에너지이다.

04 정답 맞히기 ① 지진은 지구 내부의 에너지로 인해 발생하는 현상이다.

오답 피하기 ② 바람은 태양 에너지에 의해 발생하며, 바다에서 바람에 의해 발생하는 현상이 파도이다.

③ 광합성은 태양의 빛에너지를 받아들여 물과 이산화 탄소로 당을 합성하는 반응이다.

④ 비가 내리는 기상 현상은 태양에서 오는 열에너지가 근원이다.

⑤ 물이 증발해서 구름이 만들어지려면 열에너지가 필요하며, 태양 에너지가 근원이다.

05 정답 맞히기 ㄱ, ㄴ. 지구에 입사하는 태양 에너지에 의해 에너지가 부족한 극지방과 에너지가 남는 적도 지방의 에너지 불균형이 나타나며, 대기와 해수의 순환이 발생한다.

오답 피하기 ㄷ. 순환 과정에서 화석 연료가 생성되는 것은 탄소의 순환이다.

06 (정답 맞히기) ② 태양 에너지는 수소 핵융합 반응에 의해 생성된다.

⑤ 태양에서 방출되는 에너지의 일부만 지구에 도달한다.

(오답 피하기) ① 태양 에너지는 지구에서 에너지 순환을 일으킨다.

③ 지구에서 물의 순환은 열에너지가 필요하며, 태양 에너지로 인해 발생한다.

④ 지구 생명체의 생명 활동을 유지시키기 위해서는 식물에서 광합성으로 생산되는 화학 에너지가 필요하다.

07 (정답 맞히기) ⑤ 코일의 윗부분이 N극이 되도록 전류가 흘러야 하므로 유도 전류의 방향은 a → ⓖ → b이다.

(오답 피하기) ① 코일을 통과하는 자기장이 변하므로 코일에 기전력이 유도되어 전류가 흐른다.

② N극이 다가오고 있으므로 코일의 윗부분은 N극이 되도록 유도 전류가 흐른다.

③ 자석이 다가오고 있으므로 자석과 코일 사이에는 서로 밀어내는 힘(척력)이 작용한다.

④ 자석의 가까운 부분이 자기장의 세기가 더 강하므로 N극이 다가올수록 코일을 통과하는 자기장은 증가한다.

08 (정답 맞히기) ⑤ 코일에 자석이 다가올 때와 멀어질 때, 코일을 통과하는 자기장의 변화가 반대이므로 전류는 서로 반대 방향으로 흐른다. 따라서 자석을 왕복 운동시키는 동안 검류계의 바늘은 왼쪽과 오른쪽으로 계속 진동한다.

(오답 피하기) ① 검류계의 바늘이 항상 0을 가리키면 전류가 흐르지 않는다는 뜻이다.

②, ③ 검류계의 바늘이 왼쪽이나 오른쪽으로 치우쳐져 움직이지 않는다는 것은 세기와 방향이 일정한 전류가 흐를 때이다.

④ 용수철에 자석을 매단 후 자석이 정지할 때까지 진동하면 전류의 방향이 계속 바뀌다가 전류가 0이 될 수 있다.

09 (정답 맞히기) ㄱ. 코일이 회전하면서 코일과 자기장이 이루는 각이 계속 변하므로 자기장이 수직으로 통과하는 코일 단면의 넓이가 변한다.

ㄴ. 코일을 통과하는 자기장이 변하므로 유도 전류가 흐른다.

ㄷ. 코일의 운동 에너지가 전기 에너지로 전환된다.

10 (정답 맞히기) ① 화력 발전의 에너지원인 석탄, 석유, 천연가스와 같은 화석 연료는 모두 고갈될 염려가 있는 자원이다.

(오답 피하기) ② 화력 발전의 에너지원은 석탄, 석유, 천연가스와 같은 화석 연료이다.

③ 화석 연료의 연소에서 발생하는 열에너지를 이용해 증기나 가스의 큰 운동 에너지를 얻는다.

④ 화석 연료에는 탄소(C)가 포함되어 있으므로 연소 과정에서 이산화 탄소, 일산화 탄소와 같은 온실 가스가 발생한다.

⑤ 화력 발전은 증기나 가스의 운동 에너지를 이용해 터빈을 회전시킨다.

11 (정답 맞히기) ㄱ. 핵발전은 핵분열 과정에서 발생하는 열에너지를 이용한다.

ㄴ. 핵분열 과정에서 핵반응 후 핵연료, 설비, 작업 소모품과 같은 방사성 폐기물이 발생한다.

ㄷ. 핵발전은 증기의 열에너지를 이용해 발전기에 연결된 터빈을 돌려 전기 에너지를 얻는다.

12 (정답 맞히기) ㄷ. N극이 접근할 때와 S극이 멀어질 때는 코일의 윗부분이 N극이 되는 방향으로 코일에 전류가 흐른다.

(오답 피하기) ㄱ, ㄴ. N극이 멀어질 때와 S극이 접근할 때는 코일의 윗부분이 S극이 되는 방향으로 코일에 전류가 흐른다.

13 (정답 맞히기) ④ LED 전등은 전기 에너지를 빛에너지로 전환하는 장치이다.

(오답 피하기) ① 에너지는 다양한 형태로 전환될 수 있다.

② 빗방울이 떨어지면서 높이가 낮아지므로 위치 에너지는 점점 감소한다.

③ 마이크는 소리 에너지를 전기 에너지로 전환하는 장치이다.

⑤ 식물의 광합성은 빛에너지를 화학 에너지로 전환한다.

14 (정답 맞히기) ① 신에너지 및 재생 에너지 개발·이용·보급 촉진법에 핵에너지는 해당되지 않는다.

(오답 피하기) ②, ③, ④, ⑤ 신에너지 및 재생 에너지 개발·이용·보급 촉진법에 의해 자원 고갈의 우려가 없는 에너지원을 이용하는 발전에 의한 에너지가 재생 에너지로 지정되어 있다.

15 (정답 맞히기) ④ 수소 연료 전지는 수소와 산소의 화학 반응을 통해 물이 생성되는 반응으로 전기 에너지를 생산한다.

(오답 피하기) ① 화학 반응에서 바로 전기 에너지가 생산되므로 에너지 효율이 높다.

② 수소 연료 전지에 공급되는 반응물은 수소와 산소이다.

③ 화학 반응을 통해 전기 에너지가 생산되므로 화학 에너지가 전기 에너지로 전환된다.
⑤ 수소와 산소가 결합하여 물을 생성하는 화학 반응을 이용한다.

16 (정답 맞히기) ㄱ. 풍력 발전과 조력 발전은 각각 바람과 조수 간만의 차를 이용하므로 자원 고갈의 우려가 없다.
ㄴ. 두 발전 방식 모두 회전 운동을 포함하고 있으므로 발전기를 이용해 전기 에너지를 생산한다.
(오답 피하기) ㄷ. 우리나라 생산 전력의 대부분을 차지하는 것은 화력 발전과 원자력 발전이다.

17 (정답 맞히기) ⑤ 열효율은 열기관이 흡수한 열량 대비 열기관이 한 일이므로 같은 열량을 흡수할 때 열효율이 높을수록 열기관이 한 일이 많다.
(오답 피하기) ① 열효율은 항상 1보다 작다.
②, ③ 열효율에 관계없이 에너지의 총량은 보존된다.
④ 공급한 열에너지 중 일로 전환된 비율이 열효율이다.

18 (정답 맞히기) ㄱ. 에너지가 보존되므로 열기관이 흡수한 열량 Q_1은 한 일 W와 방출된 열량 Q_2의 합과 같다. 따라서 $Q_1=W+Q_2$에서 $W=Q_1-Q_2$이다.
ㄴ. $Q_1=W+Q_2$에서 $W>0$이므로 $Q_1>Q_2$이다.
ㄷ. 열기관의 열효율은 $\dfrac{W}{Q_1}=\dfrac{Q_1-Q_2}{Q_1}=1-\dfrac{Q_2}{Q_1}$이다.

실력 향상 문제 본문 123~128쪽

01 ①, ③ **02** ① **03** ③ **04** ③ **05** ⑤
06 ⑤ **07** 해설 참조 **08** ①
09 (1) $_{1}^{2}\mathrm{H}$ (2) 해설 참조 **10** ③ **11** ①
12 ③ **13** ③ **14** ⑤ **15** ⑤ **16** 해설 참조
17 (1) 해설 참조 (2) 해설 참조 **18** ③, ④
19 ② **20** ③ **21** ② **22** ⑤ **23** ① **24** 해설 참조 **25** 해설 참조 **26** ③ **27** ⑤ **28** ⑤
29 $15E_0$ **30** (1) 0.3 (2) 해설 참조 (3) 해설 참조

01 (정답 맞히기) ① 화산 활동은 지구 내부의 에너지가 에너지원이다.
③ 태양 내부에서 수소는 새로 생성되지 않는다.
(오답 피하기) ② 태양 에너지는 수소 핵융합 반응으로 생성된다.
④ 지구가 흡수하는 태양 에너지에 의해 지구에서 대기와 해수의 순환이 일어난다.
⑤ 수소 핵융합 반응은 태양 중심부에서 일어난다.

02 (정답 맞히기) ① 지구에 도달한 태양 에너지 중 일부가 지구 표면에서 반사된다.
(오답 피하기) ② 식물이 광합성을 통해 합성한 당은 먹이그물을 통해 생명체에 저장된다.
③ 태양 전지는 빛에너지를 전기 에너지로 전환하는 장치이다.
④ 대기가 흡수한 태양 에너지의 일부는 바람의 운동 에너지로 전환된다.
⑤ 광합성에 의해 빛에너지가 화학 에너지로 전환된다.

03 (정답 맞히기) ③ 핵융합 과정에서 질량 결손이 발생하며 질량 결손에 의해 에너지가 방출된다.
(오답 피하기) ① 가벼운 원자핵이 합쳐지는 반응은 핵융합 반응이다.
② 반응 과정에서 질량은 보존되지 않으며 질량 결손이 발생한다.
④ 화력 발전소에서는 화석 연료의 연소 반응이 일어난다.
⑤ 질량 결손이 일어나므로 수소 원자핵 4개의 질량 합은 헬륨 원자핵 1개의 질량보다 크다.

04 (정답 맞히기) ㄱ. ㉠은 핵분열이며, 핵발전소에서는 우라늄이나 플루토늄의 핵분열 반응이 일어난다.
ㄴ. ㉡은 핵융합이며, 태양에서는 수소 핵융합 반응이 일어난다.
(오답 피하기) ㄷ. 핵분열과 핵융합 반응 모두 에너지를 방출하는 반응이다.

05 (정답 맞히기) A. 광합성은 빛에너지를 흡수하여 이산화 탄소와 물을 이용해 당을 합성하는 과정이다. 따라서 빛에너지가 화학 에너지로 전환되는 과정이다.
B. 대부분의 기상 현상은 물의 증발, 바람과 같은 현상이 바탕이 되므로 태양 에너지로 인해 일어난다.
C. 태양 에너지는 수소 핵융합 반응으로 인해 생성된다.

06 정답 맞히기 ㄱ. 삼중수소($^3_1$H)의 양성자수는 1, 중성자수는 2이다.

ㄴ. ㉠은 수소($^1_1$H)로, 양성자수가 1이므로 중수소($^2_1$H)와 양성자수가 같다.

ㄷ. 핵반응 과정에서 질량 결손이 발생하며, 질량 결손에 의해 에너지가 방출된다.

서술형
07 태양에서는 수소 핵융합 반응에 의해 에너지가 생성된다.

모범 답안 태양에서 수소 핵융합 반응이 일어나면서 에너지가 생성되는데, 핵융합 과정에서 발생한 질량 결손에 의해 에너지가 생성된다.

채점 기준	배점
질량 결손과 에너지를 모두 포함하여 원리를 옳게 서술한 경우	100 %
질량 결손과 에너지 중 하나만 포함하여 옳게 서술한 경우	50 %

08 정답 맞히기 ㄱ. 반응 전의 총 질량은 반응 후의 총 질량보다 크며 질량 결손이 발생한다.

오답 피하기 ㄴ. 핵융합 반응과 핵분열 반응 모두 에너지가 방출되는 반응이다.

ㄷ. 가벼운 원자핵이 합쳐지는 과정은 핵융합이다.

서술형
09 핵반응 과정에서 양성자수와 질량수가 보존되며 질량 결손에 의해 에너지가 발생한다.

⑴ ㉠은 양성자수가 1, 질량수가 2인 입자로 중수소($^2_1$H)이다.

⑵ 모범 답안 $E=(2M_2-M_4)c^2$이다. 핵반응 과정에서 감소한 질량만큼 에너지가 발생하기 때문이다.

채점 기준	배점
E를 옳게 나타내고, 그 까닭을 질량 결손, 질량과 에너지 관계를 모두 제시하여 옳게 서술한 경우	100 %
E를 옳게 나타내고, 그 까닭을 질량 결손, 질량과 에너지 관계 중 하나만 제시하여 서술한 경우	70 %
E만 옳게 나타낸 경우	30 %

10 정답 맞히기 ㄴ. N극이 멀어질 때는 코일의 왼쪽이 S극이 되도록 유도 전류가 흐른다.

ㄷ. S극이 다가올 때는 코일의 왼쪽이 S극이 되도록 유도 전류가 흐른다.

오답 피하기 ㄱ. N극이 다가올 때는 코일의 왼쪽이 N극이 되도록 유도 전류가 흐른다.

ㄹ. S극이 멀어질 때는 코일의 왼쪽이 N극이 되도록 유도 전류가 흐른다.

11 정답 맞히기 ㄱ. 자석과 코일이 상대적으로 운동할 때 코일에 유도 전류가 발생한다.

오답 피하기 ㄴ, ㄷ. 자석의 위치에 관계없이 자석과 코일이 상대적으로 운동하지 않을 때는 코일에 유도 전류가 흐르지 않는다.

12 정답 맞히기 ③ 코일에 흐르는 전류의 세기는 시간에 따라 계속 변한다.

오답 피하기 ① 발전기는 전자기 유도를 이용해 전기 에너지를 생산하는 장치이다.

② 코일이 회전할 때 코일을 통과하는 자기장이 변하면서 전류가 흐른다.

④ 코일의 회전 운동 에너지가 전기 에너지로 전환된다.

⑤ 패러데이 법칙에 의해 코일을 많이 감을수록 더 센 전류가 흐른다.

13 정답 맞히기 ㄱ. 무선 충전은 휴대 전화 내부의 코일을 통과하는 자기장을 변화시켜 배터리를 충전하므로 전자기 유도를 이용한다.

ㄴ. 발전기는 전자기 유도를 이용한 장치이다.

오답 피하기 ㄷ. 전자석은 코일에 전류가 흐를 때 발생하는 자기장을 이용한다.

14 정답 맞히기 ㄱ. 코일을 통과하는 자기장이 변하면서 코일에 전류가 흘러 발광 다이오드에서 빛이 방출된다. 따라서 내부에 있는 물체는 자석이다.

ㄴ. 발광 다이오드는 전기 신호를 빛 신호로 전환하는 장치이다. 따라서 발광 다이오드에서 빛이 방출되는 것은 코일에 전류가 흘러 발광 다이오드에 전류가 흐른다는 뜻이다.

ㄷ. 자석이 더 빠르게 움직이면 코일에 더 큰 전류가 흐른다. 다이오드에 더 큰 전류가 흐르면 일정 범위 내에서는 발광 다이오드에서 방출되는 빛의 밝기가 더 밝아진다.

15 정답 맞히기 ㄱ. 발전기는 전자기 유도 현상을 이용해 전기 에너지를 생산하는 장치이다.

ㄴ, ㄷ. 자석이 회전하면서 코일을 통과하는 자기장이 변할 때 패러데이 법칙에 의해 코일에 전류가 흐르게 된다.

서술형

16 패러데이 법칙에 의해 코일을 통과하는 단위 시간당 자기장의 변화율이 클수록 코일에 더 큰 기전력이 유도된다.

모범 답안 자성이 더 강한 자석을 사용한다. 자석의 속력을 크게 한다. 코일의 감은 수를 증가시킨다.

채점 기준	배점
3가지 방법을 모두 옳게 서술한 경우	100 %
2가지 방법만 옳게 서술한 경우	50 %
1가지 방법만 옳게 서술한 경우	20 %

서술형

17 자석이 솔레노이드를 통과할 때 전자기 유도에 의해 솔레노이드에 전류가 흐른다.

(1) **모범 답안** a → 저항 → b 방향으로 전류가 흐른다. 자석의 운동을 방해하는 방향으로 솔레노이드에 전류가 흐르기 때문이다.

채점 기준	배점
전류의 방향을 옳게 쓰고, 그 까닭을 옳게 서술한 경우	100 %
전류의 방향과 그 까닭 중 하나만 옳게 서술한 경우	50 %

(2) **모범 답안** 솔레노이드에 접근하거나 통과하면서 자석의 운동 에너지가 솔레노이드에서 전기 에너지로 전환된다. 따라서 자석의 운동 에너지가 감소하므로 자석의 속력은 q에서가 p에서보다 작다.

채점 기준	배점
p와 q에서의 속력을 옳게 비교하고, 그 까닭을 옳게 서술한 경우	100 %
p와 q에서의 속력만 옳게 비교한 경우	50 %

18 **정답 맞히기** ③ 조력 발전소는 조수 간만의 차이가 큰 지역에 건설하므로 건설 과정에서 갯벌이 훼손될 수 있다.
④ 조력 발전은 발전기를 이용해 전기 에너지를 생산한다.

오답 피하기 ① 조력 발전의 에너지원은 해양 에너지로 자원 고갈의 우려가 없다.
② 조력 발전은 화석 연료를 사용하지 않으므로 발전 과정에서 온실 가스가 배출되지 않는다.
⑤ 파도의 운동 에너지를 이용하는 발전은 파력 발전이다.

19 **정답 맞히기** ② 태양광 발전은 태양 전지를 이용해 전기를 생산하며, 발전기는 사용하지 않는다.

오답 피하기 ①, ③ 태양광 발전에 이용하는 태양 전지는 빛에너지를 전기 에너지로 전환하는 장치이다.
④ 태양광 발전의 발전 과정에서 화석 연료의 연소는 없으므로 온실 가스가 배출되지 않는다.
⑤ 발전 과정에서 방사성 폐기물이 발생하는 발전 방식은 핵발전이다.

20 **정답 맞히기** A. 태양 전지 패널당 생산되는 전기 에너지의 양이 정해져 있으므로 패널이 많을수록 더 많은 전기 에너지를 생산할 수 있다.
B. 태양 전지의 발전량은 태양의 고도, 태양 빛의 세기와 같은 날씨와 기상 조건에 영향을 받는다.

오답 피하기 C. 태양 전지는 발전 과정에서 화석 연료를 연소시키지 않으므로 온실 가스가 발생하지 않는다.

21 **정답 맞히기** ② 핵발전은 핵연료의 핵반응을 이용하므로 발전 과정에서 온실 가스가 발생하지 않는다.

오답 피하기 ① 원자로에서 핵연료의 핵분열 반응이 일어난다.
③ 핵발전의 연료는 우라늄이나 플루토늄과 같은 무거운 원소이다.
④ 핵발전 과정에서 사용한 핵연료에 의해 방사성 폐기물이 발생한다.
⑤ 핵발전 과정에서 증기의 운동 에너지를 이용해 터빈을 돌려 전기 에너지를 생산한다.

22 **정답 맞히기** ㄱ. ㉠은 화력 발전이며, 화력 발전의 에너지원은 석탄, 석유, 천연가스 등이다.
ㄴ. ㉡은 증기 터빈이나 가스 터빈을 이용해 발전기를 돌리는 발전 방식으로, 증기 터빈을 이용하는 태양열 발전은 ㉡에 해당한다.
ㄷ. 풍력 발전은 운동 에너지를 직접 전기 에너지로 전환시키며 화석 연료를 사용하지 않으므로 ㉢에 해당한다.

23 **정답 맞히기** A. 수소 연료 전지는 수소와 산소가 결합해 물이 생성되는 화학 반응을 이용한다.

오답 피하기 B. 수소가 전자를 내놓고 수소 이온이 되는 전극은 (−)극이 되고, 산소와 수소 이온, 전자가 결합해 물이 생성되는 전극은 (+)극이 되므로 전자는 ㉠ 방향으로 이동한다. 따라서 전류가 흐르는 방향은 ㉠과 반대 방향이다.
C. 연료 전지에서는 화학 에너지가 전기 에너지로 전환된다.

서술형

24 태양광 발전과 태양열 발전은 모두 태양 에너지를 이용한 발전 방식이지만 발전 방식에서 차이가 있다.

모범 답안 태양열 발전은 태양 에너지 중 빛에너지를 이용하는 태양광 발전과 다르게 열에너지를 이용한다. 태양광 발전은 태양 전지에서 직접 전기 에너지를 생산하는 반면, 태양열 발전은 발전기를 통해 전기 에너지를 생산한다.

채점 기준	배점
태양광 발전과 비교하여 태양열 발전의 특징을 옳게 서술한 경우	100 %
태양열 발전의 특징만 옳게 서술한 경우	50 %
열에너지를 이용한다고만 서술한 경우	20 %

서술형

25 수소 연료 전지는 수소와 산소가 결합하여 물이 생성되는 화학 반응을 이용해 전기 에너지를 생산한다.

모범 답안 ㉠은 물이다. 따라서 연료 전지의 장점 ㉡은 오염 물질의 배출이 적다는 것이다.

채점 기준	배점
㉠과 ㉡을 모두 옳게 서술한 경우	100 %
㉠과 ㉡ 중 하나만 옳게 서술한 경우	50 %

26 **정답 맞히기** ㄱ. 반딧불이는 화학 반응을 통해 빛을 방출하므로 화학 에너지를 빛에너지로 전환한다.

ㄴ. 반딧불이에서 일어나는 반응 또한 총 에너지가 보존되어야 하므로 반응 전의 에너지의 합은 반응 후의 에너지의 합과 같다.

오답 피하기 ㄷ. 모든 에너지 전환 과정에서 사용할 수 없는 열에너지가 발생한다.

27 **정답 맞히기** ⑤ 휴대 전화가 뜨거워지는 까닭은 에너지 전환에서 방향성 때문이다.

오답 피하기 ① 휴대 전화를 사용할 때, 전기 에너지가 빛에너지로 전환되면서 화면에서 빛이 난다.

② 마이크는 소리를 받아들여 전기 신호로 전환하는 장치이므로 소리 에너지가 전기 에너지로 전환된다.

③ 배터리가 충전되는 동안에는 전기 에너지가 화학 에너지로, 배터리를 이용해 휴대 전화를 작동시키는 동안에는 화학 에너지가 전기 에너지로 전환된다.

④ 휴대 전화에서 발생한 열에너지는 에너지 전환 과정에서 필연적으로 발생하는 다시 사용하기 어려운 에너지이다.

28 **정답 맞히기** ⑤ 에너지 전환 과정에서 총량이 보존되므로 공급한 에너지보다 더 많은 에너지를 사용할 수는 없다.

오답 피하기 ① 내연 기관은 화석 연료를 연소시켜 동력을 얻는다.

② 화석 연료의 연소 과정에서 버려지는 열에너지가 발생한다.
③ 화석 연료의 연소 과정에서 화석 연료에 포함된 탄소(C)로 인해 일산화 탄소, 이산화 탄소와 같은 온실 가스가 발생한다.
④ 에너지 효율이 낮을수록 같은 거리를 가기 위해 더 많은 연료를 사용하므로 온실 가스 배출량이 증가한다.

29 **정답 맞히기** A의 열효율은 $\varepsilon = \dfrac{4E_0}{40E_0} = 0.1$이다. B의 열효율은 $3\varepsilon = 0.3$이므로 $\dfrac{㉠}{50E_0} = 0.3$에서 ㉠은 $15E_0$이다.

서술형

30 열기관에서 에너지가 전환될 때, 에너지가 보존되어야 하고 에너지 전환에서 방향성이 있어야 한다.

⑴ A에서 열기관이 한 일은 $Q - 0.7Q = 0.3Q$이므로 A의 열효율은 $\dfrac{0.3Q}{Q} = 0.3$이다.

⑵ **모범 답안** B가 Q의 열을 흡수하여 Q만큼 일을 하고 Q만큼 열을 방출하는 과정에서 에너지가 Q만큼 더 생겨난다. 따라서 에너지 보존 법칙(열역학 제1법칙)을 만족하지 않으므로 불가능하다.

채점 기준	배점
에너지 보존의 개념을 이용해 B가 불가능함을 옳게 서술한 경우	100 %
에너지 보존에 대한 일반적인 내용만 옳게 서술한 경우	50 %

⑶ **모범 답안** C는 에너지 보존 법칙을 만족하지만, 흡수한 열을 모두 일로 전환하고 열을 방출하지 않는다. (열역학 제2법칙에 의해) 에너지 전환 과정에서 사용할 수 없는 열에너지가 반드시 방출되어야 하므로 C는 불가능하다.

채점 기준	배점
에너지 전환 과정에서 사용할 수 없는 열에너지가 방출되어야 함을 열기관과 관련지어 옳게 서술한 경우	100 %
열에너지의 발생에 대한 일반적인 내용만 옳게 서술한 경우	40 %

 　　　　　　　　본문 129~134쪽

01 ⑤	02 ③	03 ④	04 ②	05 ⑤	06 ③
07 ③	08 ②	09 ④	10 ⑤	11 ②	12 ①
13 ③	14 ③	15 ⑤	16 ①	17 ④	18 ①
19 ③	20 ⑤	21 ③	22 ①	23 ⑤	24 ③
25 ④					

01 (정답 맞히기) ㄱ. ㉠의 광합성 과정에서 빛에너지가 화학 에너지로 전환된다.

ㄴ. ㉠에서 광합성을 하기 위해서는 빛에너지가 필요하며 빛에너지는 태양으로부터 지구로 오는 에너지이다.

ㄷ. 신체의 근육을 사용하는 것은 화학 에너지가 운동 에너지로 전환되는 과정이다.

02 (정답 맞히기) ㄱ. 수소 원자핵이 합쳐져서 헬륨 원자핵을 만드는 반응은 가벼운 원자핵이 무거운 원자핵이 되는 반응이므로 핵융합 반응이다.

ㄷ. 태양 에너지의 약 $\frac{1}{20억}$ 정도가 복사 에너지의 형태로 지구에 도달한다.

(오답 피하기) ㄴ. 수소 원자핵 4개의 질량 합은 헬륨 원자핵 1개의 질량보다 크다.

03 (정답 맞히기) ㄴ. 중수소 원자핵 2개가 합쳐져 헬륨 원자핵 1개가 되는 핵반응에서 질량 결손에 의해 에너지가 방출되므로 중수소 원자핵 2개의 질량 합은 헬륨 원자핵 1개의 질량보다 크다.

ㄷ. 핵반응에서는 질량 결손에 비례하여 에너지가 방출된다. 방출되는 에너지는 (가)에서가 (나)에서보다 크므로 질량 결손도 (가)에서가 (나)에서보다 크다.

(오답 피하기) ㄱ. 수소 원자핵 4개가 합쳐져 헬륨 원자핵 1개를 생성하는 과정에서 질량 결손이 발생하여 에너지가 방출된다. 따라서 수소 원자핵 4개의 질량 합은 헬륨 원자핵 1개의 질량보다 크다.

04 (정답 맞히기) ② (가) 바닷물이 열을 흡수하여 수증기가 되거나, (나) 수증기가 구름이 되어 비나 눈과 같은 기상 현상으로 인해 물이 다시 바다로 돌아가는 현상은 물의 순환이다. (다) 광합성을 통해 탄소가 식물에 저장되고, (라) 식물을 섭취한 동물의 유해를 통해 화석 연료에 탄소가 포함되는 것은 탄소의 순환 과정이다.

05 (정답 맞히기) ㄱ. 화석 연료의 연소 과정에서 방출되고, 식물의 광합성 과정에서 흡수되는 ㉠은 이산화 탄소이다.

ㄴ. 광합성 과정에서 빛에너지가 필요하며 태양 에너지가 근원이다.

ㄷ. ㉡은 화석 연료이며, 화석 연료는 화력 발전의 에너지원이 된다.

06 (정답 맞히기) ㄱ. 초고온의 태양 중심부에는 수소가 플라스마 형태로 존재한다.

ㄴ. 핵융합 과정에서 반응 후 질량의 총합은 반응 전 질량의 총합보다 작으며, 핵반응 과정에서 질량 결손이 발생한다.

(오답 피하기) ㄷ. 핵융합 과정에서는 질량 결손에 의해 에너지가 방출된다.

07 (정답 맞히기) (가)와 (나)에서 검류계의 바늘이 서로 반대 방향을 가리키고 있으므로 유도 전류의 방향이 서로 반대이다. (가)에서 코일의 윗부분이 N극이 되도록 유도 전류가 흐르고, (나)에서는 코일의 윗부분이 S극이 되도록 유도 전류가 흐른다.

ㄱ. N극을 코일에서 멀리 하면 N극을 당기는 방향으로 힘이 작용해야 하므로 코일의 윗부분이 S극이 되도록 유도 전류가 흐른다.

ㄴ. S극을 코일에 가까이 하면 S극을 밀어내는 방향으로 힘이 작용해야 하므로 코일의 윗부분이 S극이 되도록 유도 전류가 흐른다.

(오답 피하기) ㄷ. S극을 코일에서 멀리 하면 S극을 당기는 방향으로 힘이 작용해야 하므로 코일의 윗부분이 N극이 되는 방향으로 유도 전류가 흐른다.

08 (정답 맞히기) 자석을 같은 극끼리 겹치면 자기장이 중첩되어 자석의 세기가 증가하는 효과를 낸다.

ㄷ. 금속 고리를 통과하는 자기장의 세기가 증가하였으므로 유도 전류의 세기가 증가한다.

(오답 피하기) ㄱ. 자석의 세기가 증가하였으므로 금속 고리를 통과하는 자기장의 세기가 증가한다.

ㄴ. (가)와 (나)에서 자석의 극이 바뀌지 않았고 자석의 운동 방향도 같으므로 유도 전류의 방향은 같다.

09 (정답 맞히기) ㄴ. 자석의 운동 에너지가 감소한 만큼 코일에서 전기 에너지가 발생한다.

ㄷ. 동일한 자석이 동일한 속력으로 접근하고 있으므로 A와 B에서 자기장의 변화는 같지만, 코일의 감은 수는 B가 더 많으므로 B에 더 센 전류가 흐르게 된다. 따라서 B에서 발생한 전기 에너지가 더 크다.

(오답 피하기) ㄱ. A와 B에서 모두 왼쪽이 N극이 되도록 유도 전류가 흘러야 한다. 그런데 A와 B는 코일의 감은 방향이 서로 반대이므로 저항에 흐르는 전류의 방향은 A에서는 왼쪽, B에서는 오른쪽이다.

10 (정답 맞히기) ㄱ. 교통 카드에 코일이 포함되어 있으므로 교통 카드를 카드 단말기에 가까이 하는 것은 코일과 자석이 가까워지는 것과 같다. 따라서 코일을 통과하는 자기장이 변한다.

ㄴ. 코일을 통과하는 자기장이 변하므로 전자기 유도에 의해 코일에 유도 전류가 흐른다.

ㄷ. 교통 카드를 카드 단말기에 가까이 할 때와 멀리 할 때 코일을 통과하는 자기장의 변화는 서로 반대이므로 유도 전류의 방향도 서로 반대이다.

11 (정답 맞히기) ㄷ. 자석을 빠르게 회전시킬수록 코일을 통과하는 자기장의 변화가 커지므로 코일에 세기가 큰 전류가 흐른다. 따라서 $I_1 < I_2 < I_3$이다.

(오답 피하기) ㄱ. 자석을 회전시키는 방향에 관계없이 자석이 회전 운동을 유지하고 있으면 코일을 통과하는 자기장이 계속 변하게 되어 코일에 유도 전류가 흐른다.

ㄴ. 자석이 한 바퀴 회전하는 동안 자석의 한 극이 가까워졌다가 멀어지고, 다른 극도 멀어졌다가 가까워지므로 코일에 흐르는 전류의 방향은 변한다.

12 (정답 맞히기) ㄱ. 자석이 코일에 다가올 때 코일의 오른쪽이 N극이 되도록 전류가 흐른다. 따라서 코일에 흐르는 전류의 방향은 ⓑ이다.

(오답 피하기) ㄴ. 마찰과 공기 저항을 무시하면 자석의 운동 에너지 감소량만큼 코일에서 전기 에너지가 발생한다.

ㄷ. 자석이 코일에 다가올 때와 멀어질 때 코일에 흐르는 전류의 방향은 서로 반대이다.

13 (정답 맞히기) ㄱ. 자석이 회전하면서 코일을 통과하는 자

기장의 방향이 계속 변하게 되므로 코일에 흐르는 전류의 방향도 계속 변한다.

ㄴ. 회전자가 더 빠르게 회전할수록 자석이 더 빠르게 회전하게 되어 코일에 흐르는 전류의 세기가 크다.

(오답 피하기) ㄷ. 자석의 운동 에너지가 감소하는 동안에도 자석은 회전하고 있으므로 코일에는 전류가 흐르고, 자석이 회전하지 않을 때는 코일에 전류가 흐르지 않는다.

14 (정답 맞히기) ㄱ. 신재생 에너지가 아닌 A는 핵발전이다.

ㄴ. 신재생 에너지에 속하며 전자기 유도 법칙을 이용하지 않는 B는 태양광 발전이다. 태양광 발전은 날씨에 따라 발전량이 달라진다.

(오답 피하기) ㄷ. C는 풍력 발전이다. 우리나라 전력 생산의 대부분을 차지하는 발전 방식은 화력 발전과 핵발전이다.

15 (정답 맞히기) ⑤ 전자기 유도를 이용해 전기 에너지를 생산하지 않는 A는 태양광 발전이다. 발전 과정에서 온실 가스가 배출되지 않는 B는 조력 발전, 온실 가스가 배출되는 C는 화력 발전이다.

16 (정답 맞히기) ① 바람의 운동 에너지를 이용해 전기 에너지를 생산하는 풍력 발전은 자원 고갈의 염려가 없고, 발전 과정에서 전자기 유도를 이용하며 바람이 강한 강원도 산간 지대나 해안가에 건설되어 있다.

(오답 피하기) ② 조력 발전은 조수 간만의 차를 이용한다.

③ 태양광 발전은 전자기 유도를 이용하지 않는다.

④ 핵발전은 핵연료의 핵분열을 이용하며 냉각수가 많이 필요하므로 산간 지대에 건설할 수 없고 해안가에 건설해야 한다.

⑤ 화력 발전은 화석 연료를 이용한 발전 방식으로 자원 고갈의 우려가 있다.

17 (정답 맞히기) ㄴ. 핵발전은 발전 과정에서 사용한 핵연료, 방사능 피폭 설비와 같은 방사성 폐기물이 발생한다.

ㄷ. 발전기는 자석과 코일의 상대 운동으로 전기 에너지를 생산하는 장치로 전자기 유도 현상이 그 원리이다.

(오답 피하기) ㄱ. 원자로에서 핵연료의 핵분열 반응이 일어난다.

18 (정답 맞히기) ① A는 물(H_2O)이다.

(오답 피하기) ②, ③, ④, ⑤ (−)극에서 수소는 전자를 내놓고 수소 이온이 되므로 수소가 들어오는 쪽의 전극이 (−)극, 산

소가 들어오는 쪽의 전극이 (+)극이 된다. 따라서 전자의 이동 방향은 (가)이고, 전류의 방향은 (나)이다.

19 (정답 맞히기) ㄱ. 풍력 발전은 자원 고갈의 우려가 없으므로 신재생 에너지에 해당하는 발전 방식이다.

ㄷ. 풍력 발전은 회전 날개의 회전 운동을 이용해 발전기를 돌려 전기 에너지를 생산하므로 전자기 유도를 이용한다.

(오답 피하기) ㄴ. 핵연료를 에너지원으로 이용하는 발전 방식은 핵발전이다.

20 (정답 맞히기) ㄱ. 화력 발전은 석탄, 석유, 천연가스와 같은 화석 연료가 연소하는 과정에서 발생하는 열에너지를 이용한다.

ㄴ. 코일이나 자석을 회전시켜 전기 에너지를 생산하는 장치인 ⓛ은 발전기이다.

ㄷ. 자석과 코일의 상대 운동으로 코일을 통과하는 자기장이 변할 때 전류가 흐르는 현상은 전자기 유도이다. 발전기는 전자기 유도를 이용해 전기 에너지를 생산한다.

21 (정답 맞히기) ③ A, B, C에서 손실된 에너지는 유용하게 쓰이지 못한 에너지이다. A, B, C에서 유용하게 사용한 에너지는 각각 50 J, 50 J, 100 J이다. 그러므로 에너지 효율은 A는 $\frac{50\ J}{150\ J}=\frac{1}{3}$, B는 $\frac{50\ J}{200\ J}=\frac{1}{4}$, C는 $\frac{100\ J}{300\ J}=\frac{1}{3}$이므로 에너지 효율을 비교하면 A=C>B이다.

22 (정답 맞히기) ㄱ. 태양 전지는 빛에너지를 전기 에너지로 전환하는 장치이다.

(오답 피하기) ㄴ. 풍력 발전기는 바람의 운동 에너지를 이용하고 화석 연료를 연소시키지 않으므로 온실 가스를 배출하지 않는다.

ㄷ. 배터리가 작동하여 전기 자동차에 전기 에너지를 공급할 때는 배터리의 화학 에너지가 전기 에너지로 전환된다. 반면 배터리가 충전될 때는 그 반대 현상이 일어나며, 전기 에너지가 화학 에너지로 전환된다.

23 (정답 맞히기) ㄱ. 에너지 전환 과정에서 에너지의 총량이 보존되어야 하므로 100 %=㉠ %+10 %+20 %이고 ㉠은 70이다.

ㄴ. 연료의 에너지가 100 %이므로 동력으로 전환할 때 에너지 효율은 $\frac{20}{100}=0.2$이다.

ㄷ. 화석 연료를 연소시킬 때 화학 반응으로 인해 열에너지가 발생한다. 따라서 화학 에너지가 열에너지로 전환된다.

24 (정답 맞히기) ③ B에서 전환된 운동 에너지는 $25E_0-9E_0=16E_0$이므로 B의 에너지 효율은 $\frac{16E_0}{25E_0}=0.64$이다.

(오답 피하기) ① A에서 전환된 운동 에너지는 $100E_0-80E_0=20E_0$이므로 A의 에너지 효율은 $\frac{20E_0}{100E_0}=0.2$이다.

② A와 B에서 방출된 열에너지는 다시 유용하게 사용하기 어렵다.

④ B에 $100E_0$의 에너지를 공급하면 공급한 에너지가 $25E_0$의 4배이므로 방출되는 열에너지도 4배가 되어 $9E_0\times4=36E_0$이다.

⑤ A에서 방출된 열에너지는 $80E_0$이고, B에 같은 양의 에너지인 $100E_0$를 공급했을 때 방출된 열에너지는 $36E_0$이다. A와 B의 에너지 효율이 큰 차이가 나는 까닭은 이처럼 방출된 열에너지 때문이다.

25 (정답 맞히기) ㄴ. 에너지 소비 효율 등급의 숫자가 작을수록 에너지 이용 효율이 높다.

ㄷ. km/L로 나타나는 연비는 연료 1 L를 이용할 때 주행하는 대략적인 거리를 의미한다. 고속 도로에서 연비가 도심에서보다 높으므로 같은 양의 연료를 이용할 때, 고속 도로에서가 도심에서보다 더 긴 거리를 주행할 수 있다.

(오답 피하기) ㄱ. CO_2 항목의 숫자가 클수록 CO_2 배출량이 많다.

대단원 마무리 문제

본문 139~145쪽

01 ④	02 ⑤	03 ④	04 ④	05 ⑤	06 ①
07 ①	08 ④	09 ③	10 ③	11 ①	12 ③
13 ②	14 ④	15 ④	16 ①	17 ③	18 ③
19 ⑤	20 ①	21 ③	22 ④	23 ③	
24 ㉠ 열, ㉡ 운동, ㉢ 전기		25 ②	26 0.2	27 ㄱ	
28 ⑤	29 ⑤				

01 (정답 맞히기) ㄴ. 토양의 깊이에 따라 공기의 함량이 달라 분포하는 세균의 종류가 달라지는 것은 토양에 대한 생물의

적응 결과이므로 비생물요소가 생물요소에 영향을 주는 ㉠의 예에 해당한다.

ㄷ. 고래의 배설물이 해양 무기물 순환에 도움을 주는 것은 생물요소가 비생물요소에 영향을 주는 ㉡의 예에 해당한다.

오답 피하기 ㄱ. (가)로부터 소비자와 (나)로 에너지가 이동하므로 (가)는 생산자, (나)는 분해자이다.

02 정답 맞히기 ㄱ. 식물은 광합성이 활발한 여름에 포도당을 합성하고 녹말로 저장하므로 A는 녹말, B는 포도당이다.

ㄴ. 포도당(B)은 녹말(A)의 단위체이다.

ㄷ. 가을이 되면 엽록소가 파괴되어 단풍이 드는 것과 식물 세포의 탄수화물 함량과 삼투압의 변화는 모두 온도에 대한 생물의 적응 결과이다.

03 정답 맞히기 곰이 추운 겨울이 오면 겨울잠을 자는 것 (가)은 온도에 대한 생물의 적응 결과이고, 사막에 사는 포유류가 진한 오줌을 배설하는 것(나)은 물에 대한 생물의 적응 결과이며, 바다의 깊이에 따라 서식하는 해조류의 종류가 다른 것(다)은 빛에 대한 생물의 적응 결과이다.

04 정답 맞히기 ㄴ. 상위 영양단계로 갈수록 에너지양은 1000 → 100 → 20으로 감소한다.

ㄷ. 생산자(C)로부터 1차 소비자(B)로 전달되는 에너지는 유기물의 형태로 먹이 관계를 따라 이동한다. 이때 생산자가 생산한 유기물 중 생명활동에 이용되고 남은 일부만 상위 영양단계로 전달된다.

오답 피하기 ㄱ. A는 2차 소비자이다.

05 정답 맞히기 ㄱ. A는 상위 영양단계로 갈수록 작아지는 피라미드 형태를 이루므로 안정된 생태계이다.

ㄷ. 생태계평형이 일시적으로 깨지더라도 먹이 관계에 의해 회복되어 생태계평형이 유지된다.

오답 피하기 ㄴ. 과정 (가)에서 1차 소비자의 개체수는 감소한다.

06 정답 맞히기 ㄱ. 개체군은 하나의 종으로 구성된다.

오답 피하기 ㄴ. 구간 Ⅰ에서 거미 개체군의 크기가 감소한 것은 살충제 살포가 원인이고, 구간 Ⅱ에서 거미 개체군의 크기가 감소한 것은 먹이인 해충의 감소가 원인이다.

ㄷ. 살충제의 남용으로 해충의 천적인 거미가 사라져 해충이 크게 증가하는 변화가 나타났으므로 살충제의 남용이 거미를

도입하는 것보다 효과적이라고 할 수 없다.

07 정답 맞히기 ㄱ. 3차 소비자가 있을 때보다 3차 소비자가 없을 때가 2차 소비자의 개체수가 더 많으므로 ㉠은 1차 소비자, ㉡은 2차 소비자이다. 초식동물은 1차 소비자(㉠)에 해당한다.

오답 피하기 ㄴ. 1차 소비자(㉠)는 2차 소비자(㉡)보다 하위 영양단계이다.

ㄷ. 3차 소비자가 있는 평형 상태에서 2차 소비자(㉡)의 개체수가 일시적으로 증가하면 3차 소비자의 개체수는 일시적으로 증가한다.

08 정답 맞히기 B. (나)에서 식물의 개화 시기 변화에 의해 곤충과 동물이 영향을 받으므로 한 생물종의 변화는 해당 생태계를 구성하는 여러 생물종에 연쇄적으로 영향을 미친다.

C. (가)와 (나)는 모두 지구 온난화에 의한 생태계 변화 사례이므로 이산화 탄소의 배출량을 줄일 필요가 있다는 주장을 뒷받침하는 근거로 이용할 수 있다.

오답 피하기 A. 천적이 없는 외래종의 도입은 고유종의 멸종을 유발할 수 있으므로 생태계평형을 유지하는 데 도움이 되지 않는다.

09 정답 맞히기 ㄱ. 이산화 탄소는 온실 효과를 일으키는 대표적인 온실 기체이다.

ㄷ. 그래프에서 이산화 탄소의 농도가 높은 시기에 기온이 높고, 이산화 탄소의 농도가 낮은 시기에 기온이 낮음을 볼 수 있다. 따라서 이산화 탄소 농도가 증가하면 기온이 상승하는 경향이 나타난다.

오답 피하기 ㄴ. 최근 40만 년 동안 대기 중 이산화 탄소 농도는 꾸준히 증가하지 않고 증가와 감소를 반복해 왔다.

10 정답 맞히기 ㄱ. 이 기간 동안 이산화 탄소 농도가 꾸준히 증가했으며 평균 해수면의 높이도 꾸준히 증가해 왔다. 이는 지구 온난화로 인해 기온이 상승했으며, 기온 상승으로 인해 해수의 평균 온도가 높아졌기 때문이다.

ㄷ. 이 기간 동안 해수면이 꾸준히 상승했으므로 해안 저지대의 침수가 발생했을 것이다.

오답 피하기 ㄴ. 이산화 탄소 농도 증가로 지구 평균 기온이 상승했으므로, 극지방의 빙하 면적은 감소했을 것이다.

11 [정답 맞히기] ㄱ. 지구에 들어오는 태양 복사 에너지의 총량은 100이며, 이 중에서 지구가 반사하는 양이 30이므로 지구가 흡수하는 에너지의 총량은 70이다. 따라서 지구가 우주로 방출하는 에너지의 총량도 70이다.

[오답 피하기] ㄴ. A는 태양 복사 에너지 중 지구가 반사하는 30과 대기가 흡수하는 25를 제외한 양이므로 45이다.

대기가 흡수하는 에너지는 태양 복사 25, 지표가 대류·전도·숨은열로 방출하는 29, 지표가 방출하는 100이므로 총량은 154이다. 대기가 방출하는 에너지는 우주로 방출하는 66, 지표로 방출하는 B이다. 대기가 흡수하는 에너지의 총량은 대기가 방출하는 총량과 같으므로, 154＝66＋B이다. 따라서 B는 88이다. 결국 A는 45, B는 88이므로 A는 B보다 작다.

ㄷ. ㉠은 대기가 흡수한 에너지를 지표로 재방출한 에너지이다. 대기가 방출한 에너지는 적외선의 형태로 지표로 흡수된다.

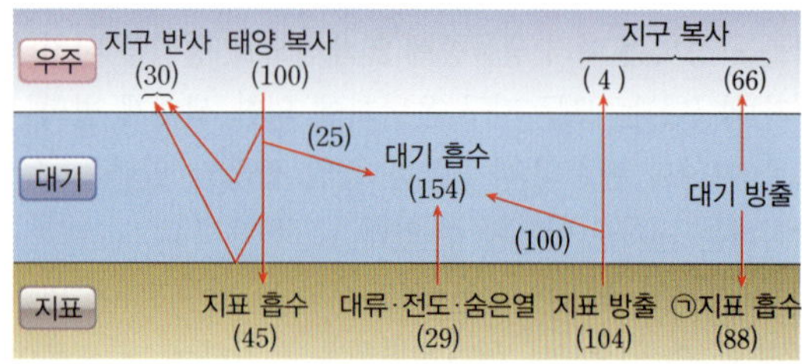

12 [정답 맞히기] ③ 그림에서 적도 부근 동태평양의 수온은 (가)가 (나)보다 높다. 따라서 무역풍이 평소보다 약해져 동태평양의 수온이 평소보다 높아진 (가)가 엘니뇨 시기이며, (나)는 평상시이다. 서태평양의 강수량은 서태평양의 수온이 상대적으로 높은 평상시가 엘니뇨 시기보다 많다. 따라서 서태평양의 강수량은 (가)가 (나)보다 적다.

[오답 피하기] ① (가)는 엘니뇨 시기, (나)는 평상시의 모습이다.
② 무역풍의 풍속은 엘니뇨 시기인 (가)가 평상시인 (나)보다 느리다.
④ 동태평양 부근의 어획량은 심층에서 차가운 해수가 올라오는 흐름이 약한 (가)가 (나)보다 적다.
⑤ 동태평양 연안에서 용승은 엘니뇨 시기인 (가)가 평상시인 (나)보다 약하다.

13 [정답 맞히기] ㄷ. 엘니뇨 시기에는 동태평양에서 용승이 약해져 플랑크톤의 양이 적어지므로 어획량이 평상시보다 감소한다.

[오답 피하기] ㄱ. 엘니뇨 시기에는 적도 부근 서태평양의 수온이 평상시보다 낮아지므로 적도 부근 서태평양에서 상승 기류가 평상시보다 약하다.

ㄴ. 엘니뇨 시기에는 무역풍이 평소보다 약해지므로 적도 부근 동태평양에서 심층의 차가운 해수가 상승하는 현상인 용승이 평상시보다 약하다.

무역풍이 평상시보다 약할 때의 기후

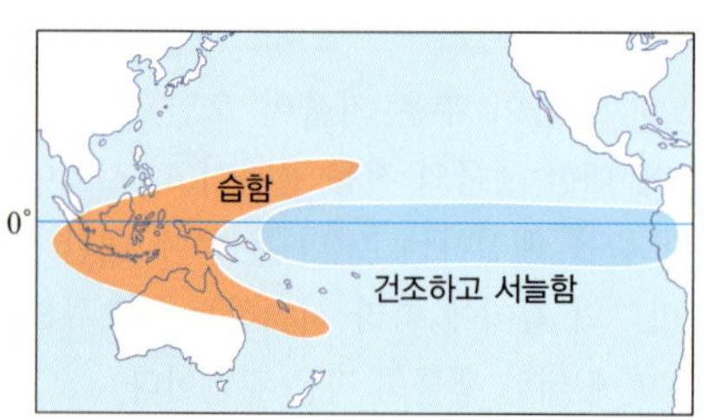

무역풍이 평상시보다 강할 때의 기후

14 [정답 맞히기] ㄴ. (가)는 동태평양의 수온 편차가 (－) 값을 나타내므로 수온이 평년보다 낮다. 따라서 무역풍이 평소보다 강한 시기이다. (나)는 동태평양의 수온 편차가 (＋) 값을 나타내므로 수온이 평년보다 높다. 따라서 무역풍이 평소보다 약한 시기이다. 따라서 무역풍의 세기는 (가)일 때가 (나)일 때보다 강하다.

ㄷ. 엘니뇨 시기는 동태평양의 수온이 평상시보다 높게 나타나는 (나)이다.

[오답 피하기] ㄱ. 동태평양에서 심층의 차가운 해수가 상승하는 현상은 무역풍이 강할수록 강하다. 무역풍의 세기는 (가)일 때가 (나)일 때보다 강하므로 동태평양에서 심층의 차가운 해수가 상승하는 현상은 (가)일 때가 (나)일 때보다 강하다.

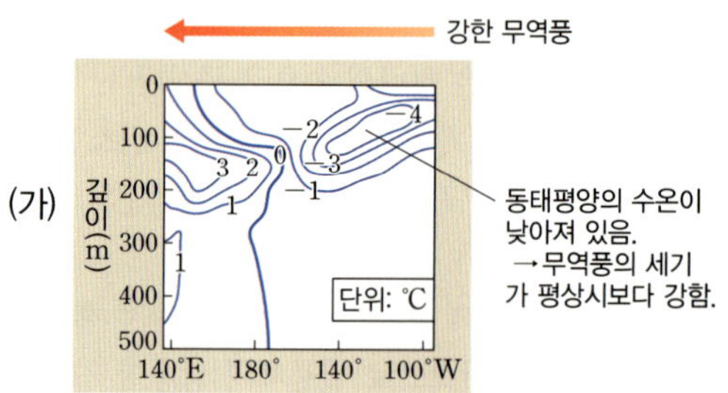

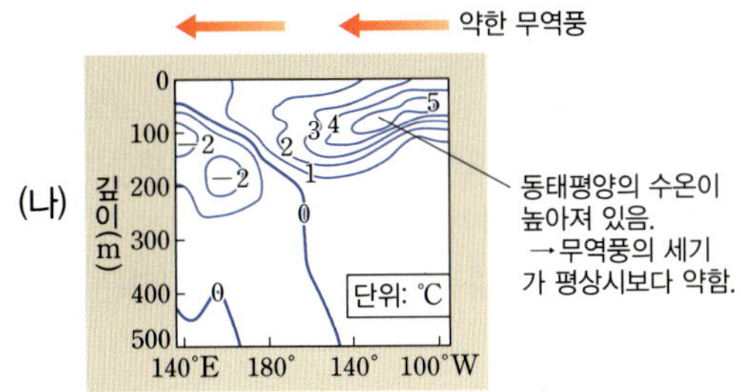

15 (정답 맞히기) ㄴ. B 시기는 동태평양의 수온 편차가 (＋)
값을 나타내므로 평상시보다 수온이 높아진 시기로 엘니뇨 시
기이다.

ㄷ. A 시기에는 동태평양의 수온 편차가 (－) 값을 나타내므
로 동태평양의 수온이 평상시보다 낮다. 그 까닭은 무역풍이
평상시보다 강하게 불어 동태평양의 따뜻한 표층 해수가 서태
평양으로 평상시보다 많이 이동했기 때문이다. 따라서 A 시
기에 서태평양의 수온은 평상시보다 높으므로 강수량이 평상
시보다 많을 것이다.

(오답 피하기) ㄱ. A 시기는 동태평양의 수온 편차가 (－) 값을
나타내므로 표층 수온이 평상시보다 낮다.

16 (정답 맞히기) ㄱ. 청정에너지 기술을 적용하는 경우 이산
화 탄소의 농도는 화석 연료에 계속 의존하는 경우보다 낮다.
따라서 청정에너지 기술을 적용하는 경우 이산화 탄소 배출량
은 감소할 것이다.

(오답 피하기) ㄴ. 청정에너지 기술을 적용하는 경우에는 지표면
온도 변화량이 화석 연료에 계속 의존하는 경우보다 낮을 뿐
이지 지표면 온도는 현재보다 상승한다. 따라서 청정에너지
기술을 적용하더라도 2100년의 지표면 온도는 현재보다 높아
진다.

ㄷ. 화석 연료에 계속 의존하는 경우나 청정에너지 기술을 적
용하는 경우 모두 지표면 온도는 현재보다 높아진다. 따라서
2100년의 지구 빙하 면적은 현재보다 줄어들 것이다.

17 (정답 맞히기) ㄱ. 태양에서 발생한 에너지 중 약 $\dfrac{1}{20억}$ 정
도가 지구에 도달한다.

ㄷ. 기체 상태는 액체 상태보다 에너지가 큰 상태이므로 액체
상태인 물이 기체 상태인 수증기가 되기 위해서는 열을 흡수
해야 한다.

(오답 피하기) ㄴ. 핵융합 과정에서 질량 결손이 발생하므로 헬륨
원자핵 1개의 질량은 수소 원자핵 4개의 질량의 합보다 작다.

18 (정답 맞히기) ㄱ. ㉠은 양성자수가 1, 질량수가 3인 입자
이므로 삼중수소($_1^3$H)이다.

ㄷ. 반응 전 질량 합은 삼중수소 2개의 질량이므로
$3.016\ u \times 2 = 6.032\ u$이다. 반응 후 질량 합은 헬륨 원자핵 1개
와 중성자 2개의 질량 합이므로 $4.003\ u + 2 \times 1.009\ u = 6.021\ u$
이다. 따라서 질량 결손은 $6.032\ u - 6.021\ u = 0.011\ u$이다.

(오답 피하기) ㄴ. 헬륨 원자핵($_2^4$He)의 양성자수는 2, 중성자수
는 2이다.

19 (정답 맞히기) ㄱ. 극지방은 태양 고도가 낮아서 태양 복사
에너지의 전달률이 낮으므로 에너지가 부족하다.

ㄴ. 적도 부근에서는 태양 고도가 높고 태양 복사 에너지의 전
달률이 높으므로 에너지가 남는다.

ㄷ. 대기와 해수의 순환은 위도에 따른 에너지의 불균형을 해
소하기 위해 일어난다.

20 (정답 맞히기) ㄱ. 자석이 빠르게 움직일수록 자기장의 변
화가 더 크다. 따라서 고리에 흐르는 유도 전류의 세기는 자석
이 q를 지날 때가 p를 지날 때보다 크다.

(오답 피하기) ㄴ. 자석이 p를 지날 때는 고리에 흐르는 전류에
의해 위쪽에 N극이 생기도록 고리에 전류가 흐른다. 자석이
q를 지날 때는 고리에 흐르는 전류에 의해 아래쪽에 N극이
생기도록 고리에 전류가 흐른다.

ㄷ. 자석이 고리를 통과하면서 자석의 역학적 에너지의 일부
가 전기 에너지로 전환된다. 따라서 p에서 q까지 자석의 중력
위치 에너지 감소량은 자석의 운동 에너지 증가량보다 크다.

21 (정답 맞히기) ㄱ. $\theta = 0$일 때는 도선을 통과하는 자기장이
0이고, $\theta = 90°$일 때는 도선을 통과하는 자기장이 최대이다.
따라서 $\theta = 0$부터 $\theta = 90°$까지 도선을 통과하는 자기장은 증
가한다.

ㄴ. $\theta = 0$부터 $\theta = 90°$까지 도선을 통과하는 자기장은 오른쪽
방향으로 증가하므로 도선에 흐르는 전류에 의해서 왼쪽 방향
이 N극이 되는 자기장이 형성되어야 한다. 따라서 도선에 흐
르는 전류의 방향은 a → b → c이다.

(오답 피하기) ㄷ. $\theta = 90°$ 이후로 도선이 회전하면서 도선을 통
과하는 자기장이 감소한다. 그러나 이때에도 자기장의 변화가
존재하므로 도선에는 계속 전류가 흐른다.

22 (정답 맞히기) ㄴ. (가), (나)에서 모두 구리링을 통과할 때, 전자기 유도에 의해 구리링에 전류가 흐르므로 자석의 역학적 에너지의 일부가 전기 에너지로 전환된다.

ㄷ. $2h$인 곳에서 출발한 자석이 구리링을 통과하기 직전의 속력이 더 크므로 구리링을 통과하는 동안 자기장의 변화가 더 크다. 따라서 (나)에서가 (가)에서보다 더 많은 전기 에너지가 발생한다.

(오답 피하기) ㄱ. 구리링을 통과하는 동안 전기 에너지가 발생하지 않으면 바닥에 도착할 때 자석의 운동 에너지는 (나)에서가 (가)에서의 2배가 된다. 그러나 구리링을 통과하는 동안 역학적 에너지의 일부가 전기 에너지로 전환되므로 바닥에 도착할 때 자석의 운동 에너지는 (나)에서가 (가)에서의 2배가 될 수 없다.

23 (정답 맞히기) 실험 결과 (라)는 (다)와 비교하면 유도 전류 방향이 반대이고, 전류의 세기가 감소하였다. 전류의 세기가 감소하려면 자석을 느리게 움직여야 한다.

ㄱ. 자석의 방향이 변화가 없을 때, 자석을 반대 방향으로 움직이면 유도 전류의 방향이 반대가 된다.

ㄴ. 자석의 방향을 바꾸고 자석을 같은 방향으로 움직이게 하면 유도 전류의 방향이 반대가 된다.

(오답 피하기) ㄷ. 자석을 빠르게 움직이면 전류의 세기가 증가한다.

24 (정답 맞히기) 화석 연료가 연소할 때 다량의 열이 발생하며, 열에너지의 근원은 화석 연료 내부에서 화학 결합으로 인한 화학 에너지이다. 보일러에서는 열에너지를 이용해 증기의 운동 에너지를 증가시키며, 운동 에너지를 가진 증기는 터빈을 회전시켜 발전기에서 전기 에너지를 발생시킨다.

25 (정답 맞히기) ② I 은 발전기를 통해 전기 에너지를 생산하므로 I 에 해당하지 않는 C는 태양광 발전, 연료 전지 등이다. Ⅱ는 에너지원이 거의 무한하므로 Ⅱ에 해당하지 않는 A는 자원 고갈의 우려가 있는 화력 발전이다. I 과 Ⅱ에 모두 해당하는 B는 자원 고갈의 우려가 없으면서 발전기를 이용하는 조력 발전이나 풍력 발전, 수력 발전과 같은 발전 방식이 해당한다.

26 (정답 맞히기) 태양 전지에서 발생한 전기 에너지를 x라고 하면, $e = \dfrac{x}{100E_0} = \dfrac{4E_0}{x}$이므로 $x = 20E_0$이다. 따라서

$e = \dfrac{20E_0}{100E_0} = 0.2$이다.

27 (정답 맞히기) ㄱ. 저열원으로 방출하는 열이 존재하며, 에너지가 보존되므로 가능한 열기관이다.

(오답 피하기) ㄴ. 저열원으로 방출하는 열이 0인 열기관은 이론적으로 불가능하다.

ㄷ. 열기관에 공급한 에너지가 100 J인데, 열기관에서 방출되는 에너지는 모두 120 J이므로 에너지가 보존되지 않는다.

ㄹ. 열기관에 공급한 에너지가 100 J인데, 열기관에서 방출되는 에너지는 총 80 J이므로 에너지 보존 법칙에 위배된다.

28 (정답 맞히기) ㄱ. A에 공급된 에너지는 $E_0 + 9E_0 = 10E_0$이므로 A의 에너지 효율은 $\dfrac{E_0}{10E_0} = 0.1$이다.

ㄴ. B에 공급된 에너지는 $E_0 + 1.5E_0 = 2.5E_0$이므로 B의 에너지 효율은 $\dfrac{E_0}{2.5E_0} = 0.4$이다. 따라서 에너지 효율은 B가 A보다 크다.

ㄷ. A, B에 공급된 전기 에너지는 각각 $10E_0$, $2.5E_0$이므로 A가 B의 4배이다.

29 (정답 맞히기) ㄱ. 모든 에너지 전환 과정에서는 재사용 할 수 없는 열에너지가 방출된다.

ㄴ. 전기 모터는 자기장 속에서 전류가 받는 힘을 이용한 장치로 전기 에너지를 이용해 운동 에너지를 얻는 장치이다.

ㄷ. (다)의 감속 과정에서 발전기를 이용해 에너지를 재사용하는 과정이 존재하므로 하이브리드 자동차의 에너지 이용 효율이 내연 기관 자동차에 비해 높은 것이다.

Ⅵ 과학과 미래 사회

1 과학의 유용성과 빅데이터의 활용

탐구 활동
본문 156쪽

1 해설 참조

1 **모범 답안** 미세먼지(PM10)의 농도가 초미세먼지(PM2.5)의 농도보다 높다. 또 하루 중 밤으로 갈수록 미세먼지의 농도가 감소한다.

내신 기초 문제
본문 157쪽

01 ⑤ **02** ① **03** ② **04** ④ **05** ② **06** ①

01 **정답 맞히기** ㄱ, ㄴ, ㄷ. 감염병의 감염 경로로는 호흡, 음식물 섭취, 피부 접촉, 수혈 등이 있다.

02 **정답 맞히기** ㄱ. 신속항원검사는 검체에 병원체의 단백질이 존재하는지를 확인하는 검사이다.
오답 피하기 ㄴ. 병원체의 핵산을 증폭시키는 검사 방법은 유전자증폭검사이다.
ㄷ. 신속항원검사는 검체의 양이 적을 경우 나타나지 않을 수 있다.

03 **정답 맞히기** ② 핵산을 이용한 유전자증폭검사는 '검사 대상자로부터 시료 채취 → 시료에서 핵산 분리 → 핵산을 중합효소연쇄반응(PCR)을 통해 증폭 → 증폭 횟수에 따라 핵산의 양이 늘어나는지의 여부로 감염 여부 판정'의 순서를 따른다.

04 **정답 맞히기** ④ 인공지능과 자동화 기술의 발달로 인하여 일자리가 감소되고 있으므로 새로운 분야에서의 일자리가 창출될 수 있도록 과학기술 분야에서 노력해야 한다.
오답 피하기 ① 지속가능한 농업 기술의 개발은 식량 부족 문제 해결을 위한 과학의 역할로 볼 수 있다.
② 재생 에너지 효율을 높이는 기술 개발은 자원 고갈 및 에너지 문제 해결을 위한 과학의 역할로 볼 수 있다.
③ 배터리 기술 교육을 통한 관련 분야의 확장은 에너지 문제에 대한 과학의 역할로 볼 수 있다.

⑤ 우주 탐사 기술의 확대는 자원 고갈 문제 해결을 위한 과학의 역할로 볼 수 있다.

05 **정답 맞히기** 빅데이터는 방대하고 복잡한 데이터의 집합으로, 다양한 센서 도구의 발달로 그 양이 방대해졌으며 숫자, 글, 영상, 음성 등 그 형태도 다양해지고 있다.
오답 피하기 ② 빅데이터는 대용량의 다양한 형태의 데이터로 처리 속도가 빠르다.

06 **정답 맞히기** ㄱ. 빅데이터 분석을 통한 추천 서비스 과정에서 개인 정보를 보호해야 하므로 공개용 데이터에서는 개인 정보를 삭제해야 한다.
오답 피하기 ㄴ. 추천 서비스 외의 다른 선택지를 고를 수 있게 하여 추천 서비스의 고도화를 위해 노력해야 한다.
ㄷ. 데이터를 많이 활용하는 것보다 적합한 데이터를 사용하여 서비스가 최적화될 수 있게 해야 한다.

실력 향상 문제
본문 158쪽

01 ④ **02** ⑤ **03** 해설 참조 **04** ③

01 **정답 맞히기** ㄱ. 신속항원검사 키트는 검체에 병원체의 단백질이 존재하는지를 확인하는 검사 도구이다.
ㄷ. C(대조선)와 T(실험선)의 색이 모두 변한 것으로 보아 X는 감염된 것으로 판단할 수 있다.
오답 피하기 ㄴ. 검사 과정에서 핵산의 양을 확인하는 것은 유전자증폭검사이다.

02 **정답 맞히기** ㄱ. 환자 수를 예측하기 위해서 빅데이터를 수집하고 환자 수를 수학적 모델링하여 인공지능 기술로 예측 모델의 정확도를 높일 수 있다.
ㄴ. 감염자 수와 동선을 파악하기 위하여 GPS와 같은 통신 기술을 이용할 수 있다.
ㄷ. 감염 환자 수를 예측하여 감염 환자 수가 폭증하지 않도록 필요한 자원을 집중하는 데 활용할 수 있다.

서술형
03 유전자증폭검사에서 증폭 횟수가 증가할 때 핵산의 양이 늘어나면 감염병에 걸린 사람이고, 핵산의 양이 늘어나지 않으면 감염병에 걸리지 않은 사람이다.

모범 답안 X, X는 핵산의 복제가 일어나는 유전자증폭 횟수에 따라 핵산의 양이 늘어나므로 감염병에 걸린 사람이고, Y는 감염병의 핵산이 존재하지 않아 증폭을 하더라도 핵산의 양이 늘어나지 않으므로 감염병에 걸리지 않은 사람이다.

채점 기준	배점
감염병에 걸린 사람을 옳게 쓰고, 증폭 횟수에 따른 핵산의 양의 변화로 감염 여부를 판단함을 옳게 서술한 경우	100 %
감염병에 걸린 사람만 옳게 쓴 경우	50 %

04 (정답 맞히기) ㄱ. 기상청에서는 다양한 관측망을 통해 기상 관련 빅데이터를 수집하고 있다.

ㄴ. 관측 내용이 다양해지면 빅데이터와 인공지능 기술을 활용하여 기상 예측 모델을 보다 정확하게 만들 수 있다.

(오답 피하기) ㄷ. 수집된 데이터는 기상청 기상 자료 개방 포털에 공개하여 다양한 연구자들이 활용할 수 있게 해야 한다.

수능 유형 문제
본문 159쪽

01 ② **02** ⑤ **03** ③ **04** ⑤

01 (정답 맞히기) ㄴ. ㉠으로는 X와 Y가 모두 감염되지 않은 것으로 나타났으나, ㉡에서 유전자증폭 횟수가 증가함에 따라 핵산의 양이 늘어나 Y가 감염된 것을 확인할 수 있다. 따라서 검사의 정확도는 ㉡>㉠이다.

(오답 피하기) ㄱ. ㉠은 검체에 병원체의 단백질 존재를 확인하는 신속항원검사이다.

ㄷ. ㉠과 ㉡은 모두 생명공학 기술을 이용한다.

02 (정답 맞히기) ㄱ. 과학기술의 발달로 스마트 기기에 내장된 GPS, WiFi, 센서 등을 활용하여 환자 규모와 경로를 파악하는 데 도움이 되고 있다.

ㄴ. 국제적 빅데이터 베이스의 협조로 전 세계에서 감염병 A의 확진자 수를 수집할 수 있게 되었다.

ㄷ. 각국의 감염자 수 변동 상황을 파악함으로써 인접 국가에서도 비슷한 감염자 수 변동 상황을 예측하고 확산 방지에 자원 분배를 고려할 수 있게 되었다.

03 (정답 맞히기) ㄱ. (가)와 (나)는 모두 현재에도 발생하고 있고 미래에 큰 문제로 다가올 수 있다.

ㄴ. (가)의 기후 변화 문제를 해결하기 위해서는 신재생 에너

지 기술, 탄소 저감 기술 등 다양한 과학기술 분야에서 노력해야 한다.

(오답 피하기) ㄷ. (나)를 해결하기 위해서 공개용 데이터에서는 개인 정보를 삭제하고, 보관할 시에는 철저한 정보 보안 소양을 길러야 한다.

04 (정답 맞히기) ㄱ. 이산화 탄소 센서에서는 이산화 탄소 농도인 아날로그 신호를 디지털 신호로 변환한다.

ㄴ. 이 장치를 이용하여 오랜 시간 측정을 하면 빅데이터가 될 수 있다.

ㄷ. 이 장치로 측정된 이산화 탄소 데이터와 공공 측정 장치로 측정한 이산화 탄소 데이터를 비교하고, 만약 다르다면 그 원인들을 찾고 해결책을 찾는 탐구를 설계해 볼 수 있다.

2 과학기술의 발전과 윤리

탐구 활동 본문 167쪽

1 해설 참조

모범 답안 과학기술을 올바르게 활용할 수 있으며, 장기적으로 과학 연구의 신뢰성을 높이고, 지속가능한 생태계를 유지하는 데 도움을 준다.

내신 기초 문제 본문 168쪽

01 ③ 02 ② 03 ⑤ 04 ④ 05 ③

01 **정답 맞히기** ③ 산업 시대의 과학기술은 자원 채취 단계가 우선이며, 채취한 자원으로부터 물질을 추출한 다음 이를 이용하여 물품을 제조하는 단계로 이어지며 발전해 왔다. 따라서 산업 시대의 과학기술은 자원 채취(나) → 물질 추출(다) → 물품 제조(가) 과정을 거쳐 발전해 왔다.

02 **정답 맞히기** ② 지능정보화 시대의 과학기술은 필요한 다양한 정보들을 데이터화하는 단계가 우선이며, 수집한 데이터들을 종합하여 필요한 데이터들을 묶어 정보화한 다음 이를 이용하여 데이터를 지능화하는 단계로 이어지며 발전해 왔다. 따라서 지능정보화 시대의 과학기술은 데이터화(가) → 정보화(다) → 지능화(나) 과정을 거쳐 발전해 왔다.

03 **정답 맞히기** ⑤ 인공지능과 로봇 기술을 활용한 드론 택시의 등장으로 사고 발생 위험이 높아지는 것은 과학기술의 발전이 미래 사회에 미치는 유용성이 아니라 부정적인 효과에 해당한다.

오답 피하기 ① 핵융합과 우주 태양광 발전으로 지구 온난화에 대응할 수 있게 되는 것은 과학기술의 발전이 미래 사회에 미치는 유용성에 해당한다.

② 인공지능과 로봇 기술을 활용한 우주 탐사로 달과 화성에서 자원을 개발하는 것은 과학기술의 발전이 미래 사회에 미치는 유용성에 해당한다.

③ 사물 인터넷과 빅데이터 기술로 의료 데이터를 분석하여 질병을 진단하고 치료하는 것은 과학기술의 발전이 미래 사회에 미치는 유용성에 해당한다.

④ 인공지능과 가상 현실 기술을 활용하여 수업 활동을 혁신하는 것은 과학기술의 발전이 미래 사회에 미치는 유용성에 해당한다.

04 **정답 맞히기** ④ 인공지능 로봇은 미리 입력된 행동 명령에 따라서만 행동하는 것이 아니라, 수집한 다양한 정보를 종합하여 스스로 판단하고 행동을 결정할 수 있다.

오답 피하기 ① 인공지능 로봇은 센서를 통해 주변 상황을 인식할 수 있다.

② 인공지능 로봇은 센서들을 통해 수집한 정보를 종합하여 스스로 학습할 수 있는 능력이 있다.

③ 인공지능 로봇은 수집한 정보를 종합하여 스스로 판단하며 자율적으로 움직일 수 있다.

⑤ 인공지능 로봇은 사회의 다양한 분야에 활용되어 인간의 삶과 환경을 개선할 수 있다.

05 **정답 맞히기** ③ 동물의 이용은 생명윤리가 중요하며, 동물 실험을 통해 의약품을 개발할 때는 생명윤리를 존중하는 자세를 가져야 한다.

오답 피하기 ① 과학기술은 우리에게 유용하지만 때로는 문제를 일으키기도 한다.

② 과학기술을 올바르게 활용하기 위해서는 과학 윤리를 준수해야 한다.

④ 임상 실험 중에 참가자가 동의하지 않은 실험은 수행하지 않아야 하는 것은 과학 윤리에 해당한다.

⑤ 과학자뿐만 아니라 다양한 분야의 사람들이 과학 윤리를 준수하는 것에 관심을 가져야 하는 것은 과학 윤리에 해당한다.

실력 향상 문제 본문 169쪽

01 ③ 02 ⑤ 03 ④ 04 ⑤ 05 해설 참조

01 **정답 맞히기** ㄱ. 사물 인터넷으로 연결한 장치들에는 센서와 통신 장비가 내장되어 있어 주변의 상황을 모니터링하고 감지할 수 있다.

ㄴ. 사물 인터넷은 스마트 도시, 스마트 공장, 스마트 팜, 스마트 의료, 자율주행 자동차 등 다양한 분야에서 활용된다.

오답 피하기 ㄷ. 사물 인터넷 기술을 적용한 장치는 사람이 직접 개입하지 않고도 수집한 여러 가지 정보를 종합하여 스스로 제어하고 조종할 수 있다.

02 (정답 맞히기) ⑤ 청진기를 이용해 사람의 심박수를 확인하는 것은 사물 인터넷이 아닌 단순 정보 수집 또는 모니터링에 해당한다. 스마트 의료에서는 센서를 통해 수집한 환자의 다양한 정보를 수집하고 의료 기관에 전송하여 응급 상황이 발생하면 병원에 즉시 연락해 신속하게 조치할 수 있다.

(오답 피하기) ① 스마트 팜에서는 농작물의 성장 상태나 병충해 상태, 물이나 양분 공급 상태 등을 판단하여 농작물에 자동으로 물과 영양분을 공급한다.

② 스마트 공장에서는 사물 인터넷 기술을 이용하여 생산 기계를 실시간으로 관리하여 생산 과정의 효율성을 높일 수 있다.

③ 스마트 홈에서는 사물 인터넷 기술을 이용하여 집 안의 조명, 온도, 보안 장치 등을 실시간으로 관리하고 제어한다.

④ 스마트 도시에서는 사물 인터넷 기술을 이용하여 공기의 질, 수질, 에너지 사용 등을 실시간으로 관리할 수 있다.

03 (정답 맞히기) ④ 인공지능 로봇 활용이 증가함에 따라 인간의 일자리가 감소하는 것은 인공지능이 사회에 미치는 긍정적인 영향이 아닌 부정적인 영향이다.

(오답 피하기) ① 인공지능과 사물 인터넷을 활용하면 공장에서 생산 효율을 높일 수 있다.

② 사물 인터넷을 활용하면 자원 분배, 환경 오염, 인구 이동, 교통과 관련된 관리가 체계화되면서 도시를 더 효율적으로 관리할 수 있다.

③ 사물 인터넷을 활용하면 실시간으로 건강 정보를 원격 모니터링할 수 있다.

⑤ 사물 인터넷을 활용하면 실시간 교통 정보를 반영한 자율주행이 가능해진다.

04 (정답 맞히기) ㄱ. 자율주행 자동차는 운전이 불편한 운전자나 교통 약자에 대한 편의를 제공해 줄 수 있지만, 해킹의 위험성이나 자율주행의 오류 및 자율주행 시 발생하는 사고의 책임 등의 문제가 있을 수 있으므로, 자율주행 자동차의 운행과 관련된 논쟁은 과학 관련 사회적 쟁점 사례에 해당한다.

ㄴ. 동물 실험은 새로운 의약품 개발에 도움을 줄 수 있으므로 동물 실험을 활용해야 한다는 입장이 있다.

ㄷ. 과학 관련 사회적 쟁점에는 서로 반대되는 다양한 의견이 있을 수 있으므로 이를 해결할 때는 자신의 입장을 논리적으로 설명하고 상대방의 의견을 경청해야 한다.

05

로봇은 의료, 산업 현장 등에서 근로자의 안전을 보장하면서 작업 효율을 높일 수 있다. 인공지능 로봇을 무분별하게 이용하면 인간의 역량 계발이 방해받을 수 있으며, 인공지능 로봇이 사람을 대체하면서 일자리가 줄어들 수도 있다.

(모범 답안) ⑩ 산업 현장의 생산성이 높아질 수 있지만, 인공지능 로봇의 활용으로 사라지는 직업이 점차 많아질 것이다.

채점 기준	배점
인공지능 로봇 기술이 가져다주는 유용성과 한계를 옳게 서술한 경우	100 %
인공지능 로봇 기술이 가져다주는 유용성만 옳게 서술한 경우	50 %
인공지능 로봇 기술이 가져다주는 한계만 옳게 서술한 경우	50 %

수능 유형 문제

본문 170쪽

01 ⑤   **02** ⑤   **03** ③   **04** ⑤

01 (정답 맞히기) ㄱ. 감염병 확산 문제 해결을 위해 면역 진단 기술로 병원체의 유전정보를 분석하는 것은 감염병의 확산을 억제하고 국민의 건강을 유지하는 데 도움이 되므로 과학기술을 활용하여 사회 문제를 해결하려는 사례에 해당한다.

ㄴ. 환경 오염 문제 해결을 위해 신재생 에너지 기술을 활용하면, 온실 기체 및 대기 오염 물질 방출을 줄이는 효과를 얻을 수 있으므로 과학기술을 활용하여 사회 문제를 해결하려는 사례에 해당한다.

ㄷ. 로봇 기술을 활용한 자동화 공장을 구성하면 노동자의 안전 문제 해결에 도움이 되므로 과학기술을 활용하여 사회 문제를 해결하려는 사례에 해당한다.

02 (정답 맞히기) ㄱ. 축적된 많은 양의 산불 영상 자료를 학습시켜서 산불 감시 및 예측 능력을 갖추게 하는 것은 인공지능의 기능에 해당하므로 '인공지능'은 ㉠에 해당한다.

ㄴ. 영상 인식 인공지능과 산불 감시를 위해 설치된 카메라들을 인터넷 기반 정보 통신 자원 통합·공유 시스템으로 연결하고, 산불 발생 여부를 산불 감시 센터에 알려 주는 것은 사물 인터넷이 실생활에 이용되는 예에 해당한다.

ㄷ. 인공지능 기술을 이용한 산불 감시 및 예측 능력을 활용하

고, 사물 인터넷을 이용하여 화재 여부를 산불 감시 센터에 빠르게 알려 주는 기술을 이용하면 산불을 감지하고 산불에 대응하는 시간이 단축될 수 있다.

03 정답 맞히기 ㄱ. (가)는 과학 관련 사회적 쟁점 중 유전자 변형 농산물 사용에 관한 것이며, 이를 통해 식량 부족 문제를 해결할 수 있다고 주장하는 것은 이를 지지하는 입장에 해당한다.
ㄷ. (다)는 과학 관련 사회적 쟁점 중 신재생 에너지 사용에 관한 것이며, 이를 통해 지구 환경을 보존하는 데 도움이 된다고 주장하는 것은 이를 지지하는 입장에 해당한다.
오답 피하기 ㄴ. (나)는 과학 관련 사회적 쟁점 중 우주 개발에 관한 것이며, 이에 대해 지구의 심해와 같은 장소를 먼저 개발해야 한다고 주장하는 것은 이를 반대하는 입장에 해당한다.

04 정답 맞히기 ㄱ. 유전체 분석 기술에 인공지능 기술을 적용하면 개인의 질병에 대한 세부적인 진단과 치료가 가능해지므로 개인 맞춤형 의료 서비스가 가능할 수 있다.
ㄴ. 유전체 분석 기술로 수집한 개인의 유전정보가 무단으로 유출되거나 사용되면 인권 침해 문제가 발생할 수 있다.
ㄷ. 보험 회사가 개인별 유전정보를 근거로 하여 보험에 가입할 때 보험료를 높이거나 보험 가입 자체를 거절하는 부작용이 발생할 수 있다.

대단원 마무리 문제

본문 175~176쪽

01 ③	02 ⑤	03 ③	04 ⑤	05 ④	06 ⑤
07 ⑤	08 ④				

01 정답 맞히기 ㄱ. 감염자에 대한 정보를 빠르게 처리하여 감염 경로나 확산 속도에 대해 시민들에게 정보를 공개할 수 있다.
ㄴ. 스마트 기기에서 수집된 감염자들의 감염 경로를 분석하고 공개하여 확산 속도를 늦추거나 막을 수 있다.
오답 피하기 ㄷ. 역학 조사관은 직접 감염자를 면담하여 내용을 조사하고 정리해야 하므로 과학기술을 활용하는 것보다 많은 시간이 필요하다.

02 정답 맞히기 ㄴ. (가)는 병원체의 단백질을 검사하는 방법으로 정확도가 낮고, (나)는 병원체의 핵산을 증폭하여 검사하는 방법으로 정확도가 높다.
ㄷ. (가)는 곧바로 결과가 나타나지만, (나)는 실험실 환경에서 검사해야 하므로 시간이 걸린다. 따라서 검사에 걸리는 시간은 (가)가 (나)보다 훨씬 짧다.
오답 피하기 ㄱ. 병원체의 핵산을 검출하는 방법은 유전자증폭 검사인 (나)이다.

03 정답 맞히기 ㄱ. 태풍 경로 예측 시스템은 다양한 기상 관련 빅데이터를 활용하여 만들어진다.
ㄴ. 인공지능 기술을 이용하여 예측 모델을 만들고 태풍의 이동 경로를 예측할 수 있다.
오답 피하기 ㄷ. 여러 가지 예측 모델을 토대로 다양한 경로에 대한 예측을 한다.

04 정답 맞히기 ㉠은 빅데이터이다.
ㄱ. 빅데이터는 인간이 처리할 수 없을 정도로 매우 많은 양을 갖는 것이 특징이다.
ㄴ. 빅데이터는 생성되는 속도와 처리되는 속도가 매우 빠르다.
ㄷ. 빅데이터는 예측, 분류 등의 모델을 활용하여 인공지능 기술의 기반이 된다.

05 정답 맞히기 ④ 새로운 과학기술에 대한 접근 가능성 및 활용성은 사람의 직업, 지적 수준, 관심도, 연령, 지리적 위치에 따라 다르므로 모든 사람이 새로운 과학기술에 적응하며 유용하게 사용하기는 어렵다.
오답 피하기 ① 과학기술의 발전은 인간의 삶과 미래 세대를 위한 환경 개선에 유용하게 이용될 수 있다.
② 인공지능 로봇은 그 유용성이 다양한 분야에서 인정받고 있기 때문에 활용 분야가 점차 확장될 것이다.
③ 과학기술의 발전으로 예상하지 못한 오염과 폐기물이 생길 수 있으므로 항상 과학기술의 발전으로 유발될 수 있는 부작용에 대해서 고민해야 한다.
⑤ 과학기술에 너무 의존하면 인간의 삶에 필수적인 능력이 약해질 수 있다.

06 정답 맞히기 ㄱ. 매체 기술의 발전은 문화 예술에 대한 접근성을 높이는 효과가 있으므로 ㉠은 매체 기술의 발전에 따른 유용성에 해당한다.
ㄴ. 인공지능 로봇의 발전은 인간의 일자리를 대체하게 되므로 ㉡과 같이 여러 가지 직업이 사라지게 되는 문제를 유발할

수 있다.

ㄷ. 정보 통신 및 인터넷과 같은 과학기술의 발전은 개인 정보 유출이나 해킹 등의 문제를 일으킨다. 따라서 이와 같은 문제를 해결하기 위해서는 개인 정보를 제공하는 사람을 보호하기 위한 제도적·기술적 장치가 필요하다.

07 정답 맞히기 ⑤ 과학 관련 사회적 쟁점을 해결할 때는 과학 윤리를 중요하게 고려해야 하며, 서로 다른 의견에 대한 토의와 타협 등을 통해 합의점을 도출해야 한다.

오답 피하기 ① 과학기술의 발달에는 긍정적 측면과 부정적 측면이 동시에 존재할 수 있다.

② 과학기술 발달은 긍정적인 측면과 부정적인 측면이 함께 존재하므로, 이러한 양면성으로 인해 과학기술과 관련된 다양한 문제가 발생하고 있다.

③ 과학 관련 사회적 쟁점들은 사회 구성원마다 입장이 다를 수 있으므로, 상대방의 의견을 경청하고 본인의 의견을 논리적으로 제시해야 한다.

④ 과학 관련 사회적 쟁점들을 해결할 때는 합리적이고 사회적으로 책임감 있는 의사결정을 해야 한다.

08 정답 맞히기 ㄴ. 과학자는 실험 대상의 생명과 존엄성을 존중하며 실험과 연구를 진행해야 한다.

ㄷ. 과학자는 진행하는 연구가 사회에 악영향을 미칠 수 있다면, 그러한 연구는 피해야 한다.

오답 피하기 ㄱ. 과학자는 연구 절차와 결과를 조작하거나 거짓으로 만들어 내지 않아야 한다.

인용 사진 출처

ⓒ NASA Image Collection / Alamy Stock Photo 85쪽 아마존 열대우림 변화

ⓒ 서초구청 154쪽, 172쪽 범죄 데이터

ⓒ 전주시청 154쪽, 172쪽 노선운행밀도

ⓒ 공공 데이터 포털(data.go.kr) 154쪽 국가에서 수집한 빅데이터 플랫폼

ⓒ 기상 자료 개방 포털(data.kma.go.kr) 154쪽 국가에서 수집한 빅데이터 플랫폼

ⓒ 질병관리청 159쪽 온라인 대시보드

Memo

개념완성  통합과학 2

정답과 해설

EBS
수학의 왕도
수학 공부의 핵심은
암기도, 양치기도 아닌
개|념|이|해
수학의 왕도
한눈에 쏙 들어오는 시각화 요소로
누구나 개념을 쉽게 이해하는
EBS 수학 기본서
공통수학1
공통수학2

고등 수학은
EBS 수학의 왕도로
한 번에 완성!

▷고2~고3 교재는 2025년 4월 발행 예정

✓ 2022 개정 교육과정 적용, 새 수능 대비 기본서

✓ 개념 이해가 쉬운 시각화 장치로 친절한 개념서

✓ 기초 문제부터 실력 문제까지 모두 포함된 종합서

고1~2, 내신 중점

구분	고교 입문 >	기초 >	기본 >	특화	+ 단기
국어	고등예비과정	내 등급은?	윤혜정의 개념의 나비효과 입문 편 + 워크북 / 어휘가 독해다! 수능 국어 어휘	**기본서** 올림포스 —— 올림포스 전국연합학력평가 기출문제집 —— **유형서** 올림포스 유형편	**국어 특화** 국어 독해의 원리 / 국어 문법의 원리	단기 특강
영어			정승익의 수능 개념 잡는 대박구문 / 주혜연의 해석공식 논리 구조편		**영어 특화** Grammar POWER / Listening POWER / Reading POWER / Voca POWER · **영어 특화** 고급영어독해	
수학			**기초** 50일 수학 + 기출 워크북 / 매쓰 디렉터의 고1 수학 개념 끝장내기		**고급** 올림포스 고난도 · **수학 특화** 수학의 왕도	
한국사 사회				**기본서** 개념완성	고등학생을 위한 多담은 한국사 연표	
과학			50일 과학	개념완성 문항편	**인공지능** 수학과 함께하는 고교 AI 입문 / 수학과 함께하는 AI 기초	

과목	시리즈명	특징	난이도	권장 학년
전 과목	고등예비과정	예비 고등학생을 위한 과목별 단기 완성		예비 고1
국/영/수	내 등급은?	고1 첫 학력평가 + 반 배치고사 대비 모의고사		예비 고1
	올림포스	내신과 수능 대비 EBS 대표 국어·수학·영어 기본서		고1~2
	올림포스 전국연합학력평가 기출문제집	전국연합학력평가 문제 + 개념 기본서		고1~2
	단기 특강	단기간에 끝내는 유형별 문항 연습		고1~2
한/사/과	개념완성&개념완성 문항편	개념 한 권 + 문항 한 권으로 끝내는 한국사·탐구 기본서		고1~2
국어	윤혜정의 개념의 나비효과 입문 편 + 워크북	윤혜정 선생님과 함께 시작하는 국어 공부의 첫걸음		예비 고1~고2
	어휘가 독해다! 수능 국어 어휘	학평·모평·수능 출제 필수 어휘 학습		예비 고1~고2
	국어 독해의 원리	내신과 수능 대비 문학·독서(비문학) 특화서		고1~2
	국어 문법의 원리	필수 개념과 필수 문항의 언어(문법) 특화서		고1~2
영어	정승익의 수능 개념 잡는 대박구문	정승익 선생님과 CODE로 이해하는 영어 구문		예비 고1~고2
	주혜연의 해석공식 논리 구조편	주혜연 선생님과 함께하는 유형별 지문 독해		예비 고1~고2
	Grammar POWER	구문 분석 트리로 이해하는 영어 문법 특화서		고1~2
	Reading POWER	수준과 학습 목적에 따라 선택하는 영어 독해 특화서		고1~2
	Listening POWER	유형 연습과 모의고사·수행평가 대비 올인원 듣기 특화서		고1~2
	Voca POWER	영어 교육과정 필수 어휘와 어원별 어휘 학습		고1~2
	고급영어독해	영어 독해력을 높이는 영미 문학/비문학 읽기		고2~3
수학	50일 수학 + 기출 워크북	50일 만에 완성하는 초·중·고 수학의 맥		예비 고1~고2
	매쓰 디렉터의 고1 수학 개념 끝장내기	스타강사 강의, 손글씨 풀이와 함께 고1 수학 개념 정복		예비 고1~고1
	올림포스 유형편	유형별 반복 학습을 통해 실력 잡는 수학 유형서		고1~2
	올림포스 고난도	1등급을 위한 고난도 유형 집중 연습		고1~2
	수학의 왕도	직관적 개념 설명과 세분화된 문항 수록 수학 특화서		고1~2
한국사	고등학생을 위한 多담은 한국사 연표	연표로 흐름을 잡는 한국사 학습		예비 고1~고2
과학	50일 과학	50일 만에 통합과학의 핵심 개념 완벽 이해		예비 고1~고1
기타	수학과 함께하는 고교 AI 입문/AI 기초	파이선 프로그래밍, AI 알고리즘에 필요한 수학 개념 학습		예비 고1~고2